普通高等教育"十二五"重点规划教材

国家工科数学教学基地　国家级精品课程使用教材

数学物理方法

第二版

上海交通大学数学系　组编

U0295507

上海交通大学出版社

SHANGHAI JIAO TONG UNIVERSITY PRESS

内容提要

　　本书作为"工程数学"系列课程教材,包含"复变函数""数学物理方程""积分变换"三篇.全书分12章,内容包括:复数和复变函数;解析函数;复变函数的积分;解析函数的级数展开;留数及其应用;保角映射;数学物理方程的导出及定解问题;分离变量法;初值问题;傅里叶变换;拉普拉斯变换;积分变换的应用.

　　本书在编写上力求由浅入深,对重点知识注重理论导出和方法应用,特别加强了数学物理方法在实际中应用的实例.

　　本书可供各高等院校理工科专业作教材.另配有 PPT 教案供教师使用.

图书在版编目(CIP)数据

数学物理方法/上海交通大学数学系组编.—2 版.
—上海:上海交通大学出版社,2016(2022 重印)
新核心理工基础教材
ISBN 978 - 7 - 313 - 15637 - 2

Ⅰ.①数… Ⅱ.①上… Ⅲ.①数学物理方法-高等学一校-教材 Ⅳ.①0411.1

中国版本图书馆 CIP 数据核字(2016)第 187228 号

数学物理方法
(第二版)

组　　编:上海交通大学数学系	
出版发行:上海交通大学出版社	地　　址:上海市番禺路 951 号
邮政编码:200030	电　　话:021 - 64071208
印　　制:上海天地海设计印刷有限公司	经　　销:全国新华书店
开　　本:787 mm×960 mm　1/16	印　　张:22.75
字　　数:428 千字	
版　　次:2011 年 8 月第 1 版　2016 年 9 月第 2 版	印　　次:2022 年 8 月第 12 次印刷
书　　号:ISBN 978 - 7 - 313 - 15637 - 2	
定　　价:48.00 元	

第二版前言

本教材是在《数学物理方法》(上海交通大学出版社,2011)第一版的基础上修订而成.

本书第一版自出版以来作为上海交通大学"数理方法"课程教材使用,多年的教学实践说明,本书第一版的取材深度、主要内容以及结构安排还是比较合理.随着教学改革的不断深入,课程设置的改变导致"数理方法"课时的进一步削减,从而面临教学内容的进一步整合.在这种情况下,再版编写一本突出基本思想方法、简明扼要、便于学习和适应教学新形势的数学物理方法教材显得十分必要.

本教材在保持第一版特点的基础上,努力将数学物理方法的基本思想和方法融入各部分内容的阐述之中,力求做到科学性与通俗性相结合,理论与应用相结合,在内容的处理上由具体到一般,由直观到抽象,由浅入深,循序渐进.其主要特点是:

(1) 为了使读者更好地理解数学物理方法的实质,对教材内容的难点作了适当的分解和叙述的改进.在阐述基本问题和解决方法时,更注重处理问题的基本思想.

(2) 进一步强调了数学物理方法的应用.例如,利用傅里叶变换求解(常)微分、积分方程;利用拉普拉斯变换求广义积分等.

(3) 修订了第一版中的部分例题,增加了例题讲解,并对解决它们的思路和方法作了一定的分析,各种典型例题的介绍有助于读者对数学物理方法基本知识内容的领会和基本方法的掌握.

(4) 对每一章的习题作了分类.第一部分为基本习题,可作为课堂作业布置,用来检验对基本内容和基本方法的掌握程度;第二部分为补充习题,有助于学习能力的培养和增强.

虽然本书从整体框架而言保持了第一版的基本内容和结构,但是上述特点体现了编者在数学物理方法课程改革方面的一些探索,同时也反映上海交通大学数学物理方法课程的特色和定位.

限于编者的水平,书中存在的不妥及疏漏之处,恳请专家及广大读者提出宝贵的意见.

本书的再版得到了上海交通大学出版社鼎力帮助,上海交通大学教务处及数学科学学院领导的关心和支持,在此深表感谢.

编　者

2016 年 8 月于上海交通大学

前　言

"工程数学"系列课程涵盖"复变函数""数学物理方程"和"积分变换",是大学本科数学教学中继"高等数学""线性代数"和"概率论与数理统计"等课程后,为各理工科专业开展后续教育而开设的课程."工程数学"强调理论与实际结合,它是数学与其他学科之间的一座桥梁.

近年来,大学基础课程的内容和教学有了很大的变化.根据课程改革的要求,原工程数学系列课程被整合为"数学物理方法"课程,教学大纲与教学要求有较大的改动,本书就是为适应此改革编写的.

本书力图在教学内容的组合及教学重点的选择方面有新的突破,并体现以下特色:

(1) 优化调整原教材的部分内容,编排体系上突破原有框架.如：将积分变换应用独立成章,详细介绍其在求解常微分方程的定解问题及数学物理方程定解问题中的应用.

(2) 课程内容按照由浅入深、由具体到抽象、由特殊到一般的原则来组织,对重点知识注重理论导出、方法的应用,强调其应用条件.

(3) 既保持了数学教材传统的严谨,又针对数学物理方法强调计算与应用的特点,将数学训练与生动的物理意义相结合,加强计算,强调应用.在保证数学知识严密性的基础上,减少部分繁琐的理论推导.

本书中加 * 的章节,可供教师在教学上选用.

本书由上海交通大学数学系组织编写,第 1 篇由贺才兴和王健编写;第 2 篇由王纪林编写;第 3 篇由王健编写.本书配有 PPT 教案,可供教师参考.

编　者
2011 年 5 月

目　　录

第1篇　复变函数

第1章　复数和复变函数 ……………………………………………………… 1

1.1　复数及其表示 …………………………………………………………… 1

1.1.1　复数的定义 ……………………………………………………… 1

1.1.2　复数的表示 ……………………………………………………… 1

1.2　复数的运算及其几何意义 …………………………………………… 4

1.2.1　复数的四则运算 ………………………………………………… 4

1.2.2　复数的乘方和方根 ……………………………………………… 6

1.2.3　共轭复数及其性质 ……………………………………………… 9

1.2.4　曲线的复数方程 ………………………………………………… 10

1.3　平面点集和区域 ………………………………………………………… 11

1.3.1　复平面上的点集 ………………………………………………… 11

1.3.2　区域与简单曲线 ………………………………………………… 12

1.4　复变函数 ………………………………………………………………… 14

1.4.1　复变函数的概念 ………………………………………………… 14

1.4.2　曲线在映射下的像 ……………………………………………… 16

1.5　复球面与无穷远点 ……………………………………………………… 18

1.5.1　复球面 …………………………………………………………… 18

1.5.2　扩充复平面上的几个概念 ……………………………………… 19

习题1 ………………………………………………………………………… 19

第2章　解析函数 ……………………………………………………………… 23

2.1　复变函数的极限和连续 ………………………………………………… 23

2.1.1　复变函数的极限 ………………………………………………… 23

  2.1.2 复变函数的连续性 ························· 25

 2.2 解析函数的概念 ····························· 26

  2.2.1 复变函数的导数和微分 ··················· 26

  2.2.2 解析函数的概念 ······················· 30

 2.3 函数解析的充要条件 ························· 31

  2.3.1 柯西-黎曼条件 ························· 31

  2.3.2 可导的充要条件 ······················· 33

 2.4 调和函数 ································· 37

  2.4.1 调和函数 ···························· 37

  2.4.2 解析函数与调和函数的关系 ················ 38

  2.4.3 正交曲线族 ··························· 42

 2.5 初等解析函数 ······························ 43

  2.5.1 指数函数 ···························· 43

  2.5.2 对数函数 ···························· 45

  2.5.3 幂函数 ····························· 47

  2.5.4 三角函数与双曲函数 ···················· 49

  2.5.5 反三角函数与反双曲函数 ················· 52

习题 2 ······································· 53

第 3 章 复变函数的积分 ··························· 57

 3.1 复变函数的积分 ···························· 57

  3.1.1 复变函数积分的概念 ···················· 57

  3.1.2 复变函数积分的计算 ···················· 58

  3.1.3 积分的基本性质 ······················· 62

 3.2 柯西定理 ································· 64

  3.2.1 单连通区域的柯西定理 ·················· 65

  3.2.2 原函数与不定积分 ····················· 66

  3.2.3 柯西定理的推广 ······················· 68

 3.3 柯西积分公式和高阶导数公式 ·················· 70

  3.3.1 柯西积分公式 ························· 71

  3.3.2 解析函数的高阶导数公式 ················· 74

 3.4* 柯西积分公式的推论 ······················· 77

  3.4.1 莫累拉(Morera)定理 ···················· 77

3.4.2 平均值公式 ···································· 78

3.4.3 柯西不等式 ···································· 79

3.4.4 刘维尔(Liouville)定理 ······················ 79

3.4.5 最大模定理 ···································· 80

习题 3 ··· 80

第 4 章 解析函数的级数展开 ·························· 84

4.1 复级数的概念 ································· 84

4.1.1 复数列的极限 ·························· 84

4.1.2 复数项级数 ···························· 85

4.1.3 复函数项级数 ·························· 88

4.2 幂级数 ······································ 89

4.2.1 幂级数的概念 ·························· 89

4.2.2 收敛圆与收敛半径 ······················ 90

4.2.3 幂级数的运算和性质 ···················· 93

4.3 解析函数的泰勒级数展开 ···················· 95

4.3.1 解析函数的泰勒展开式 ·················· 95

4.3.2 初等函数的泰勒展开式 ·················· 98

4.4 解析函数的罗朗级数展开 ····················· 100

4.4.1 罗朗级数的概念 ························ 100

4.4.2 函数的罗朗展开式 ······················ 102

4.5 孤立奇点与分类 ····························· 107

4.5.1 孤立奇点 ······························ 107

4.5.2 可去奇点 ······························ 109

4.5.3 极点 ·································· 110

4.5.4 本性奇点 ······························ 113

4.5.5 函数在无穷远点的性态 ·················· 114

习题 4 ··· 116

第 5 章 留数及其应用 ······························· 120

5.1 留数及其计算 ································ 120

5.1.1 留数的概念 ···························· 120

5.1.2 留数的计算 ···························· 124

　　5.1.3　留数定理 ……………………………………………… 128

　5.2　留数在某些定积分计算中的应用 ……………………… 133

　　5.2.1　形如 $\int_0^{2\pi} R(\cos\theta,\ \sin\theta)\mathrm{d}\theta$ 的积分 ……………… 133

　　5.2.2　形如 $\int_{-\infty}^{+\infty} \dfrac{P(x)}{Q(x)}\mathrm{d}x$ 的积分 ………………………… 136

　　5.2.3　形如 $\int_{-\infty}^{+\infty} f(x)\mathrm{e}^{\mathrm{i}\lambda x}\mathrm{d}x$ 的积分 ………………… 138

　　5.2.4*　实轴上有奇点的积分 ……………………………… 141

　习题 5 ……………………………………………………… 143

第 6 章　保形映射 …………………………………………… 146

　6.1　保形映射的概念 ………………………………………… 146

　　6.1.1　导数的几何意义 ……………………………………… 146

　　6.1.2　保形映射的概念 ……………………………………… 149

　　6.1.3　关于保形映射的几个一般性定理 …………………… 150

　6.2　分式线性映射 …………………………………………… 151

　　6.2.1　平移映射和相似映射 ………………………………… 151

　　6.2.2　反演映射 ……………………………………………… 152

　　6.2.3　分式线性映射及其性质 ……………………………… 153

　6.3　几个典型的分式线性映射 ……………………………… 158

　　6.3.1　把上半平面映射成上半平面的分式线性映射 ……… 158

　　6.3.2　把上半平面映射成单位内部的分式线性映射 ……… 159

　　6.3.3　把单位圆内部映射成单位圆内部的分式线性映射 … 161

　6.4　几个初等函数所构成的映射 …………………………… 162

　　6.4.1　幂函数与根式函数 …………………………………… 162

　　6.4.2　指数函数与对数函数 ………………………………… 166

　　6.4.3*　儒可夫斯基函数 …………………………………… 169

　习题 6 ……………………………………………………… 170

第 2 篇　积 分 变 换

第 7 章　傅里叶变换 ………………………………………… 173

　7.1　傅里叶积分公式 ………………………………………… 173

7.1.1　傅里叶级数　·· 173

7.1.2　傅里叶积分公式　·· 176

7.2　傅里叶变换　··· 180

7.2.1　傅里叶变换的定义　·· 180

7.2.2　余弦与正弦傅里叶变换　······································· 183

7.3　广义傅里叶变换　··· 185

7.3.1　δ 函数　·· 185

7.3.2　基本函数的广义傅里叶变换　·································· 188

7.4　傅里叶变换与逆变换的性质　··· 190

7.4.1　傅里叶变换的基本性质　·· 190

7.4.2　傅里叶变换的卷积与卷积定理　······························ 197

7.4.3　傅里叶变换的应用　·· 200

习题 7　··· 203

第 8 章　拉普拉斯变换　··· 206

8.1　拉普拉斯变换的概念　··· 206

8.1.1　拉普拉斯变换的存在性　·· 206

8.1.2　常用函数的拉普拉斯变换　····································· 209

8.1.3　拉普拉斯变换的积分下限　····································· 213

8.2　拉普拉斯变换的性质　··· 214

8.2.1　拉普拉斯变换基本性质　·· 214

8.2.2　拉普拉斯变换的卷积性质　····································· 223

8.3　拉普拉斯逆变换　··· 225

8.3.1　复反演积分公式　·· 225

8.3.2　利用留数定理求拉普拉斯逆变换　···························· 226

8.4　拉普拉斯变换的应用　··· 228

8.4.1　利用拉普拉斯变换求线性微分(积分)方程　················· 228

8.4.2　用拉普拉斯变换求广义积分　·································· 233

习题 8　··· 236

第 3 篇　数学物理方程

第 9 章　数学物理方程的导出及定解问题　······················ 241

9.1　数学物理方程的导出　··· 241

9.1.1 弦振动方程 ·· 241

9.1.2 膜振动方程 ·· 243

9.1.3 热传导方程 ·· 244

9.1.4 静电场方程 ·· 246

9.2 定解条件及定解问题 ·· 247

9.2.1 初始条件 ·· 248

9.2.2 边界条件 ·· 248

9.2.3 定解问题及其适定性 ···································· 250

9.3 线性问题的叠加原理与齐次化原理 ····················· 252

9.3.1 线性偏微分方程的叠加原理 ··························· 252

9.3.2 齐次化原理 ·· 254

习题 9 ··· 255

第 10 章 求解数学物理方程的分离变量法 ················ 258

10.1 一维波动方程 ··· 258

10.1.1 第一类齐次边界条件 ··································· 258

10.1.2 第二类齐次边界条件 ··································· 262

10.1.3 解的物理意义 ·· 266

10.2 一维热传导方程 ·· 267

10.2.1 第一类齐次边界条件 ··································· 267

10.2.2 第三类齐次边界条件 ··································· 271

10.3 二维拉普拉斯方程 ·· 275

10.3.1 矩形域 ·· 275

10.3.2 圆域 ·· 278

10.4 非齐次方程的解法 ·· 282

10.4.1 固有函数法 ··· 282

10.4.2 特解法 ·· 285

10.5 非齐次边界条件的处理 ··································· 289

习题 10 ·· 292

第 11 章 行波法与积分变换法 ···························· 296

11.1 行波法 ·· 296

11.1.1 无界弦的自由振动 达朗贝尔公式 ················· 296

11.1.2 解的物理意义 ·· 298

11.1.3　特征线及二阶线性偏微分方程的分类 ················ 300

11.1.4　非齐次方程求解 ····················· 302

11.1.5　半无界弦的自由振动 ················· 304

11.2　积分变换法 ···························· 307

11.2.1　傅里叶积分变换 ··················· 308

11.2.2　拉普拉斯积分变换 ················· 313

习题 11 ··································· 316

习题答案 ·································· 320

习题 1 ···································· 320

习题 2 ···································· 321

习题 3 ···································· 323

习题 4 ···································· 324

习题 5 ···································· 327

习题 6 ···································· 328

习题 7 ···································· 330

习题 8 ···································· 331

习题 9 ···································· 333

习题 10 ··································· 334

习题 11 ··································· 336

附录 ····································· 338

附录 1　傅氏变换简表 ····················· 338

附录 2　拉氏变换简表 ····················· 345

参考文献 ································· 349

第 1 篇　复变函数

第 1 章　复数和复变函数

16 世纪中叶,G. Cardano(1501—1576)在研究一元二次方程时引进了复数的概念. 复变函数是以研究复变量之间的相互依赖关系为主要任务的一门数学课程. 它与高等数学中的许多概念、理论和方法有相似之处,但又有其固有的特性. 本章主要介绍复数的概念、性质及运算,然后引入平面点集、复变函数以及复球面等概念.

1.1　复数及其表示

1.1.1　复数的定义

定义 1.1　形如

$$z = x + \mathrm{i}y, \quad x, y \in \mathbf{R} \tag{1-1}$$

的数称为复数,其中 $\mathbf{R}$ 表示实数集合 $\mathrm{i} = \sqrt{-1}$ 称为虚数单位. 称实数 x、y 分别为复数 z 的实部和虚部,常记为

$$x = \mathrm{Re}z, \quad y = \mathrm{Im}z. \tag{1-2}$$

当实部 $x = 0$ 时,称 $z = \mathrm{i}y\ (y \neq 0)$ 为纯虚数;当虚部 $y = 0$ 时,$z = x$ 就是实数. 因此,全体实数是复数的一部分,复数是实数的推广. 特别,$0 + \mathrm{i}0 = 0$.

两个复数之间不能比较大小,但可以定义相等. 两个复数 $z_1 = x_1 + \mathrm{i}y_1$ 及 $z_2 = x_2 + \mathrm{i}y_2$ 相等,是指它们的实部与实部相等,虚部与虚部相等,即 $x_1 + \mathrm{i}y_1 = x_2 + \mathrm{i}y_2$ 当且仅当 $x_1 = x_2,\ y_1 = y_2$.

1.1.2　复数的表示

1.1.2.1　代数表示

由式(1-1)所给出的即为复数的代数表示.

1

1.1.2.2　几何表示

由复数的定义可知,复数 $z = x + \mathrm{i}y$ 与有序数对 (x, y) 建立了一一对应关系. 在平面上建立直角坐标系 xOy,用 xOy 平面上的点 $P(x, y)$ 表示复数 z,这样复数与平面上的点一一对应,称这样的平面为复平面.
若用向量 $\overrightarrow{OP}$ 表示复数 z,如图 $1-1$ 所示. 该向量在 x 轴上的投影为 $x = \mathrm{Re}\,z$,在 y 轴上的投影为 $y = \mathrm{Im}\,z$,这样复数与平面上的向量也一一对应.

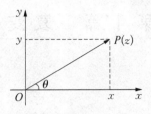

图 $1-1$　复数的几何表示

向量 $\overrightarrow{OP}$ 的长度称为复数的模,记为 $|z|$,从而有

$$|z| = \sqrt{x^2 + y^2}. \tag{1-3}$$

显然

$$|x| \leqslant |z|,\ |y| \leqslant |z|,\ |z| \leqslant |x| + |y|. \tag{1-4}$$

向量 $\overrightarrow{OP}$ 与 x 轴正向的夹角 θ 称为复数 z 的辐角,记为 $\theta = \mathrm{Arg}\,z$. 由图 $1-1$ 知:

$$\begin{cases} x = |z|\cos\theta,\ y = |z|\sin\theta, \\ \tan\theta = \dfrac{y}{x}. \end{cases} \tag{1-5}$$

若 θ 为 z 的辐角,则 $\theta + 2n\pi$ 也是其辐角,其中 $n \in \mathbf{Z}$,$\mathbf{Z}$ 为整数集. 因此,任何一个复数均有无穷多个辐角. 若限制 $-\pi < \theta \leqslant \pi$,所得的单值分支称为 $\mathrm{Arg}\,z$ 的主值,记为 $\arg z$.

当 $z = 0$ 时,辐角没有定义;当 $z \neq 0$ 时,其辐角主值 $\arg z$ 可由下式求得:

$$\arg z = \begin{cases} \arctan\dfrac{y}{x}, & x > 0,\ y \geqslant 0\ \text{或}\ y \leqslant 0, \\[2mm] \pi + \arctan\dfrac{y}{x}, & x < 0,\ y \geqslant 0, \\[2mm] -\pi + \arctan\dfrac{y}{x}, & x < 0,\ y < 0. \end{cases} \tag{1-6}$$

例 1.1　求 $\mathrm{Arg}(2 - 2\mathrm{i})$ 及 $\mathrm{Arg}(-3 + 4\mathrm{i})$.

解　由式 $(1-6)$ 可得

$$\mathrm{Arg}(2 - 2\mathrm{i}) = \arg(2 - 2\mathrm{i}) + 2k\pi = \arctan\left(\frac{-2}{2}\right) + 2k\pi$$

$$= -\frac{\pi}{4} + 2k\pi.$$

2

$$\text{Arg}(-3+4i) = \arg(-3+4i) + 2k\pi = \left[\arctan\left(\frac{4}{-3}\right) + \pi\right] + 2k\pi$$

$$= (2k+1)\pi - \arctan\frac{4}{3}.$$

例 1.2 已知平面上流体在某点 P 处的速度为 $v = 2-2i$，求其大小和方向.

解 $\quad |v| = \sqrt{2^2 + (-2)^2} = 2\sqrt{2}$；$\arg v = \arctan\frac{-2}{2} = -\frac{\pi}{4}$.

1.1.2.3 复数的三角表示与指数表示

利用直角坐标与极坐标之间的关系：$x = r\cos\theta, y = r\sin\theta$，可将式(1-1)改写为

$$z = r\cos\theta + ir\sin\theta = r(\cos\theta + i\sin\theta), \tag{1-7}$$

其中，$r = |z|$，$\theta = \text{Arg}\, z$. 称式(1-7)为复数 z 的三角表示.

利用欧拉公式

$$e^{i\theta} = \cos\theta + i\sin\theta, \tag{1-8}$$

式(1-7)又可写为

$$z = re^{i\theta}. \tag{1-9}$$

上式称为复数 z 的指数表示.

例 1.3 试分别将复数 $z_1 = -1+\sqrt{3}i$ 和复数 $z_2 = 1+\cos\theta+i\sin\theta \ (-\pi < \theta \leqslant \pi)$ 化为三角表示式和指数表示式.

解 由于

$$r = |z_1| = 2, \ \arg z_1 = \pi + \arctan(-\sqrt{3}) = \frac{2}{3}\pi,$$

从而

$$z_1 = 2\left(\cos\frac{2}{3}\pi + i\sin\frac{2}{3}\pi\right), \ z_1 = 2e^{\frac{2}{3}\pi i}.$$

类似地

$$r = |z_2| = \sqrt{(1+\cos\theta)^2 + \sin^2\theta} = 2\cos\frac{\theta}{2},$$

$$\arg z_2 = \arctan\frac{\sin\theta}{1+\cos\theta} = \arctan\left(\tan\frac{\theta}{2}\right) = \frac{\theta}{2},$$

$$z_2 = 2\cos\frac{\theta}{2}\left(\cos\frac{\theta}{2} + i\sin\frac{\theta}{2}\right), \ z_2 = 2\cos\frac{\theta}{2}e^{i\frac{\theta}{2}}.$$

例 1.4 已知 $|e^{i\theta} - 1| = 2$，求 θ.

解 由于

$$|e^{i\theta} - 1| = |\cos\theta - 1 + i\sin\theta| = \sqrt{(\cos\theta - 1)^2 + \sin^2\theta} = 2\left|\sin\frac{\theta}{2}\right| = 2,$$

从而

$$\frac{\theta}{2} = k\pi + \frac{\pi}{2}, \ k = 0, \pm 1, \pm 2, \cdots.$$

所以

$$\theta = (2k+1)\pi, \ k = 0, \pm 1, \pm 2, \cdots.$$

1.2 复数的运算及其几何意义

由于实数是复数的特例，因此复数运算的一个基本要求是：复数运算的法则施行于实数时，能够和实数运算的结果相符合，同时也要求复数运算能够满足实数运算的一般定律.

1.2.1 复数的四则运算

定义 1.2 设 $z_1 = x_1 + iy_1$，$z_2 = x_2 + iy_2$，复数的加、减、乘、除四则运算定义如下：

$$z_1 \pm z_2 = (x_1 \pm x_2) + i(y_1 \pm y_2), \tag{1-10}$$

$$z_1 z_2 = (x_1 x_2 - y_1 y_2) + i(x_1 y_2 + x_2 y_1), \tag{1-11}$$

$$\frac{z_1}{z_2} = \frac{x_1 x_2 + y_1 y_2}{x_2^2 + y_2^2} + i\frac{x_2 y_1 - x_1 y_2}{x_2^2 + y_2^2}, \ z_2 \neq 0. \tag{1-12}$$

由定义 1.2 知，复数的四则运算可理解为利用 $i^2 = -1$ 和实数的四则运算所得.

利用定义 1.2 容易验证，复数的加法满足交换律与结合律，且减法是加法的逆运算；复数的乘法满足交换律与结合律，且满足乘法对于加法的分配律.

全体复数并引进上述运算后就称为复数域. 在复数域内，我们熟知的一切代数恒等式,例如：

$$a^2 - b^2 = (a+b)(a-b),$$

$$a^3 - b^3 = (a-b)(a^2 + ab + b^2),$$

$$(a+b)^n = \sum_{k=0}^{n} C_n^k a^k b^{n-k},$$

等等仍然成立. 实数域和复数域都是代数学中所研究的"域"的实例.

注 由于一个复数与平面上的一个向量所对应,因此,复数的加法运算与平面上向量加法运算一致. 从而以下两个不等式成立.

$$|z_1 + z_2| \leqslant |z_1| + |z_2|, \quad |z_1 - z_2| \geqslant ||z_1| - |z_2||.$$

下面我们利用复数的三角表示式来讨论复数的乘法与除法,并导出复数积与商的模和辐角公式.

设 $z_1 = r_1(\cos\theta_1 + i\sin\theta_1)$, $z_2 = r_2(\cos\theta_2 + i\sin\theta_2)$, 利用等式 $e^{i\theta_1} e^{i\theta_2} = (\cos\theta_1 + i\sin\theta_1)(\cos\theta_2 + i\sin\theta_2) = \cos(\theta_1 + \theta_2) + i\sin(\theta_1 + \theta_2) = e^{i(\theta_1 + \theta_2)}$. 可得

$$z_1 z_2 = r_1 r_2 e^{i(\theta_1 + \theta_2)}. \tag{1-13}$$

于是有如下等式：

$$\begin{cases} |z_1 z_2| = |z_1| |z_2|, \\ \mathrm{Arg}(z_1 z_2) = \mathrm{Arg}(z_1) + \mathrm{Arg}(z_2). \end{cases} \tag{1-14}$$

式(1-14)表明：两个复数乘积的模等于它们模的乘积,两个复数乘积的辐角等于它们辐角的和. 值得注意的是,由于辐角的多值性,式(1-14)的第二式应理解为对于左端 $\mathrm{Arg}(z_1 z_2)$ 的任一值,必有由右端 $\mathrm{Arg}\, z_1$ 与 $\mathrm{Arg}\, z_2$ 的各一值相加得出的和与之对应;反之亦然. 今后,凡遇到多值等式时,都按此约定理解.

由式(1-14)可得复数乘法的几何意义,即：$z_1 z_2$ 所对应的向量是把 z_1 所对应的向量伸缩 $r_2 = |z_2|$ 倍,然后再旋转一个角度 $\theta_2 = \arg z_2$ 所得(见图1-2).

设 $z_k = r_k e^{i\theta_k}$, $k = 1, 2, \cdots, n$, 利用数学归纳法可得 n 个复数相乘的公式：

$$z_1 z_2 \cdots z_n = r_1 r_2 \cdots r_n e^{i(\theta_1 + \theta_2 + \cdots + \theta_n)}. \tag{1-15}$$

式(1-15)表示：有限多个复数乘积的模等于它们模的乘积;有限多个复数乘积的辐角等于它们的辐角的和.

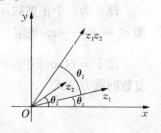

图1-2 复数乘法几何意义

类似地,可导出两复数的商的模与辐角公式. 设 $z_2 \neq 0$,则有

$$\frac{z_1}{z_2} = \frac{r_1}{r_2} e^{i(\theta_1 - \theta_2)},$$

于是

$$\begin{cases} \left| \dfrac{z_1}{z_2} \right| = \dfrac{|z_1|}{|z_2|}, \\ \mathrm{Arg}\left(\dfrac{z_1}{z_2} \right) = \mathrm{Arg}(z_1) - \mathrm{Arg}(z_2), \ z_2 \neq 0. \end{cases} \quad (1-16)$$

式(1-16)表明:两个复数商的模等于它们模的商;两个复数商的辐角等于分子与分母的辐角的差. 而 $\dfrac{z_1}{z_2}$ 的几何意义是:将 z_1 的辐角按顺时针方向旋转一个角度 $\arg z_2$,再将 z_1 的模伸缩 $\dfrac{1}{|z_2|}$ 倍.

    注 当将辐角换成其主值时,则以下公式不一定成立.

$$\arg(z_1 z_2) = \arg z_1 + \arg z_2,$$
$$\arg \frac{z_1}{z_2} = \arg z_1 - \arg z_2. \quad (1-17)$$

例如,$z_1 = -1$,$z_2 = i$,$\arg(z_1) = \pi$,$\arg(z_2) = \dfrac{\pi}{2}$,$\arg(z_1 z_2) = \arg(-i) = -\dfrac{\pi}{2}$,但

$$\arg(z_1) + \arg(z_2) = \frac{3}{2}\pi.$$

可以证明:当 $\mathrm{Re}(z_1) > 0$,$\mathrm{Re}(z_2) > 0$ 时,式(1-17)仍成立.

1.2.2 复数的乘方和方根

    设 n 为一个正整数,n 个相同的非零复数 z 的乘积称为 z 的 n 次幂,记作 z^n,即 $z^n = \underbrace{z \cdot z \cdots z}_{n}$. 规定:$z^0 = 1$.

    设 $z = r(\cos\theta + i\sin\theta)$,将式(1-15)中所有 $z_k (k = 1, \cdots, n)$ 都取作 z,易得复数的乘方公式

$$z^n = r^n(\cos n\theta + i\sin n\theta). \quad (1-18)$$

    特别的,当 $r = 1$ 时,则得到著名的棣莫佛(De Moivre)公式:

$$(\cos\theta + i\sin\theta)^n = \cos n\theta + i\sin n\theta. \tag{1-19}$$

由式(1-18)得

$$|z^n| = |z|^n, \ \mathrm{Arg}(z^n) = \underbrace{\mathrm{Arg}\, z + \cdots + \mathrm{Arg}\, z}_{n} \tag{1-20}$$

$$= n\arg z + 2k\pi.$$

若定义 $z^{-n} = \dfrac{1}{z^n}$,则当 n 为负整数时,

$$z^{-n} = \frac{1}{z^n} = \frac{\cos 0 + i\sin 0}{r^n(\cos n\theta + i\sin n\theta)} = \frac{1}{r^n}[\cos(0 - n\theta) + i\sin(0 - n\theta)]$$

$$= r^{-n}[\cos(-n\theta) + i\sin(-n\theta)].$$

因此,式(1-18)仍成立.

例 1.5 计算 $(-1 + \sqrt{3}i)^6$.

解 因为

$$-1 + \sqrt{3}i = 2\left(\cos\frac{2}{3}\pi + i\sin\frac{2}{3}\pi\right),$$

所以

$$(-1 + \sqrt{3}i)^6 = \left[2\left(\cos\frac{2}{3}\pi + i\sin\frac{2}{3}\pi\right)\right]^6$$

$$= 2^6(\cos 4\pi + i\sin 4\pi) = 64.$$

设 n 为正整数,若复数 z 和 w 满足 $w^n = z$,则称复数 w 为复数 z 的 n 次方根,记为

$$w = \sqrt[n]{z}.$$

为了得到 $\sqrt[n]{z}$ 的具体表达式,令 $z = r\mathrm{e}^{i\theta}$,$w = \rho\mathrm{e}^{i\varphi}$,则由复数的乘方公式可得

$$\rho^n \mathrm{e}^{in\varphi} = r\mathrm{e}^{i\theta},$$

从而得两个方程

$$\rho^n = r, \ n\varphi = \theta + 2k\pi,$$

解得

$$\rho = \sqrt[n]{r}, \quad \varphi = \frac{\theta + 2k\pi}{n}.$$

从形式上看，k 可以取 0，± 1，± 2，$\cdots$，但由于 $\cos\varphi$ 和 $\sin\varphi$ 均以 2π 为周期，所以当 $k = 0$，1，2，$\cdots$，$n-1$ 时，可以得到 w 的 n 个不同的值，而当 k 取其他整数时，这些值又重复出现. 因此，z 的 n 次方根为

$$w = \sqrt[n]{z} = \sqrt[n]{r}\,\mathrm{e}^{\frac{\theta + 2k\pi}{n}}, \quad k = 0, 1, \cdots, n-1. \tag{1-21}$$

由于复数 $\sqrt[n]{z}$ 的 n 个不同值都具有相同的模 $\sqrt[n]{|z|}$，且对应相邻两个 k 值的方根的辐角均相差 $\dfrac{2\pi}{n}$，所以就几何意义而言，对应 $\sqrt[n]{z}$ 的 n 个点即为以原点为心，$\sqrt[n]{|z|}$ 为半径的内接正 n 边形的 n 个顶点.

特别的，当 $z = 1$ 时，若记 $\omega_n = \cos\dfrac{2\pi}{n} + \mathrm{i}\sin\dfrac{2\pi}{n}$，则 1 的 n 次方根为 1，ω_n，ω_n^2，$\cdots$，ω_n^{n-1}. 图 1-3 给出了 $n = 2, 4, 6$ 的情形.

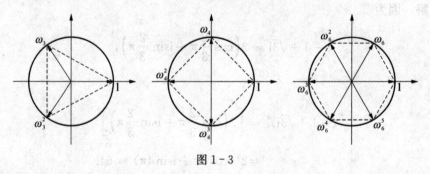

图 1-3

例 1.6 求方程 $z^3 + 8 = 0$ 的全部根.

解 由 $z^3 + 8 = 0$，得

$$z = \sqrt[3]{-8} = 2\mathrm{e}^{\frac{(2k\pi + \pi)\mathrm{i}}{3}}, \quad k = 0, 1, 2.$$

故 $z^3 + 8 = 0$ 的三个根分别为

$$z_0 = 2\mathrm{e}^{\frac{\pi\mathrm{i}}{3}} = 2\left(\cos\frac{\pi}{3} + \mathrm{i}\sin\frac{\pi}{3}\right) = 1 + \sqrt{3}\mathrm{i},$$

$$z_1 = 2\mathrm{e}^{\pi\mathrm{i}} = -2,$$

$$z_2 = 2\mathrm{e}^{\frac{5\pi\mathrm{i}}{3}} = 1 - \sqrt{3}\mathrm{i}.$$

1.2.3 共轭复数及其性质

称复数 $x-iy$ 为复数 $x+iy$ 的共轭复数. 复数 z 的共轭复数常记为 $\bar{z}$. 显然

$$|z|=|\bar{z}|,\ \mathrm{Arg}\,\bar{z}=-\mathrm{Arg}\,z. \qquad (1-22)$$

上式表明在复平面上, z 和 $\bar{z}$ 关于实轴对称, 如图 1-4 所示.

复数及其共轭有如下性质:

(1) $\overline{(\bar{z})}=z$, $\overline{z_1\pm z_2}=\bar{z}_1\pm\bar{z}_2$.

(2) $\overline{z_1 z_2}=\bar{z}_1\,\bar{z}_2$, $\overline{\left(\dfrac{z_1}{z_2}\right)}=\dfrac{\bar{z}_1}{\bar{z}_2}$, $z_2\neq 0$.

(3) $|z|^2=z\bar{z}$, $\mathrm{Re}\,z=\dfrac{z+\bar{z}}{2}$, $\mathrm{Im}\,z=\dfrac{z-\bar{z}}{2i}$.

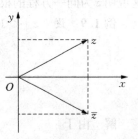

图 1-4　复数及其共轭

例 1.7　设 z_1 和 z_2 为两个复数, 证明:

$$\left.\begin{array}{l}|z_1+z_2|^2=|z_1|^2+|z_2|^2+2\mathrm{Re}(z_1\,\overline{z_2}),\\[2mm]|z_1-z_2|^2=|z_1|^2+|z_2|^2-2\mathrm{Re}(z_1\,\overline{z_2}).\end{array}\right\}$$

证明

$$\begin{aligned}|z_1+z_2|^2&=(z_1+z_2)\overline{(z_1+z_2)}\\&=(z_1+z_2)(\bar{z}_1+\bar{z}_2)\\&=z_1\bar{z}_1+z_2\bar{z}_1+z_1\bar{z}_2+z_2\bar{z}_2\\&=|z_1|^2+|z_2|^2+z_1\bar{z}_2+\overline{z_1\bar{z}_2}\\&=|z_1|^2+|z_2|^2+2\mathrm{Re}(z_1\,\overline{z_2}).\end{aligned}$$

在上述等式中以 $-z_2$ 代替 z_2 即可得第二式.

注　由上例可得: ① $|z_1+z_2|^2+|z_1-z_2|^2=2(|z_1|^2+|z_2|^2)$, 其几何意义为: 平行四边形两对角线平方的和等于各边的平方的和; ② 复数 z_1 和 z_2 所表示的向量互相垂直的充要条件是 $\mathrm{Re}(z_1\,\overline{z_2})=0$.

例 1.8　证明: 若 z 为实系数 n 次代数方程

$$a_n z^n+a_{n-1}z^{n-1}+\cdots+a_1 z+a_0=0$$

的根, 则 $\bar{z}$ 也为上述方程的根.

证明　设 z 为上述方程某一复根, 则

9

$$\overline{a_n \bar{z}^n + a_{n-1}\bar{z}^{n-1} + \cdots + a_1 \bar{z} + a_0}$$

$$= a_n z^n + a_{n-1} z^{n-1} + \cdots + a_1 z + a_0$$

$$= 0.$$

这说明 $\bar{z}$ 为同一方程的根. 这表明: 实系数的代数方程复根必成对出现.

例 1.9 设 $|z| < 1$, 证明:

$$\left| \frac{z-a}{1-\bar{a}z} \right| \begin{cases} < 1, & |a| < 1, \\ = 1, & |a| = 1, \\ > 1, & |a| > 1. \end{cases}$$

解 由于

$$|z-a|^2 = |z|^2 + |a|^2 - 2\mathrm{Re}(z\bar{a}),$$
$$|1-\bar{a}z|^2 = 1 + |a|^2|z|^2 - 2\mathrm{Re}(z\bar{a}),$$

于是

$$\begin{aligned} |z-a|^2 - |1-\bar{a}z|^2 &= |z|^2 + |a|^2 - |z|^2|a|^2 - 1 \\ &= |z|^2 - 1 - |a|^2(|z|^2 - 1) \\ &= (|z|^2-1)(1-|a|^2), \end{aligned}$$

由此即得结论.

1.2.4　曲线的复数方程

我们通过举例来说明以下两个问题:

(1) 如何用复数方程表示平面曲线 $F(x, y) = 0$.

(2) 如何从复数方程确定其所表示的平面曲线.

例 1.10 试用复数表示以下平面曲线方程:

(1) 圆或直线方程: $a(x^2 + y^2) + bx + cy + d = 0$, 其中 a, b, c, d 均为实常数.

(2) 双曲线方程: $x^2 - y^2 = 1$.

解 令 $z = x + \mathrm{i}y$, 则

$$x = \frac{z + \bar{z}}{2}, \quad y = \frac{z - \bar{z}}{2\mathrm{i}}.$$

(1) 将 x, y 的表达式代入到圆的方程中, 得

$$az\bar{z} + \frac{b}{2}(z + \bar{z}) - \frac{ci}{2}(z - \bar{z}) + d = 0,$$

整理得

$$az\bar{z} + \bar{\beta}z + \beta\bar{z} + d = 0,$$

其中 $\beta = \frac{1}{2}(b + ic)$.

(2) 将 x, y 的表达式代入双曲线方程中,得

$$\left(\frac{z + \bar{z}}{2}\right)^2 - \left(\frac{z - \bar{z}}{2i}\right)^2 = 1,$$

即, $z^2 + \bar{z}^2 = 2$.

例 1.11 试分别确定下列方程所表示的平面曲线:

(1) $\mathrm{Re}(z + 2) = -1$; (2) $z\bar{z} - a\bar{z} - \bar{a}z + a\bar{a} - c = 0$, 其中, a 为复数, $c > 0$.

解 令 $z = x + iy$, 则 $\bar{z} = x - iy$, $z\bar{z} = x^2 + y^2$.

(1) 由于 $z + 2 = x + iy + 2 = (x + 2) + iy$,

所以, 由 $\mathrm{Re}(z + 2) = -1$, 即得 $x = -3$. 这是一条平行于 y 轴的直线.

(2) 记 $a = \alpha + i\beta$, 则方程 $z\bar{z} - a\bar{z} - \bar{a}z + a\bar{a} - c = 0$ 可表示为

$$x^2 + y^2 - 2\alpha x - 2\beta y + \alpha^2 + \beta^2 = c,$$

即方程所表示的曲线为:以 $(\mathrm{Re}(a), \mathrm{Im}(a))$ 为心, $\sqrt{c}$ 为半径的圆周.

注 用复数表示平面曲线方程有多种不同的形式. 例如, 过两点 a、b 的直线方程可表示为

$$z = a + (b - a)t, \text{其中 } t \text{ 为实参数};$$

或

$$\mathrm{Im}\frac{z - a}{b - a} = 0, \text{即 } \arg\frac{z - a}{b - a} = 0, \text{或 } \pi.$$

又如, $|z - z_0| = R$ 表示以 z_0 为心, R 为半径的圆周.

1.3 平面点集和区域

1.3.1 复平面上的点集

按照某一法则,在全体复数内选取有限个或无限个复数组成一个复数集合,这个集合中的复数在复平面上对应的点就组成一个点集,即点集是由复平面上有限

个或无限个点组成的集合.

由于复变函数总是定义在点集上,所以下面介绍关于点集的几个基本概念.

定义 1.3 由不等式 $|z-z_0|<\varepsilon$ 所确定的点集,称为 z_0 的 ε 邻域,记为 $N(z_0,\varepsilon)$.

邻域 $N(z_0,\varepsilon)$ 是以 z_0 为中心,ε 为半径的开圆(不包含圆周),它是一维空间(实轴)的邻域概念(开区间)的推广.

定义 1.4 设 E 为一点集,z_0 为一点,若点 $z_0\in E$,且存在 $\varepsilon>0$,使得 $N(z_0,\varepsilon)\subset E$,则称点 z_0 为 E 的内点. 若存在 $\varepsilon>0$,使得 $N(z_0,\varepsilon)$ 中的点都不属于 E,则称点 z_0 为 E 的外点. 若点 z_0 的任一邻域内既有属于 E 的点,又有不属于 E 的点,则称 z_0 为 E 的边界点. E 的全部边界点所组成的点集称为 E 的边界,记作 ∂E.

定义 1.5 若点集 E 能完全包含在以原点为圆心、以某一正数 R 为半径的圆域内,则称 E 为一个有界点集.

例如:设点集 $E=\{z\,|\,|z|<1\}$,则点 $z=\dfrac{1}{2}$ 是 E 的内点;$z=\mathrm{i}$ 是 E 的边界点;$z=1+\mathrm{i}$ 是 E 的外点;E 是开集且为有界集;$\partial E=\{z\,|\,|z|=1\}$,$\partial E$ 是闭集且为有界集;$E+\partial E=\{z\,|\,|z|\leqslant 1\}$ 是闭集且为有界集.

1.3.2 区域与简单曲线

定义 1.6 非空点集 D 满足以下两个条件,则称为区域:① D 是开集,即 D 完全由内点组成;② D 是连通的,即 D 中任何两点都可用全属于 D 的折线连接.

定义 1.7 区域 D 加上其边界 ∂D 称为闭域,记作 $\overline{D}$:即 $\overline{D}=D+\partial D$.

如果一个区域可以被包含在一个以原点为中心的圆里面,即存在正数 M,使区域 D 的每个点 z 都满足 $|z|<M$,则称 D 为有界的,否则称为无界.

注 (1) 通常所指的区域都是开的,不包括边界. 因此,以后我们提及的圆域或环域总是不包括边界,若包括边界,则称为闭圆或闭环.

(2) 两个不相交的开圆的并集仍是开集,但不连通,因而不是区域;两个相切的圆加上切点所组成的点集虽然连通,但不是开集,从而也不是区域.

定义 1.8 若 $x(t)$ 和 $y(t)$ 是两个定义在区间 $\alpha\leqslant t\leqslant\beta$ 上的连续实变函数,则由方程

$$\begin{cases}x=x(t),\\ y=y(t),\end{cases}\quad(\alpha\leqslant t\leqslant\beta)$$

或由复数方程

$$z=z(t)=x(t)+\mathrm{i}y(t)\quad(\alpha\leqslant t\leqslant\beta)$$

所决定的点集 C 称为平面上的一条连续曲线. $z(\alpha)$ 和 $z(\beta)$ 分别称为曲线的起点和终点;若对 $\alpha \leqslant t_1 \leqslant \beta$, $\alpha < t_2 < \beta$, $t_1 \neq t_2$ 的 t_1 和 t_2,有 $z(t_1) = z(t_2)$,则点 $z(t_1)$ 称为这条曲线的重点;凡无重点的连续曲线,称为简单曲线或约当(Jordon)曲线;满足 $z(\alpha) = z(\beta)$ 的简单曲线称为简单闭曲线或约当闭曲线.

简单曲线是平面上的一个有界闭集. 例如,线段、圆弧和抛物线等是简单曲线;圆周和椭圆周等都是简单闭曲线.

以一条简单闭曲线 C 为公共边界可把平面分为两个区域:一个是有界的,称为 C 的内部;另一个是无界的,称为 C 的外部.

若沿一条简单闭曲线 C 绕行一周时,C 的内部始终在 C 的左侧,则绕行的方向称为曲线的正方向;若沿一曲线 C 绕行一周时,C 的内部始终在 C 的右侧,则绕行的方向称为曲线的负方向.

定义 1.9 设 $z = z(t) = x(t) + \mathrm{i}y(t)$ $(\alpha \leqslant t \leqslant \beta)$ 是一条简单曲线,若 $z(t)$ 在 $\alpha \leqslant t \leqslant \beta$ 上有连续的导数

$$z' = z'(t) = x'(t) + \mathrm{i}y'(t),\ z'(t) \neq 0,$$

即此曲线有连续变动的切线,则称此曲线为光滑曲线. 由若干段光滑曲线所组成的曲线称为分段光滑曲线.

定义 1.10 设 D 为一区域,在 D 内任作一条简单闭曲线,而曲线的内部总属于 D,则称 D 为单连通域. 一个区域如果不是单连通域,就称为多连通域.

注 圆域 $|z| < R$ 是单连通区域;而圆环域 $0 < r < |z| < R$ 为多连通域.

例 1.12 求满足 $\cos\theta < r < 2\cos\theta$ $\left(-\dfrac{\pi}{2} < \theta < \dfrac{\pi}{2}\right)$ 的点 $z = r(\cos\theta + \mathrm{i}\sin\theta)$ 的集合. 若该集合为一区域,那么它是单连通区域还是多连通区域?

解 由于

$$r = \sqrt{x^2 + y^2},\ \cos\theta = \frac{x}{\sqrt{x^2 + y^2}},$$

利用条件 $\cos\theta < r < 2\cos\theta$ 得

$$\frac{x}{\sqrt{x^2 + y^2}} < \sqrt{x^2 + y^2} < \frac{2x}{\sqrt{x^2 + y^2}},$$

于是

$$x < x^2 + y^2 < 2x,$$

从而得到所求点集由下列不等式确定

$$\begin{cases} (x-1)^2 + y^2 < 1, \\ \left(x-\dfrac{1}{2}\right)^2 + y^2 > \dfrac{1}{4}, \end{cases}$$

即图 1-5 中的阴影部分,它是一个单连通区域.

例 1.13 试判别满足条件 $0 < \arg\dfrac{z-i}{z+i} < \dfrac{\pi}{4}$ 的点 z 组成的点集是否为一区域?

解 设 $z = x+iy$,记 $\theta = \arg\dfrac{z-i}{z+i}$,则

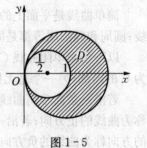

图 1-5

$$\frac{z-i}{z+i} = \frac{x^2+y^2-1}{x^2+(y+1)^2} - i\frac{2x}{x^2+(y+1)^2},$$

$\theta = \arctan\dfrac{-2x}{x^2+y^2-1}.$ 由 $0 < \arg\dfrac{z-i}{z+i} < \dfrac{\pi}{4}$ 得

$$0 < \frac{-2x}{x^2+y^2-1} < 1,$$

即

$$\begin{cases} x < 0, \\ (x+1)^2 + y^2 > 2. \end{cases}$$

因此,不等式 $0 < \arg\dfrac{z-i}{z+i} < \dfrac{\pi}{4}$ 所确定的点集为图 1-6 中的阴影部分,它是一个无界的单连通区域.

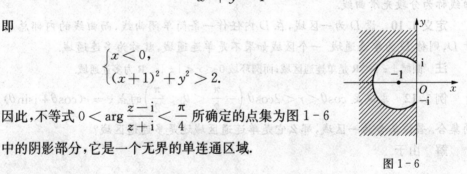

图 1-6

1.4 复 变 函 数

1.4.1 复变函数的概念

复变函数就是以复数为自变量的函数,其函数值通常也是复数.复变函数的严格定义如下:

定义 1.11 设在复平面上有点集 D,若对 D 内每一点 z,按照某一法则,有确定的复数 w 与之对应,则称 w 为 z 的复变函数,记为 $w = f(z)$. D 称为函数 $w = f(z)$ 的定义域,$G = \{f(z) \mid z \in D\}$ 称为函数的值域.

注 若 D 内每一复数 z,有唯一确定的复数 w 与之对应,则称 $f(z)$ 为单值函数;若 z 的一个值对应着 w 几个或无穷多个值,则称为 $f(z)$ 多值函数. 例如:$w=|z|$,$w=z^2$ 为单值函数;而 $w=\mathrm{Arg}\,z$,$w=\sqrt[4]{z}$ 为多值函数.

函数 $w=f(z)$ 又称为变换或映射. 变换或映射着重刻画点与点之间的对应关系,而函数则着重刻画数与数之间的对应关系.

定义 1.12 设 G 是 W 平面上与 Z 平面的点集 D 通过函数 $w=f(z)$ 相对应的点集,若对于 G 中任一点 w,按照 $w=f(z)$ 的对应规则,在 D 中有一个或多个(有限个或无限个)点 z 与之对应,则得到的 z 是 w 的函数,记为 $z=g(w)$. 称 $z=g(w)$ 为函数 $w=f(z)$ 的反函数.

显然,反函数也有单值函数和多值函数之分. 例如:$w=z-1$ 的反函数 $z=w+1$ 为单值函数;而 $w=z^2$ 的反函数 $z=\sqrt{w}$ 为多值函数.

记 $z=x+\mathrm{i}y$,$w=u+\mathrm{i}v$,则

$$w=f(z)=u(x,\,y)+\mathrm{i}v(x,\,y)$$

因此,一个复变函数 $w=f(z)$,相当于给出了两个二元实变量函数 $u=u(x,\,y)$,$v=v(x,\,y)$. 它给出了 Z 平面到 W 平面的一个映射或变换. 显然,映射 $w=f(z)$ 具有如下性质:

(1) 对于点集 D 中的每一点 z,相应的点 $w=f(z)$ 是点集 G 中的一个点.

(2) 对于点集 G 中的每一点 w,在点集 D 中至少有一点 z,满足 $w=f(z)$. 因此,常称点集 G 为点集 D 被函数 $w=f(z)$ 映射的像,而点集 D 称为点集 G 的原像.

例 1.14 试确定函数 $w=z^2$ 所构成的映射.

解 令

$$z=x+\mathrm{i}y=r(\cos\theta+\mathrm{i}\sin\theta),$$

则

$$w=u+\mathrm{i}v=r^2(\cos 2\theta+\mathrm{i}\sin 2\theta).$$

由此可见,函数 $w=z^2$ 把点 z 映射成点 w 时,w 的模是 z 的模的平方,w 的辐角是 z 的辐角的 2 倍.

显然,$w=z^2$ 可以把 z 平面上中心在原点,半径为 r 的圆域 D 映射成 w 平面上中心在原点,半径为 r^2 的圆域 D,即

$$D:\ |z|<r \xrightarrow{\ w=z^2\ } G:\ |w|<r^2.$$

例 1.15 求在映射 $w=\mathrm{i}z$ 下,集合 $D=\{z\mid \mathrm{Re}\,z>0,\ 0<\arg z<\pi/2\}$ 的

像集.

解 显然 D 为复平面的第一象限,而映射 $w = iz$ 的作用为逆时针方向旋转 $\dfrac{\pi}{2}$.

从而 D 在 $w = iz$ 下的像集为

$$G = \left\{ w \,\middle|\, \text{Re}\, w < 0,\ \frac{\pi}{2} < \arg w < \pi \right\}.$$

1.4.2 曲线在映射下的像

在函数 $w = f(z)$ 的映射下,Z 平面上的曲线 C 映射成 W 平面上的曲线 Γ,如何由曲线 C 的方程确定曲线 Γ 的方程?

(1) 若曲线 C 由方程 $F(x, y) = 0$ 确定,则曲线 Γ 的方程可由方程组

$$\begin{cases} u = u(x,\ y), \\ v = v(x,\ y), \\ F(x,\ y) = 0, \end{cases}$$

消去 $x,\ y$ 得到.

(2) 若曲线 C 由参数方程

$$\begin{cases} x = x(t), \\ y = y(t), \end{cases} \quad (\alpha \leqslant t \leqslant \beta)$$

给出,则 $u = u(x, y),\ v = v(x, y)$ 可得到曲线 Γ 的参数方程

$$\begin{cases} u = u[x(t),\ y(t)] = \phi(t), \\ v = v[x(t),\ y(t)] = \psi(t), \end{cases} \quad (\alpha \leqslant t \leqslant \beta)$$

或由 $w = \phi(t) + i\psi(t)$ 确定.

(3) 若曲线 C 由复方程

$$F(z,\ \bar{z}) = 0$$

确定,则可直接将逆映射 $z = f^{-1}(w)$ 代入方程,得到曲线 Γ 的方程

$$G(w,\ \overline{w}) = 0.$$

例 1.16 求在 $w = z^3$ 映射下,Z 平面上的直线 $z = (1+i)t$ 映射成 W 平面上的曲线方程.

解 直线 $z = (1+i)t$ 的参数方程为

$$\begin{cases} x = t, \\ y = t, \end{cases}$$

16

在 Z 平面上表示第 Ⅰ 象限的分角线 $y=x$. 在 $w=z^3$ 的映射下,此分角线映成曲线方程的参数形式为

$$\begin{cases} u=-2t^3, \\ v=2t^3. \end{cases}$$

消去参数 t 得

$$v=-u,$$

此为 W 平面上第 Ⅱ 象限的分角线方程.

例 1.17 求函数 $w=\dfrac{1}{z}$ 把 Z 平面以点 $(1,0)$ 为圆心,1 为半径的圆周 C 映射成 W 平面上的像曲线 Γ.

解 方法 1 将 Z 平面的曲线 C 表示成

$$(x-1)^2+y^2=1 \tag{1-23}$$

由 $w=u+\mathrm{i}v=\dfrac{1}{z}=\dfrac{x}{x^2+y^2}-\mathrm{i}\dfrac{y}{x^2+y^2}$,可得:$x=\dfrac{u}{u^2+v^2}$,$y=-\dfrac{v}{u^2+v^2}$,代入方程(1-23)得

$$\frac{1}{u^2+v^2}-\frac{2u}{u^2+v^2}=0,$$

从而得到 W 平面上的像曲线 Γ 方程为:$u=\dfrac{1}{2}$.

方法 2 将 Z 平面的曲线 C 表示成:$|z-1|=1$,即

$$(z-1)(\bar{z}-1)=1. \tag{1-24}$$

将 $z=\dfrac{1}{w}$ 和 $\bar{z}=\dfrac{1}{\bar{w}}$ 代入方程(1-24)得

$$\frac{1}{w}\cdot\frac{1}{\bar{w}}-\frac{1}{w}-\frac{1}{\bar{w}}=0,$$

整理得,$w+\bar{w}=1$,即,$u=\dfrac{1}{2}$.

例 1.18 求映射 $w=\dfrac{z+1}{1-z}$ 把 Z 平面上的曲线 $(x-1)^2+y^2=1$ 映射成 W 平面上的曲线方程.

17

解 由 $w = \dfrac{z+1}{1-z}$ 得其逆映射为 $z = \dfrac{w-1}{w+1}$，而原曲线方程的复数形式为

$$|z-1| = 1,$$

所以

$$1 = |z-1| = \left| \frac{w-1}{w+1} - 1 \right| = \left| \frac{-2}{w+1} \right|,$$

即像曲线方程为 $|w+1| = 2$.

1.5 复球面与无穷远点

1.5.1 复球面

除前面介绍的复数的各种表示外，复数的另一种表示可用球面上的点作对应. 为此，先建立复平面与球面上的点的对应关系.

取一个与复平面切于坐标原点的球面，并通过原点 O 作垂直于复平面的直线与球面交于 N 点，点 O 和 N 分别称为南极和北极，如图 1-7 所示. 设 z 为复平面上任意一点，则连接 zN 的直线必交球面上唯一点 P，易见，z 与 P 一一对应，故复数也可用球面上的点表示.

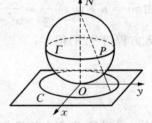

图 1-7 复球面

考虑复平面上一个以原点为中心的圆周 C，在球面上对应地有一个圆周 Γ，圆周 C 的半径越大，圆周 Γ 就越靠近北极 N，因而北极 N 可以看作复平面上一个模为无穷大的点在球面上的对应点. 这个模为无穷大的点称为无穷远点，记为 ∞. 复平面加上点 ∞ 后称为扩充复平面，与它对应的就是整个球面，称为复球面. 扩充复平面的一个几何模型就是复球面.

对于 ∞ 来说，实部、虚部和辐角的概念均无意义，但它的模规定为正无穷大，即 $|\infty| = +\infty$.

关于 ∞ 的运算，规定如下：

设 a 为有限复数，则

(1) $a \pm \infty = \infty \pm = \infty$.

(2) $a \cdot \infty = \infty \cdot a = \infty \quad (a \neq 0)$.

(3) $\dfrac{a}{\infty} = 0, \dfrac{a}{0} = \infty \quad (a \neq 0)$.

18

(4) $\infty \pm \infty$，$0 \cdot \infty$ 及 $\dfrac{\infty}{\infty}$ 没有意义.

复平面上每一条直线都通过点∞，同时没有一个半平面包含点∞. 需要指出的是，扩充复平面上只有一个无穷远点，它与高等数学中的 $+\infty$ 和 $-\infty$ 的概念不同. 但本书中若无特别说明，所谓"点"仍指一般复平面上的点.

1.5.2　扩充复平面上的几个概念

1.5.2.1　点集概念

扩充复平面上，无穷远点的邻域应理解为以原点为心的某圆周的外部，即指满足条件 $|z| > \dfrac{1}{\varepsilon}$（$\varepsilon > 0$）的点集称为∞的 ε 邻域. 在扩充复平面上，内点和边界点等概念均可以推广到点∞. 复平面以∞为其唯一的边界点；扩充复平面以∞为内点，且它是唯一的无边界的区域.

1.5.2.2　单连通的概念

单连通区域的概念也可以推广到扩充复平面上的区域. 要注意的是，根据单连通区域的概念，区域 D 内的简单曲线 C 在 D 内连续收缩于一点，该点既可能是有限点，也可能是无穷远点，而所谓曲线 C 能连续收缩到无穷远点，实质上就是曲线 C 扩大而落入点∞的任意小的邻域中，即属于以原点为中心、任意大的半径的圆周的外部.

例如：在扩充复平面上，$D_1 = \{z \mid |z| < 1\}$ 为单连通区域；$D_2 = \{z \mid |z| > 1\}$ 也为单连通区域；而 $D_3 = \{z \mid 1 < |z| < +\infty\}$ 为多连通区域. 因此，在扩充复平面上，一个圆周的外部（这里把∞算作这个区域的内点）就是一个单连通区域；一个无界区域是否单连通，取决于是在通常的复平面上还是在扩充复平面上，即∞是否包含在区域内.

习　题　1

A 套

1. 求下列复数的实部、虚部、模、辐角主值及共轭复数：

(1) $\dfrac{1-i}{1+i}$.

(2) $\dfrac{i}{(i-1)(i-2)}$.

(3) $\dfrac{1-2i}{3-4i} - \dfrac{2-i}{5i}$.

(4) $(1+i)^{100} + (1-i)^{100}$.

(5) $i^8 - 4i^{21} + i$.   (6) $\left(\dfrac{1+\sqrt{3}i}{2} \right)^5$.

2. 求下列复数的值,并写出其三角表示式及指数表示式:

(1) $(2-3i)(-2+i)$.   (2) $\dfrac{(\sqrt{3}+i)(2-2i)}{(\sqrt{3}-i)(2+2i)}$.

(3) $\dfrac{(\cos 5\theta + i\sin 5\theta)^2}{(\cos 3\theta - i\sin 3\theta)^3}$.   (4) $\dfrac{1-i\tan\theta}{1+i\tan\theta}$ $\left(0 < \theta < \dfrac{\pi}{2} \right)$.

3. 求下列复数的值:

(1) $(1-i)^4$.   (2) $(\sqrt{3}-i)^{12}$.

(3) $\sqrt{1+i}$.   (4) $\sqrt[5]{1}$.

(5) $\sqrt[6]{64}$.   (6) $\sqrt{\sqrt{3}+\sqrt{3}i}$.

4. 解下列方程:

(1) $z^2 - 3(1+i)z + 5i = 0$.   (2) $\begin{cases} z_1 + 2z_2 = 1+i, \\ 3z_1 + iz_2 = 2-3i. \end{cases}$

5. 试用 $\sin\theta$ 与 $\cos\theta$ 表示 $\sin 6\theta$ 与 $\cos 6\theta$.

6. 求下列方程所表示的曲线(其中 t 为实参数):

(1) $z = (1+i)t$.

(2) $z = a\cos t + ib\sin t$ $(a>0, b>0$ 为实常数).

(3) $z = t + \dfrac{i}{t}$ $(t \neq 0)$.

(4) $z = re^{it} + a$ $(r>0$ 为实常数,a 为复常数).

7. 求下列方程所表示的曲线:

(1) $\left| \dfrac{z-1}{z+2} \right| = 2$.   (2) $\operatorname{Re} z^2 = a^2$ $(a$ 为实常数).

(3) $\left| \dfrac{z-a}{1-\bar{a}z} \right| = 1$ $(|a|<1)$.   (4) $|z+3| + |z+1| = 4$.

8. 求下列不等式所表示的区域,并作图:

(1) $|z+i| < 3$.   (2) $|z-3-4i| \geqslant 2$.

(3) $\dfrac{1}{2} < |2z-2i| \leqslant 4$.   (4) $\dfrac{\pi}{6} < \arg(z+2i) < \dfrac{\pi}{2}$ $(|z|>2)$.

(5) $-\dfrac{\pi}{4} < \arg \dfrac{z-i}{i} < \dfrac{\pi}{4}$.   (6) $\operatorname{Im} z \geqslant \dfrac{1}{2}$.

(7) $\left| \dfrac{z-3}{z-2} \right| \geqslant 1$.   (8) $|z-2| + |z+2| < 5$.

(9) $|z-2|-|z+2|>1$.　　　　(10) $|z|+\operatorname{Re}z\leqslant 1$.

9. 求映射 $w=z+\dfrac{1}{z}$ 下圆周 $|z|=2$ 的像.

10. 函数 $w=z^2$ 把 Z 平面上的直线段 $\operatorname{Re}z=1$，$-1\leqslant\operatorname{Im}z\leqslant 1$ 变成 W 平面上的什么曲线?

11. 函数 $w=\dfrac{1}{z}$ 把 Z 平面上的下列曲线变成 W 平面上的什么曲线?

(1) $x^2+y^2=4$.　　　　　　(2) $x=1$.

(3) $y=x$.　　　　　　　　　(4) $x^2+y^2=2x$.

12. 已知函数 $w=z^3$，求:

(1) 点 $z_1=\mathrm{i}$，$z_2=1+\mathrm{i}$，$z_3=\sqrt{3}+\mathrm{i}$ 在 W 平面上的像.

(2) 区域 $0<\arg z<\dfrac{\pi}{3}$ 在 W 平面上的像.

B 套

1. 设 n 为自然数,证明:

$$\left(\frac{1+\sin\theta+\mathrm{i}\cos\theta}{1+\sin\theta-\mathrm{i}\cos\theta}\right)^n=\cos n\left(\frac{\pi}{2}-\theta\right)+\mathrm{i}\sin n\left(\frac{\pi}{2}-\theta\right).$$

2. 证明: $4\arctan\dfrac{1}{5}-\arctan\dfrac{1}{239}=\dfrac{\pi}{4}$.

3. 当 $|z|\leqslant 1$ 时,求 $|z^n+a|$ 的最大值,其中 n 为正整数,a 为复数.

4. 试证明: 当 $\operatorname{Re}(z_1)>0$，$\operatorname{Re}(z_2)>0$ 时,

$$\arg(z_1 z_2)=\arg z_1+\arg z_2,$$

$$\arg\left(\frac{z_1}{z_2}\right)=\arg z_1-\arg z_2.$$

5. 设 $b\neq 0$,证明:(1) 点 $a+bi$，0 和 $\dfrac{1}{-a+bi}$ 共线;(2) 点 $a+bi$，$\dfrac{1}{-a+bi}$，-1 和 1 共圆周.

6. 设复数 z_1，z_2，z_3 满足等式: $\dfrac{z_2-z_1}{z_3-z_1}=\dfrac{z_1-z_3}{z_2-z_3}$,证明: $|z_2-z_1|=|z_3-z_1|=|z_2-z_3|$.

7. 设复数 z_1，z_2，z_3 满足: $z_1+z_2+z_3=0$，$|z_1|=|z_2|=|z_3|=1$,计算

$|z_1 - z_2|$.

8. 设 $0 < \theta < 2\pi$，n 为正整数，证明：

$$1 + \cos\theta + \cos 2\theta + \cdots + \cos n\theta = \frac{1}{2} + \frac{\sin[(2n+1)\theta/2]}{2\sin(\theta/2)}.$$

第2章 解析函数

在客观世界中,我们会遇到很多以复数为变量去刻画的物理量,如速度、加速度、电场强度、磁场强度等,而且经常涉及量之间的相互关系,即复变函数.而解析函数是复变函数中最重要的一类,它的特点是任意阶可导或可微.

为了研究解析函数,本章首先介绍复变函数的极限、连续、可导、可微等概念,其次引入解析函数的概念,并介绍解析函数的物理意义,最后介绍一些常用的初等函数.

2.1 复变函数的极限和连续

可以将高等数学中极限与连续的概念,推广到复变函数中.

2.1.1 复变函数的极限

定义 2.1 设函数 $w = f(z)$ 在点 z_0 的某个邻域内有定义,A 为复常数,若对任意给定的 $\varepsilon > 0$,存在 $\delta > 0$,使得当 $0 < |z - z_0| < \delta$ 时,有

$$|f(z) - A| < \varepsilon,$$

则称 A 为 $f(z)$ 当 z 趋于 z_0 时的极限,记为

$$\lim_{z \to z_0} f(z) = A.$$

注 在复平面上,$z \to z_0$ 的方式有无穷多种,这意味着:当 z 从平面上任一方向、沿任何路径、以任意方式趋近于 z_0 时,$f(z)$ 均以 A 为极限.

判断 $\lim_{z \to z_0} f(z)$ 不存在的两种方法:

(1) z 沿某特殊路径趋于 z_0 时,$f(z)$ 的极限不存在.

(2) z 沿两条特殊路径趋于 z_0 时,$f(z)$ 的极限不相同.

例 2.1 试证明:函数 $f(z) = \dfrac{\operatorname{Im} z}{|z|}$ 当 $z \to 0$ 时极限不存在.

证明 方法 1 令 $z = x + \mathrm{i}y$,则

$$\lim_{\substack{y=kx \\ x \to 0^+}} f(z) = \lim_{\substack{y=kx \\ x \to 0^+}} \frac{\text{Im} z}{|z|} = \lim_{\substack{y=kx \\ x \to 0^+}} \frac{kx}{\sqrt{x^2 + k^2 x^2}} = \frac{k}{\sqrt{1+k^2}}.$$

因为它随 k 而变化, 所以当 $z \to 0$ 时, $f(z)$ 极限不存在.

方法 2　令 $z = r(\cos\theta + \mathrm{i}\sin\theta)$, 则 $f(z) = \dfrac{r\sin\theta}{r} = \sin\theta$.

当 z 沿不同的射线 $\arg z = \theta$ 趋于零时, $f(z)$ 趋于不同的值. 例如, 当 z 沿射线 $\arg z = 0$ 趋于零时, $f(z) \to \sin 0 = 0$; 但当 z 沿射线 $\arg z = \dfrac{\pi}{2}$ 趋于零时, $f(z) \to$ $\sin\dfrac{\pi}{2} = 1$. 故 $\lim\limits_{z \to 0} f(z)$ 不存在.

对于给定的复变函数 $w = f(z) = u(x, y) + \mathrm{i}v(x, y)$, 相当于给出了两个元函数 $u = u(x, y)$ 和 $v = v(x, y)$, 那么, 关于复变函数 $w = f(z)$ 的极限计算问题是否可以转化为两个二元实函数 $u = u(x, y)$ 和 $v = v(x, y)$ 的极限计算问题?

定理 2.1　设 $w = f(z) = u(x, y) + \mathrm{i}v(x, y)$, $A = u_0 + \mathrm{i}v_0$, $z_0 = x_0 + \mathrm{i}y_0$, 则 $\lim\limits_{z \to z_0} f(z) = A$ 的充要条件为

$$\lim_{(x, y) \to (x_0, y_0)} u(x, y) = u_0, \qquad \lim_{(x, y) \to (x_0, y_0)} v(x, y) = v_0.$$

证明　因为

$$f(z) - A = u(x, y) - u_0 + \mathrm{i}[v(x, y) - v_0],$$

利用不等式

$$|u(x, y) - u_0| \leqslant |f(z) - A|, \ |v(x, y) - v_0| \leqslant |f(z) - A| \quad (2-1)$$

及

$$|f(z) - A| \leqslant |u(x, y) - u_0| + |v(x, y) - v_0|. \quad (2-2)$$

根据极限的定义, 由式 (2-1) 可得必要性部分的证明, 由式 (2-2) 可得充分性部分的证明.

定理 2.1 的重要意义在于: 它揭示了复变函数的极限与实变函数极限的紧密关系, 即将求复变函数的极限问题转化为求两个二元实值函数的二重极限问题.

复变函数的极限有如下一些性质.

定理 2.2　设当 z 趋于 z_0 时复变函数 $f(z)$, $g(z)$ 极限存在, 且

$$\lim_{z \to z_0} f(z) = A, \ \lim_{z \to z_0} g(z) = B,$$

则

(1) $\lim\limits_{z \to z_0}[f(z) \pm g(z)] = A \pm B.$

(2) $\lim\limits_{z \to z_0} f(z)g(z) = AB.$

(3) $\lim\limits_{z \to z_0} \dfrac{f(z)}{g(z)} = \dfrac{A}{B} \quad (B \neq 0).$

推论 2.1 $\lim\limits_{z \to z_0}[Cf(z)] = C\lim\limits_{z \to z_0} f(z) = CA$；$\lim\limits_{z \to z_0} f^k(z) = \left[\lim\limits_{z \to z_0} f(z)\right]^k = A^k.$

2.1.2　复变函数的连续性

定义 2.2　设函数 $w = f(z)$ 在点 z_0 的某个邻域内有定义,若有 $\lim\limits_{z \to z_0} f(z) = f(z_0)$,则称函数 $w = f(z)$ 在点 z_0 处连续,点 z_0 称为 $f(z)$ 的连续点;若 $w = f(z)$ 在区域 D 内处处连续,则称 $w = f(z)$ 在区域 D 内连续.

例 2.2　证明:函数 $f(z) = \begin{cases} \dfrac{\mathrm{Re}\,z}{1 + |z|}, & z \neq 0, \\ 0, & z = 0, \end{cases}$ 在 $z = 0$ 点连续.

证明　令 $z = x + \mathrm{i}y$,则当 $x \to 0$, $y \to 0$ 时

$$\frac{\mathrm{Re}\,z}{1 + |z|} = \frac{x}{1 + \sqrt{x^2 + y^2}} \to 0 = f(0)$$

所以,$f(z)$ 在 $z = 0$ 点连续.

注　类似于高等数学中的情形,如果 $f(z)$ 在 z_0 没有定义,但 $\lim\limits_{z \to z_0} f(z)$ 存在,则可补充 $f(z_0) = \lim\limits_{z \to z_0} f(z)$,使得 $f(z)$ 在 z_0 点连续. 例如:函数 $f(z) = \dfrac{z\mathrm{Im}\,z^2}{|z|^2}$ 在 $z = 0$ 点无定义,若补充 $f(0) = 0$,则 $f(z)$ 在 $z = 0$ 点连续.

例 2.3　讨论函数 $f(z) = \arg z$ 的连续性.

解　由辐角 $\arg z$ 的定义知,$\arg z$ 在 $z = 0$ 无意义,所以 $f(z) = \arg z$ 在 $z = 0$ 处不连续. 设 $x_0 < 0$ 为负实轴上的任意一点,当 z 从上半平面内趋于 x_0 时, $\arg z \to \pi$;但当 z 从下半平面内趋于 x_0 时,$\arg z \to -\pi$,故 $f(z)$ 在 $z_0 = x_0 + 0\mathrm{i} = x_0$ 处无极限,从而不连续. 综上所述,函数 $f(z) = \arg z$ 在整个复平面上除原点与负实轴外均连续.

由定义 2.2 及定理 2.1 可得如下结论.

定理 2.3　设函数 $f(z) = u(x, y) + \mathrm{i}v(x, y)$ 于点 z_0 的某个邻域内有定义,则 $f(z)$ 在点 $z_0 = x_0 + \mathrm{i}y_0$ 连续的充要条件是:二元实变函数 $u(x, y)$ 和 $v(x, y)$ 在点 (x_0, y_0) 连续.

定理 2.4 连续函数的和、差、积、商(分母不为零)仍为连续函数,连续函数的复合函数仍为连续函数.

由以上定理 2.4 知,有理整函数(多项式) $w = P(z) = a_0 + a_1 z + a_2 z^2 + \cdots + a_n z^n$ 对复平面内所有的 z 都是连续的;而有理分式 $\dfrac{P(z)}{Q(z)}$,其中 $P(z)$ 和 $Q(z)$ 都是多项式,在复平面分母不为零的点也是连续.

复连续函数也有与实连续函数类似的性质.

定理 2.5 设 $w = f(z)$ 在有界闭区域 D 上的连续函数,则其模 $|f(z)|$ 在 D 上必有界,且取到最大值与最小值.

注 在后续内容中,常假设一个复变函数在曲线上连续. 应指出,所谓函数 $f(z)$ 在曲线 C 上 z_0 点处连续的意义是指

$$\lim_{z \to z_0} f(z) = f(z_0), \ \forall z \in C.$$

若函数 $f(z)$ 在闭曲线 C 或包括曲线端点在内的曲线段 C 上连续,则 $|f(z)|$ 在曲线 C 上有界,即存在一正数 M,在曲线上恒有 $|f(z)| \leqslant M, \ \forall z \in C$.

2.2 解析函数的概念

2.2.1 复变函数的导数和微分

定义 2.3 设函数 $w = f(z)$ 在点 z_0 的邻域内或包含 z_0 的区域 D 内有定义,若极限

$$\lim_{\Delta z \to 0} \frac{f(z_0 + \Delta z) - f(z_0)}{\Delta z} \tag{2-3}$$

存在,则称此极限值为函数 $w = f(z)$ 在点 z_0 的导数,并记为 $f'(z_0)$,或 $\dfrac{\mathrm{d}f}{\mathrm{d}z}\Big|_{z=z_0}$,或 $\dfrac{\mathrm{d}w}{\mathrm{d}z}\Big|_{z=z_0}$,即

$$f'(z_0) = \lim_{\Delta z \to 0} \frac{\Delta w}{\Delta z} = \lim_{\Delta z \to 0} \frac{f(z_0 + \Delta z) - f(z_0)}{\Delta z}. \tag{2-4}$$

此时称函数 $w = f(z)$ 在点 z_0 处可导. 若函数 $f(z)$ 在区域 D 内处处可导,则称函数 $f(z)$ 在 D 内可导.

注 一元实函数 $y = f(x)$ 在 x_0 处可导的充要条件为 $f(x)$ 在 x_0 处左右导数存在且相

等. 由于式(2-3)中极限的存在与 $\Delta z \to 0$ 的路径和方式无关, 因此, 复变函数对可导性的要求比一元实函数苛刻.

一元实函数在一点处导数的几何意义为函数在该点的"变化率", 由于复变函数在一点处的导数为复数, 而复数不能比较大小, 因此, 不能用导数来描述复变函数在一点处的变化快慢.

例 2.4 讨论函数 $w = f(z) = |z|^2$ 的可导性.

解
$$\frac{\Delta w}{\Delta z} = \frac{|z + \Delta z|^2 - |z|^2}{\Delta z} = \frac{(z + \Delta z)\overline{(z + \Delta z)} - z\bar{z}}{\Delta z}$$
$$= \bar{z} + \overline{\Delta z} + z\frac{\overline{\Delta z}}{\Delta z}.$$

当 $z = 0$ 时,
$$\lim_{\Delta z \to 0} \frac{\Delta w}{\Delta z} = \lim_{\Delta z \to 0} \overline{\Delta z} = 0.$$

当 $z \neq 0$ 时, 取 $\Delta z = \Delta x \to 0$, 则
$$\lim_{\Delta z \to 0} \frac{\Delta w}{\Delta z} = \lim_{\substack{\Delta x \to 0 \\ \Delta z = \Delta x}} \frac{\Delta w}{\Delta z} = \bar{z} + z.$$

取 $\Delta z = \mathrm{i}\Delta y \to 0$, 则
$$\lim_{\Delta z \to 0} \frac{\Delta w}{\Delta z} = \lim_{\substack{\Delta y \to 0 \\ \Delta z = \mathrm{i}\Delta y}} \frac{\Delta w}{\Delta z} = \bar{z} - z.$$

综合得: 当 $z = 0$ 时, $f'(0) = 0$; 当 $z \neq 0$ 时, $w = f(z)$ 导数不存在.

例 2.5 试讨论函数 $w = f(z) = \mathrm{Im}\, z$ 的可导性.

解 设 z 为复平面上任意一点,
$$\frac{\Delta w}{\Delta z} = \frac{f(z + \Delta z) - f(z)}{\Delta z} = \frac{\mathrm{Im}(z + \Delta z) - \mathrm{Im}\, z}{\Delta z}$$
$$= \frac{\mathrm{Im}\, z + \mathrm{Im}\, \Delta z - \mathrm{Im}\, z}{\Delta z} = \frac{\mathrm{Im}\, \Delta z}{\Delta z}$$
$$= \frac{\mathrm{Im}(\Delta x + \mathrm{i}\Delta y)}{\Delta x + \mathrm{i}\Delta y} = \frac{\Delta y}{\Delta x + \mathrm{i}\Delta y}.$$

取 $\Delta z = \Delta x \to 0$, 则
$$\lim_{\substack{\Delta z \to 0 \\ \Delta y = 0}} \frac{\Delta w}{\Delta z} = \lim_{\Delta x \to 0} \frac{\Delta y}{\Delta x + \mathrm{i}\Delta y} = \lim_{\Delta x \to 0} \frac{0}{\Delta x} = 0,$$

取 $\Delta z = \mathrm{i}\Delta y \to 0$，则

$$\lim_{\Delta z \to 0} \frac{\Delta w}{\Delta z} = \lim_{\substack{\Delta x = 0 \\ \Delta y \to 0}} \frac{\Delta y}{\Delta x + \mathrm{i}\Delta y} = \lim_{\Delta y \to 0} \frac{\Delta y}{\mathrm{i}\Delta y} = \frac{1}{\mathrm{i}}.$$

因此，当点沿不同方向而使 $\Delta z \to 0$ 时，$\dfrac{\Delta w}{\Delta z}$ 的极限不同，从而 $\lim\limits_{\Delta z \to 0} \dfrac{\Delta w}{\Delta z}$ 不存在，所以 $f(z) = \mathrm{Im}\, z$ 在复平面上处处不可导.

例 2.6　试证明：函数 $f(z) = z^n$　（n 为正整数）在 z 平面上处处可导，且

$$\frac{\mathrm{d}}{\mathrm{d}z} z^n = n z^{n-1}.$$

证明　设 z 是任意固定的点，则

$$\lim_{\Delta z \to 0} \frac{f(z + \Delta z) - f(z)}{\Delta z} = \lim_{\Delta z \to 0} \frac{(z + \Delta z)^n - z^n}{\Delta z}$$

$$= \lim_{\Delta z \to 0} \left[n z^{n-1} + \frac{n(n-1)}{2} z^{n-2} \Delta z + \cdots + (\Delta z)^{n-1} \right]$$

$$= n z^{n-1}.$$

以上例题表明，即使一个复变函数 $w = f(z) = u(x, y) + \mathrm{i}v(x, y)$ 的实部 $u(x, y)$ 和虚部 $v(x, y)$ 在整个平面上任意阶偏导数均存在，但复变函数 $w = f(z)$ 仍可能不可导，如例 2.4 和例 2.5. 因此，研究复变函数的导数，不能转化为研究实部和虚部这两个实变函数的可导性.

对于可导的复变函数而言，具有类似于一元实函数的求导法则和公式.

1) **基本公式**

$$(C)' = 0,\text{其中 } C \text{ 为任意复常数}；$$

$$(z^n)' = n z^{n-1},\text{其中 } n \text{ 为正整数}.$$

2) **四则运算**　若函数 $f(z)$ 和 $g(z)$ 在点 z 处可导，则函数 $f(z) \pm g(z)$，$f(z)g(z)$ 和 $\dfrac{f(z)}{g(z)}$（$g(z) \neq 0$）在点 z 处均可导，且

$$[f(z) \pm g(z)]' = f'(z) \pm g'(z)；$$

$$[f(z)g(z)]' = f'(z)g(z) + f(z)g'(z)；$$

$$\left[\frac{f(z)}{g(z)}\right]' = \frac{f'(z)g(z) - f(z)g'(z)}{[g(z)]^2}, \ g(z) \neq 0.$$

3) **链导法则** 若 $w = g(z)$ 在点 z 处可导，$h = f(w)$ 在 $w = g(z)$ 处可导，则复合函数 $h = f[g(z)]$ 在点 z 处可导，且有

$$\{f[g(z)]\}' = f'(w)g'(z).$$

4) **反函数求导公式** 设 $w = f(z)$ 和 $z = \varphi(w)$ 互为反函数，且均为单值函数，$\varphi'(w) \neq 0$，则

$$f'(z) = \frac{1}{\varphi'(w)}.$$

与导数的情形类似，复变函数的微分定义，形式上与一元实函数的微分定义一致.

定义 2.4 设函数 $w = f(z)$ 在 z 处的增量 $\Delta w = f(z + \Delta z) - f(z)$ 可以表示为

$$\Delta w = f(z + \Delta z) - f(z) = A\Delta z + \rho(\Delta z), \tag{2-5}$$

其中 A 为不依赖于 Δz 的复常数，$\rho(\Delta z)$ 满足

$$\lim_{\Delta z \to 0} \frac{\rho(\Delta z)}{\Delta z} = 0,$$

则称 $w = f(z)$ 在 z 处可微，并称 $A\Delta z$ 为 $f(z)$ 在 z 处的微分，记为

$$\mathrm{d}w = \mathrm{d}f = A\Delta z.$$

不难证明，函数 $w = f(z)$ 在点 z 处可导的充要条件为 $w = f(z)$ 在点 z 处可微，且 $\mathrm{d}w = f'(z)\Delta z = f'(z)\mathrm{d}z$.

注 如同微积分中"可导"与"连续"的关系，若函数 $w = f(z)$ 在点 z 可导，则在点 z 处必连续；反之，则未必. 事实上，如果 $w = f(z)$ 在 z 处可导，则

$$f(z + \Delta z) - f(z) = A\Delta z + \rho(\Delta z),$$

从而

$$\lim_{\Delta z \to 0} f(z + \Delta z) = f(z).$$

这说明 $w = f(z)$ 在点 z 连续. 但连续不一定可导. 例如：函数 $f(z) = |z|^2$ 在整个平面上连续，但导数仅在 $z = 0$ 存在. 函数 $f(z) = \bar{z}$ 在整个平面上连续，但在整个平面上均不可导.

2.2.2 解析函数的概念

定义 2.5 如果函数 $f(z)$ 在 z_0 及 z_0 的邻域内处处可导,则称 $f(z)$ 在 z_0 处解析;如果 $f(z)$ 在区域 D 内每一点解析,则称 $f(z)$ 在 D 内解析,或称 $f(z)$ 是 D 内的一个解析函数(全纯函数或正则函数).

如果 $f(z)$ 在 z_0 不解析,则称 z_0 为 $f(z)$ 的奇点.

注 (1) 由定义可知,函数在区域内解析与在区域内可导是等价的. 但是,函数在一点处解析和在一点处可导不等价,即函数在一点处可导不一定在该点处解析.

(2) 如果函数 $w = f(z)$ 仅在区域 D 中的某些离散点、某曲线或曲线段 C 上可导,则 $w = f(z)$ 在区域 D 内一定不解析,例如,函数 $f(z) = |z|^2$ 仅在 $z = 0$ 处可导,因此,$f(z)$ 在整个复平面上不解析.

例 2.7 讨论函数 $f(z) = \dfrac{1}{z}$ 的可导性和解析性.

解 由复变函数的求导法则知,$f'(z) = -\dfrac{1}{z^2}$ $(z \neq 0)$,当 $z = 0$ 时函数无意义,所以函数 $f(z) = \dfrac{1}{z}$ 在除去 $z = 0$ 外的复平面内处处可导,从而解析. $z = 0$ 为 $f(z) = \dfrac{1}{z}$ 的奇点.

由于"解析"是用"可导"定义的,而"可导"是一种特殊类型的极限,所以解析函数经四则运算、复合及解析函数的反函数仍为解析函数.

定理 2.6 在区域 D 内解析的两个函数 $f(z)$ 与 $g(z)$ 的和、差、积、商(除去分母为零的点)在 D 内解析;设函数 $\xi = g(z)$ 在 z 平面上的区域 D 内解析,函数 $w = f(\xi)$ 在 ξ 平面上的区域 G 内解析.如果对 D 内的每一个点 z,函数 $g(z)$ 的对应值 ξ 都属于 G,则复合函数 $w = f[g(z)]$ 在 D 内解析.

由定理 2.6 知:多项式 $P(z) = a_0 z^n + a_1 z^{n-1} + \cdots + a_n$ $(a_0 \neq 0)$ 在 Z 平面上解析,且

$$P'(z) = na_0 z^{n-1} + (n-1)a_1 z^{n-2} + \cdots + 2a_{n-2}z + a_{n-1}.$$

而有理分式函数

$$\frac{P(z)}{Q(z)} = \frac{a_0 z^n + a_1 z^{n-1} + \cdots + a_n}{b_0 z^m + b_1 z^{m-1} + \cdots + b_m} \quad (a_0 \neq 0, \ b_0 \neq 0),$$

在 Z 平面上除使分母 $Q(z) = 0$ 的各点外解析,而使 $Q(z) = 0$ 的各点就是此有理分式函数的奇点.

2.3 函数解析的充要条件

判别复变函数 $w = f(z)$ 在区域 D 内是否解析,首先确定其是否在区域内可导. 而判别一个函数究竟有无导数,并求出导数,仅通过导数定义往往甚为困难. 因此,寻找判别函数是否可导的简便而实用的方法非常重要.

2.3.1 柯西-黎曼条件

复变函数 $w = f(z) = u(x, y) + iv(x, y)$ 的极限和连续性均可通过其实部 $u(x, y)$ 和虚部 $v(x, y)$ 加以研究,但研究复变函数的导数,不能转化为研究实部和虚部这两个实变函数的可导性. 那么,$f(z)$ 的可导性与 $u(x, y)$,$v(x, y)$ 的各阶偏导数究竟存在什么关系? 在什么条件下才能由实部和虚部的可微性来得出 $f(z)$ 的可导性?

以下定理给出了 $f(z)$ 可导的必要条件.

定理 2.7 设函数 $w = f(z) = u(x, y) + iv(x, y)$ 在区域 D 内有定义,$z = x + iy$ 是 D 的任意一点,若 $f(z)$ 在 z 点可导,则 $u(x, y)$ 和 $v(x, y)$ 的一阶偏导数存在,且满足如下的柯西-黎曼(Cauchy - Riemann)条件(简称 C - R 方程):

$$\frac{\partial u}{\partial x} = \frac{\partial v}{\partial y}, \frac{\partial u}{\partial y} = -\frac{\partial v}{\partial x}, \tag{2-6}$$

且 $f(z)$ 的导数为

$$f'(z) = \frac{\partial u}{\partial x} + i\frac{\partial v}{\partial x}. \tag{2-7}$$

证明 记

$$\Delta z = \Delta x + i\Delta y, \Delta u = u(x + \Delta x, y + \Delta y) - u(x, y),$$

$$\Delta v = v(x + \Delta x, y + \Delta y) - v(x, y).$$

因为 $f(z)$ 在点 z 处可导,所以由导数定义,有

$$
\begin{aligned}
f'(z) &= \lim_{\Delta z \to 0} \frac{f(z + \Delta z) - f(z)}{\Delta z} \\
&= \lim_{\substack{\Delta x \to 0 \\ \Delta y \to 0}} \frac{[u(x + \Delta x, y + \Delta y) + iv(x + \Delta x, y + \Delta y)] - [u(x, y) + iv(x, y)]}{(\Delta x + i\Delta y)} \\
&= \lim_{\substack{\Delta x \to 0 \\ \Delta y \to 0}} \frac{\Delta u + i\Delta v}{\Delta x + i\Delta y}.
\end{aligned}
\tag{2-8}
$$

在式(2-8)中取 $\Delta y = 0$，$\Delta z = \Delta x \to 0$，即动点 $z + \Delta z$ 沿平行于实轴的方向趋于点 z，则

$$f'(z) = \lim_{\substack{\Delta x \to 0 \\ \Delta z = \Delta x}} \frac{\Delta u + \mathrm{i} \Delta v}{\Delta x} = \lim_{\substack{\Delta x \to 0 \\ \Delta z = \Delta x}} \left(\frac{\Delta u}{\Delta x} + \mathrm{i} \frac{\Delta v}{\Delta x} \right)$$

$$= \frac{\partial u}{\partial x} + \mathrm{i} \frac{\partial v}{\partial x}. \tag{2-9}$$

同理，取 $\Delta x = 0$，$\Delta z = \mathrm{i} \Delta y \to 0$，即动点 $z + \Delta z$ 沿平行于虚轴的方向趋于点 z，则

$$f'(z) = \lim_{\substack{\Delta y \to 0 \\ \Delta z = \mathrm{i} \Delta y}} \frac{\Delta u + \mathrm{i} \Delta v}{\mathrm{i} \Delta y} = \lim_{\substack{\Delta y \to 0 \\ \Delta z = \mathrm{i} \Delta y}} \left(\frac{\Delta v}{\Delta y} - \mathrm{i} \frac{\Delta u}{\Delta y} \right)$$

$$= \frac{\partial v}{\partial y} - \mathrm{i} \frac{\partial u}{\partial y}. \tag{2-10}$$

由式(2-9)和式(2-10)得

$$\frac{\partial u}{\partial x} + \mathrm{i} \frac{\partial v}{\partial x} = \frac{\partial v}{\partial y} - \mathrm{i} \frac{\partial u}{\partial y},$$

比较上式两端即得柯西-黎曼条件式(2-7).

注 由定理 2.7 知，若函数 $f(z) = u(x, y) + \mathrm{i} v(x, y)$ 在点 $z = x + \mathrm{i} y$ 处可导，则其导数可表示为

$$f'(z) = \frac{\partial u}{\partial x} + \mathrm{i} \frac{\partial v}{\partial x} = \frac{\partial u}{\partial x} - \mathrm{i} \frac{\partial u}{\partial y} = \frac{\partial v}{\partial y} + \mathrm{i} \frac{\partial v}{\partial x} = \frac{\partial v}{\partial y} - \mathrm{i} \frac{\partial u}{\partial y}. \tag{2-11}$$

注 可以证明柯西-黎曼方程的极坐标形式是

$$\frac{\partial u}{\partial r} = \frac{1}{r} \frac{\partial v}{\partial \theta}, \ \frac{\partial v}{\partial r} = -\frac{1}{r} \frac{\partial u}{\partial \theta}. \tag{2-12}$$

且

$$f'(z) = (\cos \theta - \mathrm{i} \sin \theta) \left(\frac{\partial u}{\partial r} + \mathrm{i} \frac{\partial v}{\partial r} \right). \tag{2-13}$$

定理 2.7 仅为可导的必要条件，即满足柯西-黎曼条件的函数未必可导.

例 2.8 证明函数 $f(z) = \sqrt{|xy|}$ 在点 $z = 0$ 满足柯西-黎曼条件，但它在 $z = 0$ 处不可导.

证明 由题设得

$$u(x, y) = \sqrt{|xy|}, \ v(x, y) = 0,$$

$$\left.\frac{\partial u}{\partial x}\right|_{(0,0)} = \lim_{\Delta x \to 0} \frac{\sqrt{|\Delta x \cdot 0|} - 0}{\Delta x} = 0, \quad \left.\frac{\partial u}{\partial y}\right|_{(0,0)} = \lim_{\Delta y \to 0} \frac{\sqrt{|0 \cdot \Delta y|} - 0}{\Delta y} = 0,$$

$$\left.\frac{\partial v}{\partial x}\right|_{(0,0)} = 0, \quad \left.\frac{\partial v}{\partial y}\right|_{(0,0)} = 0,$$

从而函数 $f(z) = \sqrt{|xy|}$ 在 $z = 0$ 满足柯西-黎曼条件. 由于

$$\lim_{\Delta z \to 0} \frac{f(\Delta z) - f(0)}{\Delta z} = \lim_{\Delta z \to 0} \frac{\sqrt{|\Delta x||\Delta y|}}{\Delta z}.$$

若取 $\Delta y = k\Delta x$, $\Delta x \to 0^+$, 则

$$\lim_{\Delta z \to 0} \frac{f(\Delta z) - f(0)}{\Delta z} = \lim_{\substack{\Delta x \to 0^+ \\ \Delta y = k\Delta x}} \frac{\sqrt{|\Delta x||\Delta y|}}{\Delta x + i\Delta y} = \frac{\sqrt{|k|}}{1 + ik},$$

所以函数 $f(z) = \sqrt{|xy|}$ 在点 $z = 0$ 处不可导.

2.3.2 可导的充要条件

若将定理 2.7 条件适当加强, 可得到如下函数可导的充分必要条件.

定理 2.8 设函数 $f(z) = u(x, y) + iv(x, y)$ 在区域 D 内有定义, 则 $f(z)$ 在 D 内一点 $z = x + iy$ 可导的充分必要条件是: $u(x, y)$ 与 $v(x, y)$ 在点 (x, y) 处可微, 并且在该点满足柯西-黎曼条件.

证明 必要性. 设 $f(z)$ 的 D 内一点 z 可导, 由复变函数可导与可微的等价性得

$$\Delta f(z) = f'(z)\Delta z + \varepsilon\Delta z, \tag{2-14}$$

其中 $\lim_{\Delta z \to 0} \varepsilon = 0$. 记 $f'(z) = \alpha + i\beta$, $\Delta f(z) = \Delta u + i\Delta v$, 则由式(2-14)得

$$\Delta u + i\Delta v = \alpha\Delta x - \beta\Delta y + i(\beta\Delta x + \alpha\Delta y) + \varepsilon_1 + i\varepsilon_2,$$

其中 $\varepsilon_1 = \mathrm{Re}(\varepsilon\Delta z)$, $\varepsilon_2 = \mathrm{Im}(\varepsilon\Delta z)$ 均为 $|\Delta z|$ 的高阶无穷小. 于是

$$\Delta u = \alpha\Delta x - \beta\Delta y + \varepsilon_1, \quad \Delta v = \beta\Delta x + \alpha\Delta y + \varepsilon_2.$$

上式表明, 二元函数 $u(x, y)$, $v(x, y)$ 在点 (x, y) 可微, 且

$$\frac{\partial u}{\partial x} = \alpha = \frac{\partial v}{\partial y}, \quad \frac{\partial u}{\partial y} = -\beta = -\frac{\partial v}{\partial x},$$

即满足柯西-黎曼条件.

充分性. 设 $u(x, y)$ 与 $v(x, y)$ 在点 (x, y) 可微, 由二元实函数全微分定义知:

$$\Delta u = \frac{\partial u}{\partial x}\Delta x + \frac{\partial u}{\partial y}\Delta y + \varepsilon_1,$$

$$\Delta v = \frac{\partial v}{\partial x}\Delta x + \frac{\partial v}{\partial y}\Delta y + \varepsilon_2,$$

其中 ε_1, ε_2 是 $\sqrt{\Delta x^2 + \Delta y^2}$ 的高阶无穷小.

由柯西-黎曼条件, 令

$$\alpha = \frac{\partial u}{\partial x} = \frac{\partial v}{\partial y}, \ -\beta = \frac{\partial u}{\partial y} = -\frac{\partial v}{\partial x},$$

则

$$\begin{aligned}
\Delta f(z) &= \Delta u + \mathrm{i}\Delta v \\
&= \alpha\Delta x - \beta\Delta y + \varepsilon_1 + \mathrm{i}(\beta\Delta x + \alpha\Delta y + \varepsilon_2) \\
&= (\alpha + \mathrm{i}\beta)(\Delta x + \mathrm{i}\Delta y) + \varepsilon_1 + \mathrm{i}\varepsilon_2,
\end{aligned}$$

即

$$\frac{\Delta f(z)}{\Delta z} = \alpha + \mathrm{i}\beta + \varepsilon,$$

其中

$$\lim_{\Delta z \to 0}\varepsilon = \lim_{\Delta z \to 0}\frac{\varepsilon_1 + \mathrm{i}\varepsilon_2}{\Delta x + \mathrm{i}\Delta y} = 0.$$

于是

$$f'(z) = \alpha + \mathrm{i}\beta = \frac{\partial u}{\partial x} + \mathrm{i}\frac{\partial v}{\partial x}.$$

对于二元函数 $u(x, y)$, 若其一阶偏导数 $\dfrac{\partial u}{\partial x}$, $\dfrac{\partial u}{\partial y}$ 连续, 则 $u(x, y)$ 一定可微. 因此, 由定理 2.8 可得复变函数可导的充分条件.

推论 2.2 设函数 $f(z) = u(x, y) + \mathrm{i}v(x, y)$ 在区域 D 内有定义, $z = x + \mathrm{i}y$ 为 D 内一点. 如果 $u(x, y)$, $v(x, y)$ 的一阶偏导数在点 (x, y) 处连续, 且满足柯西-黎曼条件, 则函数 $f(z)$ 在 z 点可导.

例 2.9 已知解析函数 $f(z)$ 的实部 $u(x, y) = x^2 - y^2$, 求函数 $f(z)$ 在 $z = \mathrm{i}$ 处的导数值.

解 由 $f'(z) = \dfrac{\partial u}{\partial x} - \mathrm{i}\dfrac{\partial u}{\partial y}$，得 $f'(z) = 2x + 2y\mathrm{i}$，从而 $f'(\mathrm{i}) = 2\mathrm{i}$.

在实际应用上，用下面定理判别函数的解析性更为方便.

定理 2.9 函数 $f(z) = u(x, y) + \mathrm{i}v(x, y)$ 在其定义域 D 内解析的充要条件是 $u(x, y)$ 与 $v(x, y)$ 在 D 具有连续的一阶偏导数，并满足柯西-黎曼条件.

注 上述定理的充要性很明显. 因为根据微积分定理：$u(x, y)$ 与 $v(x, y)$ 在 D 内具有连续的一阶偏导数，则在 D 内可微. 又已知 $u(x, y)$ 与 $v(x, y)$ 在 D 内并满足柯西-黎曼条件，由定理 2.8 知 $f(z)$ 在 D 内解析. 反之，若 $f(z)$ 在 D 内解析，则 $u(x, y)$ 与 $v(x, y)$ 在 D 内具有一阶偏导数，且满足柯西-黎曼条件. 至于 $u(x, y)$ 与 $v(x, y)$ 在 D 内一阶导数的连续性，目前暂无法论证，在下一章中，我们将得到，若 $f(z)$ 在 D 内解析，则 $f(z)$ 在 D 内具有任意阶的导数，从而 $u(x, y)$ 与 $v(x, y)$ 在 D 内具有连续的一阶偏导数.

例 2.10 判断下列函数在何处可导，在何处解析？

(1) $w = \bar{z}$.

(2) $w = \mathrm{e}^x(\cos y + \mathrm{i}\sin y)$.

(3) $w = z\mathrm{Re}\,z$.

解 (1) 因为 $u(x, y) = x$，$v(x, y) = -y$，从而

$$\frac{\partial u}{\partial x} = 1, \quad \frac{\partial v}{\partial x} = 0, \quad \frac{\partial u}{\partial y} = 0, \quad \frac{\partial v}{\partial y} = -1.$$

可知不满足柯西-黎曼条件，所以 $w = \bar{z}$ 在复平面内处处不可导，处处不解析.

(2) 因为 $u(x, y) = \mathrm{e}^x\cos y$，$v(x, y) = \mathrm{e}^x\sin y$，且

$$\frac{\partial u}{\partial x} = \mathrm{e}^x\cos y, \quad \frac{\partial v}{\partial x} = \mathrm{e}^x\sin y, \quad \frac{\partial u}{\partial y} = -\mathrm{e}^x\sin y, \quad \frac{\partial v}{\partial y} = \mathrm{e}^x\cos y.$$

可知柯西-黎曼条件成立，由于以上四个偏导数均连续，所以 $f(z)$ 在复平面内处处可导，处处解析，且

$$f'(z) = \mathrm{e}^x(\cos y + \mathrm{i}\sin y) = f(z).$$

此函数即为初等解析函数中的指数函数 e^z.

(3) 因为 $u(x, y) = x^2$，$v(x, y) = xy$，

$$\frac{\partial u}{\partial x} = 2x, \quad \frac{\partial v}{\partial x} = y, \quad \frac{\partial u}{\partial y} = 0, \quad \frac{\partial v}{\partial y} = x.$$

由上式易知，四个偏导数处处连续，但仅当 $x = y = 0$ 时，它们才满足柯西-黎曼条件，因而函数仅在 $z = 0$ 可导，在复平面内处处不解析.

例 2.11 设 a, b 是实数，函数 $f(z) = axy + (bx^2 + y^2)\mathrm{i}$ 在复平面上解析，求

出 a, b 的值,并求 $f'(z)$.

解 因为 $f(z)$ 是复平面上的解析函数,则 $u(x, y) = axy$, $v(x, y) = bx^2 + y^2$ 在平面上满足柯西-黎曼条件,即:

$$\frac{\partial u}{\partial x} = \frac{\partial v}{\partial y}, \quad \frac{\partial u}{\partial y} = -\frac{\partial v}{\partial x},$$

故 $ay = 2y$, $ax = -2bx$ 对 $\forall x$, y 均成立. 得

$$a = 2, \quad b = -1, \quad f(z) = 2xy + \mathrm{i}(y^2 - x^2), \quad f'(z) = -2\mathrm{i}z.$$

例 2.12 证明:如果函数 $f(z)$ 在区域 D 内解析,且 $f'(z)$ 处处为零,则 $f(z)$ 在 D 内为一常数.

证明 因为

$$f'(z) = \frac{\partial u}{\partial x} + \mathrm{i}\frac{\partial v}{\partial x} = \frac{\partial v}{\partial y} - \mathrm{i}\frac{\partial u}{\partial y} \equiv 0,$$

从而

$$\frac{\partial u}{\partial x} = \frac{\partial u}{\partial y} = \frac{\partial v}{\partial x} = \frac{\partial v}{\partial y} = 0,$$

所以 $u = $ 常数,$v = $ 常数,因而 $f(z)$ 在 D 内是常数.

例 2.13 设函数 $f(z) = u(x, y) + \mathrm{i}v(x, y)$ 在区域 D 内解析,且 $v = u^2$. 证明:$f(z)$ 在 D 内是常数.

证明 利用已知条件 $v = u^2$,两边分别关于 x 和 y 求偏导数,得

$$\frac{\partial v}{\partial x} = 2u\frac{\partial u}{\partial x}, \quad \frac{\partial v}{\partial y} = 2u\frac{\partial u}{\partial y}.$$

由柯西-黎曼条件,得

$$\frac{\partial u}{\partial x} = \frac{\partial v}{\partial y} = 2u\frac{\partial u}{\partial y} = -2u\frac{\partial v}{\partial x} = -4u^2\frac{\partial u}{\partial x}.$$

即 $(1 + 4u^2)\dfrac{\partial u}{\partial x} = 0$,从而 $\dfrac{\partial u}{\partial x} = 0$. 由此得

$$\frac{\partial v}{\partial x} = 0, \quad \frac{\partial u}{\partial y} = 0, \quad \frac{\partial v}{\partial y} = 0.$$

所以,$u(x, y)$, $v(x, y)$ 为常数,即 $f(z)$ 为常数.

(判断解析函数为常数有若干条件,如:① 函数在区域解析且导数恒为零;

② 解析函数的实部、虚部、模或辐角中有一个恒为常数;③ 解析函数的共轭在区域内解析.)

2.4 调 和 函 数

在流体力学、电学和磁学等邻域的许多实际问题中,常常会遇到一种函数,称为调和函数. 我们将证明解析函数的实部和虚部都是调和函数. 解析函数有一些重要的性质,特别是它与调和函数之间的密切关系,在理论上和实际问题中都有着十分广泛的应用.

2.4.1 调和函数

定义 2.6 如果二元实函数 $u(x, y)$ 在区域 D 内具有连续的二阶偏导数,且满足二维拉普拉斯方程

$$\nabla^2 u = \frac{\partial^2 u}{\partial x^2} + \frac{\partial^2 u}{\partial y^2} = 0, \tag{2-15}$$

则称 $u(x, y)$ 为区域 D 内的调和函数.

式 (2-15) 又称为调和方程,它可以描述无电荷区域的静电场,也可表示平面上稳态温度场等其他物理量.

类似的,可以定义三维区域 Ω 中的调和函数 $u(x, y, z)$:

$$\nabla^2 u = \frac{\partial^2 u}{\partial x^2} + \frac{\partial^2 u}{\partial y^2} + \frac{\partial^2 u}{\partial z^2} = 0. \tag{2-16}$$

例 2.14 证明: $u(x, y) = \frac{1}{2}\ln(x^2 + y^2)$ 在不包含原点的区域 D 内为调和函数.

证明 由于

$$\frac{\partial u}{\partial x} = \frac{x}{x^2 + y^2}, \quad \frac{\partial u}{\partial y} = \frac{y}{x^2 + y^2},$$

$$\frac{\partial^2 u}{\partial x^2} = \frac{y^2 - x^2}{(x^2 + y^2)^2}, \quad \frac{\partial^2 u}{\partial y^2} = \frac{x^2 - y^2}{(x^2 + y^2)^2},$$

从而 $u(x, y)$ 在 D 内具有二阶连续偏导数,且

$$\frac{\partial^2 u}{\partial x^2} + \frac{\partial^2 u}{\partial y^2} = 0,$$

所以,$u(x,y)$是区域 D 内的调和函数.

2.4.2 解析函数与调和函数的关系

定理 2.10 若 $f(z) = u(x,y) + iv(x,y)$ 是区域 D 内的解析函数,则 $u(x,y)$ 和 $v(x,y)$ 均为 D 内的调和函数.

证明 因为 $f(z) = u(x,y) + iv(x,y)$ 是区域 D 内的解析函数,所以 $u(x,y)$ 和 $v(x,y)$ 满足柯西-黎曼条件

$$\frac{\partial u}{\partial x} = \frac{\partial v}{\partial y}, \frac{\partial u}{\partial y} = -\frac{\partial v}{\partial x}.$$

由于解析函数具有任意阶的导数(见下章),因而解析函数的实部和虚部具有任意阶的连续的偏导数. 将上述柯西-黎曼条件中的两个等式分别对 x 和 y 求偏导数,得

$$\frac{\partial^2 u}{\partial x^2} = \frac{\partial^2 v}{\partial y \partial x}, \frac{\partial^2 u}{\partial y^2} = -\frac{\partial^2 v}{\partial x \partial y}.$$

两式相加并利用

$$\frac{\partial^2 v}{\partial x \partial y} = \frac{\partial^2 v}{\partial y \partial x},$$

即得式(2-15),所以 $u(x,y)$ 为区域 D 内的调和函数. 同理可得 $v(x,y)$ 为区域 D 内的调和函数.

由定理 2.10 知,解析函数 $f(z) = u(x,y) + iv(x,y)$ 的实部 $u(x,y)$ 和 $v(x,y)$ 并不是相互独立,而是由柯西-黎曼条件紧密联系着. 为此,我们引入如下的共轭调和函数的概念.

定义 2.7 设 $u(x,y)$ 和 $v(x,y)$ 均为区域 D 内的调和函数,若 $u(x,y)$ 和 $v(x,y)$ 在区域 D 内满足柯西-黎曼条件,则称 $v(x,y)$ 为 $u(x,y)$ 的共轭调和函数.

由定理 2.10 知,解析函数的虚部是实部的共轭调和函数. 但对于区域 D 内的任意两个调和函数 $u(x,y)$ 和 $v(x,y)$ 所构成的复变函数 $f(z) = u(x,y) + iv(x,y)$ 不一定是区域 D 内的解析函数,因为 $v(x,y)$ 不一定是 $u(x,y)$ 的共轭调和函数.

例如，$u = y$，$v = x$ 均为调和函数，但不满足柯西-黎曼条件，从而函数 $f(z) = y + \mathrm{i}x$ 不解析，且 v 不是 u 的共轭调和函数.

现在问题是对于给定的调和函数 $u(x, y)$ 是否存在 $v(x, y)$，使得 $f(z) = u(x, y) + \mathrm{i}v(x, y)$ 为解析函数，即：调和函数的共轭调和函数是否存在？如何求共轭调和函数？

定理 2.11　若 $u(x, y)$ 为单连通区域 D 内的调和函数，则必可找到它的共轭调和函数 $v(x, y)$，使得 $f(z) = u(x, y) + \mathrm{i}v(x, y)$ 成为 D 内的解析函数，且这样的 $v(x, y)$ 有无穷多个.

证明　由于 $u(x, y)$ 为单连通区域 D 内的调和函数，则由拉普拉斯方程

$$\frac{\partial^2 u}{\partial x^2} + \frac{\partial^2 u}{\partial y^2} = 0$$

可知

$$-\frac{\partial u}{\partial y}\mathrm{d}x + \frac{\partial u}{\partial x}\mathrm{d}y$$

为某一函数的全微分. 若令

$$\mathrm{d}v = -\frac{\partial u}{\partial y}\mathrm{d}x + \frac{\partial u}{\partial x}\mathrm{d}y,$$

则

$$v(x, y) = \int_{(x_0, y_0)}^{(x, y)} -\frac{\partial u}{\partial y}\mathrm{d}x + \frac{\partial u}{\partial x}\mathrm{d}y + C,$$

上式分别关于 x 和 y 求偏导数得

$$\frac{\partial v}{\partial x} = -\frac{\partial u}{\partial y},\ \frac{\partial v}{\partial y} = \frac{\partial u}{\partial x},$$

所以 $v(x, y)$ 为 $u(x, y)$ 的共轭调和函数，且 $f(z) = u(x, y) + \mathrm{i}v(x, y)$ 为解析函数.

上述定理证明是构造性的，其提供了一种由解析函数的实部求虚部的方法，即，利用高等数学中的第二类曲线积分的概念. 事实上，有多种方法可依据解析函数的实部（或虚部），求出解析函数的表达式.

例 2.15　已知解析函数的实部为 $u(x, y) = x^2 - x - y^2$，求解析函数 $f(z)$.

解　由已知条件得

$$\frac{\partial u}{\partial x} = 2x - 1, \quad \frac{\partial u}{\partial y} = -2y.$$

由解析函数的实部(虚部)求虚部(实部),有以下几种方法.

方法 1　偏积分法. 由柯西-黎曼条件得

$$\frac{\partial v}{\partial y} = \frac{\partial u}{\partial x} = 2x - 1, \quad \frac{\partial v}{\partial x} = -\frac{\partial u}{\partial y} = 2y.$$

于是由偏积分

$$v(x, y) = \int \frac{\partial v}{\partial y} \mathrm{d}y = \int (2x - 1) \mathrm{d}y = (2x - 1)y + \varphi(x).$$

再由 $\frac{\partial v}{\partial x} = -\frac{\partial u}{\partial y}$ 得 $2y + \varphi'(x) = 2y$, 即 $\varphi'(x) = 0$, $\varphi(x) = C$ (常数). 所以

$$v(x, y) = 2xy - y + C.$$

方法 2　曲线积分法.

$$v(x, y) = \int_{(0, 0)}^{(x, y)} -\frac{\partial u}{\partial y} \mathrm{d}x + \frac{\partial u}{\partial x} \mathrm{d}y + C$$

$$= \int_{(0, 0)}^{(x, y)} 2y \mathrm{d}x + (2x - 1) \mathrm{d}y + C.$$

因为积分与路径无关,选择路径为: $(0, 0) \rightarrow (x, 0) \rightarrow (x, y)$, 从而

$$v(x, y) = \int_0^y (2x - 1) \mathrm{d}y + C = 2xy - y + C.$$

方法 3　全微分法.

$$\mathrm{d}v = \frac{\partial v}{\partial x} \mathrm{d}x + \frac{\partial v}{\partial y} \mathrm{d}y = -\frac{\partial u}{\partial y} \mathrm{d}x + \frac{\partial u}{\partial x} \mathrm{d}y$$

$$= 2y \mathrm{d}x + (2x - 1) \mathrm{d}y = \mathrm{d}(2xy - y),$$

因此, $v(x, y) = 2xy - y + C.$

从而解析函数为

$$f(z) = x^2 - x - y^2 + \mathrm{i}(2xy + y + C)$$

$$= x^2 - y^2 + \mathrm{i}2xy - (x + \mathrm{i}y) + \mathrm{i}C$$

$$= z^2 - z + C_1.$$

由解析函数的实部(虚部)求解析函数的另外一种简便方法是,先求出 $f(z)$ 的导函数 $f'(z)$,再求函数 $f(z)$. 例如,对于本例,由导数公式(2-11)可得

$$f'(z) = \frac{\partial u}{\partial x} - \mathrm{i}\frac{\partial u}{\partial y} = 2x - 1 + 2y\mathrm{i} = 2(x + \mathrm{i}y) - 1.$$

用复变量 z 表示为 $f'(z) = 2z - 1$. 显然

$$f(z) = z^2 - z + C.$$

例 2.16 设 $f(z) = u(x, y) + \mathrm{i}v(x, y)$ 为解析函数,且满足:

$$u(x, y) + v(x, y) = x^2 - y^2 + 2(x + y) + 2xy, \ f(0) = 0,$$

求 $f(z)$.

解 方法 1 对等式 $u(x, y) + v(x, y) = x^2 - y^2 + 2(x + y) + 2xy$ 两边分别关于 x 和 y 求偏导数得

$$\begin{cases} u_x + v_x = 2x + 2y + 2, \\ u_y + v_y = -2y + 2x + 2. \end{cases}$$

由柯西-黎曼条件 $u_x = v_y$, $u_y = -v_x$ 得

$$\begin{cases} u_x - u_y = 2x + 2y + 2, \\ u_y + u_x = -2y + 2x + 2. \end{cases}$$

解得 $u_x = 2x + 2$, $u_y = -2y$. 对前式关于 x 积分得

$$u(x, y) = \int u_x \mathrm{d}x = \int (2x + 2)\mathrm{d}x = x^2 + 2x + \varphi(y).$$

上式两端关于 y 求偏导数,得 $u_y = \varphi'(y) = -2y$,从而 $\varphi(y) = -y^2 + C$(C 为任意常数). 于是 $u(x, y) = x^2 + 2x - y^2 + C$. 再由题设得到

$$v(x, y) = x^2 - y^2 + 2(x + y) + 2xy - u(x, y) = 2y + 2xy - C.$$

由此得

$$f(z) = x^2 + 2x - y^2 + C + \mathrm{i}[2y + 2xy - C] = z^2 + 2z + (C - \mathrm{i}C).$$

由 $f(0) = 0$ 得 $C = 0$,从而得 $f(z) = z^2 + 2z$.

方法 2 因为 $\mathrm{i}f(z) = -v(x, y) + \mathrm{i}u(x, y)$ 仍为解析函数,所以 $u(x, y)$ 是 $-v(x, y)$ 的共轭调和函数,从而 $u(x, y) + v(x, y)$ 是 $u(x, y) - v(x, y)$ 的共轭调和函数. 由柯西-黎曼条件 $(u - v)_x = (u + v)_y = 2x - 2y + 2$,对上式两端关于

x 积分,得

$$u - v = \int (u - v)_x \, dx = \int (2x - 2y + 2) \, dx = x^2 - 2xy + 2x + \varphi(y).$$

上式两端关于 y 求偏导数,得

$$(u - v)_y = -2x + \varphi'(y) = -(u + v)_x = -(2x + 2y + 2).$$

由此得 $\varphi'(y) = -2y - 2$,从而得 $\varphi(y) = -y^2 - 2y + C$. 于是

$$u - v = x^2 - y^2 - 2xy + 2x - 2y + C.$$

解联立方程

$$\begin{cases} u + v = x^2 - y^2 + 2(x + y) + 2xy, \\ u - v = x^2 - y^2 - 2xy + 2x - 2y + C. \end{cases}$$

得

$$\begin{cases} u = x^2 - y^2 + 2x + \dfrac{C}{2}, \\ v = 2xy + 2y - \dfrac{C}{2}. \end{cases}$$

从而得

$$f(z) = x^2 + 2x - y^2 + \frac{C}{2} + i\left(2y + 2xy - \frac{C}{2}\right) = z^2 + 2z + \frac{1}{2}(C - iC).$$

由 $f(0) = 0$ 得 $C = 0$,从而 $f(z) = z^2 + 2z$.

2.4.3 正交曲线族

定理 2.12   若 $f(z) = u(x, y) + iv(x, y)$ 为区域 D 内的解析函数,且 $f'(z) \neq 0$,则

$$u(x, y) = C_1, \quad v(x, y) = C_2 \quad (C_1, C_2 \text{ 为任意常数}),$$

是区域 D 内的两组正交曲线族.

证明   因为 $f'(z) \neq 0$ ($\forall z \in D$),所以在 D 内一点 (x, y) 处,u_x' 和 v_x' 必不全为零.

若在点 (x, y) 处,$u_x' \neq 0$,$v_x' \neq 0$,则由柯西-黎曼条件,有 $v_y' \neq 0$,$u_y \neq 0$. 于是,曲线 $u(x, y) = C_1$ 的斜率为

42

$$k_u = -\frac{u'_x}{u'_y},$$

曲线 $v(x, y) = C_2$ 的斜率为

$$k_v = -\frac{v'_x}{v'_y},$$

从而由 $k_u k_v = -1$ 得,曲线 $u(x, y) = C_1$ 和 $v(x, y) = C_2$ 在点 (x, y) 处正交.

若在点 (x, y) 处 u'_x, v'_x 中有一个为零,则由 $f'(z) \neq 0$ 知,另一个必不为零. 此时,过点 (x, y) 的两条切线必有一条是水平的,另一条是铅直的,它们仍然在交点处正交.

上述两曲线族在平面电场或流场中具有明确的物理意义. 在平面电场中,电通 φ 和电位 ψ 都是调和函数,即它们都满足拉普拉斯方程,而且电力线 $\varphi(x, y) = C_1$ 和等位线(或流线) $\psi(x, y) = C_2$ 相互正交. 这种性质正好和一个解析函数的实部和虚部所具有的性质相符合. 因此,在研究平面电场时,常将电场的电通 φ 和电位 ψ 分别看作一个解析函数的实部和虚部,而将它们合为一个解析函数进行研究,称

$$f(z) = \varphi(x, y) + \mathrm{i}\psi(x, y)$$

为电场的复势.

例 2.17　已知某平面静电场的等位线方程为 $x^2 - y^2 = C_1$,求电力线方程.

解　令 $v(x, y) = x^2 - y^2$,它是调和函数,可以作为某解析函数的虚部,求出其实部 $u(x, y)$,则得电力线方程 $u(x, y) = C_2$. 由

$$\frac{\partial u}{\partial x} = \frac{\partial v}{\partial y} = -2y, \quad \frac{\partial u}{\partial y} = -\frac{\partial v}{\partial x} = -2x,$$

得

$$\mathrm{d}u = \frac{\partial u}{\partial x}\mathrm{d}x + \frac{\partial u}{\partial y}\mathrm{d}y = -2y\mathrm{d}x - 2x\mathrm{d}y = \mathrm{d}(-2xy + C_2),$$

故 $u(x, y) = -2xy + C_2$,电力线方程为

$$xy = C_2.$$

2.5　初等解析函数

2.5.1　指数函数

定义 2.8　设复数 $z = x + \mathrm{i}y$,称

$$\exp(z) = e^x(\cos y + i\sin y) \qquad (2-17)$$

为指数函数,其等式右端中的 e 为自然对数的底,即 e = 2.718 28…. 为方便起见,约定,在无特殊声明时,e^z 即表示 $\exp(z)$.

指数函数的性质:

(1) 当 z 取实数,即 $y = 0$, $z = x$ 时,得 $e^z = e^x$,它与实变指数函数 e^x 一致. 当 z 取纯虚数 $z = iy$ 时,

$$e^z = e^{iy} = \cos y + i\sin y.$$

特别的,$e^{2k\pi i} = 1$,其中 k 为任意整数.

(2) 对任意两个复数 $z_1 = x_1 + iy_1$ 与 $z_2 = x_2 + iy_2$,有 $e^{z_1}e^{z_2} = e^{z_1+z_2}$. 因为

$$\begin{aligned}
e^{z_1+z_2} &= e^{(x_1+x_2)+i(y_1+y_2)} \\
&= e^{x_1+x_2}\left[\cos(y_1+y_2) + i\sin(y_1+y_2)\right] \\
&= e^{x_1}(\cos y_1 + i\sin y_1)e^{x_2}(\cos y_2 + i\sin y_2) \\
&= e^{x_1+iy_1}e^{x_2+iy_2} \\
&= e^{z_1}e^{z_2}.
\end{aligned}$$

注 对于复指数函数,式 $(e^{z_1})^{z_2} = e^{z_1 z_2}$ 不一定成立. 例如,取 $z_1 = 2\pi i$, $z_2 = \dfrac{1}{2}$,则 $e^{z_1 z_2} = e^{\pi i} = -1$,但 $(e^{z_1})^{z_2} = (e^{2\pi i})^{\frac{1}{2}} = 1$ 和 -1.

(3) e^z 在复平面上为解析函数,且有 $(e^z)' = e^z$. 设 $e^z = u + iv$,由定义知:

$$u = e^x\cos y, \quad v = e^x\sin y.$$

由 u, v 的可微性及柯西-黎曼条件得 e^z 解析,且

$$(e^z)' = \frac{\partial u}{\partial x} + i\frac{\partial v}{\partial x} = e^x\cos y + ie^x\sin y = e^z.$$

(4) e^z 是以 $2\pi i$ 为基本周期的周期函数,即:

$$e^{z+2\pi i} = e^z e^{2\pi i} = e^z.$$

一般的,$e^{z+2k\pi i} = e^z$,其中 k 为任意整数.

注 复指数函数 e^z 的周期性表明,对任何复平面上任意点 z,有 $e^z = e^{z+2k\pi i}$,其中 k 为整数,但由于 $(e^z)' = e^z \neq 0$,所以,在以 z 与 $z + 2k\pi i$ 为端点的线段内,不存在一点 ζ,使 $(e^z)'|_{z=\zeta} = 0$. 故罗尔(Rolle)定理不成立,但应注意,洛必达(L'Hospital)法则成立.

(5) $\lim\limits_{z \to \infty} e^z$ 不存在,即 e^∞ 无意义.

事实上,当 z 沿正实轴趋于无穷远点时 $(y = 0,\ x \to +\infty)$,$e^z \to +\infty$;当 z 沿负实轴趋于无穷远点时 $(y = 0,\ x \to -\infty)$,$e^z \to 0$,故 $\lim\limits_{z \to \infty} e^z$ 不存在.

如上性质表明,在将实指数函数 e^x 推广到复指数函数 e^z 后,其仍保留了某些性质(如指数的可加性),同时也失去了某些性质(如实指数函数的单调性),而且还增添了某些性质(如复指数函数的周期性).

例 2.18 计算 $e^{\frac{-\pi}{2}i}$.

解
$$e^{\frac{-\pi}{2}i} = \left[\cos\left(-\frac{\pi}{2}\right) + i\sin\left(-\frac{\pi}{2}\right) \right] = -i.$$

例 2.19 证明:若对于任意的复数 z,有
$$e^{z+\omega} = e^z,$$
则必有 $\omega = 2k\pi i$(k 为整数).

证明 对 $z = 0$,$\omega = a + ib$,就有 $e^\omega = e^0 = 1$,即 $e^{a+ib} = 1$,亦即
$$e^a(\cos b + i\sin b) = 1.$$

于是,
$$e^a = 1,\ \cos b = 1,\ \sin b = 0.$$
因此,$a = 0$,$b = 2k\pi$(k 为整数),故必有:$\omega = a + ib = 2k\pi i$($k$ 为整数).

2.5.2 对数函数

定义 2.9 设 $z \neq 0,\ \infty$,称满足 $e^w = z$ 的 w 为 z 的对数函数,记为
$$w = \mathrm{Ln}\, z.$$
设 $z = re^{i\theta}$,$w = u + iv$,则由 $z = e^w$,得
$$e^{u+iv} = re^{i\theta},$$
于是
$$e^u = r,\ v = \theta + 2k\pi \quad (k\ \text{为任意整数})$$
从而
$$w = u + iv = \ln r + i(\theta + 2k\pi),$$
即
$$w = \mathrm{Ln}\, z = \ln|z| + i\mathrm{Arg}\, z, \tag{2-18}$$

或

$$w = \mathrm{Ln}\, z = \ln |z| + i \arg z + 2k\pi i \quad (k \text{ 为任意整数}).$$

由此可见,对数函数 $w = \mathrm{Ln}\, z$ 在从原点 $z = 0$ 起沿负实轴剪开的复平面上可分出无穷个单值函数,且每两个值之间相差 $2\pi i$ 的整数倍. 对每一个固定的 k,可得一个单值函数,称其为 $w = \mathrm{Ln}\, z$ 的一个分支. 当 $k = 0$ 时,称 $w = \ln |z| + i \arg z$ 为 $w = \mathrm{Ln}\, z$ 的主值,记为

$$\ln z = \ln |z| + i \arg z, \ -\pi < \arg z \leqslant \pi. \tag{2-19}$$

当 $z = x > 0$ 时,$\ln |z| = \ln x$,$\arg z = 0$,说明正实数 x 的对数的主值是实数,它就是实变数对数函数 $\ln x$.

例 2.20 计算 $\mathrm{Ln}(-1)$,$\mathrm{Ln}(i)$ 和 $\mathrm{Ln}(1 + \sqrt{3}i)$ 及其主值.

解 $\mathrm{Ln}(-1) = \ln |-1| + \arg(-1)i + 2k\pi i = (2k+1)\pi i$,$\ln(-1) = \pi i$.

$\mathrm{Ln}(i) = \ln |i| + \arg(i)i + 2k\pi i = \left(2k + \dfrac{1}{2}\right)\pi i$,$\ln i = \dfrac{\pi}{2}i$.

$\mathrm{Ln}(1 + \sqrt{3}i) = \ln |1 + \sqrt{3}i| + \arg(1 + \sqrt{3}i)i + 2k\pi i = \ln 2 + \left(2k + \dfrac{1}{3}\right)\pi i$,

$\ln(1 + \sqrt{3}i) = \ln 2 + \dfrac{\pi}{3}i$.

对数函数具有如下的性质:

(1) 设 $z_1 \neq 0$,$z_2 \neq 0$,则

$$\mathrm{Ln}(z_1 z_2) = \mathrm{Ln}\, z_1 + \mathrm{Ln}\, z_2, \ \mathrm{Ln}\left(\frac{z_1}{z_2}\right) = \mathrm{Ln}\, z_1 - \mathrm{Ln}\, z_2. \tag{2-20}$$

(2) 对数函数 $w = \mathrm{Ln}\, z$ 在复平面上不是解析函数,对数函数的每一个单值分支在沿从原点起始的负实轴剪开的复平面上是解析函数,且 $(\mathrm{Ln}\, z)' = \dfrac{1}{z}$.

利用辐角的相应性质,不难证明性质(1),请读者自行证明. 需要指出的是,等式 $(2-20)$ 应理解为右端必须取适当的分支才能等于左端的某一分支.

由

$$\ln z = \ln |z| + i \arg z, \ (-\pi < z \leqslant \pi)$$

知,对数函数的主值 $\ln z$ 在原点与负实轴上不解析.

设 $z \neq 0$. 令 $|z| = r$,$\arg z = \theta$ $(-\pi < \theta < \pi)$,则 $\ln z = \ln r + i\theta$. 于是 $u(r, \theta) = \ln r$ 及 $v(r, \theta) = \theta$ 都在点 (r, θ) 可微,且满足极坐标形式下的柯西-黎曼方程:

46

$$\frac{\partial u}{\partial r} = \frac{1}{r}\frac{\partial v}{\partial \theta}, \quad \frac{\partial v}{\partial r} = -\frac{1}{r}\frac{\partial u}{\partial \theta}.$$

由式(2-13)得

$$f'(z) = (\cos\theta - \mathrm{i}\sin\theta)\left(\frac{\partial u}{\partial r} + \mathrm{i}\frac{\partial v}{\partial r}\right) = (\cos\theta - \mathrm{i}\sin\theta)\left(\frac{1}{r} - 0\right)$$

$$= \frac{\cos\theta - \mathrm{i}\sin\theta}{r} = \frac{1}{r(\cos\theta + \mathrm{i}\sin\theta)} = \frac{1}{z}.$$

所以,$\ln z$ 在除原点及负实轴的复平面内解析. 又由于 $\mathrm{Ln}\,z = \ln z + 2k\pi\mathrm{i}.$($k$ 为整数),因此 $\mathrm{Ln}\,z$ 的各分支在除原点及负实轴的复平面内解析,且有相同的导数值,

$$(\mathrm{Ln}\,z)' = \frac{1}{z}.$$

利用对数函数可以定义一般的指数函数.

定义 2.10 设 $\zeta \neq 0$,称

$$\zeta^z = \mathrm{e}^{z\mathrm{Ln}\,\zeta} \tag{2-21}$$

为一般指数函数.

一般指数函数为多值函数,只有当 z 取整数值时,ζ^z 才取唯一的一个值. 需指出的是,按式(2-21)定义的指数函数 e^z 与按式(2-17)所定义的指数函数 $\exp(z)$ 并不一定相同. 事实上,在式(2-21)中取 $\zeta = \mathrm{e}$,则

$$\zeta^z = \mathrm{e}^{z\mathrm{Ln}\,\mathrm{e}} = \mathrm{e}^{z(1+2k\pi\mathrm{i})} = \mathrm{e}^z \cdot \mathrm{e}^{2kz\pi\mathrm{i}}.$$

仅当 kz 取整数时,两者才相同.

例 2.21 求 i^{i} 的值.

解 $\mathrm{i}^{\mathrm{i}} = \mathrm{e}^{\mathrm{i}\mathrm{Ln}\,\mathrm{i}} = \mathrm{e}^{\mathrm{i}\left(2k+\frac{1}{2}\right)\pi\mathrm{i}} = \mathrm{e}^{-\left(2k+\frac{1}{2}\right)\pi}$ (k 为整数).

2.5.3 幂函数

定义 2.11 设 α,z($z \neq 0$)为复数,称

$$w = z^\alpha = \mathrm{e}^{\alpha\mathrm{Ln}\,z} \tag{2-22}$$

为幂函数.

幂函数是指数函数与对数函数的复合函数. 由 $\mathrm{Ln}\,z$ 的多值性可知,幂函数 $w = z^\alpha$ 一般也是多值函数,即

$$w = z^{\alpha} = e^{\alpha \mathrm{Ln}z} = e^{\alpha[\ln|z|+\mathrm{i}(\arg z+2k\pi)]} = e^{\alpha \ln z} \cdot e^{2k\pi\alpha\mathrm{i}}. \quad (k \text{ 为整数}) \quad (2-23)$$

另外,由于 $\zeta = \mathrm{Ln}z$ 在除去原点和负实轴的 Z 平面上解析,且 e^{ζ} 是 ζ 的解析函数,故 $w = z^{\alpha} = e^{\alpha \mathrm{Ln}z}$ 在此区域内也解析,利用复合函数求导,得

$$\frac{\mathrm{d}}{\mathrm{d}z}(z^{\alpha}) = \frac{\mathrm{d}}{\mathrm{d}z}(e^{\alpha \mathrm{Ln}z}) = \frac{\mathrm{d}}{\mathrm{d}z}(e^{\alpha\zeta})$$

$$= \frac{\mathrm{d}}{\mathrm{d}\zeta}(e^{\alpha\zeta})\frac{\mathrm{d}\zeta}{\mathrm{d}z} = \alpha e^{\alpha\zeta} \cdot \frac{1}{z} \quad (2-24)$$

$$= \alpha z^{\alpha-1}.$$

因此,由式(2-23)、式(2-24)可得

(1) 当 $\alpha = n$(n 为正整数)时,$w = z^{\alpha} = z^{n}$ 为单值函数,它就是 z 的 n 次乘方,在整个复平面上解析,且

$$(z^{\alpha})' = \alpha z^{\alpha-1}.$$

(2) 当 $\alpha = -n$(n 为正整数)时,$w = z^{\alpha} = z^{-n} = \dfrac{1}{z^{n}}$ 在除原点外的复平面上解析,且

$$(z^{\alpha})' = \alpha z^{\alpha-1}.$$

(3) 当 $\alpha = \dfrac{m}{n}$ 是有理数$\left(\text{其中} \dfrac{m}{n} \text{为既约分数}\right)$时,

$$w = z^{\frac{m}{n}} = e^{\frac{m}{n}\mathrm{Ln}z} = e^{\frac{m}{n}(\ln z+2k\pi\mathrm{i})} = e^{\frac{m}{n}\ln z} \cdot e^{\frac{2km\pi}{n}\mathrm{i}}$$

当 $k = 0, 1, 2, \cdots, n-1$ 时,$w = z^{\alpha}$ 有 n 个不同的值. 但当 k 再取其他整数值时,将重复出现上述 n 个值之一. 故 $w = z^{\alpha}$ 是 n 值函数,有 n 个不同的分支. 特别的,当 $\alpha = \dfrac{1}{n}$(n 为自然数)时,若设 $z = re^{\mathrm{i}\theta}$,则

$$z^{\frac{1}{n}} = e^{\frac{1}{n}(\ln z+2k\pi\mathrm{i})} = e^{\frac{1}{n}[\ln|z|+\mathrm{i}\arg z+2k\pi\mathrm{i}]} = \sqrt[n]{|z|} \cdot e^{\frac{\arg z+2k\pi}{n}\mathrm{i}}$$

$$= \sqrt[n]{r}\left[\cos\frac{\theta+2k\pi}{n} + \mathrm{i}\sin\frac{\theta+2k\pi}{n}\right] = \sqrt[n]{z}.$$

(4) 当 α 是除上所述的其他复数时,$e^{2k\pi\alpha\mathrm{i}}$ 的所有的值各不相同,所以 z^{α} 是无穷多值的,并且 z^{α} 的各个分支在除原点及负实轴的复平面上解析,且 $(z^{\alpha})' = \alpha z^{\alpha-1}$.

例 2.22 设 $\mathrm{i}^{\mathrm{i}} = e^{z}$,求 z.

解　$z = \mathrm{i} \mathrm{Ln} \, \mathrm{i} = \mathrm{i}[\mathrm{Ln} \mid \mathrm{i} \mid + \mathrm{i} \mathrm{Arg}(\mathrm{i})] = -\left(\dfrac{\pi}{2} + 2k\pi\right)$, k 为整数.

例 2.23　求 $(-1)^{1+\mathrm{i}}$ 和 $1^{\sqrt{2}}$ 的值.

解　$(-1)^{1+\mathrm{i}} = \mathrm{e}^{(1+\mathrm{i})\mathrm{Ln}(-1)} = \mathrm{e}^{(1+\mathrm{i})(\mathrm{i}\pi + 2k\pi\mathrm{i})} = \mathrm{e}^{\mathrm{i}(2k+1)\pi} \cdot \mathrm{e}^{-(2k+1)\pi} = -\mathrm{e}^{-(2k+1)\pi}$　（k 为整数）；

$1^{\sqrt{2}} = \mathrm{e}^{\sqrt{2}\mathrm{Ln}\,1} = \mathrm{e}^{\sqrt{2}[\ln 1 + \mathrm{i}\arg 1 + 2k\pi\mathrm{i}]} = \mathrm{e}^{\sqrt{2}(2k\pi\mathrm{i})} = \mathrm{e}^{2\sqrt{2}k\pi\mathrm{i}}$　（k 为整数）.

2.5.4　三角函数与双曲函数

定义 2.12　对任意复数 z, 定义

$$\sin z = \frac{\mathrm{e}^{\mathrm{i}z} - \mathrm{e}^{-\mathrm{i}z}}{2\mathrm{i}}, \quad \cos z = \frac{\mathrm{e}^{\mathrm{i}z} + \mathrm{e}^{-\mathrm{i}z}}{2}. \tag{2-25}$$

分别称为 z 的正弦函数和余弦函数.

当 z 取实变量时, 即 $z = x$, 则由式 (2-25) 得

$$\sin x = \frac{\mathrm{e}^{\mathrm{i}x} - \mathrm{e}^{-\mathrm{i}x}}{2\mathrm{i}}, \quad \cos x = \frac{\mathrm{e}^{\mathrm{i}x} + \mathrm{e}^{-\mathrm{i}x}}{2}.$$

因此, 复正弦和余弦函数是实正弦和余弦函数在复数域中的推广.

正、余弦函数具有如下的性质:

(1) 对任意复数 z, $\cos z + \mathrm{i}\sin z = \mathrm{e}^{\mathrm{i}z}$.

(2) $\sin z$ 与 $\cos z$ 均是以 2π 为周期的周期函数, 即

$$\sin(z + 2\pi) = \sin z, \quad \cos(z + 2\pi) = \cos z.$$

(3) $\sin z$ 是奇函数, $\cos z$ 为偶函数, 即

$$\sin(-z) = -\sin z, \quad \cos(-z) = \cos z.$$

(4) $\sin z$ 仅在 $z = k\pi$ 处为零, $\cos z$ 仅在 $z = k\pi + \dfrac{\pi}{2}$ 处为零, 其中的 k 为整数.

事实上, $\sin z = 0$ 的充分必要条件是 $\mathrm{e}^{2\mathrm{i}z} = 1$, 由此可得 $z = k\pi$（k 为整数）. 类似的, 可得 $\cos z$ 仅在 $z = k\pi + \dfrac{\pi}{2}$ 处为零.

(5) $|\sin z|$ 和 $|\cos z|$ 为无界函数.

由于

$$|\cos z| = \left| \frac{\mathrm{e}^{\mathrm{i}(x+\mathrm{i}y)} + \mathrm{e}^{-\mathrm{i}(x+\mathrm{i}y)}}{2} \right|$$

$$= \frac{1}{2} |\, \mathrm{e}^{-y} \cdot \mathrm{e}^{\mathrm{i}x} + \mathrm{e}^{y} \cdot \mathrm{e}^{-\mathrm{i}x} \,| \geqslant \frac{1}{2} |\, \mathrm{e}^{y} - \mathrm{e}^{-y} \,|.$$

当 $|y|$ 无限增大时, $|\cos z|$ 趋于无穷大. 同理可知 $|\sin z|$ 无界.

（6）$\sin z$ 和 $\cos z$ 都是复平面上的解析函数,且

$$(\sin z)' = \cos z, \quad (\cos z)' = -\sin z.$$

（7）实三角函数中的许多公式仍然有效,如:

$$\sin^2 z + \cos^2 z = 1,$$

$$\sin(z_1 + z_2) = \sin z_1 \cos z_2 + \cos z_1 \sin z_2,$$

$$\cos(z_1 + z_2) = \cos z_1 \cos z_2 - \sin z_1 \sin z_2.$$

由此可见, $\sin z$, $\cos z$ 虽保持了与其相应实函数的一些基本性质,但它们之间也有本质上的差异!

类似的,可以定义其余三角函数,如:

$$\tan z = \frac{\sin z}{\cos z}, \quad \cot z = \frac{\cos z}{\sin z}, \quad \sec z = \frac{1}{\cos z}, \quad \csc z = \frac{1}{\sin z}.$$

上述 4 个三角函数均在分母不为零的点处解析,且有

$$(\tan z)' = \sec^2 z, \quad (\cot z)' = -\csc^2 z,$$

$$(\sec z)' = \sec z \tan z, \quad (\csc z)' = -\csc z \cot z.$$

例 2.24 求下列三角函数的值:（1）$\cos(1 - 3i)$;（2）$\sin(\pi + 2i)$.

解 （1）

$$\cos(1 - 3i) = \frac{e^{i(1-3i)} + e^{-i(1-3i)}}{2} = \frac{e^{i+3} + e^{-i-3}}{2}$$

$$= \frac{e^3(\cos 1 + i\sin 1) + e^{-3} \cdot (\cos 1 - i\sin 1)}{2}$$

$$= \frac{e^3 + e^{-3}}{2} \cdot \cos 1 + i \cdot \frac{e^3 - e^{-3}}{2}\sin 1.$$

（2）

$$\sin(\pi + 2i) = \frac{e^{i(\pi+2i)} - e^{-i(\pi+2i)}}{2i} = \frac{e^{i\pi-2} - e^{-i\pi+2}}{2i}$$

$$= \frac{-e^{-2} + e^2}{2i} = -\frac{e^2 - e^{-2}}{2i} = i\sinh 2.$$

50

例 2.25 试求方程 $\sin z + \cos z = 0$ 的全部解.

解 由 $\sin z + \cos z = 0$ 得

$$\sqrt{2}\sin\left(z+\frac{\pi}{4}\right)=0,$$

于是,由正弦函数的零点性质,得

$$z = k\pi - \frac{\pi}{4} \quad (k=0, \pm 1, \pm 2, \cdots).$$

与三角函数密切相关的是双曲函数,其定义如下:

定义 2.13

$$\sinh z = \frac{e^z - e^{-z}}{2}, \ \cosh z = \frac{e^z + e^{-z}}{2}, \ \tanh z = \frac{\sinh z}{\cosh z} = \frac{e^z - e^{-z}}{e^z + e^{-z}}.$$

$$(2-26)$$

并分别称为复数 z 的双曲正弦函数、双曲余弦函数与双曲正切函数.

显然,由式(2-26)定义的双曲函数是相应的实双曲函数的推广.

双曲函数有如下的性质:

(1) 上述三个双曲函数均在复平面内处处解析,且有

$$(\cosh z)' = \sinh z, \ (\sinh z)' = \cosh z.$$

(2) $\cosh z$, $\sinh z$ 的基本周期为 $2\pi i$.

(3) $\sinh z$ 为奇函数,而 $\cosh z$ 为偶函数.

(4) $\cosh^2 z - \sinh^2 z = 1$.

双曲函数与三角函数有如下的关系:

$$\sinh z = -i\sin iz, \ \cosh z = \cos iz, \ \tanh z = -i\tan iz.$$

例 2.26 试证明:$w=\cos z$ 将直线 $x=C_1$ 与直线 $y=C_2$ 分别变成双曲线与椭圆.

证明 设 $w = u + iv$,则由

$$\cos z = \cos x \cdot \cosh y - i\sin x \cdot \sinh y$$

得

$$u = \cos x \cdot \cosh y, \ v = -\sin x \cdot \sinh y,$$

于是,由

$$\cosh^2 y - \sinh^2 y = 1$$

得

$$\frac{u^2}{\cos^2 x} - \frac{v^2}{\sin^2 x} = 1.$$

由 $x = C_1$，即得一组双曲线.

由

$$\cos^2 x + \sin^2 x = 1$$

得

$$\frac{u^2}{\cos h^2 y} + \frac{v^2}{\sin h^2 y} = 1.$$

由 $y = C_2$，即得一组椭圆.

2.5.5 反三角函数与反双曲函数

反三角函数作为三角函数的反函数,定义如下:

定义 2.14 如果 $\sin w = z$, 则称 w 为 z 的反正弦函数,记为 $w = \mathrm{Arc}\sin z$.

将 $z = \sin w = \dfrac{\mathrm{e}^{\mathrm{i}w} - \mathrm{e}^{-\mathrm{i}w}}{2\mathrm{i}}$ 两端同乘以 $2\mathrm{i}\mathrm{e}^{\mathrm{i}w}$ 得

$$(\mathrm{e}^{\mathrm{i}w})^2 - 2\mathrm{i}z\mathrm{e}^{\mathrm{i}w} - 1 = 0.$$

于是有 $\mathrm{e}^{\mathrm{i}w} = \mathrm{i}z \pm \sqrt{1 - z^2}$, 再由对数函数的定义即得

$$\mathrm{i}w = \mathrm{Ln}(\mathrm{i}z \pm \sqrt{1 - z^2}),$$

所以

$$w = \mathrm{Arc}\sin z = -\mathrm{i}\mathrm{Ln}(\mathrm{i}z \pm \sqrt{1 - z^2}).$$

例 2.27 求 $\mathrm{Arc}\sin 2$.

解

$$\mathrm{Arc}\sin 2 = -\mathrm{i}\mathrm{Ln}(2\mathrm{i} \pm \sqrt{1 - 2^2}) = -\mathrm{i}\mathrm{Ln}(2\mathrm{i} \pm \sqrt{3}\mathrm{i})$$

$$= -\mathrm{i}\{\ln \mid (2 \pm \sqrt{3})\mathrm{i} \mid + \mathrm{i}\arg[(2 \pm \sqrt{3})\mathrm{i}] + 2k\pi\mathrm{i}\}$$

$$= -\mathrm{i}\left[\ln(2 \pm \sqrt{3}) + \frac{\pi}{2}\mathrm{i} + 2k\pi\mathrm{i}\right]$$

$$= \left(\frac{1}{2} + 2k\right)\pi - \mathrm{i}\ln(2 \pm \sqrt{3}) \quad (k = 0, \pm 1, \pm 2, \cdots).$$

用同样的方法可以得到其余反三角函数的解析表达式,如:

$$w = \text{Arc}\cos z = -\,\text{i}\,\text{Ln}(z \pm \sqrt{z^2 - 1}),$$

$$w = \text{Arc}\tan z = -\,\frac{\text{i}}{2}\,\text{Ln}\,\frac{1 + \text{i}z}{1 - \text{i}z} \quad (z \neq \pm\,\text{i}),$$

$$w = \text{Arc}\cot z = \frac{\text{i}}{2}\,\text{Ln}\,\frac{z - \text{i}}{z + \text{i}} \quad (z \neq \pm\,\text{i}).$$

以上函数均为无穷多值函数. 在相应地取单值连续分支后,由反函数的求导法则,得

$$(\text{Arc}\sin z)' = \frac{1}{\sqrt{1 - z^2}}, \quad (\text{Arc}\cos z)' = -\frac{1}{\sqrt{1 - z^2}}.$$

由对数函数的求导法则,得

$$(\text{Arc}\tan z)' = \frac{1}{1 + z^2}, \quad (\text{Arc}\cot z)' = -\frac{1}{1 + z^2}.$$

类似的,我们可以定义反双曲函数为双曲函数的反函数.

反双曲正弦函数与反双曲余弦函数的解析表达式分别为

$$w = \text{Arc}\sinh z = \text{Ln}(z \pm \sqrt{z^2 + 1}),$$

$$w = \text{Arc}\cosh z = \text{Ln}(z \pm \sqrt{z^2 - 1}).$$

它们都是无穷多值函数.

习 题 2

A 套

1. 判断下列各极限是否存在? 若存在,求其极限.

(1) $\lim\limits_{z \to 0} \dfrac{\text{Re}\,\bar{z}}{z^2}$.

(2) $\lim\limits_{z \to 0} \dfrac{1}{2\text{i}}\left(\dfrac{z}{\bar{z}} - \dfrac{\bar{z}}{z}\right)$.

(3) $\lim\limits_{z \to \text{i}} \dfrac{z - \text{i}}{z(1 + z^2)}$.

(4) $\lim\limits_{z \to 1} \dfrac{z\bar{z} + 2z - \bar{z} - 2}{z^2 - 1}$.

2. 讨论下列函数的连续性:

(1) $f(z) = \begin{cases} \dfrac{xy}{x^2 + y^2}, & z \neq 0, \\ 0, & z = 0. \end{cases}$

(2) $f(z) = \begin{cases} \dfrac{x^3 y}{x^4 + y^2}, & z \neq 0, \\ 0, & z = 0. \end{cases}$

3. 已知函数
$$f(z) = \begin{cases} \dfrac{x^3 - y^3 + \mathrm{i}(x^3 + y^3)}{x^2 + y^2}, & z \neq 0, \\ 0, & z = 0. \end{cases}$$

证明：(1) $f(z)$ 在 $z = 0$ 处连续. (2) $f(z)$ 在 $z = 0$ 处满足柯西-黎曼方程. (3) $f(z)$ 在 $z = 0$ 处导数不存在.

4. 下列函数在何处可导? 并求其导数.

(1) $f(z) = \dfrac{z+2}{(z+1)(z^2+1)}$.　　　　(2) $f(z) = \dfrac{x+y}{x^2+y^2} + \mathrm{i}\,\dfrac{x-y}{x^2+y^2}$.

5. 试讨论下列函数的可导性与解析性,并在可导区域内求其导数.

(1) $f(z) = xy^2 + x^2 y \mathrm{i}$.　　　　(2) $f(z) = x^3 - y^3 + 2x^2 y^2 \mathrm{i}$.

(3) $f(z) = z\mathrm{Im}\,z - \mathrm{Re}\,z$.　　　　(4) $f(z) = |z|^2 - \mathrm{i}\mathrm{Re}\,z^2$.

6. 试证明柯西-黎曼方程的极坐标形式是:
$$\frac{\partial u}{\partial r} = \frac{1}{r}\frac{\partial v}{\partial \theta},\ \frac{\partial v}{\partial r} = -\frac{1}{r}\frac{\partial u}{\partial \theta}.$$

7. 设 $my^3 + nx^2 y + \mathrm{i}(x^3 + lxy^2)$ 为解析函数,试确定 $l,\ m,\ n$ 的值.

8. 试证:如果函数 $f(z) = u(x,y) + \mathrm{i}v(x,y)$ 在区域 D 内解析,并满足下列条件之一,那么 $f(z)$ 是常数.

(1) $f(z)$ 恒取实值.　　　　(2) $\overline{f(z)}$ 在区域 D 内解析.

(3) $|f(z)|$ 在区域 D 内为常数.　　　　(4) $\arg f(z)$ 在区域 D 内为常数.

(5) $\mathrm{Re}\,f(z)$ 或 $\mathrm{Im}\,f(z)$ 在区域 D 内为常数.

(6) $au + bv = c$,其中 $a,\ b,\ c$ 为不全为零的实常数.

9. 已知在区域 D 内,$v(x,y)$ 是 $u(x,y)$ 的共轭调和函数,试求函数 $au(x,y) + bv(x,y)$ 的共轭调和函数,其中 $a,\ b$ 为常数.

10. 当 $a,\ b,\ c$ 满足什么条件时,$u = ax^2 + 2bxy + cy^2$ 为调和函数? 求出它的共轭调和函数.

11. 设 $u = u(x,y)$ 和 $v = v(x,y)$ 都是区域 D 内的调和函数,试证:函数
$$f(z) = (u_y - v_x) + \mathrm{i}(u_x + v_y)$$
在 D 内解析.

12. 验证下列各函数为调和函数,并由给定的条件求解析函数 $f(z) = u(x,y) + \mathrm{i}v(x,y)$.

(1) $u(x,y) = x^2 + xy - y^2$,$f(\mathrm{i}) = -1 + \mathrm{i}$.

(2) $u(x, y) = 2(x-1)y,\ f(2) = -\mathrm{i}$.

(3) $u(x, y) = \mathrm{e}^x(x\cos y - y\sin y),\ f(0) = 0$.

(4) $v(x, y) = -3xy^2 + x^3,\ f(\mathrm{i}) = 2$.

(5) $v(x, y) = \arctan\dfrac{y}{x}(x > 0),\ f(1) = 0$.

13. 求下列复数:

(1) $\mathrm{e}^{\frac{2-\pi\mathrm{i}}{3}}$.

(2) $\ln(3+4\mathrm{i})$.

(3) $\mathrm{Ln}(-3+4\mathrm{i})$.

(4) $(-2)^{\sqrt{3}}$.

(5) 3^{i}.

(6) $(1+\mathrm{i})^{1-\mathrm{i}}$.

(7) $\sin(1+\mathrm{i})$.

(8) $\cos(\pi+5\mathrm{i})$.

(9) $\sinh(2+\mathrm{i}\pi)$.

(10) $\mathrm{Arc}\sin\mathrm{i}$.

14. 说明下列等式是否正确:

(1) $\mathrm{Ln}\,z^2 = 2\mathrm{Ln}\,z$;

(2) $\mathrm{Ln}\sqrt{z} = \dfrac{1}{2}\mathrm{Ln}\,z$;

(3) $\mathrm{e}^{\mathrm{Ln}\,z} = z$;

(4) $\mathrm{Ln}\,\mathrm{e}^z = z$.

15. 求解下列方程

(1) $\mathrm{e}^{2z} - 1 + \sqrt{3}\mathrm{i} = 0$;

(2) $\ln z = \dfrac{\pi}{2}\mathrm{i}$;

(3) $\cos z = 2$;

(4) $\sin z - \cos z = 2$.

16. 证明以下函数在复平面上不解析:

(1) $\mathrm{e}^{\bar{z}}$.

(2) $\sin\bar{z}$.

B 套

1. 设 $f(z)$ 的导函数 $f'(z) = u(x, y) + \mathrm{i}v(x, y)$ 是区域 D 内的解析函数,已知 $v(x, y) = 6xy + 4y$. (1) 求函数 $u(x, y)$. (2) 若已知 $f'(0) = 1,\ f(\mathrm{i}) = -2$,求 $f(z)$.

2. 设 $f(z) = u(x, y) + \mathrm{i}v(x, y)$ 为解析函数,且满足:

$$u(x, y) - v(x, y) = \mathrm{e}^x(\cos y - \sin y) - x - y,\ f(0) = 1,$$

求 $f(z)$.

3. 设 $f(z) = u(x, y) + \mathrm{i}v(x, y)$ 为 $z = x + \mathrm{i}y$ 的解析函数,记

$$w(z, \bar{z}) = u\left(\frac{z+\bar{z}}{2}, \frac{z-\bar{z}}{2\mathrm{i}}\right) + \mathrm{i}v\left(\frac{z+\bar{z}}{2}, \frac{z-\bar{z}}{2\mathrm{i}}\right).$$

证明：$\dfrac{\partial w}{\partial \bar{z}} = 0$.

4. 设 $f(z)$ 是解析函数，证明：

(1) $\left(\dfrac{\partial}{\partial x} \mid f(z) \mid\right)^2 + \left(\dfrac{\partial}{\partial y} \mid f(z) \mid\right)^2 = \mid f'(z) \mid^2$.

(2) $\dfrac{\partial^2}{\partial x^2} \mid f(z) \mid^2 + \dfrac{\partial^2}{\partial y^2} \mid f(z) \mid^2 = 4 \mid f'(z) \mid^2$.

5. 设函数 $u(x, y)$ 为区域 D 内的调和函数，$f(z) = \dfrac{\partial u}{\partial x} - \mathrm{i}\dfrac{\partial u}{\partial y}$，证明：$f(z)$ 为 D 内的解析函数.

6. 设 D 是关于实轴对称的区域，证明：函数 $f(z)$ 与 $\overline{f(\bar{z})}$ 在 D 内同时解析.

7. 设函数 $f(z) = u(x, y) + \mathrm{i}v(x, y)$ 是区域 D 内的解析函数，试证明：
(1) $\overline{\mathrm{i}\, f(z)}$ 也是 D 内的解析函数.(2) $-u$ 是 v 的共轭调和函数.

8. 设 $0 < \theta < 2\pi$，求函数 $f(\theta) = \ln(1 - \mathrm{e}^{\mathrm{i}\theta})$ 的实部和虚部.

9. 判断下列函数的多值性：

(1) $\sin\sqrt{z}$.　(2) $\cos\sqrt{z}$.　(3) $\dfrac{\sin\sqrt{z}}{\sqrt{z}}$.　(4) $\mathrm{Ln}\sin z$.

10. 解下列方程：(1) $\sin z + \mathrm{i}\cos z = 4\mathrm{i}$. (2) $\sin \mathrm{i}z = \mathrm{i}$. (3) $\mid \tanh z \mid = 1$.

第 3 章　复变函数的积分

复变函数的积分是研究复变函数性质的重要方法之一,同时也是解决实际问题的有力工具.本章介绍复变函数的积分概念.着重研究解析函数积分的性质,特别要引出柯西积分定理与柯西积分公式.这些性质是解析函数理论的基础.最后,利用复变函数的积分性质,得出解析函数的导数仍为解析函数的重要结论.

3.1　复变函数的积分

3.1.1　复变函数积分的概念

利用类似于实变函数中曲线积分的定义方法来定义复变函数的积分.

定义 3.1　设 C 为一条以 A 为起点,B 为终点的有向光滑曲线(或逐段光滑曲线),其方程为

$$z = z(t) = x(t) + iy(t), \ [t: \alpha \to \beta, \ A = z(\alpha), \ B = z(\beta)]$$

函数 $f(z)$ 定义在曲线 C 上.沿曲线 C 用一组分点 $A = z_0, z_1, \cdots, z_n = B$ 将曲线 C 分成 n 个小弧段,在每个弧段 $\widehat{z_{k-1}z_k}(k=1, 2, \cdots, n)$ 上任意取一点 ζ_k(见图 3-1),并作部分和

$$S_n = \sum_{k=1}^{n} f(\zeta_k) \Delta z_k, \qquad (3-1)$$

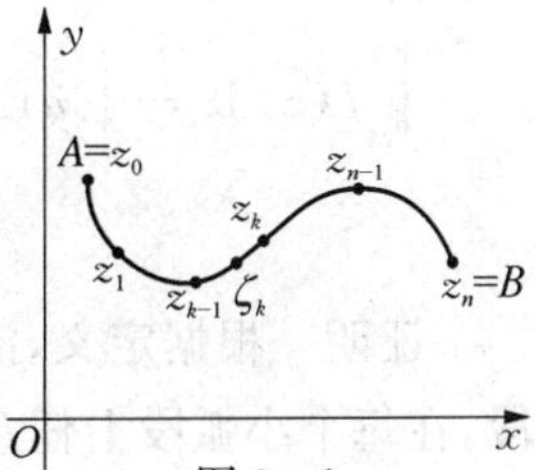

图 3-1

其中 $\Delta z_k = z_k - z_{k-1}$.记 $\Delta S_k = \widehat{z_{k-1}z_k}$ 的长度,$\delta = \max\limits_{1 \leqslant k \leqslant n} \{\Delta S_k\}$.当 n 无限增加,且 δ 趋于零时,若不论对 C 的分法及 ζ_k 的取法如何,和式 S_n 存在唯一极限,则称这极限值为函数 $f(z)$ 沿曲线 C 的积分,记为

$$\int_C f(z)\mathrm{d}z = \lim_{n \to +\infty} \sum_{k=1}^{n} f(\zeta_k) \Delta z_k. \qquad (3-2)$$

若 C 为闭曲线,则沿此闭曲线 C 的积分记为 $\oint_C f(z)\mathrm{d}z$.

例 3.1 计算积分 $\int_C \mathrm{d}z$，其中：(1) C 为复平面上以 A 为起点，B 为终点的任意曲线；(2) C 为复平面上的任意闭曲线.

解 根据定义：

$$S_n = \sum_{k=1}^{n} \Delta z_k,$$

所以

(1) $\displaystyle\int_C \mathrm{d}z = \lim_{n \to +\infty} S_n = B - A.$

(2) $\displaystyle\oint_C \mathrm{d}z = \lim_{n \to +\infty} S_n = 0.$

由定义易知，当 C 为实轴 x 上的区间 $[a, b]$，而 $f(z) = f(x)$ 时，复变函数积分(3.2)即为实函数 $f(x)$ 在区间 $[a, b]$ 上的定积分.

3.1.2 复变函数积分的计算

直接由定义计算复变函数积分非常困难，与定积分类似，寻求复积分的计算公式相当重要. 以下定理给出了复积分存在的一个充分条件，同时给出了积分计算公式.

定理 3.1 设函数 $f(z) = u(x, y) + \mathrm{i}v(x, y)$ 在逐段光滑的曲线 C 上连续，则 $f(z)$ 沿曲线 C 的积分存在，且有

$$\int_C f(z)\mathrm{d}z = \int_C u(x, y)\mathrm{d}x - v(x, y)\mathrm{d}y + \mathrm{i}\int_C u(x, y)\mathrm{d}y + v(x, y)\mathrm{d}x.$$

$$(3-3)$$

证明 根据定义，沿曲线 C 用一组分点 $z_0, z_1, \cdots, z_n$ 将曲线 C 分成 n 个小弧段，在每个小弧段上任意取一点 ζ_k. 记

$$z_k = x_k + \mathrm{i}y_k, \ \zeta_k = \xi_k + \mathrm{i}\eta_k, \ u_k = u(\xi_k, \eta_k), \ v_k = v(\xi_k, \eta_k),$$

$$\Delta x_k = x_k - x_{k-1}, \ \Delta y_k = y_k - y_{k-1}, \ \Delta z_k = \Delta x_k + \mathrm{i}\Delta y_k.$$

作和式：

$$\sum_{k=1}^{n} f(\zeta_k)\Delta z_k = \sum_{k=1}^{n} [u(\xi_k, \eta_k) + \mathrm{i}v(\xi_k, \eta_k)](\Delta x_k + \mathrm{i}\Delta y_k)$$

$$= \sum_{k=1}^{n} [u(\xi_k, \eta_k)\Delta x_k - v(\xi_k, \eta_k)\Delta y_k] +$$

$$i \sum_{k=1}^{n} [v(\xi_k, \eta_k)\Delta x_k + u(\xi_k, \eta_k)\Delta y_k].$$

由 $f(z)$ 的连续性推知 $u(x, y)$ 与 $v(x, y)$ 在 C 上连续. 由微积分中第二类曲线积分知识得,当 $\Delta x_k \to 0$, $\Delta y_k \to 0$ 时,上式右端两个和式极限存在,且分别为 $\int_C u\mathrm{d}x - v\mathrm{d}y$ 和 $\int_C u\mathrm{d}y + v\mathrm{d}x$. 因此,若 $f(z)$ 在曲线 C 上连续,则积分 $\int_C f(z)\mathrm{d}z$ 存在,且

$$\int_C f(z)\mathrm{d}z = \int_C u\mathrm{d}x - v\mathrm{d}y + i\int_C u\mathrm{d}y + v\mathrm{d}x.$$

为便于记忆,式(3-3)可简写为

$$\int_C f(z)\mathrm{d}z = \int_C u\mathrm{d}x - v\mathrm{d}y + i\int_C u\mathrm{d}y + v\mathrm{d}x \overset{\triangle}{=\!=\!=} \int_C (u + iv)(\mathrm{d}x + i\mathrm{d}y).$$

若曲线 C 可由参数形式表示:

$$z = z(t) = x(t) + iy(t), \quad t: \alpha \to \beta,$$

则由 C 的光滑性(或逐段光滑性)得 $z'(t)$ 在 $[\alpha, \beta]$(或 $[\beta, \alpha]$)上连续,且 $z'(t) = x'(t) + iy'(t) \neq 0$. 于是,由式(3-3)得

$$
\begin{aligned}
\int_C f(z)\mathrm{d}z &= \int_C u\mathrm{d}x - v\mathrm{d}y + i\int_C u\mathrm{d}y + v\mathrm{d}x \\
&= \int_\alpha^\beta \{u[x(t), y(t)]x'(t) - v[x(t), y(t)]y'(t)\}\mathrm{d}t + \\
&\quad i\int_\alpha^\beta \{u[x(t), y(t)]y'(t) + v[x(t), y(t)]x'(t)\}\mathrm{d}t \\
&= \int_\alpha^\beta \{u[x(t), y(t)] + iv[x(t), y(t)]\}[x'(t) + iy'(t)]\mathrm{d}t \\
&= \int_\alpha^\beta f[z(t)]z'(t)\mathrm{d}t.
\end{aligned}
\tag{3-4}
$$

式(3-4)称为代入法,且表明:将 $f(z)$ 沿曲线 C 的积分归结为 $f(z)$ 关于曲线 C 的参数 t 的积分. 由此我们得到计算积分 $\int_C f(z)\mathrm{d}z$ 的基本步骤:① 写出曲线 C 的方程 $z = z(t) = x(t) + iy(t)$, $t: \alpha \to \beta$;② 将 $z = z(t)$ 与 $\mathrm{d}z = z'(t)\mathrm{d}t$ 代入所求积分 $\int_C f(z)\mathrm{d}z$ 中;③ 计算式(3-4)右端的关于参数 t 的积分.

由式(3-4)可得,积分 $\int_C |\,\mathrm{d}z\,|$ 所表示的恰为曲线 C 的长度. 事实上

$$\int_C |\,\mathrm{d}z\,| = \int_\alpha^\beta |\,z'(t)\,|\,\mathrm{d}t = \int_\alpha^\beta \sqrt{[x'(t)]^2 + [y'(t)]^2}\,\mathrm{d}t,$$

上式最后一项即为微积分中的曲线弧长公式.

例 3.2 计算从 $A = -\mathrm{i}$ 到 $B = \mathrm{i}$ 的积分 $\int_C |\,z\,|\,\mathrm{d}z$ 的值,其中 C 为:

(1) 线段 $\overline{AB}$.

(2) 左半平面中以原点为中心的左半单位圆.

(3) 右半平面中以原点为中心的右半单位圆(见图 3-2).

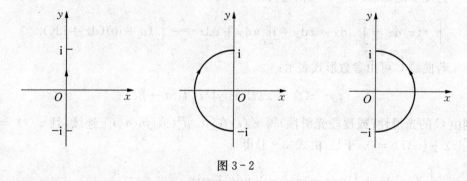

图 3-2

解 (1) 线段 $\overline{AB}$ 的参数方程为

$$z = \mathrm{i}t,\ t\colon -1 \to 1,$$

于是

$$|\,z\,| = |\,\mathrm{i}t\,| = |\,t\,|,\ \mathrm{d}z = \mathrm{i}\mathrm{d}t,$$

因而

$$\int_C |\,z\,|\,\mathrm{d}z = \int_{-1}^1 |\,t\,|\,\mathrm{i}\mathrm{d}t = \mathrm{i}\Big[\int_{-1}^0 -t\mathrm{d}t + \int_0^1 t\mathrm{d}t\Big] = \mathrm{i}.$$

(2) 左半平面中左半单位圆的参数方程为

$$z = \mathrm{e}^{\mathrm{i}t},\ t\colon \frac{3}{2}\pi \to \frac{1}{2}\pi,$$

于是

$$|\,z\,| = |\,\mathrm{e}^{\mathrm{i}t}\,| = 1,\ \mathrm{d}z = \mathrm{i}\mathrm{e}^{-\mathrm{i}t}\mathrm{d}t,$$

因而

$$\int_C |z| \, \mathrm{d}z = \int_{\frac{3\pi}{2}}^{\frac{\pi}{2}} \mathrm{i}\mathrm{e}^{\mathrm{i}t} \mathrm{d}t = \mathrm{i}\int_{\frac{3\pi}{2}}^{\frac{\pi}{2}} (\cos t + \mathrm{i}\sin t) \mathrm{d}t$$

$$= -\int_{\frac{3\pi}{2}}^{\frac{\pi}{2}} \sin t \mathrm{d}t + \mathrm{i}\int_{\frac{3\pi}{2}}^{\frac{\pi}{2}} \cos t \mathrm{d}t = 2\mathrm{i}.$$

(3) 右半平面中右半单位圆的参数方程为

$$z = \mathrm{e}^{\mathrm{i}t}, \ t: -\frac{1}{2}\pi \to \frac{1}{2}\pi,$$

于是

$$|z| = |\mathrm{e}^{\mathrm{i}t}| = 1, \ \mathrm{d}z = \mathrm{i}\mathrm{e}^{\mathrm{i}t}\mathrm{d}t.$$

因而

$$\int_C |z| \, \mathrm{d}z = \int_{-\frac{\pi}{2}}^{\frac{\pi}{2}} \mathrm{i}\mathrm{e}^{\mathrm{i}t} \mathrm{d}t = \mathrm{i}\int_{-\frac{\pi}{2}}^{\frac{\pi}{2}} (\cos t + \mathrm{i}\sin t) \mathrm{d}t$$

$$= \mathrm{i}\int_{-\frac{\pi}{2}}^{\frac{\pi}{2}} \cos t \mathrm{d}t - \int_{-\frac{\pi}{2}}^{\frac{\pi}{2}} \sin t \mathrm{d}t = 2\mathrm{i}.$$

例 3.3 分别计算积分 $\int_C \bar{z}\mathrm{d}z$ 和 $\int_C z^2 \mathrm{d}z$, 其中: 曲线 C 为: (1) 由点 $O(0,0)$ 到点 $A(1,1)$ 的直线段; (2) 由点 O $(0,0)$ 以点 $B(1,0)$ 到点 $A(1,1)$ 的折线段. (见图 3-3)

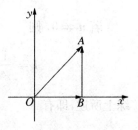

解 (1) 由点 $O(0,0)$ 到点 $A(1,1)$ 的直线段的参数方程为: $z = (1+\mathrm{i})t, \ t: 0 \to 1$, 此时, $\bar{z} = (1-\mathrm{i})t, \ \mathrm{d}z = (1+\mathrm{i})\mathrm{d}t$. 于是

图 3-3

$$\int_C \bar{z}\mathrm{d}z = \int_0^1 (1-\mathrm{i})t(1+\mathrm{i})\mathrm{d}t = \int_0^1 2t\mathrm{d}t = 1.$$

$$\int_C z^2 \mathrm{d}t = \int_0^1 (1+\mathrm{i})^2(1+\mathrm{i})t^2\mathrm{d}t = (1+\mathrm{i})^3\int_0^1 t^2\mathrm{d}t = \frac{(1+\mathrm{i})^3}{3}.$$

(2) 由点 $O(0,0)$ 到点 $B(1,0)$ 的直线段的参数方程为: $z = t, \ t: 0 \to 1$, 由点 $B(1,0)$ 到点 $A(1,1)$ 的直线段的参数方程为: $z = 1+\mathrm{i}t, \ t: 0 \to 1$

$$\int_C \bar{z}\mathrm{d}z = \int_0^1 t\mathrm{d}t + \int_0^1 (1-\mathrm{i}t)\mathrm{i}\mathrm{d}t = \frac{1}{2} + \mathrm{i} + \frac{1}{2} = 1 + \mathrm{i}.$$

$$\int_C z^2 \mathrm{d}t = \int_0^1 t^2 \mathrm{d}t + \int_0^1 (1+\mathrm{i}t)^2 \mathrm{i}\mathrm{d}t = \frac{1}{3} + \frac{(1+\mathrm{i})^3 - 1}{3} = \frac{(1+\mathrm{i})^3}{3}.$$

以上例子表明：某些函数沿曲线的积分仅与积分路径的起点与终点有关，而与积分路径无关，而有些函数，其积分不仅与积分路径的起点与终点有关，而且与积分路径也有关．不难发现，与积分路径无关的这类函数是解析函数．由此猜想：解析函数的积分仅与积分曲线的起点与终点有关，而与积分路径无关．

例 3.4 计算积分 $I = \oint_C \dfrac{1}{(z-z_0)^{n+1}} \mathrm{d}z$，其中 C 是以 z_0 为中心、r 为半径的正向圆周，n 为整数．

解 圆周 C 的参数方程为

$$z - z_0 = re^{\mathrm{i}\theta}, \ 0 \leqslant \theta \leqslant 2\pi,$$

于是

$$I = \int_0^{2\pi} \frac{r\mathrm{i}e^{\mathrm{i}\theta}}{r^{n+1}e^{\mathrm{i}(n+1)\theta}} \mathrm{d}\theta = \int_0^{2\pi} \frac{\mathrm{i}}{r^n} e^{-\mathrm{i}n\theta} \mathrm{d}\theta.$$

若 $n = 0$，则

$$I = \int_0^{2\pi} \mathrm{i}\mathrm{d}\theta = 2\pi\mathrm{i};$$

若 $n \neq 0$，则

$$I = \frac{\mathrm{i}}{r^n} \int_0^{2\pi} e^{-\mathrm{i}n\theta} \mathrm{d}\theta = \frac{\mathrm{i}}{r^n} \int_0^{2\pi} (\cos n\theta - \mathrm{i}\sin n\theta) \mathrm{d}\theta = 0.$$

综上所述，即有

$$I = \oint_C \frac{1}{(z-z_0)^{n+1}} \mathrm{d}z = \begin{cases} 2\pi\mathrm{i}, & n = 0, \\ 0, & n \neq 0. \end{cases}$$

3.1.3 积分的基本性质

设函数 $f(z)$ 和 $g(z)$ 在逐段光滑曲线 C 上连续，则由积分定义可得下列复变函数积分的基本性质：

性质 3.1 $\displaystyle\int_C kf(z)\mathrm{d}z = k\int_C f(z)\mathrm{d}z$ （k 为常数）．

性质 3.2 $\displaystyle\int_C [f(z) \pm g(z)]\mathrm{d}z = \int_C f(z)\mathrm{d}z \pm \int_C g(z)\mathrm{d}z.$

性质 3.3 $\displaystyle\int_{C^-}f(z)\mathrm{d}z=-\int_{C}f(z)\mathrm{d}z,$

其中 C^- 与 C 表示同一曲线,但方向相反.

性质 3.4 $\displaystyle\int_{C}f(z)\mathrm{d}z=\int_{C_1}f(z)\mathrm{d}z+\int_{C_2}f(z)\mathrm{d}z,$

其中 C_1, C_2 为 C 的两个曲线线段,它们合起来组成 C.

性质 3.5 若函数 $f(z)$ 在曲线 C 上满足 $|f(z)|\leqslant M$,且曲线 C 的长度为 L,则

$$\left|\int_C f(z)\mathrm{d}z\right|\leqslant\int_C|f(z)||\mathrm{d}z|\leqslant ML.$$

证明 首先证明第一个不等式,

$$\left|\int_C f(z)\mathrm{d}z\right|=\left|\lim_{n\to+\infty}\sum_{k=1}^{n}f(\zeta_k)\Delta z_k\right|=\lim_{n\to+\infty}\left|\sum_{k=1}^{n}f(\zeta_k)\Delta z_k\right|$$

$$\leqslant\lim_{n\to+\infty}\sum_{k=1}^{n}|f(\zeta_k)\Delta z_k|=\lim_{n\to+\infty}\sum_{k=1}^{n}|f(\zeta_k)||\Delta z_k|$$

$$=\int_C|f(z)||\mathrm{d}z|.$$

再证明第二个不等式,

$$\left|\sum_{k=1}^{n}f(\zeta_k)\Delta z_k\right|\leqslant\sum_{k=1}^{n}|f(\zeta_k)||\Delta z_k|\leqslant M\sum_{k=1}^{n}|\Delta z_k|,$$

上式两边取极限得

$$\lim_{n\to+\infty}\left|\sum_{k=1}^{n}f(\zeta_k)\Delta z_k\right|\leqslant M\lim_{n\to+\infty}\sum_{k=1}^{n}|\Delta z_k|=ML.$$

例 3.5 设 C 为正向圆周 $|z|=2$ 在第 I 象限中的部分,证明

$$\left|\int_C\frac{1}{1+z^2}\mathrm{d}z\right|\leqslant\frac{\pi}{3}.$$

证明 因为 $|1+z^2|\geqslant||z|^2-1|$,由积分不等式可得

$$\left|\int_C\frac{1}{1+z^2}\mathrm{d}z\right|\leqslant\int_C\left|\frac{1}{1+z^2}\right||\mathrm{d}z|\leqslant\int_C\frac{1}{||z|^2-1|}|\mathrm{d}z|$$

$$=\frac{1}{3}\int_C|\mathrm{d}z|=\frac{1}{3}\times\frac{1}{4}\times 4\pi=\frac{\pi}{3}.$$

例3.6 设 C_r 为圆周 $|z|=r$ 在第 I 象限中的一段,方向为逆时针方向,函数 $f(z)$ 在 C_r 上连续,且 $\lim\limits_{z \to 0} z f(z) = 0$. (1) 证明: $\lim\limits_{r \to 0} \int_{C_r} f(z) \mathrm{d}z = 0$; (2) 计算极限 $\lim\limits_{r \to 0} \int_{C_r} \dfrac{P_n(z)}{z} \mathrm{d}z$, 其中 $P_n(z) = c_0 + c_1 z + \cdots + c_n z^n$, $c_0 \neq 0$.

解 (1) 由已知 $\lim\limits_{z \to 0} z f(z) = 0$ 知, 对于任意 $\varepsilon > 0$, 存在 $\delta > 0$, 当 $|z| < \delta$ 时,

$$|zf(z)| < \varepsilon.$$

C_r 的参数方程为 $z = r e^{i\theta}$, $\theta: 0 \to \dfrac{\pi}{2}$, 从而

$$\left| \int_{C_r} f(z) \mathrm{d}z \right| = \left| \int_0^{\pi/2} f(re^{i\theta}) r i e^{i\theta} \mathrm{d}\theta \right|$$

$$\leqslant \int_0^{\pi/2} |f(re^{i\theta}) re^{i\theta}| \, |\mathrm{d}\theta| \leqslant \frac{\pi \varepsilon}{2},$$

因此

$$\lim_{r \to 0} \int_{C_r} f(z) \mathrm{d}z = 0.$$

(2) 由于

$$\frac{P_n(z)}{z} = \frac{c_0}{z} + c_1 + c_2 z + \cdots + c_n z^{n-1} = \frac{c_0}{z} + Q_{n-1}(z),$$

其中 $Q_{n-1}(z) = c_1 + c_2 z + \cdots + c_n z^{n-1}$, 从而

$$\int_{C_r} \frac{P_n(z)}{z} \mathrm{d}z = \int_{C_r} \frac{c_0}{z} \mathrm{d}z + \int_{C_r} Q_{n-1}(z) \mathrm{d}z,$$

由(1)知: $\lim\limits_{r \to 0} \int_{C_r} Q_{n-1}(z) \mathrm{d}z = 0$, 故

$$\lim_{r \to 0} \int_{C_r} \frac{P_n(z)}{z} \mathrm{d}z = \lim_{r \to 0} \int_{C_r} \frac{c_0}{z} \mathrm{d}z = \lim_{r \to 0} \int_0^{\pi/2} \frac{c_0}{re^{i\theta}} r i e^{i\theta} \mathrm{d}\theta = \frac{c_0 \pi i}{2}.$$

3.2 柯西定理

微积分中,实函数的第二类曲线积分 $\int_C P(x, y)\mathrm{d}x + Q(x, y)\mathrm{d}y$ 在单连通区

域 D 内与路径无关,等价于它沿 D 内任意一条闭曲线的积分为零,其条件为函数 $P(x,y)$,$Q(x,y)$ 有连续的一阶偏导数,且 $Q_x = P_y$ 在 D 内处处成立. 对于复积分 $\int_C f(z)$ 也有类似的结论. 1825 年,柯西(Cauchy)给出了重要的复变函数积分的基本定理.

3.2.1 单连通区域的柯西定理

定理 3.2 设函数 $f(z)$ 在单连通区域 D 内解析,C 为 D 内的任意一条闭曲线,则

$$\oint_C f(z)\mathrm{d}z = 0. \tag{3-5}$$

证明 此定理证明较复杂,用黎曼(1851 年)在添加条件下给出的证明方法,即添加条件 $f'(z)$ 在 D 内连续.

设 $z = x + \mathrm{i}y$, $f(z) = u(x,y) + \mathrm{i}v(x,y)$, G 为曲线 C 所围的区域(见图 3-4),则

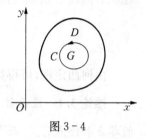

图 3-4

$$\oint_C f(z)\mathrm{d}z = \oint_C u\mathrm{d}x - v\mathrm{d}y + \mathrm{i}\oint_C v\mathrm{d}x + u\mathrm{d}y.$$

由于 $f'(z) = u_x + \mathrm{i}v_x = v_y - \mathrm{i}u_y$ 在 D 内连续,从而 u_x, v_x, u_y, v_y 在单连通区域 D 内均连续,且 u, v 满足柯西-黎曼条件. 由微积分中的格林公式得

$$\oint_C u\mathrm{d}x - v\mathrm{d}y = \iint_G (-v_x - u_y)\mathrm{d}x\mathrm{d}y = 0,$$

$$\oint_C v\mathrm{d}x + u\mathrm{d}y = \iint_G (u_x - y_y)\mathrm{d}x\mathrm{d}y = 0.$$

从而

$$\oint_C f(z)\mathrm{d}z = 0.$$

定理 3.2 称为积分基本定理,又常称作柯西-古萨(Goursat)基本定理(或柯西积分定理),它揭示了解析函数的一个重要的性质,即解析函数沿其单连通解析区域内的任意一条闭曲线的积分为零,亦即解析函数的积分只依赖于积分路径的起点与终点,而与积分路径的形状无关.

古萨于 1900 年在不添加"$f'(z)$ 在 D 内连续"的条件下给出了定理 3.2 的证明.

例 3.7 计算积分 $\oint_C (z^2 + 2e^{-z} + \sin z)\mathrm{d}z$，其中：$C$ 为正向圆周 $|z| = 4$.

解 由于函数 z^2，e^{-z}，$\sin z$ 在复平面上为解析函数，所以 $z^2 + 2e^{-z} + \sin z$ 在圆周 C：$|z| = 4$ 所围的单连通区域内解析，由柯西定理知

$$\oint_C (z^2 + 2e^{-z} + \sin z)\mathrm{d}z = 0.$$

例 3.8 计算积分 $\oint_C \dfrac{e^z}{z(z-1)}\mathrm{d}z$，其中：$C$ 为正向圆周 $|z + 1| = \dfrac{1}{2}$.

解 $z = 0$ 和 $z = 1$ 为被积分函数 $f(z) = \dfrac{e^z}{z(z-1)}$ 的两个奇点，但它们均不在积分曲线 C 所围的区域 G 内，即：被积函数 $f(z)$ 在区域 G 内解析，所以

$$\oint_C \frac{e^z}{z(z-1)}\mathrm{d}z = 0.$$

由柯西定理，可得如下推论：

推论 3.1 设函数 $f(z)$ 在单连通区域 D 内解析，则积分 $\displaystyle\int_C f(z)\mathrm{d}z$ 只与曲线 C 的起点和终点有关，而与曲线 C 的路径无关.

可将柯西定理的条件作适当地放宽，可得如下结论：

推论 3.2 设闭曲线 C 是单连通区域 D 的边界，函数 $f(z)$ 在 D 内解析，在 C 上连续，则

$$\oint_C f(z)\mathrm{d}z = 0.$$

3.2.2 原函数与不定积分

根据柯西定理及其推论知，如果函数 $f(z)$ 在单连通区域 D 内解析，则 $f(z)$ 沿 D 内任何一条逐段光滑曲线 C 的积分 $\displaystyle\int_C f(z)\mathrm{d}z$ 的值只与曲线 C 的起点 z_0 和终点 z 有关，而与路径无关. 因此当固定起点 z_0，积分 $\displaystyle\int_C f(\zeta)\mathrm{d}\zeta$ 定义了一个以 C 的终点 z 为变量的单值函数，于是，有如下的结论：

定理 3.3 设 $f(z)$ 在单连通区域 D 内解析，z_0 为 D 内一定点，z 为 D 内动点，则函数

$$F(z) = \int_{z_0}^{z} f(\zeta)\mathrm{d}\zeta, \tag{3-6}$$

在 D 内解析,且 $F'(z) = f(z)$.

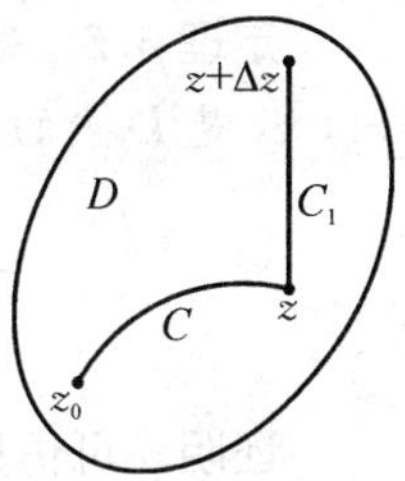

证明　取 D 内任意两点 z 和 $z + \Delta z$,以连接 z 到 $z + \Delta z$ 的线段作为积分路径(见图 3-5),则

$$\frac{F(z + \Delta z) - F(z)}{\Delta z} - f(z) = \frac{1}{\Delta z} \int_z^{z + \Delta z} [f(\zeta) - f(z)] \mathrm{d}\zeta.$$

由 $f(z)$ 在 D 内解析,可知 $f(z)$ 在点 z 连续,即对于任给的 $\varepsilon > 0$,存在 $\delta > 0$,当 $|\zeta - z| < \delta$ 时,总有

$$|f(\zeta) - f(z)| < \varepsilon.$$

图 3-5

因此当 $|\Delta z| < \delta$ 时,就有

$$\left| \frac{F(z + \Delta z) - F(z)}{\Delta z} - f(z) \right| \leqslant \frac{1}{|\Delta z|} \int_z^{z + \Delta z} |f(\zeta) - f(z)| |\mathrm{d}\zeta|$$

$$\leqslant \frac{1}{|\Delta z|} \cdot \varepsilon \cdot |\Delta z| = \varepsilon,$$

即

$$F'(z) = f(z).$$

上述定理的证明仅用到如下的两个条件:

(1) $f(z)$ 在 D 内连续.

(2) $f(z)$ 沿 D 内任一闭曲线的积分为零.

因此实际上有更一般的定理:

定理 3.4　设 $f(z)$ 在单连通区域 D 内连续,且 $f(z)$ 在 D 内沿任一闭曲线的积分为零. z_0 为 D 内一定点,z 为 D 内动点,则函数

$$F(z) = \int_{z_0}^z f(\zeta) \mathrm{d}\zeta.$$

在 D 内解析,且 $F'(z) = f(z)$.

下面我们给出原函数和不定积分的定义:

定义 3.2　设函数 $f(z)$ 在区域 D 内连续,若 D 内的一个函数 $\Phi(z)$ 满足条件

$$\Phi'(z) = f(z), \tag{3-7}$$

则称 $\Phi(z)$ 为 $f(z)$ 在 D 内的一个原函数. $f(z)$ 的全体原函数称为 $f(z)$ 的不定积分.

利用原函数的概念,我们可以得到下面的定理:

定理 3.5　若函数 $f(z)$ 在区域 D 内解析,$\Phi(z)$ 是 $f(z)$ 在 D 内的一个原函数,z_1,z_2 是 D 内的两点,则

$$\int_{z_1}^{z_2} f(z)\mathrm{d}z = \Phi(z_2) - \Phi(z_1). \tag{3-8}$$

证明　可仿照微积分中的证明方法. 由定理 3.3 知,$F(z) = \int_{z_1}^{z} f(\zeta)\mathrm{d}\zeta$ 也为 $f(z)$ 的原函数. 于是,由 $[F(z) - \Phi(z)]' = 0$,得 $F(z) - \Phi(z) = C$,即

$$\int_{z_1}^{z} f(\zeta)\mathrm{d}\zeta = \Phi(z) + C.$$

令 $z = z_1$ 得 $C = -\Phi(z_1)$,取 $z = z_2$ 得

$$\int_{z_1}^{z_2} f(z)\mathrm{d}z = \Phi(z_2) - \Phi(z_1).$$

称式(3-8)为牛顿-莱布尼茨公式. 定理 3.5 把计算解析函数的积分问题归结为寻找其原函数的问题.

例 3.9　计算积分 $\int_0^{1+\mathrm{i}} z\mathrm{d}z$.

解　$\int_0^{1+\mathrm{i}} z\mathrm{d}z = \dfrac{1}{2} z^2 \Big|_0^{1+\mathrm{i}} = \dfrac{1}{2}(1+\mathrm{i})^2 = \mathrm{i}.$

例 3.10　计算积分 $\int_a^b z\sin z^2 \mathrm{d}z$.

解　$\int_a^b z\sin z^2 \mathrm{d}z = -\dfrac{1}{2}\cos z^2 \Big|_a^b = \dfrac{1}{2}(\cos a^2 - \cos b^2).$

3.2.3　柯西定理的推广

柯西定理可以推广到多连通区域.

定理 3.6　设 D 是由边界曲线 $\Gamma = C + C_1^- + C_2^- + \cdots + C_n^-$ 所围成的多连通区域,其中简单闭曲线 C_1,C_2,$\cdots$,C_n 在简单闭曲线 C 内,它们互不包含也互不相交. 若 $f(z)$ 在 D 内解析,在 Γ 上连续,则

$$\oint_\Gamma f(z)\mathrm{d}z = 0,$$

或

$$\oint_C f(z)\mathrm{d}z = \oint_{C_1} f(z)\mathrm{d}z + \oint_{C_2} f(z)\mathrm{d}z + \cdots + \oint_{C_n} f(z)\mathrm{d}z. \tag{3-9}$$

证明 取 n 条互不相交且除端点外全在 D 内的辅助曲线 $r_1, r_2, \cdots, r_n$,分别把 C 依次与 $C_1, C_2, \cdots, C_n$ 连接起来,则由曲线 $\Gamma' = C + r_1 + C_1^- + r_1^- + \cdots + r_n + C_n^- + r_n^-$ 为边界的区域 D' 就是单连通区域(见图 3-6). 由定理 3.2 得

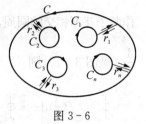

图 3-6

$$\oint_{\Gamma'} f(z)\mathrm{d}z = 0.$$

因为沿 $r_1, r_2, \cdots, r_n$ 的积分刚好正负方向各取一次,在相加时相互抵消,所以得

$$\oint_{\Gamma} f(z)\mathrm{d}z = 0,$$

即

$$\oint_{C} f(z)\mathrm{d}z + \sum_{k=1}^{n} \oint_{C_k} f(z)\mathrm{d}z = 0.$$

由此即得结论.

定理 3.6 称为复合闭路定理. 根据定理 3.6,可得如下重要的结论:

推论 3.3 若函数 $f(z)$ 在区域 D 内除点 z_0 外都解析,则它在 D 内沿任何一条围绕 z_0 的正向闭曲线的积分值都相等.

由推论 3.3 可将例 3.4 的结论作推广,即: $I = \oint_{C} \dfrac{1}{(z-z_0)^{n+1}}\mathrm{d}x = \begin{cases} 2\pi\mathrm{i}, & n = 0, \\ 0, & n \neq 0, \end{cases}$ 其中 C 为任意包含 z_0 的正向闭曲线.

推论 3.4 若函数 $f(z)$ 在区域 D 内除去点 $z_1, z_2, \cdots, z_n$ 外都解析,C 为 D 内任何一条把 $z_k(k = 1, 2, \cdots, n)$ 包围在内的正向闭曲线,则

$$\oint_{C} f(z)\mathrm{d}z = \sum_{k=1}^{n} \oint_{C_k} f(z)\mathrm{d}z,$$

定理 3.6 及其推论提供了一种计算函数沿闭曲线积分的方法.

例 3.11 计算积分 $\oint_{|z|=2} \dfrac{1}{z(z-1)}\mathrm{d}z$.

解 设 $f(z) = \dfrac{1}{z(z-1)} = \dfrac{1}{z-1} - \dfrac{1}{z}$. 由于被积函数 $f(z)$ 在积分路径 C: $|z| = 2$ 的内部只含有两个奇点 $z = 0$ 和 $z = 1$,采用所谓"挖奇点"方法. 为此,分别

作两个互不相交的圆周,如:$C_1: |z| = \dfrac{1}{2}$ 和 $C_2: |z-1| =$

$\dfrac{1}{4}$(见图 3-7),则

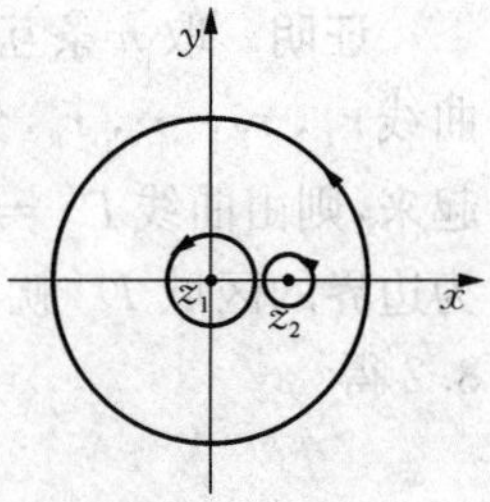

$$\oint_{|z|=2} f(z)\mathrm{d}z = \oint_{C_1} f(z)\mathrm{d}z + \oint_{C_2} f(z)\mathrm{d}z$$

$$= \oint_{C_1} \left(\frac{1}{z-1} - \frac{1}{z}\right)\mathrm{d}z + \oint_{C_2} \left(\frac{1}{z-1} - \frac{1}{z}\right)\mathrm{d}z$$

$$= 0 - 2\pi\mathrm{i} + 2\pi\mathrm{i} - 0 = 0.$$

图 3-7

例 3.12 计算积分 $\displaystyle\oint_C \frac{1}{(z-2)(z-3)}\mathrm{d}z$,其中 C 是不过点 $z=2$ 和点 $z=3$ 的正向闭曲线.

解 函数 $f(z) = \dfrac{1}{(z-2)(z-3)} = \dfrac{1}{z-3} - \dfrac{1}{z-2}$ 有两个奇点 $z=2$ 和 $z=3$,本题视不同曲线 C 分别讨论.

(1) 若 C 既不包含 $z=2$,也不包含 $z=3$,即 $f(z)$ 在 C 所围的区域内解析,从而

$$\oint_C f(z)\mathrm{d}z = 0.$$

(2) 若 C 仅包含 $z=2$,但不包含 $z=3$,则

$$\oint_C f(z)\mathrm{d}z = \oint_c \frac{1}{z-3}\mathrm{d}z - \oint_c \frac{1}{z-2}\mathrm{d}z = -2\pi\mathrm{i}.$$

(3) 若 C 仅包含 $z=3$,但不包含 $z=2$,则

$$\oint_C f(z)\mathrm{d}z = \oint_c \frac{1}{z-3}\mathrm{d}z - \oint_c \frac{1}{z-2}\mathrm{d}z = 2\pi\mathrm{i}.$$

(4) 若 C 既包含 $z=2$,也包含 $z=3$,则

$$\oint_C f(z)\mathrm{d}z = \oint_c \frac{1}{z-3}\mathrm{d}z - \oint_c \frac{1}{z-2}\mathrm{d}z = 2\pi\mathrm{i} - 2\pi\mathrm{i} = 0.$$

3.3 柯西积分公式和高阶导数公式

设 D 为一单连通区域,z_0 为 D 中的一点,如果 $f(z)$ 在区域 D 内解析,则 z_0 是

函数 $\dfrac{f(z)}{z-z_0}$ 的一个奇点，因而在 D 内围绕 z_0 点的积分 $\oint_C \dfrac{f(z)}{z-z_0}\mathrm{d}z$ 一般不为零，但由复合闭路定理知，此积分沿任何围绕 z_0 同向闭曲线积分值均相等，那么，此积分值如何计算？

3.3.1 柯西积分公式

定理 3.7 设闭曲线 C 是单连通区域 D 的边界，若函数 $f(z)$ 在 D 内解析，在 C 上连续，则对于 D 内任何一点 z，有

$$f(z)=\frac{1}{2\pi \mathrm{i}}\oint_C \frac{f(\zeta)}{\zeta-z}\mathrm{d}\zeta. \qquad (3-10)$$

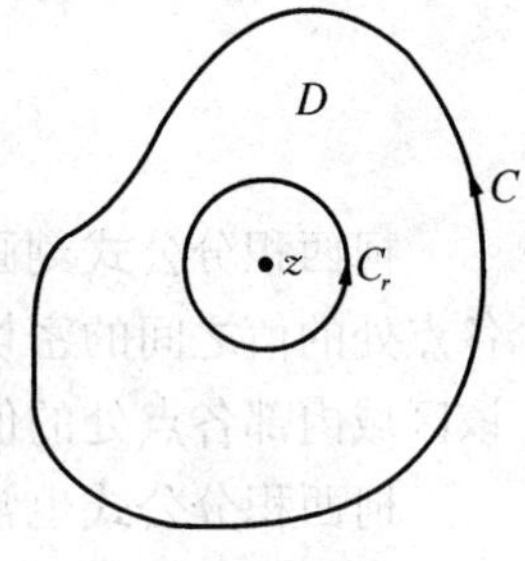

图 3-8

证明 如图 3-8 所示，以点 z 为中心、r 为半径，在区域 D 内作一圆周 C_r，显然，函数 $\dfrac{f(\zeta)}{\zeta-z}$ 在 D 内除点 z 外都解析，由定理 3.6 的推论 3.3，得

$$\oint_C \frac{f(\zeta)}{\zeta-z}\mathrm{d}\zeta=\oint_{C_r} \frac{f(\zeta)}{\zeta-z}\mathrm{d}\zeta.$$

因为函数 $f(\zeta)$ 在 D 内连续，所以对于任给的 $\varepsilon>0$，存在 $\delta>0$，当 $|\zeta-z|<\delta$ 时，有

$$|f(\zeta)-f(z)|<\varepsilon.$$

现令 $r<\delta$，则在 C_r：$|\zeta-z|=r$ 上有

$$|f(\zeta)-f(z)|<\varepsilon,$$

于是

$$\begin{aligned}\left|\frac{1}{2\pi \mathrm{i}}\oint_C \frac{f(\zeta)}{\zeta-z}\mathrm{d}\zeta-f(z)\right| &= \left|\frac{1}{2\pi \mathrm{i}}\oint_{C_r} \frac{f(\zeta)}{\zeta-z}\mathrm{d}\zeta-f(z)\right| \\ &= \left|\frac{1}{2\pi \mathrm{i}}\oint_{C_r} \frac{f(\zeta)-f(z)}{\zeta-z}\mathrm{d}\zeta\right| \\ &= \frac{1}{2\pi}\oint_{C_r} \frac{|f(\zeta)-f(z)|}{|\zeta-z|}|\mathrm{d}\zeta| \\ &\leqslant \frac{1}{2\pi}\cdot\frac{\varepsilon}{r}\cdot 2\pi r=\varepsilon.\end{aligned}$$

由 ε 的任意性,得

$$f(z) = \frac{1}{2\pi i} \oint_C \frac{f(\zeta)}{\zeta - z} d\zeta.$$

称公式(3-10)为柯西积分公式或基本积分公式.

柯西积分公式和柯西定理一样,可以推广到多连通区域:

设 C_1, C_2, $\cdots$, C_n 为简单闭曲线(互不包含且互不相交),C 为包含曲线 C_k ($k = 1, 2, \cdots, n$) 的闭曲线,曲线 $\Gamma = C + C_1^- + C_2^- + \cdots + C_n^-$ 所包围的区域为 D,且 $f(z)$ 在区域 D 内解析,则

$$f(z) = \frac{1}{2\pi i} \oint_\Gamma \frac{f(\zeta)}{\zeta - z} d\zeta, \quad \forall z \in D. \tag{3-11}$$

柯西积分公式刻画了解析函数 $f(z)$ 在其解析区域边界 C 上的值与区域内部各点处的值之间的密切联系,即若 $f(z)$ 在解析区域边界上的值一经确定,则它在该区域内部各点处的值就完全确定,这是解析函数的又一个重要特性.

柯西积分公式也常写成其等价形式:

$$\oint_C \frac{f(\zeta)}{\zeta - z} d\zeta = 2\pi i f(z).$$

利用上述公式,可求某类函数的积分,即,此类积分的特征是:积分路径为闭曲线,被积函数为分式 $\dfrac{f(\zeta)}{\zeta - z}$,它在积分路径内部只含一个奇点,且该奇点是使被积函数的分母为零的点,而在积分路径上无被积函数的奇点.

例 3.13 计算积分 $\oint_C \dfrac{\sin(z+1)}{z(z-1)} dz$,其中:$C$ 为正向圆周 $|z| = \dfrac{1}{2}$.

解 在圆周 $|z| = \dfrac{1}{2}$ 所围区域内,被积函数仅含奇点 $z = 0$,故

$$\oint_C \frac{\sin(z+1)}{z(z-1)} dz = \oint_C \frac{\dfrac{\sin(z+1)}{z-1}}{z} dz$$

$$= 2\pi i \left[\frac{\sin(z+1)}{z-1} \right] \bigg|_{z=0} = -2\pi i \sin 1.$$

例 3.14 计算积分 $\oint_C \dfrac{e^z}{z^2 + 1} dz$ 的值,其中 C 为正向圆周 $|z| = 2$.

解　如图 3-9 所示,分别以 $z=\mathrm{i}$ 和 $z=-\mathrm{i}$ 为圆心作两个小圆周 C_1 和 C_2,则

$$\oint_C \frac{\mathrm{e}^z}{z^2+1}\mathrm{d}z = \oint_{C_1}\frac{\mathrm{e}^z}{z^2+1}\mathrm{d}z + \oint_{C_2}\frac{\mathrm{e}^z}{z^2+1}\mathrm{d}z$$

$$= \oint_{C_1}\frac{\dfrac{\mathrm{e}^z}{z+\mathrm{i}}}{z-\mathrm{i}}\mathrm{d}z + \oint_{C_2}\frac{\dfrac{\mathrm{e}^z}{z-\mathrm{i}}}{z+\mathrm{i}}\mathrm{d}z$$

$$= 2\pi\mathrm{i}\,\frac{\mathrm{e}^{\mathrm{i}}}{\mathrm{i}+\mathrm{i}} + 2\pi\mathrm{i}\,\frac{\mathrm{e}^{-\mathrm{i}}}{-\mathrm{i}-\mathrm{i}}$$

$$= 2\pi\mathrm{i}\,\frac{\mathrm{e}^{\mathrm{i}}-\mathrm{e}^{-\mathrm{i}}}{2\mathrm{i}}$$

$$= 2\pi\mathrm{i}\sin 1.$$

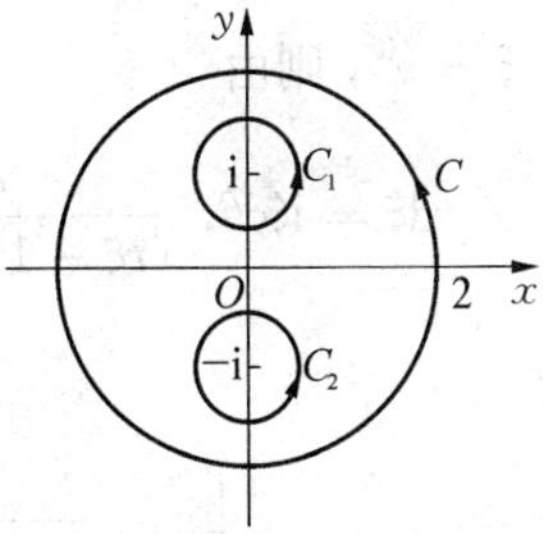

图 3-9

例 3.15　设函数 $f(z)$ 在 $|z|\leqslant 1$ 上解析,当 z 为实数时,$f(z)$ 取实数.(1) 设 z 为单位圆内一点,z^* 为 z 关于单位圆周的对称点,即 z^* 和 z 满足 $|z||z^*|=1$,证明:

$$f(z) = \frac{1}{2\pi\mathrm{i}}\oint_{|\xi|=1}\frac{(z-z^*)}{(\xi-z)(\xi-z^*)}f(\xi)\mathrm{d}\xi;$$

(2) 若 $0<t<1$,证明

$$\int_0^{2\pi}\frac{f(\cos\theta+\mathrm{i}\sin\theta)}{1-2t\cos\theta+t^2}\mathrm{d}\theta = \frac{2\pi}{1-t^2}f(t).$$

证明　(1) 由柯西积分公式:$f(z) = \dfrac{1}{2\pi\mathrm{i}}\oint_{|\xi|=1}\dfrac{f(\xi)}{\xi-z}\mathrm{d}\xi$,由于 z^* 为 z 关于单位圆的对称点,故

$$0 = \frac{1}{2\pi\mathrm{i}}\oint_{|\xi|=1}\frac{f(\xi)}{\xi-z^*}\mathrm{d}\xi,$$

上述两式相减得:

$$f(z) = \frac{1}{2\pi\mathrm{i}}\oint_{|\xi|=1}\frac{(z-z^*)}{(\xi-z)(\xi-z^*)}f(\xi)\mathrm{d}\xi.$$

(2) 在(1)中取 $z=t$,则 $z^*=\dfrac{1}{t}$ 从而

73

$$f(t) = \frac{-t^2+1}{2\pi i} \oint_{|\xi|=1} \frac{f(\xi)}{(t\xi-1)(t-\xi)} d\xi,$$

令 $\xi = e^{i\theta}$，则由

$$d\xi = i\xi d\theta, \quad \frac{\xi}{(t\xi-1)(t-\xi)} = \frac{1}{t^2-(\xi+\xi^{-1})t+1} = \frac{1}{t^2-2\cos\theta t+1}$$

得

$$\oint_{|\xi|=1} \frac{f(\xi)}{(t\xi-1)(t-\xi)} d\xi = i\int_0^{2\pi} \frac{f(\cos\theta+i\sin\theta)}{1-2t\cos\theta+t^2} d\theta$$

从而

$$\int_0^{2\pi} \frac{f(\cos\theta+i\sin\theta)}{1-2t\cos\theta+t^2} d\theta = \frac{2\pi}{1-t^2} f(t).$$

3.3.2 解析函数的高阶导数公式

一个实变函数在某一区间上可导，但其导数在这区间上不一定连续，即其高阶导数不一定存在. 但是，一个解析函数不仅有一阶导数，而且有各阶高阶导数，它的值也可用函数在边界上的值通过积分来表示.

定理 3.8 设函数 $f(z)$ 在闭曲线 C 所围成的区域 D 内解析，在 C 上连续，则函数 $f(z)$ 在 D 内有各阶导数，它们都是 D 内的解析函数，且其 n 阶导数

$$f^{(n)}(z) = \frac{n!}{2\pi i} \oint_C \frac{f(\zeta)}{(\zeta-z)^{n+1}} d\zeta \quad (n=1,2,\cdots). \tag{3-12}$$

证明 本定理可用数学归纳法证明. 以下仅对 $n=1$ 情形加以证明. 由柯西积分公式，有

$$\frac{f(z+\Delta z)-f(z)}{\Delta z} = \frac{1}{\Delta z}\left[\frac{1}{2\pi i}\oint_C \frac{f(\zeta)}{\zeta-(z+\Delta z)}d\zeta - \frac{1}{2\pi i}\oint_C \frac{f(\zeta)}{\zeta-z}d\zeta\right]$$

$$= \frac{1}{2\pi i\Delta z}\oint_C f(\zeta)\left[\frac{1}{\zeta-(z+\Delta z)} - \frac{1}{\zeta-z}\right]d\zeta$$

$$= \frac{1}{2\pi i}\oint_C \frac{f(\zeta)}{(\zeta-z)(\zeta-z-\Delta z)}d\zeta$$

$$= \frac{1}{2\pi i}\oint_C \frac{f(\zeta)}{(\zeta-z)^2}d\zeta + \frac{1}{2\pi i}\oint_C \frac{\Delta z f(\zeta)}{(\zeta-z)^2(\zeta-z-\Delta z)}d\zeta.$$

下面证明，当 $\Delta z \to 0$ 时，上述最后一个等式中的第二项趋于零. 因为 $f(\zeta)$ 在 C 上连续，即存在正实常数 M，使

$$| f(\zeta) | \leqslant M.$$

设 d 为点 z 到曲线 C 的最短距离，L 为曲线 C 的长度，则当 ζ 在 C 上时，有

$$| \zeta - z | \geqslant d.$$

若令 $| \Delta z | < \dfrac{d}{2}$，则有

$$| \zeta - z - \Delta z | \geqslant | \zeta - z | - | \Delta z | > \frac{d}{2},$$

于是由

$$\left| \frac{1}{2\pi i} \oint_C \frac{\Delta z f(\zeta)}{(\zeta - z)^2 (\zeta - z - \Delta z)} \mathrm{d}\zeta \right|$$

$$= \frac{1}{2\pi} \left| \oint_C \frac{\Delta z f(\zeta)}{(\zeta - z)^2 (\zeta - z - \Delta z)} \mathrm{d}\zeta \right|$$

$$\leqslant \frac{1}{2\pi} \oint_C \frac{| \Delta z | | f(\zeta) |}{| \zeta - z |^2 | \zeta - z - \Delta z |} \mathrm{d}S$$

$$< \frac{ML}{\pi d^3} | \Delta z |.$$

得

$$f'(z) = \lim_{\Delta z \to 0} \frac{f(z + \Delta z) - f(z)}{\Delta z} = \frac{1}{2\pi i} \oint_C \frac{f(\zeta)}{(\zeta - z)^2} \mathrm{d}\zeta.$$

用数学归纳法可以证明：

$$f^{(n)}(z) = \frac{n!}{2\pi i} \oint_C \frac{f(\zeta)}{(\zeta - z)^{n+1}} \mathrm{d}\zeta \quad (n = 1, 2, \cdots).$$

定理 3.8 表明，解析函数具有任意阶导数，且各阶导数仍为解析函数，从而解析函数具有无限可微性，这是解析函数区别于实变函数的又一个本质属性.

利用解析函数的高阶导数公式(3-9)，可以计算沿闭曲线的积分：

$$\oint_C \frac{f(z)}{(z - z_0)^{n+1}} \mathrm{d}z = \frac{2\pi i}{n!} f^{(n)}(z_0) \quad (n = 1, 2, \cdots). \tag{3-13}$$

例 3.16 设 C 为正向圆周 $|z| = 2$，计算积分 $\oint_C \dfrac{\sin z}{(1-z)^3} dz$.

解 由于 $z = 1$ 位于正向圆周 C 内，故由解析函数的高阶导数公式：

$$\oint_C \frac{\sin z}{(1-z)^3} dz = -\frac{2\pi i}{2!}(\sin z)'' \big|_{z=1} = \pi i \sin 1.$$

例 3.17 计算积分 $\oint_C \dfrac{e^z}{z^2(z-1)} dz$，其中 C 为正向圆周 $|z| = 2$.

解 在曲线 C 内，$z = 0$ 与 $z = 1$ 是被积函数的两个奇点，可先应用复合闭路定理，再由解析函数的导数公式求解. 令 C_1 和 C_2 分别为正向圆周 $|z| = \dfrac{1}{3}$ 和 $|z - 1| = \dfrac{1}{3}$，则

$$\oint_C \frac{e^z}{z^2(z-1)} dz = \oint_{C_1} \frac{e^z}{z^2(z-1)} dz + \oint_{C_2} \frac{e^z}{z^2(z-1)} dz$$

$$= \oint_{C_1} \frac{\dfrac{e^z}{z-1}}{z^2} dz + \oint_{C_2} \frac{\dfrac{e^z}{z^2}}{z-1} dz$$

$$= 2\pi i \left(\frac{e^z}{z-1}\right)' \Big|_{z=0} + 2\pi i \left(\frac{e^z}{z^2}\right) \Big|_{z=1}$$

$$= -4\pi i + 2\pi e i = 2\pi(e-2)i.$$

例 3.18 设 $f(z) = \oint_{|\xi|=2} \dfrac{\xi^3 + 2\xi + 1}{(\xi - z)^2} d\xi$，求 $f'(i)$.

解 令 $g(z) = z^3 + 2z + 1$，它在复平面上解析，当 z 位于圆 $|\xi| = 2$ 内时，由解析函数的导数公式得

$$g'(z) = \frac{1}{2\pi i} \oint_{|\xi|=2} \frac{\xi^3 + 2\xi + 1}{(\xi - z)^2} d\xi = \frac{1}{2\pi i} f(z).$$

于是

$$f(z) = 2\pi i g'(z) = 2\pi i(3z^2 + 2).$$

所以

$$f'(i) = 2\pi i (3z^2 + 2)' \big|_{z=i} = -12\pi.$$

例 3.19 计算积分

$$I = \int_0^{2\pi} e^{\cos\theta} \cos(n\theta - \sin\theta) \mathrm{d}\theta.$$

解 令 $z = e^{i\theta}$, 则

$$I_1 = \int_0^{2\pi} e^{\cos\theta} \left[\cos(n\theta - \sin\theta) - i\sin(n\theta - \sin\theta)\right] \mathrm{d}\theta$$

$$= \int_0^{2\pi} e^{e^{i\theta} - in\theta} \mathrm{d}\theta = \oint_{|z|=1} \frac{e^z}{i z^{n+1}} \mathrm{d}z$$

$$= \frac{2\pi i}{in!} \left[e^z\right]^{(n)} \big|_{z=0} = \frac{2\pi}{n!}.$$

所以

$$I = \mathrm{Re}(I_1) = \frac{2\pi}{n!}.$$

例 3.20 设函数 $f(z)$ 在 $|z| < 1$ 内解析, 且 $f(0) = 1$, $f'(0) = 2$. (1) 计算积分 $I_1 = \oint_{|z|=1} \frac{(z+1)^2}{z^2} f(z) \mathrm{d}z$; (2) 计算积分 $I_2 = \int_0^{2\pi} \cos^2 \frac{\theta}{2} f(e^{i\theta}) \mathrm{d}\theta$.

解 (1) 由柯西导数公式得

$$I_1 = 2\pi i \left[(z+1)^2 f(z)\right]' \big|_{z=0}$$

$$= 2\pi i[2f(0) + f'(0)] = 8\pi i.$$

(2) 在(1)中令 $z = e^{i\theta}$, 则 $I_1 = 4i \int_0^{2\pi} \cos^2 \frac{\theta}{2} f(e^{i\theta}) \mathrm{d}\theta$, 从而

$$I_2 = \int_0^{2\pi} \cos^2 \frac{\theta}{2} f(e^{i\theta}) \mathrm{d}\theta = \frac{1}{4i} I_1 = 2\pi.$$

以上两例表明, 利用复变函数积分可计算某些特殊的定积分, 在第 5 章中, 还将作详细讨论.

3.4* 柯西积分公式的推论

3.4.1 莫累拉(Morera)定理

利用柯西导数公式, 可得到柯西定理的逆定理:

定理 3.9　设 $f(z)$ 在单连通区域 D 内连续,若对 D 内沿任一闭曲线的 C 都有

$$\oint_C f(z)\mathrm{d}z = 0,$$

则函数 $f(z)$ 在 D 内解析.

证明　由定理 3.4 知,函数

$$F(z) = \int_{z_0}^z f(\zeta)\mathrm{d}\zeta$$

在 D 内解析,且 $F'(z) = f(z)$. 由解析函数的导数仍为解析函数知,$f(z)$ 在 D 内解析.

定理 3.9 称为**莫累拉**定理. 莫累拉定理与柯西定理组成解析函数的一个等价概念:函数 $f(z)$ 在单连通区域 D 内解析的充分必要条件为 $f(z)$ 在 D 连续,且对 D 内的任意一条闭曲线 C,都有 $\oint_C f(z)\mathrm{d}z = 0$.

3.4.2　平均值公式

利用柯西积分公式,可得到如下的平均值公式.

定理 3.10　设 $f(z)$ 在 $C: |z - z_0| = R$ 所围区域内解析,且在 C 上连续,则

$$f(z_0) = \frac{1}{2\pi}\int_0^{2\pi} f(z_0 + R\mathrm{e}^{\mathrm{i}\theta})\mathrm{d}\theta. \tag{3-14}$$

上述公式是柯西积分公式的特殊情形,称为解析函数的平均值公式,它表示解析函数在圆心处的值等于它在圆周上的值的平均值,因此有时也称此公式为解析函数的中值定理.

例 3.21　试证:若 $f(z)$ 在闭圆域 $|z| \leqslant R$ 上解析,在该圆域的边界 $|z| = R$ 上,$|f(z)| > a > 0$,且 $|f(0)| < a$,则在该圆域内 $f(z)$ 至少有一个零点.

证明　用反证法. 设 $f(z)$ 在该圆域内无零点,已知 $f(z)$ 在边界 $|z| = R$ 上也无零点,故 $F(z) = \dfrac{1}{f(z)}$ 在闭圆域上解析. 根据解析函数的平均值定理,

$$F(0) = \frac{1}{2\pi}\int_0^{2\pi} F(R\mathrm{e}^{\mathrm{i}\theta})\mathrm{d}\theta.$$

又由已知 $|F(0)| = \dfrac{1}{|f(0)|} > \dfrac{1}{a}$,$|F(R\mathrm{e}^{\mathrm{i}\theta})| = \dfrac{1}{|f(R\mathrm{e}^{\mathrm{i}\theta})|} < \dfrac{1}{a}$,所以

$$F(0) = \left| \frac{1}{2\pi} \int_0^{2\pi} F(Re^{i\theta}) d\theta \right| \leqslant \frac{1}{a},$$

得到矛盾.

3.4.3 柯西不等式

定理 3.11 设 $f(z)$ 在 C: $|z-z_0|=R$ 所围区域内解析,且在 C 上连续,则

$$|f^{(n)}(z_0)| \leqslant \frac{n!M}{R^n} \quad (n=1,2,\cdots), \tag{3-15}$$

其中,M 是 $|f(z)|$ 在 C 上的最大值.

证明 由高阶导数公式,得

$$|f^{(n)}(z_0)| = \left| \frac{n!}{2\pi i} \oint_C \frac{f(z)}{(z-z_0)^{n+1}} dz \right| \leqslant \frac{n!}{2\pi} \oint_C \frac{|f(z)|}{(z-z_0)^{n+1}} ds$$

$$\leqslant \frac{n!}{2\pi} \frac{M}{R^{n+1}} \oint_C ds = \frac{n!M}{R^n}.$$

柯西不等式表明解析函数在一点的导数模的估计与它的解析性区域的大小密切相关. 特别的,当 $n=0$ 时,有

$$|f(z_0)| \leqslant M,$$

这表明,若函数在闭圆域上解析,则它在圆心处的模不超过它在圆周上的模的最大值.

3.4.4 刘维尔(Liouville)定理

定理 3.12 设 $f(z)$ 在整个复平面上解析且有界,则 $f(z)$ 在复平面上为常数.

证明 在复平面上任取一点 z,作半径为 R 的圆周 C_R: $|z|<R$,使得 z 位于 C_R 所围的圆内,则由 $f(z)$ 的有界性: $|f(z)| \leqslant M$,及柯西导数公式,得

$$0 \leqslant |f'(z)| \leqslant \frac{1}{2\pi} \oint_{C_R} \frac{|f(\xi)|}{|\xi-z|^2} d\xi$$

$$\leqslant \frac{M}{2\pi} \cdot \frac{2\pi R}{(R-|z|)^2} \xrightarrow{R \to +\infty} 0.$$

从而得 $f'(z)=0$. 由 z 的任意性知,在复平面上,恒有 $f'(z)=0$. 所以 $f(z)$ 在复平面上为常数.

例 3. 22　设 $f(z)$ 在整个复平面上解析，且存在 $M>0$，使得 $\mathrm{Re}\,f(z)<M$，证明：$f(z)$ 在复平面上为常数.

证明　令 $F(z)=\mathrm{e}^{f(z)}$，则 $F(z)$ 在整个复平面上解析，且

$$|F(z)|=\mathrm{e}^{\mathrm{Re}\,f(z)}\leqslant \mathrm{e}^{M},$$

故有界，由刘维尔定理知，$f(z)$ 在复平面上为常数.

3.4.5　最大模定理

最后，不加证明地给出最大模定理.

定理 3. 13　设 D 为有界单连通或复闭路多连通区域，$f(z)$ 在 D 内解析，在 D 的边界 C 上连续，且 $f(z)$ 不恒为常数，则 $|f(z)|$ 的最大值必在 D 的边界上取到.

习　题　3

A 套

1. 计算积分 $\displaystyle\int_C |z|\,\mathrm{d}z$，其中积分路线 C 是：

(1) 连接点 -1 与 1 的直线段.

(2) 连接点 -1 与 1，且中心在原点的上半圆周.

(3) 连接点 -1 与 1，且中心在原点的下半圆周.

2. 计算积分 $\displaystyle\int_C \mathrm{Re}\,z\,\mathrm{d}z$，其中积分路线 C 为：

(1) 连接原点 O 到 $1+\mathrm{i}$ 的直线段.

(2) 抛物线 $y=x^2$ 上由原点 O 到 $1+\mathrm{i}$ 的弧段.

(3) 连接原点 O 到 1 再到 $1+\mathrm{i}$ 的折线.

3. 利用积分估值，证明：

(1) $\left|\displaystyle\int_C (x^2+\mathrm{i}y^2)\,\mathrm{d}z\right|\leqslant 2$，积分路径为自 $-\mathrm{i}$ 到 i 的直线段.

(2) $\left|\displaystyle\int_C (x^2+\mathrm{i}y^2)\,\mathrm{d}z\right|\leqslant \pi$，积分路径为连接 $-\mathrm{i}$ 与 i 且中心在原点的右半圆周.

4. 计算积分 $\displaystyle\oint_C \frac{\bar{z}}{|z|}\,\mathrm{d}z$，其中 C 为正向圆周：

(1) $|z|=2$. 　　　　　　　　　　　(2) $|z|=4$.

5. 设 C 为连接原点 O 到 $1+\mathrm{i}$ 直线段，试证：$\left|\displaystyle\int_C \frac{\mathrm{d}z}{z-\mathrm{i}}\right|\leqslant 2$.

6. 计算下列积分:

(1) $\int_C (3z^2 + 8z + 1)\mathrm{d}z$,其中 C 是连接点 -1 与 1,且中心在原点的上半圆周.

(2) $\int_C \left(z\mathrm{e}^{z^2} + \cos\dfrac{\pi \mathrm{i}z}{2} \right)\mathrm{d}z$,其中 C 是连续点 0 与 i 的直线段.

(3) $\int_C (|z| - 2\mathrm{e}^z\cos z)\mathrm{d}z$,其中 C 为正向圆周 $|z| = R > 0$.

7. (1) 计算积分 $\displaystyle\int_C \frac{1}{z+2}\mathrm{d}z$,其中 C 为正向圆周 $|z| = 1$. (2) 证明:
$\displaystyle\int_0^\pi \frac{1 + 2\cos\theta}{5 + 4\cos\theta}\mathrm{d}\theta = 0.$

8. (1) 求积分 $\displaystyle\oint_{|z|=1} \frac{\mathrm{e}^z}{z}\mathrm{d}z$ 的值. (2) 证明:定积分 $\displaystyle\int_0^\pi \mathrm{e}^{\cos\theta}\cos(\sin\theta)\mathrm{d}\theta = \pi.$

9. 沿指定曲线的正向计算下列各积分:

(1) $\displaystyle\oint_{|z|=2} \frac{2z^2 - z + 1}{z - 1}\mathrm{d}z.$

(2) $\displaystyle\oint_{|z|=2} \frac{2z^2 - z + 1}{(z - 1)^2}\mathrm{d}z.$

(3) $\displaystyle\oint_{|z|=5} \frac{z^2}{z - 2\mathrm{i}}\mathrm{d}z.$

(4) $\displaystyle\oint_{|z|=3} \frac{2z - 1}{z(z - 1)}\mathrm{d}z.$

(5) $\displaystyle\oint_{|z+3|=4} \frac{\mathrm{e}^z}{(z + 2)^4}\mathrm{d}z.$

(6) $\displaystyle\oint_{|z|=2} \frac{\sin z}{\left(z - \dfrac{\pi}{2} \right)^2}\mathrm{d}z.$

(7) $\displaystyle\oint_{|z|=r<1} \frac{1}{(z^2 - 1)(z^3 - 1)}\mathrm{d}z.$

(8) $\displaystyle\oint_{|z|=2} \frac{z^{2n}}{(z + 1)^n}\mathrm{d}z.$

10. 计算积分 $\displaystyle\oint_C \frac{\sin\dfrac{\pi}{4}z}{z^2 - 1}\mathrm{d}z$,其中 C 为正向圆周:

(1) $|z + 1| = \dfrac{1}{2}$. (2) $|z - 1| = \dfrac{1}{2}$. (3) $|z| = 2$.

11. 计算积分 $I = \displaystyle\oint_C \frac{\sin^2 z}{z^2(z - 1)}\mathrm{d}z$,其中:

(1) C 为正向圆周 $|z| = \dfrac{1}{2}$.

(2) C 为正向圆周 $|z| = 2$.

12. 计算积分 $\displaystyle\oint_C \frac{\mathrm{e}^z}{(z + 1)^2(z - 3)}\mathrm{d}z$,其中 C 为:

(1) 正向圆周 $|z| = \dfrac{1}{2}$.

(2) 正向圆周 $|z - 3| = \dfrac{1}{2}$.

(3) 正向圆周 $|z+1|=\dfrac{1}{2}$.   (4) 正向圆周 $|z|=5$.

(5) 正向圆周 $|z|=5$ 和反向圆周 $|z+1|=\dfrac{1}{2}$.

(6) 正向圆周 $|z|=5$ 和反向圆周 $|z+3|=\dfrac{1}{2}$.

(7) 正向圆周 $|z|=5$ 和反向圆周 $|z|=\dfrac{1}{2}$.

13. 计算积分 $\dfrac{1}{2\pi i}\oint_C \dfrac{e^z}{z(1-z)^3}dz$，其中 C 是不过点 $z=0$ 和点 $z=1$ 的光滑闭曲线.

14. 设函数 $f(z)$ 在 $|z|\leqslant 2$ 上解析，且在 $|z|=2$ 上有 $|f(z)-z|\leqslant|z|$，证明：$|f'(1)|\leqslant 8$.

B 套

1. 设 $|a|\neq 2$，计算积分 $\oint_{|z|=2} \dfrac{e^{iz}\sin z}{z^2-a^2}dz$.

2. 设 $f(z)=1+2z+3z^2+\cdots+nz^{n-1}$，$n$ 为正整数，计算积分 $\oint_{|z|=1} \dfrac{(\bar{z})^{n-1}f(z)}{z}dz$.

3. 设 $a\neq 0$ 为常数，函数 $f(z)=\dfrac{z-a}{z+a}$，计算积分 $\oint_C \dfrac{f(z)}{z^{n+1}}dz$，$n=0,1,$

$2,\cdots$，其中 C 是圆域 $|z|<|a|$ 内围绕原点的任一正向简单闭曲线.

4. 设函数

$$f(z)=\frac{1}{2\pi i}\oint_C \frac{e^{\xi^2}}{\xi^3-z\xi^2}d\xi$$

其中 C 为圆周 $|\xi-z|=3$ 的正向. 求：(1) $f(z)$ 在复平面上的表达式. (2) $f'(i)$.

5. 计算积分：$I=\oint_{|z|=2} \dfrac{e^z}{z^2\,|z-1|^2}dz$.

6. 计算积分 $\oint_{|z|=1}\left(z+\dfrac{1}{z}\right)^{2n}\dfrac{dz}{z}$，并证明：$\int_0^{2\pi}\cos^{2n}\theta d\theta=\dfrac{2\pi(2n)!}{2^{2n}(n!)^2}$.

7. 设 D 为单连通区域，$z_0\in D$，$f(z)$ 在 D 内除 z_0 外均解析，且 $|f(z)|$ 在 z_0 的邻域内有界. 证明：$\oint_C f(z)dz=0$，其中 C 为 D 内任一包含 z_0 的闭曲线.

8. 设 $f(z) = \sum\limits_{k=1}^{n} \dfrac{a_k}{(z-a)^k} + \varphi(z)$，其中 $\varphi(z)$ 在包含点 a 的区域 D 解析，在 D

的边界 C 上连续，$a_k (k = 1 \sim n)$ 为常数，试证明：(1) $\dfrac{1}{2\pi i} \oint_C f(z)\mathrm{d}z = a_1$. (2) 当

b 为 $\overline{D}$ 外一点时，有 $\dfrac{1}{2\pi i} \oint_C \dfrac{f(z)}{z-b}\mathrm{d}z = -\sum\limits_{k=1}^{n} \dfrac{a_k}{(b-a)^k}$.

9. 设函数 $f(z)$ 在单连通区域 D 内解析，且处处有 $|1 - f(z)| < 1$，试证明：

(1) 在 D 内处处有 $f(z) \neq 0$. (2) 对于 D 内任意闭曲线 C，有 $\oint_C \dfrac{f'(z)}{f(z)}\mathrm{d}z = 0$.

10. 设 $f(z)$ 在 $|z| < R$ 内解析，且在 $|z| = r < R$ 内只有一阶零点 z_0，证明：

$$z_0 = \dfrac{1}{2\pi i} \oint_{|z|=r} \dfrac{zf'(z)}{f(z)}\mathrm{d}z.$$

第4章 解析函数的级数展开

无穷级数是研究函数的重要工具. 本章, 我们将介绍复数项级数的概念, 再讨论解析函数的级数表示——泰勒(Taylor)级数和罗朗(Laurent)级数, 然后研究如何把函数展开为泰勒级数及罗朗级数的问题. 这个问题无论在理论上还是在实际上都有重要的意义, 它可以帮助我们更深入地掌握解析函数的性质. 最后, 以无穷级数为工具, 研究解析函数在奇点附近的性质.

4.1 复级数的概念

4.1.1 复数列的极限

因为无穷级数是从数列的特殊规律产生的, 所以研究数列与函数列是极其重要的. 现在引入复数列极限的概念.

定义 4.1 设有复数列 z_1, z_2, $\cdots$, 记作 $\{z_n\}$, 若存在复数 z_0, 对任意给定的 $\varepsilon > 0$, 总存在自然数 N, 使当 $n > N$ 时, 有

$$| z_n - z_0 | < \varepsilon$$

成立, 则称复数列 $\{z_n\}$ 存在极限, 其极限为 z_0, 记为

$$\lim_{n \to +\infty} z_n = z_0 \quad 或 \quad z_n \to z_0, \, n \to +\infty.$$

定理 4.1 复数列 $\{z_n\} = \{x_n + \mathrm{i}y_n\}$ $(n = 1, 2, \cdots)$ 收敛于复数 $z_0 = x_0 + \mathrm{i}y_0$ 的充分必要条件是

$$\lim_{n \to +\infty} x_n = x_0, \quad \lim_{n \to +\infty} y_n = y_0.$$

证明 必要性. 设 $\{z_n\}$ 收敛于 z_0, 则对任意给定的 $\varepsilon > 0$, 存在自然数 N, 当 $n > N$ 时, 有

$$| x_n - x_0 | \leqslant | z_n - z_n | < \varepsilon,$$

所以

$$\lim_{n \to +\infty} x_n = x_0.$$

同理

$$\lim_{n \to +\infty} y_n = y_0.$$

充分性. 设 $\lim\limits_{n \to +\infty} x_n = x_0$，$\lim\limits_{n \to +\infty} y_n = y_0$，则对任意给定的 $\varepsilon > 0$，存在自然数 N，当 $n > N$ 时，有

$$|x_n - x_0| < \frac{\varepsilon}{2} \text{ 与 } |y_n - y_0| < \frac{\varepsilon}{2},$$

于是

$$|z_n - z_0| \leqslant |x_n - x_0| + |y_n - y_0| < \frac{\varepsilon}{2} + \frac{\varepsilon}{2} = \varepsilon,$$

即

$$\lim_{n \to +\infty} z_n = z_0.$$

上述定理揭示了复数数列与实数数列在收敛问题上的紧密联系.

定义 4.2 设有复数列 $\{z_n\}$，若存在正数 M，使得对任意 z_n 都有 $|z_n| \leqslant M$，则称数列 $\{z_n\}$ 为有界数列，否则，称数列 $\{z_n\}$ 为无界数列.

定义 4.3 设 $\{z_n\}$ 为一复数列，若对任意给定的 $M > 0$，存在自然数 N，使当 $n > N$ 时，有

$$|z_n| > M,$$

则称 $\{z_n\}$ 趋向于 ∞，记为

$$\lim_{n \to +\infty} z_n = \infty.$$

复数列的极限是实数列极限的推广，这种推广使复数列的极限有类似于实数列极限的运算法则和性质，证明方法也相仿，如对复数列的极限有如下的结论.

定理 4.2 若复数列 $\{z_n\}$ 收敛，则 $\{z_n\}$ 是有界数列，且 $\{z_n\}$ 的极限是唯一的.

定理 4.3(柯西收敛准则) 复数列 $\{z_n\}$ 收敛的充分必要条件是：对任意的 $\varepsilon > 0$，总存在自然数 N，当 $n, m > N$ 时，有 $|z_n - z_m| < \varepsilon$.

4.1.2 复数项级数

下面介绍复数项级数及其敛散性的概念.

定义 4.4 设 $\{z_n\}$ 为一复数列,则式子

$$\sum_{n=1}^{+\infty} z_n = z_1 + z_2 + \cdots + z_n + \cdots \tag{4-1}$$

称为复数项级数.其前 n 项的和

$$S_n = \sum_{k=1}^{n} z_k = z_1 + z_2 + \cdots + z_n \tag{4-2}$$

为级数式(4-1)的前 n 项部分和.若部分和数列 $\{S_n\}$ 收敛于 S,则称级数式(4-1)收敛,其和为 S;若部分和数列 $\{S_n\}$ 不收敛,则称级数式(4-1)发散.

例 4.1 试讨论几何级数 $\sum_{n=0}^{+\infty} q^n$ （q 为复常数）的敛散性.

解 这个级数的前 n 项部分和

$$S_n = 1 + q + q^2 + \cdots + q^{n-1} = \frac{1-q^n}{1-q}.$$

若 $|q| < 1$,则由 $\lim\limits_{n \to +\infty} q^n = 0$,得

$$\lim_{n \to +\infty} S_n = \lim_{n \to +\infty} \frac{1-q^n}{1-q} = \frac{1}{1-q}.$$

从而得原级数收敛,其和为 $\dfrac{1}{1-q}$.

若 $|q| > 1$,则由 $\lim\limits_{n \to +\infty} |q|^n = +\infty$,即 $\lim\limits_{n \to +\infty} q^n$ 不存在,可知 $\lim\limits_{n \to +\infty} S_n$ 不存在,从而原级数发散.

若 $q = 1$,则因为前 n 项部分和

$$S_n = \underbrace{1 + 1 + \cdots + 1}_{n\text{个}} = n \to +\infty,$$

所以原级数发散.

若 $|q| = 1$,而 $q \neq 1$,令 $q = e^{i\theta}$,$\theta \neq 2k\pi$（k 为整数）,则因为 $e^{in\theta}$ 当 $n \to +\infty$ 时,$e^{in\theta}$ 极限不存在,从而部分和数列极限

$$\lim_{n \to +\infty} S_n = \lim_{n \to +\infty} \frac{1 - e^{in\theta}}{1 - e^{i\theta}}$$

不存在,此时级数也发散.

综上所述,几何级数 $\sum_{n=0}^{+\infty} q^n$ 在 $|q| < 1$ 时收敛于 $\dfrac{1}{1-q}$,而在 $|q| \geqslant 1$ 时发散.

关于复数项级数的收敛性,有如下几个定理:

定理 4.4 设 $z_n = x_n + \mathrm{i}y_n (n = 1, 2, \cdots)$,则复级数 $\sum\limits_{n=1}^{+\infty} z_n$ 收敛于 S 的充分必要条件是实级数 $\sum\limits_{n=1}^{+\infty} x_n$ 和 $\sum\limits_{n=1}^{+\infty} y_n$ 均收敛,且分别收敛于 $\mathrm{Re}\,S$ 与 $\mathrm{Im}\,S$.

此定理将复数项级数的收敛问题转化为实数项级数的收敛问题.

例 4.2 讨论级数 $\sum\limits_{n=1}^{+\infty}\left(\dfrac{1}{n} + \dfrac{1}{2^n}\mathrm{i}\right)$ 的敛散性.

解 因级数 $\sum\limits_{n=1}^{+\infty} \dfrac{1}{n}$ 发散,级数 $\sum\limits_{n=1}^{+\infty} \dfrac{1}{2^n}$ 收敛,故原级数发散.

定理 4.5(柯西收敛准则) 级数 $\sum\limits_{n=1}^{+\infty} z_n$ 收敛的充分必要条件是:对于任意给定的 $\varepsilon > 0$,存在自然数 N,使当 $n > N$ 时,对于任何自然数 p,有

$$| a_{n+1} + a_{n+2} + \cdots + a_{n+p} | < \varepsilon.$$

上述定理中取 $p = 1$,则得

$$| z_{n+1} | < \varepsilon,$$

由此即得级数收敛的必要条件.

定理 4.6 级数 $\sum\limits_{n=1}^{+\infty} z_n$ 收敛的必要条件是 $\lim\limits_{n \to +\infty} z_n = 0$.

与实级数类似,可以定义绝对收敛和条件收敛.

定义 4.5 若级数 $\sum\limits_{n=1}^{+\infty} | z_n |$ 收敛,则称级数 $\sum\limits_{n=1}^{+\infty} z_n$ 绝对收敛. 若级数 $\sum\limits_{i=1}^{+\infty} z_n$ 收敛,而级数 $\sum\limits_{i=1}^{+\infty} | z_n |$ 发散,则称级数 $\sum\limits_{n=1}^{+\infty} z_n$ 条件收敛.

下面的定理说明绝对收敛的级数一定是收敛的.

定理 4.7 若级数 $\sum\limits_{n=1}^{+\infty} | z_n |$ 收敛,则级数 $\sum\limits_{n=1}^{+\infty} z_n$ 一定收敛.

证明 由于对于任何自然数 p,有

$$| z_{n+1} + z_{n+2} + \cdots + z_{n+p} | \leqslant | z_{n+1} | + | z_{n+2} | + \cdots + | z_{n+p} |,$$

利用柯西收敛准则即可得证.

例 4.3 试判别下列级数的敛散性:

(1) $\sum\limits_{n=1}^{+\infty}\left(\dfrac{1 + 3\mathrm{i}}{2}\right)^n$.

(2) $\sum\limits_{n=1}^{+\infty} \dfrac{(1+\mathrm{i})^n}{2^{\frac{n}{2}}\cos\mathrm{i}n}$.

(3) $\sum\limits_{n=1}^{+\infty} \dfrac{\mathrm{i}^n}{n}$.

解 (1) 因为

$$\lim_{n\to+\infty}\left|\left(\frac{1+3\mathrm{i}}{2}\right)^n\right| = \lim_{n\to+\infty}\left(\frac{\sqrt{10}}{2}\right)^n = +\infty,$$

所以级数 $\sum\limits_{n=1}^{+\infty}\left(\dfrac{1+3\mathrm{i}}{2}\right)^n$ 发散.

(2) 由于

$$|z_n| = \left|\frac{(1+\mathrm{i})^n}{2^{\frac{n}{2}}\cos\mathrm{i}n}\right| = \frac{2^{\frac{n}{2}}}{2^{\frac{n}{2}}\cosh n} = \frac{2}{\mathrm{e}^n+\mathrm{e}^{-n}} < \frac{2}{\mathrm{e}^n} < 1,$$

而级数 $\sum\limits_{n=1}^{+\infty}\dfrac{2}{\mathrm{e}^n}$ 收敛,所以原级数绝对收敛.

(3) 由于

$$\sum_{n=1}^{+\infty}\frac{\mathrm{i}^n}{n} = \sum_{n=1}^{+\infty}\frac{1}{n}\left(\cos\frac{\pi}{2}+\mathrm{i}\sin\frac{\pi}{2}\right)^n = \sum_{n=1}^{+\infty}\frac{1}{n}\cos\frac{n\pi}{2}+\mathrm{i}\sum_{n=1}^{+\infty}\frac{1}{n}\sin\frac{n\pi}{2}$$

$$= \sum_{n=1}^{+\infty}\frac{(-1)^n}{2n}+\mathrm{i}\sum_{n=1}^{+\infty}\frac{(-1)^{n-1}}{2n-1},$$

而级数 $\sum\limits_{n=1}^{+\infty}\dfrac{(-1)^n}{2n}$ 与 $\sum\limits_{n=1}^{+\infty}\dfrac{(-1)^{n-1}}{2n-1}$ 均收敛,所以级数 $\sum\limits_{n=1}^{+\infty}\dfrac{\mathrm{i}^n}{n}$ 收敛.

进一步考察级数 $\sum\limits_{n=1}^{+\infty}\left|\dfrac{\mathrm{i}^n}{n}\right|$,因为

$$\sum_{n=1}^{+\infty}\left|\frac{\mathrm{i}^n}{n}\right| = \sum_{n=1}^{+\infty}\frac{1}{n}$$

发散,所以级数 $\sum\limits_{n=1}^{+\infty}\dfrac{\mathrm{i}^n}{n}$ 条件收敛.

4.1.3 复函数项级数

定义 4.6 设 $\{f_n(z)\}\,(n=1,2,\cdots)$ 是定义在区域 D 上的复函数列,则表

达式

$$\sum_{n=1}^{+\infty} f_n(z) = f_1(z) + f_2(z) + \cdots + f_n(z) + \cdots \tag{4-3}$$

称为复函数项级数,它的前 n 项和

$$S_n(z) = \sum_{k=1}^{n} f_k(z) = f_1(z) + f_2(z) + \cdots + f_n(z) \tag{4-4}$$

称为级数式(4-3)的前 n 项部分和.

若对于 D 内一点 z_0,极限 $\lim\limits_{n\to+\infty} S_n(z_0)$ 存在,则称级数式(4-3)在 z_0 点收敛,称 $S(z_0)$ 为它的和.

如果级数在 D 内处处收敛,那么它的和一定是与 z 有关的一个函数 $S(z)$:

$$S(z) = f_1(z) + f_2(z) + \cdots + f_n(z) + \cdots,$$

此函数称为级数 $\sum\limits_{n=1}^{+\infty} f_n(z)$ 的和函数.

定义 4.7 若对于区域 D 内的任一点 z,级数 $\sum\limits_{n=1}^{+\infty} |f_n(z)|$ 收敛,则称级数 $\sum\limits_{n=1}^{+\infty} f_n(z)$ 在 D 内绝对收敛.

容易证明,若级数式(4-3)绝对收敛,则它必收敛.

4.2 幂 级 数

4.2.1 幂级数的概念

定义 4.8 称形如

$$\sum_{n=0}^{+\infty} c_n z^n = c_0 + c_1 z + \cdots c_n z^n + \cdots \tag{4-5}$$

或

$$\sum_{n=0}^{+\infty} c_n (z - z_0)^n = c_0 + c_1(z - z_0) + \cdots c_n (z - z_0)^n + \cdots \tag{4-6}$$

的函数项级数为幂级数,其中 c_0,c_1,$\cdots$,均为复常数.

由于形如式(4-5)与式(4-6)的级数之间可通过令 $z \leftrightarrow z - z_0$ 相互转化,所以,为简单起见,只讨论形如式(4-5)的级数.

由幂级数的定义可知,形如式(4-5)的幂级数在 $z=0$ 处一定收敛.而幂级数的收敛特性可由以下定理说明.

定理 4.8[阿贝尔(Abel)定理] 若幂级数 $\sum\limits_{n=0}^{+\infty} c_n z^n$ 在 $z=z_0(z_0 \neq 0)$ 处收敛,则它在 $|z|<|z_0|$ 内绝对收敛;若此幂级数在 $z=z_0$ 处发散,则它在 $|z|>|z_0|$ 内发散.

证明 因为级数 $\sum\limits_{n=0}^{+\infty} c_n z_0^n$ 收敛,所以由收敛的必要条件,有

$$\lim_{n \to +\infty} c_n z_0^n = 0,$$

于是存在正数 M,使对所有的 n,有

$$|c_n z_0^n| < M.$$

因此当 $|z|<|z_0|$,即 $\left|\dfrac{z}{z_0}\right| = q < 1$ 时,有

$$|c_n z^n| = \left| c_n z_0^n \cdot \frac{z^n}{z_0^n} \right| = |c_n z_0^n| \cdot \left| \frac{z}{z_0} \right|^n < Mq^n,$$

由于几何级数 $\sum\limits_{n=0}^{+\infty} c_n q^n$ 收敛,可知当 $|z|<|z_0|$ 时,原级数绝对收敛.

利用反证法,根据上述结论可得定理另一部分的证明.

4.2.2 收敛圆与收敛半径

利用阿贝尔定理,可以确定幂级数的收敛范围.对一个形如式(4-5)的幂级数而言,其收敛情况可以分为下列 3 种:

(1) 只在原点 $z=0$ 处收敛,除原点外处处发散,如级数 $\sum\limits_{n=0}^{+\infty} n^n z^n$.

(2) 在全平面上处处绝对收敛,如级数 $\sum\limits_{n=0}^{+\infty} \dfrac{1}{n^n} z^n$.

(3) 既有在点 $z_1 \neq 0$ 处收敛,又有在点 $z_2 \neq 0$ 处发散. 此时,由阿贝尔定理知 $|z_1| \leqslant |z_2|$,且可以证明:存在一个以原点为圆心,以 R 为半径的圆,使级数式(4-5)在该圆内收敛(且绝对收敛),在该圆外发散.

若将该圆的圆周记作 $C: |z| = R$,则为了统一起见,对于情形(1),规定 $R=0$;对于情形(2),规定 $R=+\infty$. 称此圆为幂级数(4-5)的收敛圆,而 R 称为其收

敛半径.

定义 4.9 若存在一个正数 R,使幂级数 $\sum\limits_{n=0}^{+\infty} c_n z^n$ 在 $|z| < R$ 内绝对收敛,而在 $|z| > R$ 内处处发散,则称 $|z| = R$ 为收敛圆,R 为收敛半径.

例 4.4 求幂级数 $\sum\limits_{n=0}^{+\infty} z^n$ 的收敛半径.

解 此级数即为几何级数,当 $|z| < 1$ 时,级数收敛;而当 $|z| > 1$ 时,级数发散.因此,收敛半径为 $R = 1$.

例 4.5 已知幂级数 $\sum\limits_{n=0}^{+\infty} c_n z^n$ 在 $z = -3 + 4i$ 处条件收敛,试确定其收敛半径.

解 由于幂级数 $\sum\limits_{n=0}^{+\infty} z^n$ 在 $z = -3 + 4i$ 处条件收敛,由阿贝尔定理知,对于满足 $|z| < |-3 + 4i| = 5$ 的一切点 z,幂级数绝对收敛,且对满足 $|z| > |-3 + 4i| = 5$ 的一切点 z,幂级数一定发散,从而得收敛半径 $R = 5$.

对于更一般的幂级数,求收敛半径的方法与高等数学中的方法类似.

定理 4.9 设幂级数 $\sum\limits_{n=0}^{+\infty} c_n z^n$. 若下列条件之一成立:

(1) $l = \lim\limits_{n \to +\infty} \left| \dfrac{c_{n+1}}{c_n} \right|$.

(2) $l = \lim\limits_{n \to +\infty} \sqrt[n]{|c_n|}$.

则幂级数 $\sum\limits_{n=0}^{+\infty} c_n z^n$ 的收敛半径 $R = \dfrac{1}{l}$.

规定,当 $l = 0$ 时,$R = +\infty$,即幂级数在全平面上处处收敛;而当 $l = +\infty$ 时,$R = 0$ 即除 $z = 0$ 外级数处处发散.

注 (1) 利用以上定理求幂级数收敛半径时应注意,总是假设公式中的极限 l 存在.

(2) 应注意的是:若幂级数的收敛半径为 R,则在圆周 $|z| = R$ 处,幂级数可能收敛也可能发散.

注 若幂级数有缺项时,不能直接套用公式求收敛半径. 如 $\sum\limits_{n=0}^{+\infty} c_n z^{2n}$.

例 4.6 试求下列幂级数的收敛半径:

(1) $\sum\limits_{n=0}^{+\infty} n! z^n$.

(2) $\sum\limits_{n=0}^{+\infty} \dfrac{1}{n!} z^n$.

(3) $\displaystyle\sum_{n=0}^{+\infty} n^p z^n (p > 0)$.

(4) $\displaystyle\sum_{n=1}^{+\infty} \frac{z^n}{n}$.

解 (1) 因为

$$\lim_{n \to +\infty} \left| \frac{c_{n+1}}{c_n} \right| = \lim_{n \to +\infty} \frac{(n+1)!}{n!} = +\infty,$$

所以,收敛半径 $R = 0$,此级数只在 $z = 0$ 处收敛.

(2) 因为

$$\lim_{n \to +\infty} \left| \frac{c_{n+1}}{c_n} \right| = \lim_{n \to +\infty} \frac{n!}{(n+1)!} = 0,$$

所以,收敛半径 $R = +\infty$,此级数在全平面上处处收敛.

(3) 因为

$$\lim_{n \to +\infty} \sqrt[n]{|c_n|} = \lim_{n \to +\infty} \sqrt[n]{n^p} = \lim_{n \to +\infty} (\sqrt[n]{n})^p = 1,$$

所以,收敛半径 $R = 1$. 在圆周 $|z| = 1$ 上,令 $z = \mathrm{e}^{\mathrm{i}\theta} (0 \leqslant \theta < 2\pi)$,则由

$$\sum_{n=0}^{+\infty} n^p z^n = \sum_{n=0}^{+\infty} n^p \cos n\theta + \mathrm{i} \sum_{n=0}^{+\infty} n^p \sin n\theta$$

的实部和虚部两个级数都发散,可知此级数在圆周 $|z| = 1$ 上都发散. 因此,级数 $\displaystyle\sum_{n=0}^{+\infty} n^p z^n$ 当 $|z| < 1$ 时收敛,当 $|z| \geqslant 1$ 时发散.

(4) 因为

$$\lim_{n \to +\infty} \left| \frac{c_{n+1}}{c_n} \right| = \lim_{n \to +\infty} \frac{n}{n+1} = 1,$$

所以,收敛半径 $R = 1$. 在圆周 $|z| = 1$ 上,当 $z = 1$ 时级数发散,在其余的点 $z = \mathrm{e}^{\mathrm{i}\theta}$ $(0 < \theta < 2\pi)$ 处,级数

$$\sum_{n=1}^{+\infty} \frac{z^n}{n} = \sum_{n=1}^{+\infty} \frac{\cos n\theta}{n} + \mathrm{i} \sum_{n=1}^{+\infty} \frac{\sin n\theta}{n}$$

的实部和虚部两个级数均收敛,可知原级数在圆周 $|z| = 1$ 上除 $z = 1$ 外均收敛. 因此,原级数在 $|z| < 1$ 时收敛,在 $|z| > 1$ 时发散,在圆周 $|z| = 1$ 上除 $z = 1$ 外均收敛. 此例表明,在收敛圆周上既有级数的收敛点,也有级数的发散点.

4.2.3 幂级数的运算和性质

与实函数幂级数一样，复函数幂级数也可以进行有理运算和复合运算.

设有幂级数

$$\sum_{n=0}^{+\infty} c_n z^n = S_1(z) \quad (|z| < R_1),$$

$$\sum_{n=0}^{+\infty} d_n z^n = S_2(z) \quad (|z| < R_2),$$

则有

$$\sum_{n=0}^{+\infty} c_n z^n \pm \sum_{n=0}^{+\infty} d_n z^n = \sum_{n=0}^{+\infty} (c_n \pm d_n) z^n = S_1(z) \pm S_2(z) \quad (|z| < R),$$

$$\left(\sum_{n=0}^{+\infty} c_n z^n\right)\left(\sum_{n=0}^{+\infty} d_n z^n\right) = \sum_{n=0}^{+\infty} (c_n d_0 + c_{n-1} d_1 + c_{n-2} d_2 + \cdots + c_0 d_n) z^n \quad (|z| < R),$$

其中

$$R = \min(R_1, R_2).$$

例 4.7 设有幂级数 $\sum_{n=0}^{+\infty} \dfrac{z^n}{1-a^n}$ $(0 < a < 1)$ 与 $\sum_{n=0}^{+\infty} z^n$，试求 $\sum_{n=0}^{+\infty} \dfrac{z^n}{1-a^n} -$

$\sum_{n=0}^{+\infty} z^n$ 的收敛半径.

解 因为 $\sum_{n=0}^{+\infty} \dfrac{z^n}{1-a^n}$ 和 $\sum_{n=0}^{+\infty} z^n$ 的收敛半径均为 1，所以 $\sum_{n=0}^{+\infty} \dfrac{z^n}{1-a^n} - \sum_{n=0}^{+\infty} z^n$ 的
收敛半径为 1.

需注意的是，若将 $\sum_{n=0}^{+\infty} \dfrac{1}{1-a^n} z^n - \sum_{n=0}^{+\infty} z^n$ 化为等价形式

$$\sum_{n=0}^{+\infty} \frac{1}{1-a^n} z^n - \sum_{n=0}^{+\infty} z^n = \sum_{n=0}^{+\infty} \frac{a^n}{1-a^n} z^n.$$

因为

$$\lim_{n \to +\infty} \left| \frac{a^{n+1}}{1-a^{n+1}} \Big/ \frac{a^n}{1-a^n} \right| = \lim_{n \to +\infty} \frac{a^{n+1}(1-a^n)}{a^n(1-a^{n+1})} = a,$$

所以该级数的收敛半径 $R = \dfrac{1}{a} > 1$，但原来两级数的收敛域都是 $|z| < 1$，它们的

差的级数收敛域仍应为 $|z|<1$，不能扩大成 $|z|<\dfrac{1}{a}$.

复函数的幂级数也可以进行复合运算.

设幂级数 $\displaystyle\sum_{n=0}^{+\infty}c_n z^n = f(z)$，$|z|<R$，而在 $|z|<r$ 内函数 $g(z)$ 解析且满足 $|g(z)|<R$，则

$$\sum_{n=0}^{+\infty}c_n[g(z)]^n = f[g(z)], \quad |z|<r.$$

幂级数的复合运算广泛应用在将函数展开成幂级数之中.

例 4.8 将函数 $f(z)=\dfrac{1}{3z-2}$ 展开成形如 $\displaystyle\sum_{n=0}^{+\infty}c_n(z-2)^n$ 的幂级数.

解 将 $f(z)$ 等价表示为 $(z-2)$ 的函数，并利用几何级数的和函数及收敛域，得

$$f(z)=\frac{1}{3z-2}=\frac{1}{3(z-2)+4}=\frac{1}{4}\cdot\frac{1}{1-\dfrac{-3}{4}(z-2)}$$

$$=\frac{1}{4}\sum_{n=0}^{+\infty}(-1)^n\left(\frac{3}{4}\right)^n(z-2)^n=\sum_{n=0}^{+\infty}(-1)^n\frac{3^n}{4^{n+1}}(z-2)^n,$$

其收敛区域由几何级数知，应为

$$\frac{3}{4}|z-2|<1,$$

即

$$|z-2|<\frac{4}{3}.$$

由前面讨论可知，对于幂级数 $\displaystyle\sum_{n=0}^{+\infty}c_n(z-z_0)^n$，总有一个收敛圆存在，使得该级数在此圆内收敛. 其和函数在收敛圆内是否解析呢？我们不加证明地给出其性质如下：

定理 4.10 设 $C_R:|z-z_0|<R\ (0<R<+\infty)$ 为幂级数 $\displaystyle\sum_{n=0}^{+\infty}c_n(z-z_0)^n$ 的收敛圆，若函数 $S(z)$ 为幂级数 $\displaystyle\sum_{n=0}^{+\infty}c_n(z-z_0)^n$ 的和函数，则

(1) 函数 $S(z)$ 在 C_R 内解析.

(2) 幂级数 $\sum\limits_{n=0}^{+\infty} c_n (z-z_0)^n$ 在 C_R 内可逐项求导任意次，即

$$S^{(k)}(z) = \sum_{n=0}^{+\infty} c_n \left[(z-z_0)^n \right]^{(k)}, \; k = 1,\, 2,\, \cdots.$$

(3) 幂级数 $\sum\limits_{n=0}^{+\infty} c_n (z-z_0)^n$ 可以在 C_R 内任一曲线 C 上逐项积分，即

$$\int_C S(z)\mathrm{d}z = \sum_{n=0}^{+\infty} \int_C c_n (z-z_0)^n \mathrm{d}z.$$

4.3 解析函数的泰勒级数展开

一个幂级数的和函数在其收敛圆内为一个解析函数，那么，一个解析函数是否可以展开成幂级数呢？本节就来讨论这个问题.

4.3.1 解析函数的泰勒展开式

定理 4.11 设函数 $f(z)$ 在圆域 D：$|z-z_0|<R$ 内解析，则在 D 内 $f(z)$ 可以展开成幂级数

$$f(z) = \sum_{n=0}^{+\infty} c_n (z-z_0)^n, \tag{4-7}$$

其中

$$c_n = \frac{1}{2\pi\mathrm{i}} \oint_c \frac{f(z)}{(z-z_0)^{n+1}} \mathrm{d}z = \frac{f^{(n)}(z_0)}{n!} \quad (n = 0,\, 1,\, 2,\, \cdots),$$

c 为任意圆周 $|z-z_0| = \rho < R$，并且这个展开式是唯一的.

证明 设 z 是 D 内任意一点，在 D 内作一圆周 C：
$|\zeta-z_0| = \rho < R$，使得 $|z-z_0| < \rho$（见图 4-1），则由
柯西积分公式，得

$$f(z) = \frac{1}{2\pi\mathrm{i}} \oint_C \frac{f(\zeta)}{\zeta-z} \mathrm{d}\zeta. \tag{4-8}$$

因为 $|z-z_0| < \rho$，即 $\left| \dfrac{z-z_0}{\zeta-z_0} \right| = q < 1$，所以

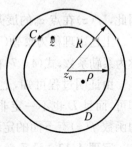

图 4-1

$$\frac{1}{\zeta - z} = \frac{1}{(\zeta - z_0) - (z - z_0)} = \frac{1}{\zeta - z_0} \cdot \frac{1}{1 - \dfrac{z - z_0}{\zeta - z_0}}$$

$$= \frac{1}{\zeta - z_0} \sum_{n=0}^{+\infty} \left(\frac{z - z_0}{\zeta - z_0} \right)^n = \sum_{n=0}^{+\infty} \frac{(z - z_0)^n}{(\zeta - z_0)^{n+1}}.$$

将此式代入式(4-8),由幂级数的性质,得

$$f(z) = \frac{1}{2\pi i} \oint_C \left[f(\zeta) \sum_{n=0}^{+\infty} \frac{(z - z_0)^n}{(\zeta - z_0)^{n+1}} \right] d\zeta$$

$$= \sum_{n=0}^{+\infty} \left[\frac{1}{2\pi i} \oint_C \frac{f(\zeta)}{(\zeta - z_0)^{n+1}} d\zeta \right] (z - z_0)^n$$

$$= \sum_{n=0}^{+\infty} c_n (z - z_0)^n,$$

其中

$$c_n = \frac{1}{2\pi i} \oint_C \frac{f(\zeta)}{(\zeta - z_0)^{n+1}} d\zeta = \frac{f^{(n)}(z_0)}{n!} \quad (n = 0, 1, 2, \cdots).$$

设 $f(z)$ 在 D 内又可以展成

$$f(z) = \sum_{n=0}^{+\infty} d_n (z - z_0)^n,$$

由幂级数的逐项可导性,对上式求各阶导数,得

$$f^{(n)}(z) = \sum_{k=n}^{+\infty} k! d_k (z - z_0)^{k-n},$$

当 $z = z_0$ 时,得

$$d_n = \frac{f^{(n)}(z_0)}{n!} = c_n.$$

因此,$f(z)$ 在点 z_0 的展开式是唯一的.

上述定理称为泰勒(Taylor)定理,式(4-7)称为函数 $f(z)$ 在 z_0 的泰勒展开式,c_n 称为泰勒系数,式(4-7)右端的级数称为 $f(z)$ 在 z_0 的泰勒级数.

由证明过程可知,上述定理中的圆 C 的半径可以任意增大,只要使 C 在 D 内即可,而且 D 也不一定非是圆域不可,因此对于在区域 D(不一定是圆域)内解析的函数 $f(z)$ 有下面的定理:

定理 4.12 设函数 $f(z)$ 在区域 D 内解析,z_0 为 D 内任意一点,R 为 z_0 到 D

的边界上各点的最短距离,则当 $|z-z_0|<R$ 时,$f(z)$ 可展开成幂级数

$$f(z) = \sum_{n=0}^{+\infty} c_n (z-z_0)^n,$$

其中

$$c_n = \frac{f^{(n)}(z_0)}{n!} \quad (n=0,1,2,\cdots).$$

并且此展开式唯一.

泰勒定理的重要性在于它圆满地解决了以下两个问题:

(1) 解决了将解析函数展开成幂级数的三个基本理论问题:一是在何处可展开,二是如何展开,三是展开式是否唯一.(2) 解决了解析函数与幂级数是否等价的问题,即一个函数为解析函数的又一等价条件:函数 $f(z)$ 在区域 D 内解析的充分必要条件是,$f(z)$ 在 D 内任意一点 z_0 的某个邻域内可展开成幂级数:

$$f(z) = \sum_{n=0}^{+\infty} c_n (z-z_0)^n, \ c_n = \frac{f^{(n)}(z_0)}{n!}, \ n=0,1,\cdots.$$

幂级数的收敛半径与幂级数的和函数有着密切的联系. 事实上,若 $f(z)$ 在点 z_0 解析,则函数 $f(z)$ 在 z_0 点的泰勒级数的收敛半径等于由收敛圆的中心点 z_0 到 $f(z)$ 离 z_0 最近的一个奇点之间的距离,即 $R = \min\{|z_k - z_0|\}$,其中: z_k 为函数 $f(z)$ 的奇点.

例 4.9 设函数 $f(z) = \dfrac{e^z}{\cos z}$ 的泰勒展开式为 $\sum_{n=0}^{+\infty} c_n z^n$,求其收敛半径.

解 由于 $\dfrac{e^z}{\cos z}$ 的奇点为 $z_k = k\pi + \dfrac{\pi}{2}$,$k=0,\pm1,\pm2,\cdots$,与幂级数中心最近的奇点为 $z_0 = \dfrac{\pi}{2}$,因此,收敛半径 $R = \dfrac{\pi}{2}$.

利用泰勒级数展开的唯一性,将一个函数展开为泰勒级数,常用方法为直接法和间接法. 所谓直接法就是直接通过计算系数 $c_n = \dfrac{f^{(n)}(z_0)}{n!}$,$n=0,1,\cdots$,将函数 $f(z)$ 在点 z_0 展开为幂级数;间接法是指利用已知函数的泰勒展开式及幂级数的代数运算、复合运算和逐项求导、逐项求积等方法将函数展开成幂级数.

例 4.10 求 $f(z) = \dfrac{1}{1+z^2}$ 在点 $z=0$ 处的泰勒展开式.

解 因为函数 $f(z)$ 的奇点为 $\pm i$,距点 $z=0$ 的距离(最近)等于 1,所以

$f(z) = \dfrac{1}{1+z^2}$ 在点 $z = 0$ 的泰勒展开式收敛半径为 $R = 1$.

直接利用展开式:

$$\frac{1}{1-z} = \sum_{n=0}^{+\infty} z^n, \ |z| < 1$$

得

$$f(z) = \frac{1}{1+z^2} = \sum_{n=0}^{+\infty} (-1)^n z^{2n}, \ |z| < 1.$$

4.3.2 初等函数的泰勒展开式

例 4.11 求指数函数 e^z 在 $z = 0$ 处的泰勒展开式.

解 利用直接展开法,因为 $(e^z)^{(n)} = e^z$ $(n = 0, 1, 2, \cdots)$,所以其展开式中的系数 c_n 可由公式直接计算得到

$$c_n = \frac{f^{(n)}(0)}{n!} = \frac{1}{n!}, \ n = 0, 1, 2, \cdots,$$

于是

$$e^z = \sum_{n=0}^{+\infty} \frac{z^n}{n!} = 1 + z + \frac{z^2}{2!} + \cdots + \frac{z^n}{n!} + \cdots.$$

函数 e^z 在全平面上解析,从而幂级数的收敛半径 $R = +\infty$.

例 4.12 求三角函数 $\sin z$ 与 $\cos z$ 在 $z = 0$ 处的泰勒展开式.

解 利用间接展开法. 由于

$$\sin z = \frac{e^{iz} - e^{-iz}}{2i} = \frac{1}{2i}\left[\sum_{n=0}^{+\infty} \frac{(iz)^n}{n!} - \sum_{n=0}^{+\infty} \frac{(-iz)^n}{n!}\right]$$

$$= \sum_{n=0}^{+\infty} (-1)^n \frac{z^{2n+1}}{(2n+1)!}.$$

$$\cos z = (\sin z)' = \sum_{n=0}^{+\infty} (-1)^n \frac{z^{2n}}{(2n)!}.$$

函数 $\sin z$ 与 $\cos z$ 在全平面上解析,从而幂级数的收敛半径 $R = +\infty$.

例 4.13 求函数 $\ln(1+z)$ 在 $z = 0$ 处的泰勒展开式.

解 因为 $\ln(1+z)$ 在 $z = -1$ 向左沿负实轴剪开的复平面内解析,而 $z = -1$ 是它距 $z = 0$ 最近的奇点,所以它在 $|z| < 1$ 内可展开成幂级数.

由于

$$[\ln(1+z)]' = \frac{1}{1+z} = \sum_{n=0}^{+\infty} (-1)^n z^n \quad |z| < 1,$$

在收敛圆 $|z| = 1$ 内,任取一条从 0 到 z 的积分路线 C,将上式两边沿 C 逐项积分,得

$$\ln(1+z) = \int_0^z \frac{1}{1+z} dz = \sum_{n=0}^{+\infty} (-1)^n \int_0^z z^n dz$$

$$= \sum_{n=0}^{+\infty} (-1)^n \frac{z^{n+1}}{n+1} = \sum_{n=1}^{+\infty} (-1)^{n-1} \frac{z^n}{n} \quad (|z| < 1).$$

例 4.14 求函数 $f(z) = \arctan z$ 在 $z = 0$ 处的泰勒展开式.

解 由于 $(\arctan z)' = \dfrac{1}{1+z^2}$,故

$$\arctan z = \int_0^z \frac{1}{1+\xi^2} d\xi = \sum_{n=0}^{+\infty} (-1)^n \int_0^z \xi^{2n} d\xi$$

$$= \sum_{n=0}^{+\infty} (-1)^n \frac{z^{2n+1}}{2n+1}, \ |z| < 1.$$

例 4.15 求函数 $f(z) = \dfrac{1}{z^3}$ 在 $z = 1$ 处的泰勒展开式.

解 利用间接展开法,

$$f(z) = \frac{1}{z^3} = \frac{1}{2} \frac{d^2}{dz^2}\left(\frac{1}{z}\right) = \frac{1}{2} \frac{d^2}{dz^2}\left(\frac{1}{1+z-1}\right)$$

$$= \frac{1}{2} \frac{d^2}{dz^2}\Big[\sum_{n=0}^{+\infty} (-1)^n (z-1)^n\Big]$$

$$= \sum_{n=2}^{+\infty} \frac{(-1)^n n(n-1)}{2} (z-1)^{n-2}, \ |z-1| < 1.$$

以上例子给出了将函数 $f(z)$ 在 $z = z_0$ 点展开成幂级数的基本方法,把一个复变函数展开成幂级数的方法与实变函数的情形基本一致,其中,经常利用展开式

$$\frac{1}{1-z} = \sum_{n=0}^{+\infty} z^n, \ |z| < 1.$$

除直接法和间接法,有时也利用比较系数法,对函数 $f(z)$ 进行幂级数展开.

例 4.16 求函数 $f(z) = \sec z$ 在 $z = 0$ 处的泰勒展开式.

解 因为

$$f(z) = \sec z = \frac{1}{\cos z}$$

在 $|z| < \frac{\pi}{2}$ 内解析,且为偶函数,故在 $|z| < \frac{\pi}{2}$ 内,$f(z)$ 在 $z = 0$ 处的泰勒级数可设为

$$f(z) = c_0 + c_2 z^2 + c_4 z^4 + \cdots + c_{2n} z^{2n} + \cdots.$$

由 $\cos z$ 的展开式与幂级数在收敛圆内绝对收敛的性质,有

$$
\begin{aligned}
1 &= \sec z \cdot \cos z \\
&= (c_0 + c_2 z^2 + c_4 z^4 + \cdots)\left(1 - \frac{z^2}{2!} + \frac{z^4}{4!} - \frac{z^6}{6!} + \cdots\right) \\
&= c_0 + \left(c_2 - \frac{c_0}{2!}\right)z^2 + \left(c_4 - \frac{c_2}{2!} + \frac{c_0}{4!}\right)z^4 + \cdots.
\end{aligned}
$$

根据幂级数展开的唯一性,比较两边系数,得

$$c_0 = 1, \quad c_2 - \frac{c_0}{2!} = 0, \quad c_4 - \frac{c_2}{2!} + \frac{c_0}{4!} = 0, \cdots,$$

$$c_{2n} - \frac{c_{2n-2}}{2!} + \frac{c_{2n-4}}{4!} + \cdots + (-1)^n \frac{c_0}{(2n)!} = 0, \ n \geqslant 1,$$

即

$$c_0 = 1, \quad c_2 = \frac{1}{2!}, \quad c_4 = \frac{5}{4!}, \cdots,$$

于是

$$\sec z = 1 + \frac{1}{2!}z^2 + \frac{5}{4!}z^4 + \cdots \quad \left(|z| < \frac{\pi}{2}\right).$$

4.4 解析函数的罗朗级数展开

4.4.1 罗朗级数的概念

考虑函数 $f(z) = \dfrac{1}{z(z-1)}$,由于 $z = 0$ 和 $z = 1$ 为其奇点,因而 $f(z)$ 在 $z =$

0和$z=1$的邻域内不解析. 因此,在点$z=0$和$z=1$的邻域内不能表示成幂级数,即:不能在圆域内展开成幂级数. 虽然如此,但可设法将它表示成其他形式的函数项级数. 不难推得:当$0<|z|<1$时,有

$$f(z) = -\frac{1}{z} \cdot \frac{1}{1-z} = -\frac{1}{z} \sum_{n=0}^{+\infty} z^n$$

$$= -\sum_{n=0}^{+\infty} z^{n-1}, \quad 0<|z|<1.$$

同理,在圆环$0<|z-1|<1$内,有

$$f(z) = \frac{1}{z-1} \cdot \frac{1}{1+(z-1)} = \frac{1}{z-1} \sum_{n=0}^{+\infty} (-1)^n (z-1)^n$$

$$= \sum_{n=0}^{+\infty} (-1)^n (z-1)^{n-1}, \quad 0<|z-1|<1.$$

以上两个级数既含正幂项又含负幂项. 另外,不难发现,$f(z)$在圆环域$0<|z|<1$与$0<|z-1|<1$内均解析. 至此,人们自然提出如下两个问题:(1)既含正幂项又含负幂项的级数有什么性质?(2)在环域$r<|z-z_0|<R$内解析的函数与既含正幂项又含负幂项的级数有无必然联系?

定义 4.10 称既有正幂项又有负幂项的双边幂级数

$$\sum_{n=0}^{+\infty} c_n(z-z_0)^n + \sum_{n=1}^{+\infty} c_{-n}(z-z_0)^{-n} \tag{4-9}$$

为罗朗级数. 如果两幂级数$\sum_{n=0}^{+\infty} c_n(z-z_0)^n$与$\sum_{n=1}^{+\infty} c_{-n}(z-z_0)^{-n}$都收敛,则称罗朗级数式(4-9)收敛.

显然,对于幂级数$\sum_{n=0}^{+\infty} c_n(z-z_0)^n$,其收敛域为一个圆域$|z-z_0|<R$;对负幂项级数$\sum_{n=1}^{+\infty} c_{-n}(z-z_0)^{-n}$,可令$\zeta=(z-z_0)^{-1}$,则

$$\sum_{n=1}^{+\infty} c_{-n}(z-z_0)^{-n} = \sum_{n=1}^{+\infty} c_{-n}\zeta^n.$$

此级数为关于ζ的正幂项级数,它在圆域$|\zeta|<R_1$内收敛,即在$|z-z_0|>\frac{1}{R_1}=r$内收敛. 因此,罗朗级数式(4-9)在环域$r<|z-z_0|<R$内收敛,其中:r可以为

$0, R$ 可以是 $+\infty$；在圆环外发散. 但在圆环的边界：$|z-z_0|=r$ 和 $|z-z_0|=R$ 上可能收敛也可能发散.

可以证明，在收敛圆环内，罗朗级数（4-9）的和函数解析，且可以逐项求导和逐项积分.

例4.17 求罗朗级数

$$\sum_{n=0}^{+\infty}(-1)^n(z-2)^{-n}+\sum_{n=1}^{+\infty}(-1)^n\left(1-\frac{z}{2}\right)^n$$

的收敛域.

解 级数 $\sum_{n=0}^{+\infty}(-1)^n(z-2)^{-n}$ 在区域 $|z-2|>1$ 内收敛；而级数 $\sum_{n=1}^{+\infty}(-1)^n\left(1-\frac{z}{2}\right)^n$ 在 $|z-2|<2$ 内收敛，从而，罗朗级数的收敛域为：$1<|z-2|<2$.

4.4.2 函数的罗朗展开式

在圆环域 $r<|z-z_0|<R$ 内处处解析的函数能否展开形如式（4-9）的级数？以下定理给出了回答.

定理4.13 设函数 $f(z)$ 在圆环域 $r<|z-z_0|<R$ $(r\geqslant 0, R<+\infty)$ 内解析，则 $f(z)$ 在此圆环域内可以唯一地展开为罗朗级数

$$f(z)=\sum_{n=-\infty}^{+\infty}c_n(z-z_0)^n, \tag{4-10}$$

其中

$$c_n=\frac{1}{2\pi i}\oint_c\frac{f(\zeta)}{(\zeta-z_0)^{n+1}}\mathrm{d}\zeta \quad (n=0,\pm 1,\pm 2,\cdots),$$

C 为在圆环域内绕 z_0 的任意一条正向简单闭曲线.

证明 设 z 为圆环域 $r<|\zeta-z_0|<R$ 内任意取定的一点，则总可以找到含于上述圆环内的两个圆周 C_1：$|\zeta-z_0|=r_1>r$ 和 C_2：$|\zeta-z_0|=r_2<R$，使 z 含于圆环 $r_1<|\zeta-z_0|<r_2$ 内（见图4-2）. 因 $f(\zeta)$ 在闭圆环 $r_1\leqslant|\zeta-z_0|\leqslant r_2$ 上解析，由柯西积分公式，得

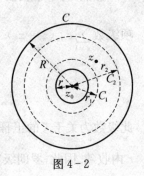

图4-2

$$f(z)=\frac{1}{2\pi i}\oint_{C_2+C_1^-}\frac{f(\zeta)}{\zeta-z}\mathrm{d}\zeta=\frac{1}{2\pi i}\oint_{C_2}\frac{f(\zeta)}{\zeta-z}\mathrm{d}\zeta-\frac{1}{2\pi i}\oint_{C_1}\frac{f(\zeta)}{\zeta-z}\mathrm{d}\zeta.$$

对于第一个积分,因为在 C_2 上, $\left|\dfrac{z-z_0}{\zeta-z_0}\right|=q_1<1$,从而

$$\frac{1}{\zeta-z}=\frac{1}{\zeta-z_0}\cdot\frac{1}{1-\dfrac{z-z_0}{\zeta-z_0}}=\sum_{n=0}^{+\infty}\frac{(z-z_0)^n}{(\zeta-z_0)^{n+1}}.$$

因此,

$$\frac{1}{2\pi i}\oint_{C_2}\frac{f(\zeta)}{\zeta-z}\mathrm{d}\zeta=\sum_{n=0}^{+\infty}\left[\frac{1}{2\pi i}\oint_{C_2}\frac{f(\zeta)}{(\zeta-z_0)^{n+1}}\mathrm{d}\zeta\right](z-z_0)^n$$
$$=\sum_{n=0}^{+\infty}c_n(z-z_0)^n,$$

其中

$$c_n=\frac{1}{2\pi i}\oint_{C_2}\frac{f(\zeta)}{(\zeta-z_0)^{n+1}}\mathrm{d}\zeta,\ n=0,\ 1,\ 2,\ \cdots.$$

对于第二个积分,因为在 C_1 上有 $\left|\dfrac{\zeta-z_0}{z-z_0}\right|=q_2<1$,所以

$$\frac{1}{\zeta-z}=\frac{1}{(\zeta-z_0)-(z-z_0)}=-\frac{1}{z-z_0}\cdot\frac{1}{1-\dfrac{\zeta-z_0}{z-z_0}}$$

$$=-\frac{1}{z-z_0}\sum_{n=0}^{+\infty}\left(\frac{\zeta-z_0}{z-z_0}\right)^n=-\sum_{n=0}^{+\infty}\frac{(\zeta-z_0)^n}{(z-z_0)^{n+1}}$$

$$=-\sum_{n=1}^{+\infty}\frac{(\zeta-z_0)^{n-1}}{(z-z_0)^n}=-\sum_{n=1}^{+\infty}\frac{1}{(\zeta-z_0)^{-n+1}}(z-z_0)^{-n}.$$

于是

$$-\frac{1}{2\pi i}\oint_{c_1}\frac{f(\zeta)}{\zeta-z}\mathrm{d}\zeta=\sum_{n=1}^{+\infty}\left[\frac{1}{2\pi i}\oint_{C_1}\frac{f(\zeta)}{(\zeta-z_0)^{-n+1}}\mathrm{d}\zeta\right](z-z_0)^{-n}$$
$$=\sum_{n=1}^{+\infty}c_{-n}(z-z_0)^{-n},$$

其中

$$c_{-n}=\frac{1}{2\pi i}\oint_{C_1}\frac{f(\zeta)}{(\zeta-z_0)^{-n+1}}\mathrm{d}\zeta.$$

由复连通区域的柯西定理,得

$$c_n = \frac{1}{2\pi i} \oint_{C_2} \frac{f(\zeta)}{(\zeta - z_0)^{n+1}} d\zeta$$

$$= \frac{1}{2\pi i} \oint_C \frac{f(\zeta)}{(\zeta - z_0)^{n+1}} d\zeta \quad (n = 0, 1, 2, \cdots);$$

$$c_{-n} = \frac{1}{2\pi i} \oint_{C_1} \frac{f(\zeta)}{(\zeta - z_0)^{-n+1}} d\zeta$$

$$= \frac{1}{2\pi i} \oint_C f(\zeta)(\zeta - z_0)^{n-1} d\zeta \quad (n = 1, 2, \cdots).$$

从而

$$f(z) = \sum_{n=0}^{+\infty} c_n (z - z_0)^n + \sum_{n=1}^{+\infty} c_{-n} (z - z_0)^{-n}$$

$$= \sum_{n=-\infty}^{+\infty} c_n (z - z_0)^n \quad (r < |z - z_0| < R),$$

其中

$$c_n = \frac{1}{2\pi i} \oint_C \frac{f(\zeta)}{(\zeta - z_0)^{n+1}} d\zeta \quad (n = 0, \pm 1, \pm 2, \cdots).$$

唯一性 设 $f(z)$ 在圆环 $r < |z - z_0| < R$ 内又可展成下式:

$$f(z) = \sum_{n=-\infty}^{+\infty} c_n' (z - z_0)^n \quad (r < |z - z_0| < R),$$

则它在圆环内一致收敛,从而在圆周 C: $|\zeta - z_0| = \rho \ (r < \rho < R)$ 上一致收敛. 上式两端分别乘以 C 上的有界函数 $\dfrac{1}{2\pi i (z - z_0)^{k+1}}$($k$ 为任意整数)仍然一致收敛,故可以逐项积分

$$C_k = \frac{1}{2\pi i} \oint_C \frac{f(z)}{(z - z_0)^{k+1}} dz = \sum_{n=-\infty}^{+\infty} c_n' \cdot \frac{1}{2\pi i} \oint_C \frac{dz}{(z - z_0)^{k+1-n}}.$$

利用结论 $\oint_C (z - z_0)^{n-k-1} dz = \begin{cases} 2\pi i, & n = k \\ 0, & n \neq k \end{cases}$ 可得

$$c_n = c_n', \ n = 0, \pm 1, \pm 2, \cdots.$$

必须指出,当 $n \geqslant 0$ 时,虽然罗朗级数的系数与泰勒级数的系数的积分形式是

104

一样的,但它却不等于 $\dfrac{f^{(n)}(z_0)}{n!}$,这是因为函数 $f(z)$ 在 C 所围区域内部不是处处解析的.

直接由 c_n 的积分表达式求罗朗级数的系数比较复杂,通常利用罗朗展开的唯一性,我们可以用任何简便的方法求罗朗级数系数. 最常见的方法是利用简单初等函数的泰勒级数或罗朗级数展开,以及幂级数的运算来求较复杂函数的罗朗级数展开式,如利用 $\dfrac{1}{1-z}$,e^z,三角函数等的泰勒或罗朗级数展开式.

例 4.18 试将函数 $f(z) = \dfrac{\sin z}{z}$ 在圆环域 $0 < |z| < +\infty$ 内展开为罗朗级数.

解 因为

$$\sin z = \sum_{n=0}^{+\infty} (-1)^n \frac{z^{2n+1}}{(2n+1)!}, \quad |z| < +\infty,$$

所以

$$f(z) = \frac{\sin z}{z} = \sum_{n=0}^{+\infty} (-1)^n \frac{z^{2n}}{(2n+1)!}, \quad 0 < |z| < +\infty.$$

例 4.19 试将函数 $f(z) = e^z + e^{\frac{1}{z}}$ 在 $0 < |z| < \infty$ 内展开为罗朗级数.

解 因为

$$e^z = \sum_{n=0}^{+\infty} \frac{z^n}{n!}, \quad |z| < +\infty,$$

所以

$$f(z) = e^z + e^{\frac{1}{z}} = \sum_{n=0}^{+\infty} \frac{z^n}{n!} + \sum_{n=0}^{+\infty} \frac{1}{n!} \cdot \frac{1}{z^n}$$

$$= \sum_{n=0}^{+\infty} \frac{z^n}{n!} + \sum_{n=-\infty}^{0} \frac{1}{|n|!} z^n$$

$$= 1 + \sum_{n=0}^{+\infty} \frac{z^n}{n!} + \sum_{n=-\infty}^{-1} \frac{1}{|n|!} z^n$$

$$= 1 + \sum_{n=-\infty}^{+\infty} \frac{1}{|n|!} z^n, \quad 0 < |z| < +\infty.$$

将函数 $f(z)$ 展开成罗朗级数,通常有两种给出问题的方式:

(1) 将函数 $f(z)$ 在圆环域 $r<|z-z_0|<R$ 内展开为罗朗级数;

(2) 将函数 $f(z)$ 在点 z_0 处展开成罗朗级数,即已知函数 $f(z)$ 及点 z_0,将 $f(z)$ 在点 z_0 的去心邻域内展开成罗朗级数.

第一种情况,先验证函数 $f(z)$ 在圆环域 $r<|z-z_0|<R$ 内解析,然后再设法展开,通常用间接展开法;第二种情况应先找出以点 z_0 为中心的圆环域,使函数 $f(z)$ 在此圆环域内解析,而圆环域的确定取决于点 z_0 与函数 $f(z)$ 各奇点之间的距离.以点 z_0 为圆心,以这些距离为半径作同心圆,就可依次找出 $f(z)$ 的一个个解析圆环域.

例 4.20 将 $f(z)=\dfrac{1}{z^2(z-1)}$ 在 $0<|z-1|<1$ 内展开成以 $z=1$ 为中心的罗朗级数.

解 因为 $\dfrac{1}{z^2}=-\dfrac{\mathrm{d}}{\mathrm{d}z}\left(\dfrac{1}{z}\right)$, $\dfrac{1}{z}=\dfrac{1}{1+(z-1)}=\sum\limits_{n=0}^{+\infty}(-1)^n(z-1)^n$, $|z-1|<1$,

所以

$$\frac{1}{z^2}=-\frac{\mathrm{d}}{\mathrm{d}z}\Big[\sum_{n=0}^{+\infty}(-1)^n(z-1)^n\Big]=-\sum_{n=0}^{+\infty}(-1)^n n(z-1)^{n-1}$$

$$=\sum_{n=1}^{+\infty}(-1)^{n+1}n(z-1)^{n-1},$$

从而

$$f(z)=\frac{1}{z^2(z-1)}=\frac{1}{z-1}\sum_{n=1}^{+\infty}(-1)^{n+1}n(z-1)^{n-1}$$

$$=\sum_{n=1}^{+\infty}(-1)^{n+1}n(z-1)^{n-2}.$$

例 4.21 将函数 $f(z)=\dfrac{4}{z^2-6z+5}$ 在以 $z=2$ 为心的邻域内展开成幂级数或罗朗级数.

解 由于 $f(z)=\dfrac{4}{z^2-6z+5}=\dfrac{1}{z-5}-\dfrac{1}{z-1}$, 奇点为 $z=1$ 和 $z=5$,函数 $f(z)$ 在以 $z=2$ 为心的邻域 $|z-2|<1$, $1<|z-2|<3$ 和 $3<|z-2|<+\infty$ 内解析(见图 4-3).用间接法展开.

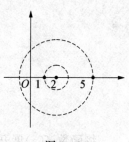

图 4-3

106

(1) $|z-2|<1$,

$$f(z) = \frac{4}{z^2 - 6z + 5} = \frac{1}{z-5} - \frac{1}{z-1} = -\frac{1}{3-(z-2)} - \frac{1}{z-2+1}$$

$$= -\frac{1}{3} \sum_{n=0}^{+\infty} \left(\frac{z-2}{3}\right)^n - \sum_{n=0}^{+\infty} (-1)^n (z-2)^n$$

$$= -\sum_{n=0}^{+\infty} \left[\frac{1}{3^{n+1}} + (-1)^n\right] (z-2)^n.$$

(2) $1 < |z-2| < 3$,

$$f(z) = -\frac{1}{3-(z-2)} - \frac{1}{z-2+1}$$

$$= -\frac{1}{3} \sum_{n=0}^{+\infty} \left(\frac{z-2}{3}\right)^n - \frac{1}{z-2} \sum_{n=0}^{+\infty} (-1)^n \left(\frac{1}{z-2}\right)^n$$

$$= -\sum_{n=0}^{+\infty} \left[\frac{(z-2)^n}{3^{n+1}} + (-1)^n \frac{1}{(z-2)^{n+1}}\right].$$

(3) $3 < |z-2| < +\infty$,

$$f(z) = \frac{1}{(z-2)-3} - \frac{1}{z-2+1}$$

$$= \frac{1}{z-2} \sum_{n=0}^{+\infty} \frac{3^n}{(z-2)^n} - \frac{1}{z-2} \sum_{n=0}^{+\infty} (-1)^n \left(\frac{1}{z-2}\right)^n$$

$$= \sum_{n=0}^{+\infty} \left[3^n - (-1)^n\right] \frac{1}{(z-2)^{n+1}}.$$

4.5 孤立奇点与分类

4.5.1 孤立奇点

定义 4.11 若函数 $f(z)$ 在奇点 $z = z_0$ 的某去心邻域 $0 < |z - z_0| < R$ 内解析,则称点 z_0 为函数 $f(z)$ 的孤立奇点.

例如,依定义知:$z = 0$ 为函数 $\dfrac{\sin z}{z}$,$\dfrac{1}{z^2}$ 和 $\mathrm{e}^{\frac{1}{z}}$ 的孤立奇点;$z = 1$ 为函数

$\sin\dfrac{z}{1-z}$ 的孤立奇点. 而 $z=0$ 不是函数 $\dfrac{1}{\sin\dfrac{\pi}{z}}$ 的孤立奇点. 事实上, 取 $z_n=\dfrac{1}{n}$,

$n=\pm 1,\pm 2,\cdots$, 则由于 $\sin\dfrac{\pi}{z_n}=\sin n\pi=0$, 从而 z_n 为 $\dfrac{1}{\sin\dfrac{\pi}{z}}$ 的奇点. 由于

$\lim\limits_{n\to+\infty}z_n=\lim\limits_{n\to+\infty}\dfrac{1}{n}=0$, 所以 $z=0$ 不是函数 $\dfrac{1}{\sin\dfrac{\pi}{z}}$ 的孤立奇点.

易知, 若 z_0 是函数 $f(z)$ 的孤立奇点, 则 $f(z)$ 在圆环域 $r<|z-z_0|<R$ 内可以展开为罗朗级数

$$f(z)=\sum_{n=-\infty}^{+\infty}c_n(z-z_0)^n=\sum_{n=0}^{+\infty}c_n(z-z_0)^n+\sum_{n=-\infty}^{-1}c_n(z-z_0)^n.$$

显然, $\varphi(z)=\sum\limits_{n=0}^{+\infty}c_n(z-z_0)^n$ 在 $|z-z_0|<R$ 内解析, 称 $\varphi(z)$ 为 $f(z)$ 的罗朗级数的解析部分; $\psi(z)=\sum\limits_{n=-\infty}^{-1}c_n(z-z_0)^n$ 在 $|z-z_0|>r$ 内解析, 称 $\psi(z)$ 为 $f(z)$ 的罗朗级数的主要部分.

下面我们针对函数在孤立奇点处的罗朗展开式的不同情形, 对孤立奇点作分类.

定义 4.12 设点 z_0 是函数 $f(z)$ 的孤立奇点, (1) 若 $f(z)$ 在点 z_0 的罗朗级数的主要部分 $\psi(z)$ 为零, 则称点 z_0 为 $f(z)$ 的可去奇点; (2) 若 $f(z)$ 在点 z_0 的罗朗级数的主要部分 $\psi(z)$ 有有限多项, 设为

$$\psi(z)=\dfrac{c_{-m}}{(z-z_0)^m}+\dfrac{c_{-m+1}}{(z-z_0)^{-m+1}}+\cdots+\dfrac{c_{-1}}{(z-z_0)},\ c_{-m}\neq 0,$$

则称点 z_0 为 $f(z)$ 的 m 阶极点; (3) 若 $f(z)$ 在点 z_0 的罗朗级数的主要部分 $\psi(z)$ 有无穷多项, 则称点 z_0 为 $f(z)$ 的本性奇点.

注 仅当 z_0 为 $f(z)$ 的孤立奇点时, 才可对其类型进行分类.

例4.22 试确定以下函数在奇点 $z=0$ 处的类型: (1) $f(z)=\dfrac{\sin z}{z}$; (2) $f(z)=\dfrac{e^z-1}{z^2}$; (3) $f(z)=e^{\frac{1}{z}}$.

解 (1) 因为函数 $f(z)=\dfrac{\sin z}{z}$ 在 $z=0$ 的罗朗展开式为

$$f(z) = \frac{\sin z}{z} = \sum_{n=0}^{+\infty} (-1)^n \frac{z^{2n}}{(2n+1)!}, \ 0 < |z| < +\infty,$$

由于主要部分 $\psi(z) = 0$，所以 $z = 0$ 为可去奇点．

(2) 因为函数 $f(z) = \dfrac{e^z - 1}{z^2}$ 在 $z = 0$ 的罗朗展开式为

$$f(z) = \frac{e^z - 1}{z^2} = \sum_{n=1}^{+\infty} \frac{z^{n-2}}{n!}, \ 0 < |z| < +\infty,$$

由于主要部分 $\psi(z) = \dfrac{1}{z}$，因此，$z = 0$ 为一阶极点．

(3) 因为函数 $f(z) = e^{\frac{1}{z}}$ 在 $z = 0$ 的罗朗展开式为

$$f(z) = e^{\frac{1}{z}} = \sum_{n=0}^{+\infty} \frac{1}{n! z^n}, \ 0 < |z| < +\infty,$$

由于主要部分 $\psi(z)$ 有无穷多项，因此，$z = 0$ 为本性奇点．

虽然根据函数 $f(z)$ 在点 z_0 的罗朗级数的主要部分 $\psi(z)$ 可确定其孤立奇点 z_0 的类型，但对于某些函数而言，求出其罗朗级数本身就非常困难，因此，我们设法寻找其他更简便方法来确定孤立奇点的类型．

4.5.2　可去奇点

定理 4.14　设 z_0 为 $f(z)$ 的孤立奇点，则下列三个条件等价：(1) 点 z_0 为 $f(z)$ 的可去奇点；(2) $\lim\limits_{z \to z_0} f(z)$ 存在且有限；(3) 函数 $f(z)$ 在点 z_0 的某个去心邻域内有界．

证明　(1)$\Rightarrow$(2) 因为点 z_0 为 $f(z)$ 的可去奇点，所以，$f(z)$ 的主要部分为零，即

$$f(z) = c_0 + c_1(z - z_0) + c_2(z - z_0)^2 + \cdots c_n(z - z_0)^n + \cdots,$$

从而 $\lim\limits_{z \to z_0} f(z) = c_0$ 为有限值．

(2)$\Rightarrow$(3) 由极限性质知，函数 $f(z)$ 在点 z_0 的某个去心邻域内有界．

(3)$\Rightarrow$(1) 不妨设存在常数 $M > 0$，当 z 落在 $0 < |z - z_0| < R$ 时，$|f(z)| \leqslant M$，在圆环 $0 < |z - z_0| < R$ 内任取一圆 C_r：$|z - z_0| = r < R$，由罗朗展开式中系数的积分计算公式，得

$$c_{-n} = \frac{1}{2\pi i} \oint_{C_r} \frac{f(z)}{(z-z_0)^{-n+1}} dz, \quad z = 1, 2, \cdots,$$

从而

$$|c_{-n}| \leqslant \frac{1}{2\pi} \oint_{C_r} \frac{|f(z)|}{|(z-z_0)^{-n+1}|} |dz|$$

$$\leqslant \frac{1}{2\pi} \cdot \frac{M}{r^{-n+1}} \cdot 2\pi r = M r^n \to 0 \ (r \to 0).$$

由此得 $c_{-1} = c_{-2} = \cdots = 0$，即，$f(z)$的主要部分为零，所以点$z_0$为$f(z)$的可去奇点.

例 4.23 试确定函数 $f(z) = \dfrac{1}{e^z - 1} - \dfrac{1}{z}$ 在奇点$z = 0$处的类型.

解 对于函数 $f(z) = \dfrac{1}{e^z - 1} - \dfrac{1}{z}$，直接作罗朗展开很困难，但由于

$$\lim_{z \to 0} \left(\frac{1}{e^z - 1} - \frac{1}{z} \right) = \lim_{z \to 0} \frac{z - e^z + 1}{z(e^z - 1)} = \lim_{z \to 0} \frac{1 - e^z}{e^z - 1 + ze^z}$$

$$= \lim_{z \to 0} \frac{-e^z}{(2 + z)e^z} = -\frac{1}{2},$$

所以，$z = 0$是可去奇点.

4.5.3 极点

首先给出零点的概念及判别.

定义 4.13 若不恒为零的解析函数$f(z)$能表示成

$$f(z) = (z - z_0)^m g(z), \tag{4-11}$$

其中$g(z)$在点z_0处解析，且$g(z_0) \neq 0$，m为某一正整数，则称z_0为$f(z)$的m阶零点.

例如，$z = 1$和$z = 2$分别是函数$f(z) = (z-1)(z-2)^3$的一阶和三阶零点.

定理 4.15 设$f(z)$在点z_0处解析，则z_0为$f(z)$的m阶零点的充要条件是

$$f(z_0) = f'(z_0) = \cdots = f^{(m-1)}(z_0) = 0, \quad f^{(m)}(z_0) \neq 0. \tag{4-12}$$

证明 充分性 由函数$f(z)$在点z_0处解析性可知，$f(z)$在z_0可作泰勒展开

$$f(z) = \sum_{n=0}^{+\infty} \frac{f^{(n)}(z_0)}{n!} (z-z_0)^n.$$

由式(4-12)得,上式可表示为

$$f(z) = \sum_{n=m}^{+\infty} \frac{f^{(n)}(z_0)}{n!} (z-z_0)^n = (z-z_0)^m g(z),$$

其中 $g(z) = \sum_{n=0}^{+\infty} \frac{f^{(n+m)}}{(n+m)!} (z-z_0)^n$ 在点 z_0 处解析,且 $g(z_0) = \frac{f^{(m)}(z_0)}{m!} \neq 0$,由定义知 z_0 为 $f(z)$ 的 m 阶零点.

必要性 请读者自己证明.

以下两定理给出了判断孤立奇点为极点的充要条件.

定理 4.16 设 z_0 为 $f(z)$ 的孤立奇点,则下列两个条件等价:(1) $f(z)$ 在点 z_0 处的罗朗展开式主要部分 $\psi(z)$ 只有有限项;(2) $\lim\limits_{z \to z_0} f(z) = \infty$.

证明 (1)⇒(2)

设 $f(z)$ 在点 z_0 处的罗朗展开式主要部分 $\psi(z)$ 有 m 项,则 $f(z)$ 的罗朗展开式为

$$f(z) = \frac{c_{-m}}{(z-z_0)^m} + \frac{c_{-m+1}}{(z-z_0)^{-m+1}} + \cdots + \frac{c_{-1}}{(z-z_0)} + c_0 + c_1(z-z_0) + \cdots,$$

其中 $c_{-m} \neq 0$,则 $f(z)$ 可表示为

$$f(z) = \frac{g(z)}{(z-z_0)^m},$$

其中 $g(z)$ 在 z_0 的邻域 $|z-z_0| < R$ 内解析,且 $g(z_0) = c_{-m} \neq 0$,于是

$$\lim_{z \to z_0} f(z) = \lim_{z \to z_0} \frac{g(z)}{(z-z_0)^m} = \infty.$$

(1)⇒(2) 令 $g(z) = \frac{1}{f(z)}$,则

$$\lim_{z \to z_0} g(z) = \lim_{z \to z_0} \frac{1}{f(z)} = 0.$$

由定理 4.14 知 z_0 为 $g(z)$ 的可去奇点,补充 $g(z_0) = 0$,从而 $g(z)$ 在 z_0 处解析,且 z_0 为 $g(z)$ 的零点,不妨设为 m 阶零点,即

$$g(z) = a_m(z-z_0)^m + a_{m-1}(z-z_0)^{m+1} + \cdots$$

$$= (z-z_0)^m[a_m + a_{m-1}(z-z_0) + a_{m-2}(z-z_0)^2 + \cdots]$$

$$= (z-z_0)^m h(z), \quad (a_m \neq 0).$$

显然，$h(z)$ 在 $|z-z_0| < R$ 内解析，且 $h(z_0) = a_m \neq 0$. 记 $\varphi(z) = \dfrac{1}{h(z)}$，则 $\varphi(z)$ 在 z_0 的某个邻域内解析，且 $\varphi(z_0) \neq 0$. 于是，将 $\varphi(z)$ 在 z_0 点泰勒展开后得

$$f(z) = \frac{\varphi(z)}{(z-z_0)^m} = \frac{1}{(z-z_0)^m} \sum_{n=0}^{+\infty} c_n (z-z_0)^n$$

$$= \frac{c_0}{(z-z_0)^m} + \frac{c_1}{(z-z_0)^{m-1}} + \cdots + c_m + c_{m+1}(z-z_0) + \cdots,$$

其中 $c_0 = \varphi(z_0) = \dfrac{1}{h(z_0)} \neq 0$，由此可见，$z_0$ 为 $f(z)$ 的 m 阶极点.

从上述定理的证明过程中可知，若 z_0 为 $\dfrac{1}{f(z)}$ 的 m 阶零点，则 z_0 为 $f(z)$ 的 m 阶极点，反之亦然. 事实上，若 z_0 为 $f(z)$ 为 m 阶极点，则

$$f(z) = \frac{c_{-m}}{(z-z_0)^m} + \frac{c_{-m+1}}{(z-z_0)^{m-1}} + \cdots + c_0 + c_1(z-z_0) + \cdots$$

$$= \frac{g(z)}{(z-z_0)^m},$$

其中

$$g(z) = c_{-m} + c_{-m+1}(z-z_0) + \cdots + c_0 (z-z_0)^m + c_1 (z-z_0)^{m+1} + \cdots,$$

且 $g(z_0) = c_{-m} \neq 0$，因此，z_0 为 $\dfrac{1}{f(z)} = \dfrac{(z-z_0)^m}{g(z)}$ 的 m 阶零点. 由此即得如下定理.

定理 4.17 设 z_0 为 $f(z)$ 的孤立奇点，则下列两个条件等价：(1) z_0 为 $f(z)$ 的 m 阶极点；(2) z_0 为 $\dfrac{1}{f(z)}$ 的 m 阶零点.

上述定理表明，求 $f(z)$ 的极点阶数问题可转化为求 $\dfrac{1}{f(z)}$ 的零点的阶数问题.

112

例 4.24 在复平面内找出函数 $f(z) = \dfrac{z^2(z^2-1)}{(\sin \pi z)^2}$ 的孤立奇点,并确定它们的

类型. 若为极点,指出它的阶数.

解 $f(z)$ 在复平面上的奇点为 $z_k = k, (k=0, \pm 1, \pm 2, \cdots)$,由于

$$(\sin \pi z)'|_{z=k} = \pi \cos \pi z|_{z=k} = (-1)^k \pi \neq 0.$$

所以,$z_k = k, (k=0, \pm 1, \pm 2, \cdots,)$ 为 $\sin \pi z$ 的一阶零点,因而是 $(\sin \pi z)^2$ 的二

阶零点. 因此,在这些奇点中除 $z=0, \pm 1$ 外,都是 $f(z)$ 的二阶极点.

对于奇点 $z=0$,由于

$$\lim_{z \to 0} f(z) = \lim_{z \to 0} \frac{z^2(z^2-1)}{(\sin \pi z)^2} = \lim_{z \to 0} \frac{z^2-1}{\pi^2} = -\frac{1}{\pi^2},$$

所以,$z=0$ 为 $f(z)$ 的可去奇点.

由于 $z^2 - 1 = (z-1)(z+1)$,所以,$z = \pm 1$ 为 $f(z)$ 的一阶极点.

值得注意的是,在求函数的极点阶数时,不能光看表面形式就盲目作出结论,例

如,上例中,$z = \pm 1$ 虽然是 $(\sin \pi z)^2$ 的二阶零点,但由于 $z = \pm 1$ 也是分子 $z^2 - 1$ 的一

阶零点,所以 $z = \pm 1$ 为 $f(z)$ 的一阶极点. 类似的例子有 $\dfrac{e^z - 1}{z^2}$,由于 $z=0$ 为 $e^z - $

1 的一阶零点,所以 $z=0$ 为 $\dfrac{e^z - 1}{z^2}$ 的一阶极点.

4.5.4 本性奇点

由可去奇点和极点的充要条件即可得如下结论.

定理 4.18 设点 z_0 为 $f(z)$ 的孤立奇点,则下列两个条件等价:(1) 点 z_0 为

$f(z)$ 的本性奇点;(2) 极限 $\lim\limits_{z \to z_0} f(z)$ 不存在,即当 $z \to z_0$ 时,$f(z)$ 既不趋于有限值

也不趋于 ∞.

例 4.25 在复平面上找出函数 $f(z) = \dfrac{1}{z-1} e^{\frac{1}{z}}$ 的孤立奇点,并确定它们的类型.

解 $f(z)$ 的孤立奇点为 $z=0$ 和 $z=1$. 由于 $\lim\limits_{z \to 0} f(z) = \lim\limits_{z \to 0} \dfrac{1}{z-1} e^{\frac{1}{z}}$ 不存在,

$\lim\limits_{z \to 1} f(z) = \lim\limits_{z \to 1} \dfrac{1}{z-1} e^{\frac{1}{z}} = \infty$,因此,$z=0$ 为本性奇点,$z=1$ 为极点且为一阶极点.

综上所述,若 z_0 为 $f(z)$ 的孤立奇点,则可根据 $\lim\limits_{z \to z_0} f(z)$ 的不同情形判别孤立

奇点的类型.

例 4.26 在复平面上找出函数 $f(z) = \dfrac{z}{e^z - 1} e^{\frac{1}{z-1}}$ 的孤立奇点,并确定它们的类型.

解 由 $e^z - 1 = 0$ 得 $z = \text{Ln}\, 1 = 2k\pi i$, $(k = 0, \pm 1, \pm 2, \cdots)$, $f(z)$ 的所有孤立奇点为: $z = 0, z = 1$ 及 $z = 2k\pi i$, $(k = \pm 1, \pm 2, \cdots)$.

由于

$$\lim_{z \to 0} \frac{z\, e^{\frac{1}{z-1}}}{e^z - 1} = \lim_{z \to 0} \frac{z\, e^{\frac{1}{z-1}}}{z + \dfrac{z^2}{2!} + \cdots} = \lim_{z \to 0} \frac{e^{\frac{1}{z-1}}}{1 + \dfrac{z}{2!} + \cdots} = e^{-1},$$

所以,$z = 0$ 为 $f(z)$ 可去奇点.

由 $(e^z - 1)'\big|_{z=2k\pi i} = e^{2k\pi i} = 1 \neq 0$ 知 $z = 2k\pi i$, $(k = \pm 1, \pm 2, \cdots)$ 为 $e^z - 1$ 的一阶零点,而 $(z\, e^{\frac{1}{z-1}})\big|_{z=2k\pi i} \neq 0$, 故 $z = 2k\pi i$, $(k = \pm 1, \pm 2, \cdots)$ 为 $f(z)$ 一阶极点.

由于 $\lim\limits_{z \to 1} \dfrac{z}{e^z - 1} e^{\frac{1}{z-1}}$ 不存在,所以,$z = 1$ 为 $f(z)$ 的本性奇点.

4.5.5 函数在无穷远点的性态

定义 4.14 设函数 $f(z)$ 在区域 $D_z: R < |z| < +\infty$ $(R \geqslant 0)$ 内解析,则称点 $z = \infty$ 为函数 $f(z)$ 的一个孤立奇点.

若无特殊声明,则约定点 $z = \infty$ 为任意函数的奇点.

设 $z = \infty$ 为函数 $f(z)$ 的一个孤立奇点,作变换 $\xi = \dfrac{1}{z}$, 则函数

$$g(\xi) = f\left(\frac{1}{\xi}\right) = f(z)$$

在区域 $D_\xi: 0 < |\xi| < \dfrac{1}{R}$ 内解析 $\left(\text{规定: 若 } R = 0, \text{则 } \dfrac{1}{R} = +\infty\right)$, 从而,点 $\xi = 0$ 为函数 $g(\xi)$ 的一个孤立奇点,且

(1) 对应于扩充复平面上无穷远点的邻域 D_z, 有 ξ 平面上原点的邻域 D_ξ.

(2) 在对应的点 z 与 ξ, 有 $g(\xi) = f(z)$.

(3) $\lim\limits_{z \to +\infty} f(z) = \lim\limits_{\xi \to 0} g(\xi)$.

因此,可以用函数 $g(\xi)$ 在 $\xi = 0$ 处奇点的类型来定义函数 $f(z)$ 在 $z = \infty$ 处的奇点类型.

定义 4.15 设 $\xi = 0$ 为函数 $g(\xi)$ 的可去奇点、极点 $(m \text{ 阶})$ 或本性奇点,则相应地称 $z = \infty$ 为函数 $f(z)$ 的可去奇点、极点 $(m \text{ 阶})$ 或本性奇点.

假设函数 $f(z)$ 在区域 $D_z: R < |z| < +\infty$ 内解析,则在此区域内 $f(z)$ 可展开为罗朗级数

$$f(z) = \sum_{n=1}^{+\infty} c_n z^n + c_0 + \sum_{n=1}^{+\infty} c_{-n} z^{-n}. \qquad (4-13)$$

于是,函数 $g(\xi)$ 在区域 $D_\xi: 0 < |\xi| < \dfrac{1}{R}$ 内的罗朗展开式为

$$g(\xi) = \sum_{n=1}^{+\infty} c_n \xi^{-n} + c_0 + \sum_{n=1}^{+\infty} c_{-n} \xi^n. \qquad (4-14)$$

对照式(4-13)和式(4-14)可知,函数 $f(z)$ 的罗朗展开式中的正幂项就是函数 $g(\xi)$ 的罗朗展开式的负幂项,这说明,对于无穷远点而言,函数的性态与其罗朗展开式之间的关系同有限点的情况类似,所不同的是由函数 $f(z)$ 在无穷远处的罗朗展开式的正幂项确定,即

(1) 若 $f(z)$ 在 $z = \infty$ 处的罗朗展开式中不含正幂项,则 $z = \infty$ 为 $f(z)$ 的可去奇点.

(2) 若 $f(z)$ 在 $z = \infty$ 处的罗朗展开式中含有限个正幂项,且最高正幂为 z^m,则 $z = \infty$ 为 $f(z)$ 的 m 阶极点.

(3) 若 $f(z)$ 在 $z = \infty$ 处的罗朗展开式中含无穷个正幂项,则 $z = \infty$ 为 $f(z)$ 的本性奇点.

无穷远点的奇点类型也可以用极限来判定.

定理 4.19 设 $z = \infty$ 为函数 $f(z)$ 的孤立奇点,

(1) 若 $\lim\limits_{z \to \infty} f(z)$ 为有限值,则 $z = \infty$ 为 $f(z)$ 的可去奇点;

(2) 若 $\lim\limits_{z \to \infty} f(z) = \infty$,则 $z = \infty$ 为 $f(z)$ 的极点;

(3) 若 $\lim\limits_{z \to \infty} f(z)$ 不存在,也不为 ∞,则 $z = \infty$ 为 $f(z)$ 的本性奇点.

例 4.27 试确定下列函数在无穷远点的奇点的类型:

(1) $f(z) = \dfrac{1}{(z-1)(z-2)}$; (2) $f(z) = e^{z - \frac{1}{z}}$.

解 (1) 因为

$$\lim_{z \to \infty} f(z) = \lim_{z \to \infty} \frac{1}{(z-1)(z-2)} = 0,$$

所以,$z = \infty$ 为 $f(z)$ 的可去奇点.

(2) 因为

$$\lim_{z \to \infty} f(z) = \lim_{z \to \infty} e^{z - \frac{1}{z}} \text{ 不存在,也不为 } \infty,$$

所以，$z = \infty$ 为 $f(z)$ 的本性奇点.

例 4.28 在扩充复平面上，找出函数 $f(z) = \cot z - \dfrac{1}{z}$ 的奇点并确定其类型.

解 扩充复平面上，函数 $f(z)$ 的所有奇点为 $z_k = k\pi$ $(k = 0, \pm 1, \pm 2, \cdots)$ 及 $z = \infty$. 由于 $\lim\limits_{k \to +\infty} z_k = \lim\limits_{k \to +\infty} k\pi = \infty$，所以，$z = \infty$ 为 $f(z)$ 的非孤立奇点.

由于

$$\lim_{z \to 0} f(z) = \lim_{z \to 0} \frac{z\cos z - \sin z}{z \sin z} = \lim_{z \to 0} \frac{-z\sin z}{2z} = 0,$$

所以，$z = 0$ 为 $f(z)$ 的可去奇点.

由于 $z_k = k\pi$ $(k = \pm 1, \pm 2, \cdots)$ 为 $\dfrac{1}{z}$ 的解析点，$\tan z$ 的一阶零点，所以 $z_k = k\pi$ $(k = \pm 1, \pm 2, \cdots)$ 为 $f(z)$ 的一阶极点.

习 题 4

A 套

1. 试判别下列级数的收敛性和绝对收敛性：

(1) $\sum\limits_{n=1}^{+\infty} \left(1 - \dfrac{1}{n^2}\right) \mathrm{e}^{\mathrm{i}\frac{\pi}{n}}$.

(2) $\sum\limits_{n=1}^{+\infty} \dfrac{1 + (-\mathrm{i})^{2n+1}}{n}$.

(3) $\sum\limits_{n=2}^{+\infty} \dfrac{\mathrm{i}^n}{\ln n}$.

(4) $\sum\limits_{n=0}^{+\infty} \dfrac{\cos \mathrm{i}n}{2^n}$.

(5) $\sum\limits_{n=1}^{+\infty} \dfrac{\mathrm{i}^n}{n^\alpha}$ $(\alpha > 0)$.

(6) $\sum\limits_{n=1}^{+\infty} \dfrac{\mathrm{e}^{\frac{\mathrm{i}\pi}{n}}}{n}$.

2. 求下列幂级数的收敛半径：

(1) $\sum\limits_{n=0}^{+\infty} \dfrac{n^2}{\mathrm{e}^n} z^n$.

(2) $\sum\limits_{n=1}^{+\infty} \dfrac{n!}{n^n} z^n$.

(3) $\sum\limits_{n=0}^{+\infty} \dfrac{n}{2^n} z^n$.

(4) $\sum\limits_{n=1}^{+\infty} n^{\ln n} z^n$.

(5) $\sum\limits_{n=0}^{+\infty} (-\mathrm{i})^{n-1} \cdot \dfrac{2n-1}{2^n} \cdot z^{2n-1}$.

(6) $\sum\limits_{n=1}^{+\infty} \left(\dfrac{1}{n}\right)^n \cdot (z - \mathrm{i})^{n(n+1)}$.

3. 设级数 $\sum\limits_{n=0}^{+\infty} c_n$ 收敛，而 $\sum\limits_{n=0}^{+\infty} |c_n|$ 发散，证明 $\sum\limits_{n=0}^{+\infty} c_n z^n$ 的收敛半径为 1.

4. 试将下列函数在指定点处展开为泰勒级数,并指出其收敛域:

(1) $f(z) = \dfrac{1}{z}$, 在 $z = 2$ 处.   (2) $f(z) = \dfrac{1}{z^2}$, 在 $z = 1$ 处.

(3) $f(z) = \dfrac{z-1}{z+1}$, 在 $z = 1$ 处.   (4) $f(z) = \dfrac{z}{(z+1)(z+2)}$, 在 $z = 2$ 处.

(5) $f(z) = \sinh z$, 在 $z = \pi \mathrm{i}$ 处.   (6) $f(z) = \dfrac{1}{z^2(z+1)}$, 在 $z = 1$ 处.

5. 试将下列函数在 $z = 0$ 处展开为泰勒级数,并指出其收敛域:

(1) $f(z) = \dfrac{1}{(z-1)^2}$.   (2) $f(z) = \sin^2 z$.

(3) $f(z) = \dfrac{2z-1}{(z+2)(3z-1)}$.   (4) $f(z) = \dfrac{1}{(z-a)(z-b)}$ $(ab \neq 0)$.

(5) $f(z) = \displaystyle\int_0^z \mathrm{e}^{-\xi^2} \,\mathrm{d}\xi$.   (6) $f(z) = \dfrac{z-a}{z+a}$ $(a \neq 0)$.

6. 设 $0 < r < 1$, 利用函数 $f(z) = \dfrac{1}{1-z}$ 的幂级数展开证明:

$$\sum_{n=0}^{+\infty} r^n \cos n\theta = \frac{1-r\cos\theta}{1-2r\cos\theta+r^2},$$

$$\sum_{n=0}^{+\infty} r^n \sin n\theta = \frac{r\sin\theta}{1-2r\cos\theta+r^2}.$$

7. 试将下列函数在指定的区域内展开为罗朗级数:

(1) $f(z) = \dfrac{1}{(z-2)(z-3)}$ (在 $|z| > 3$).

(2) $f(z) = \dfrac{1}{(z^2+1)(z-2)}$ (在 $1 < |z| < 2$ 及 $|z| > 2$).

(3) $f(z) = \dfrac{1}{z^2(z-\mathrm{i})}$ (在以 i 为中心的圆环域内).

(4) $f(z) = \mathrm{e}^{\frac{1}{1-z}}$ (在 $|z| > 1$).

8. 试将函数 $f(z) = \dfrac{1}{(z-a)(z-b)}$ 在下列指定区域内展开为罗朗级数:

(1) 在圆环域 $|a| < |z| < |b|$.   (2) 在 ∞ 的邻域.   (3) 在 a 的邻域.

9. 将函数 $f(z) = \dfrac{z}{(z-1)(z-3)}$ 在下列指定点内展开为罗朗级数:

(1) $z=0$.　　　　　　(2) $z=1$.　　　　　　(3) $z=3$.

10. 试将下列函数在指定区域内展开为罗朗级数：

(1) $f(z)=\dfrac{z^2-1}{(z+2)(z+3)}$，$2<|z|<3$ 及 $3<|z|<+\infty$.

(2) $f(z)=z^2\mathrm{e}^{\frac{1}{z}}$，$0<|z|<+\infty$.

(3) $f(z)=\dfrac{1}{1+z^2}$，$0<|z-i|<2$，$2<|z-i|<+\infty$ 及 $1<|z|<+\infty$.

11. 试分析函数 $f(z)=\tan\dfrac{1}{z-1}$ 在 $z=1$ 的去心邻域内能否展开为罗朗级数，并说明理由.

12. 求下列函数在复平面上的奇点，并确定它们的类型（对于极点要指出其阶数）：

(1) $\dfrac{z+2}{(z-1)^3 z(z+1)}$.

(2) $\dfrac{1}{(z^2+i)^2}$.

(3) $\dfrac{1}{\sin z}$.

(4) $\dfrac{\tan(z-1)}{z-1}$.

(5) $\mathrm{e}^{-z}\sin\dfrac{1}{z}$.

(6) $\dfrac{1}{\mathrm{e}^z-1}\mathrm{e}^{\frac{1}{z-1}}$.

(7) $\dfrac{1}{\sin z-\cos z}$.

(8) $\tan^2 z$.

(9) $\dfrac{z-\sin z}{z^2(\mathrm{e}^{\pi z}-1)}$.

(10) $\dfrac{1}{1+z^2}+\cos\dfrac{1}{z+i}$.

(11) $\dfrac{z^{2n}}{1+z^n}$.

(12) $\dfrac{1}{z\ln(1-z)}$.

13. 试讨论下列函数在无穷远点的性态：

(1) $\sin\dfrac{1}{1-z}$.

(2) $\mathrm{e}^{\frac{1}{z}}$.

(3) $\mathrm{e}^{\frac{1}{z}}+z^2-4$.

(4) $\cos z-\sin z$.

(5) $\dfrac{z^2}{3+z^2}$.

(6) $\dfrac{1}{z}\mathrm{e}^{\frac{z}{z+1}}$.

(7) $\mathrm{e}^z\cos\dfrac{1}{z}$.

(8) $\sin\dfrac{1}{z}+\dfrac{1}{z^2}$.

14. 指出函数 $f(z)=\dfrac{1}{1-\cos z}-\dfrac{2}{z^2}$ 在扩充复平面上的奇点，并确定它们的类

型(对于极点指出其阶数).

15. 设点 $z=a$ 分别为函数 $f(z)$ 及 $g(z)$ 的 m 阶与 n 阶极点,试确定 $z=a$ 作为下列函数的奇点时的类型(对于极点要指出阶数):

(1) $f(z)g(z)$.　　　　(2) $\dfrac{f(z)}{g(z)}$.　　　　(3) $f(z)+g(z)$.　　　　(4) $\dfrac{f(z)}{g(z)}+\dfrac{g(z)}{f(z)}$.

B 套

1. 讨论级数 $\displaystyle\sum_{n=0}^{+\infty}(z^{n+1}-z^n)$ 的敛散性.

2. 求下列级数的和函数:

(1) $\displaystyle\sum_{n=1}^{+\infty}(-1)^{n-1}\cdot nz^n$.　　　　　　(2) $\dfrac{1}{1\times 2}+\dfrac{z}{2\times 3}+\dfrac{z^2}{3\times 4}+\dfrac{z^3}{4\times 5}+\cdots$,

3. (1) 写出函数 $f(z)=\ln(1-z)$ 在 $z=0$ 处的泰勒展开式. (2) 设 $0<\theta<2\pi$,求级数 $\displaystyle\sum_{n=1}^{+\infty}\dfrac{1}{n}\cos n\theta$ 与 $\displaystyle\sum_{n=1}^{+\infty}\dfrac{1}{n}\sin n\theta$ 的和函数.

4. 已知函数 $f(z)=\mathrm{e}^{\frac{1}{1-z}}$,(1) 验证:在 $|z|<1$ 内,$f(z)=(1-2z+z^2)f'(z)$. (2) 求函数 $f(z)$ 在点 $z=0$ 处的泰勒级数(展开到 z^3).

5. 设函数 $f(z)=\dfrac{1}{1-z-z^2}$ 在 $z=0$ 处的泰勒级数为 $\displaystyle\sum_{n=0}^{+\infty}a_nz^n$. (1) 求上述级数的收敛半径 R. (2) 导出 a_n 满足的递推关系式,并给出 a_n 的表达式. (3) 证明:对于 $n=0,1,2,\cdots$,

$$\frac{1}{2\pi\mathrm{i}}\oint_{|\xi|<R}\frac{1+\xi^2 f(\xi)}{(\xi-z)^{n+1}(1-\xi)}\mathrm{d}\xi=\frac{f^{(n)}(z)}{n!},\ |z|<r<R.$$

6. 试证明下列不等式成立:$|\mathrm{e}^z-1|\leqslant \mathrm{e}^{|z|}-1\leqslant |z|\mathrm{e}^{|z|}\ (|z|<+\infty)$.

7. 试证:在 $0<|z|<+\infty$ 内下列展开成立

$$\cosh\left(z+\frac{1}{z}\right)=c_0+\sum_{k=1}^{+\infty}c_k(z^k+z^{-k}),$$

其中 $c_k=\dfrac{1}{2\pi}\displaystyle\int_0^{2\pi}\cos k\varphi\cosh(2\cos\varphi)\mathrm{d}\varphi$.

8. 设函数 $f(z)\neq 0$ 在简单闭曲线 C 所围的区域内除 z_0 外均解析,且 z_0 不是 $f(z)$ 的本性奇点. 证明:$\dfrac{1}{2\pi\mathrm{i}}\displaystyle\oint_C\dfrac{zf'(z)}{f(z)}\mathrm{d}z=-nz_0$ 的充要条件为:z_0 是 $f(z)$ 的 n 阶极点.

第 5 章 留数及其应用

留数是复变函数论中重要的概念之一,它与解析函数在孤立奇点处的罗朗展开式、柯西复合闭路定理等都有密切的联系. 留数定理是留数理论的基础,也是复积分和复级数理论相结合的产物,利用留数定理可以把沿闭曲线的积分转化为计算在孤立奇点处的留数,并可应用于计算某些定积分.

5.1 留数及其计算

5.1.1 留数的概念

考虑积分 $\oint_{|z|=\frac{1}{3}} \mathrm{e}^{\frac{1}{z}} \mathrm{d}z$ 和 $\oint_{|z|=2} \sin \frac{2}{z-1} \mathrm{d}z$. 利用罗朗展开和例 3.4 可得

$$\oint_{|z|=\frac{1}{3}} \mathrm{e}^{\frac{1}{z}} \mathrm{d}z = \oint_{|z|=\frac{1}{3}} \left[1 + \frac{1}{z} + \frac{1}{2z^2} + \cdots + \frac{1}{n!z^n} + \cdots \right] \mathrm{d}z = 2\pi\mathrm{i} = 2\pi\mathrm{i}c_{-1}.$$

$$\oint_{|z|=2} \sin \frac{2}{z-1} \mathrm{d}z$$
$$= \oint_{|z|=2} \left[\frac{2}{z-1} - \frac{2^3}{3!(z-1)^3} + \cdots + (-1)^n \frac{2^{2n+1}}{(2n+1)!(z-1)^{2n+1}} + \cdots \right] \mathrm{d}z$$
$$= 2\pi\mathrm{i} \times 2 = 2\pi\mathrm{i}c_{-1}.$$

或写成

$$\frac{1}{2\pi\mathrm{i}} \oint_{|z|=\frac{1}{3}} \mathrm{e}^{\frac{1}{z}} \mathrm{d}z = c_{-1}, \quad \frac{1}{2\pi\mathrm{i}} \oint_{|z|=2} \sin \frac{2}{z-1} \mathrm{d}z = c_{-1}.$$

其中,c_{-1} 为上述两积分被积函数的罗朗展开式中 $\frac{1}{z}$ 项和 $\frac{1}{z-1}$ 的系数.

定义 5.1 设函数 $f(z)$ 在 $0 < |z-z_0| < R$ 内解析,点 z_0 为 $f(z)$ 的一个孤立奇点,C 是任意正向圆周,即 C:$|z-z_0| = \rho < R$,则积分

$$\frac{1}{2\pi i}\oint_C f(z)\mathrm{d}z \tag{5-1}$$

的值称为 $f(z)$ 在点 z_0 处的留数,记为 $\mathrm{Res}[f(z),\, z_0]$.

根据多连通区域上的柯西定理,可知积分 $\oint_C f(z)\mathrm{d}z$ 不依赖于圆周 C 的半径,因此,上述定义的留数值是唯一的.

设 $f(z)$ 在孤立奇点 z_0 的邻域 $0<|z-z_0|<R$ 内的罗朗级数为

$$f(z)=\sum_{n=-\infty}^{+\infty} c_n\,(z-z_0)^n,\ 0<|z-z_0|<R, \tag{5-2}$$

式(5-2)两端乘以 $\dfrac{1}{2\pi i}$,并沿闭曲线 C 正向积分,得

$$\frac{1}{2\pi i}\oint_C f(z)\mathrm{d}z=\sum_{n=-\infty}^{+\infty}\frac{c_n}{2\pi i}\oint_C (z-z_0)^n\mathrm{d}z=c_{-1}.$$

由此即得如下定理.

定理 5.1 设点 z_0 为 $f(z)$ 的一个孤立奇点,则 $f(z)$ 在点 z_0 处的留数为 $f(z)$ 在 z_0 处罗朗展开式负幂项 $(z-z_0)^{-1}$ 系数 c_{-1},即

$$\mathrm{Res}[f(z),\, z_0]=c_{-1}. \tag{5-3}$$

定理 5.1 表明:(1) 符号 $\mathrm{Res}[f(z),\, z_0]$ 只有当点 z_0 为函数 $f(z)$ 的孤立奇点时才有意义;(2) 留数 $\mathrm{Res}[f(z),\, z_0]$ 的计算可通过把函数 $f(z)$ 在点 z_0 处作罗朗展开实现.

例 5.1 利用罗朗级数计算留数:(1) $\mathrm{Res}\left[\dfrac{\sin z}{z},\, 0\right]$;(2) $\mathrm{Res}[ze^{\frac{1}{z}},\, 0]$;

(3) $\mathrm{Res}\left[\dfrac{1}{1-z}e^{\frac{1}{z}},\, 0\right]$.

解 (1) 由于

$$\frac{\sin z}{z}=\frac{1}{z}\sum_{n=0}^{+\infty}(-1)^n\frac{z^{2n+1}}{(2n+1)!}$$

$$=1-\frac{z^2}{3!}+\frac{z^4}{5!}+\cdots+(-1)^n\frac{z^{2n}}{(2n+1)!}+\cdots,$$

从而

$$\mathrm{Res}\left[\frac{\sin z}{z},\, 0\right]=c_{-1}=0.$$

(2) 由于

$$ze^{\frac{1}{z}} = z\sum_{n=0}^{+\infty}\frac{1}{n!}\frac{1}{z^n} = z+1+\frac{1}{2!}\frac{1}{z}+\frac{1}{3!}\frac{1}{z^2}+\cdots+\frac{1}{n!}\frac{1}{z^{n-1}}+\cdots,$$

从而

$$\operatorname{Res}[ze^{\frac{1}{z}},\ 0] = c_{-1} = \frac{1}{2}.$$

(3) 由于 $f(z)$ 在 $0<|z|<1$ 内罗朗展开式为

$$f(z) = \left(1+\frac{1}{z}+\frac{1}{2!}\frac{1}{z^2}+\cdots+\frac{1}{n!}\frac{1}{z^n}+\cdots\right)(1+z+z^2+\cdots z^n+\cdots)$$

$$= \cdots+\frac{1}{z}\left(1+\frac{1}{2!}+\cdots+\frac{1}{n!}+\cdots\right)+\cdots,$$

可得 $c_{-1} = 1+\frac{1}{2!}+\cdots+\frac{1}{n!}+\cdots = e-1$，从而

$$\operatorname{Res}\left[\frac{1}{1-z}e^{\frac{1}{z}},\ 0\right] = c_{-1} = e-1.$$

仿照有限奇点处留数的定义，可以定义无穷远点的留数.

定义 5.2 设 $z=\infty$ 是函数 $f(z)$ 的孤立奇点，即 $f(z)$ 在无穷远点的邻域 $r<|z|<+\infty$ 内解析，C 是任意正向圆周 $C: |z|=R>r$，则积分

$$\frac{1}{2\pi i}\oint_{C^-}f(z)\mathrm{d}z \tag{5-4}$$

的值称为 $f(z)$ 在点 ∞ 处的留数，记为 $\operatorname{Res}[f(z),\ \infty]$.

定理 5.2 设 $z=\infty$ 是函数 $f(z)$ 的孤立奇点，则

$$\operatorname{Res}[f(z),\ \infty] = -c_{-1}, \tag{5-5}$$

其中，c_{-1} 为 $f(z)$ 在 $z=\infty$ 处罗朗展开式中 z^{-1} 项的系数.

证明 设 $f(z)$ 在无穷远点的邻域 $r<|z|<+\infty$ 内解析，C 是任意正向圆周 $C: |z|=R>r$，$f(z)$ 在 $z=\infty$ 的罗朗展开式为

$$f(z) = \sum_{n=-\infty}^{+\infty}c_n z^n. \tag{5-6}$$

对式(5-6)沿 C 逐项积分，得

$$\text{Res}[f(z), \infty] = \frac{1}{2\pi i} \oint_{C^-} f(z)dz = -\frac{1}{2\pi i} \oint_C f(z)dz = -c_{-1}.$$

定理 2 表明：与有限奇点处留数计算类似，$z = \infty$ 处留数也可利用其罗朗展开式求得.

例 5.2 利用罗朗级数计算留数：(1) $\text{Res}\left[\dfrac{1}{1-z}, \infty\right]$；(2) $\text{Res}[\sin z - \cos z, \infty]$；

(3) $\text{Res}\left[\dfrac{1-\cos z}{z^{2n+1}}, \infty\right]$，$n = 1, 2, \cdots$.

解 (1) 由于当 $1 < |z| < +\infty$ 时

$$\frac{1}{1-z} = -\frac{1}{z}\left(\frac{1}{1-\dfrac{1}{z}}\right) = -\frac{1}{z}\sum_{n=0}^{+\infty}\left(\frac{1}{z}\right)^n,$$

从而

$$\text{Res}\left[\frac{1}{1-z}, \infty\right] = -c_{-1} = 1.$$

(2) 由于

$$\sin z - \cos z = \sum_{n=0}^{+\infty}(-1)^n\frac{z^{2n+1}}{(2n+1)!} - \sum_{n=0}^{+\infty}(-1)^n\frac{z^{2n}}{(2n)!}$$

$$= 1 + z - \frac{z^2}{2!} - \frac{z^3}{3!} + \frac{z^4}{4!} + \frac{z^5}{5!} - \cdots$$

从而

$$\text{Res}[\sin z - \cos z, \infty] = -c_{-1} = 0.$$

(3) 由于

$$\frac{1-\cos z}{z^{2n+1}} = \frac{1}{z^{2n+1}}\sum_{k=1}^{+\infty}(-1)^{k-1}\frac{z^{2k}}{(2k)!} = \sum_{k=1}^{+\infty}(-1)^{k-1}\frac{z^{2k-2n-1}}{(2k)!},$$

当 $k = n$ 时，$2k - 2n - 1 = -1$，所以

$$\text{Res}\left[\frac{1-\cos z}{z^{2n+1}}, \infty\right] = -c_{-1} = -(-1)^{n-1}\frac{1}{(2n)!} = \frac{(-1)^n}{(2n)!}.$$

例 5.3 设 $P_n(z)$ 为 z 的 n 次多项式,计算留数 $\text{Res}\left[\dfrac{P_n'(z)}{P_n(z)}, \infty\right]$.

解 设 $P_n(z) = c_n z^n + c_{n-1} z^{n-1} + \cdots + c_1 z + c_0$，$c_n \neq 0$，则

$$\frac{P'_n(z)}{P_n(z)} = \frac{nc_n z^{n-1} + (n-1)c_{n-1} z^{n-2} + \cdots + c_1}{c_n z^n + c_{n-1} z^{n-1} + \cdots + c_1 z + c_0}$$

$$= \frac{n}{z} \left[\frac{1 + \dfrac{n-1}{n} \dfrac{c_{n-1}}{c_n} \dfrac{1}{z} + \dfrac{n-2}{n} \dfrac{c_{n-2}}{c_n} \dfrac{1}{z^2} + \cdots}{1 + \dfrac{c_{n-1}}{c_n} \dfrac{1}{z} + \dfrac{c_{n-2}}{c_n} \dfrac{1}{z^2} + \cdots} \right]$$

$$= \frac{n}{z} \left(1 + \frac{b_1}{z} + \frac{b_2}{z^2} + \cdots \right).$$

从而

$$\mathrm{Res}\left[\frac{P'_n(z)}{P_n(z)}, \ \infty \right] = -c_{-1} = -n.$$

5.1.2 留数的计算

一般而言，计算留数 $\mathrm{Res}[f(z), z_0]$ 仅需求出函数 $f(z)$ 在孤立奇点 z_0 的去心邻域内的罗朗展开式中 $(z-z_0)^{-1}$ 项的系数 c_{-1} 即可. 当 z_0 为函数 $f(z)$ 的本性奇点，或奇点类型不明显时，常用此方法. 而对于可去奇点和极点处留数的计算，可用以下方法.

定理 5.3 设 z_0 为 $f(z)$ 在复平面上的可去奇点，则 $\mathrm{Res}[f(z), z_0] = 0$.

证明 由于函数 $f(z)$ 在 z_0 点的罗朗展开式中不含有负幂项，由定理 5.1 知，$\mathrm{Res}[f(z), z_0] = c_{-1} = 0$.

例 5.4 计算留数 $\mathrm{Res}\left[\dfrac{\cos z^2 - 1}{z^4}, \ 0 \right]$.

解 由于

$$\lim_{z \to 0} \frac{\cos z^2 - 1}{z^4} = \lim_{z \to 0} \frac{-\dfrac{1}{2} z^4}{z^4} = -\frac{1}{2},$$

说明 $z = 0$ 为 $f(z) = \dfrac{\cos z^2 - 1}{z^4}$ 的可去奇点，所以，$\mathrm{Res}\left[\dfrac{\cos z^2 - 1}{z^4}, \ 0 \right] = 0.$

注 若 $z = \infty$ 为函数 $f(z)$ 的可去奇点，但留数 $\mathrm{Res}[f(z), \infty]$ 不一定为零. 例如，例 5.2

124

(1)中，$z = \infty$ 为函数 $f(z) = \dfrac{1}{1-z}$ 的可去奇点，但 $\mathrm{Res}\left[\dfrac{1}{1-z},\ \infty\right] = 1$.

定理 5.4 设 $z = z_0$ 为 $f(z)$ 在复平面上的 m 阶极点，则

$$\mathrm{Res}[f(z),\ z_0] = \frac{1}{(m-1)!} \lim_{z \to z_0} \frac{\mathrm{d}^{m-1}}{\mathrm{d}z^{m-1}}[(z-z_0)^m f(z)]. \tag{5-7}$$

证明 由于 z_0 为 $f(z)$ 的 m 阶极点，则 $f(z)$ 在点 z_0 的邻域内的罗朗展开式为

$$f(z) = c_{-m}(z-z_0)^{-m} + c_{-m+1}(z-z_0)^{-m+1} + \cdots$$
$$+ c_{-1}(z-z_0)^{-1} + c_0 + c_1(z-z_0) + \cdots,$$

其中 $c_{-m} \neq 0$. 从而

$$(z-z_0)^m f(z) = c_{-m} + c_{-m+1}(z-z_0) + \cdots + c_{-1}(z-z_0)^{m-1} +$$
$$c_0(z-z_0)^m + c_1(z-z_0)^{m+1} + \cdots, \tag{5-8}$$

在式(5-8)两端关于 z 求 $m-1$ 阶导数，并取 $z \to z_0$ 极限得

$$\lim_{z \to z_0} \frac{\mathrm{d}^{m-1}}{\mathrm{d}z^{m-1}}[(z-z_0)^m f(z)] = (m-1)! c_{-1}.$$

由此即得式(5-7).

推论 5.1 若 z_0 为 $f(z)$ 的一阶极点，则

$$\mathrm{Res}[f(z),\ z_0] = \lim_{z \to z_0}(z-z_0)f(z). \tag{5-9}$$

推论 5.2 设 $f(z) = \dfrac{P(z)}{Q(z)}$，其中 $P(z)$，$Q(z)$ 在 z_0 处解析，如果 $P(z_0) \neq 0$，$Q(z_0) = 0$，$Q'(z_0) \neq 0$，则 z_0 为 $f(z)$ 的一阶极点，且

$$\mathrm{Res}[f(z),\ z_0] = \frac{P(z)}{Q'(z)}. \tag{5-10}$$

证明 显然，z_0 为 $Q(z)$ 的一阶零点，由 $P(z_0) \neq 0$ 知，z_0 为 $f(z) = \dfrac{P(z)}{Q(z)}$ 的一阶极点. 因此，

$$\mathrm{Res}[f(z),\ z_0] = \lim_{z \to z_0}(z-z_0)f(z) = \lim_{z \to z_0} \frac{P(z)}{\dfrac{Q(z)-Q(z_0)}{z-z_0}} = \frac{P(z_0)}{Q'(z_0)}.$$

注 由分式给出的函数 $\dfrac{P(z)}{Q(z)}$,其中 $P(z)$ 与 $Q(z)$ 在 $z_0(\neq \infty)$ 都解析. 若 z_0 为 $Q(z)$ 的一阶零点,那么当 $P(z_0) \neq 0$ 时, z_0 是 $\dfrac{P(z)}{Q(z)}$ 的一阶极点;当 $P(z_0) = 0$ 时, z_0 是 $\dfrac{P(z)}{Q(z)}$ 的可去奇点. 不管是哪类奇点,都有 $\text{Res}\left[\dfrac{P(z)}{Q(z)}, z_0\right] = \dfrac{P(z_0)}{Q'(z_0)}$.

定理 5.4 及其推论提供了计算函数在奇点类型为极点处的留数的方法.

例 5.5 求函数 $f(z) = \dfrac{z}{(z-1)(z+1)^2}$ 在 $z = 1$ 及 $z = -1$ 处的留数.

解 $z = 1$ 是 $f(z)$ 的一阶极点, $z = -1$ 是 $f(z)$ 的二阶极点,于是

$$\text{Res}[f(z), 1] = \lim_{z \to 1}(z-1) \cdot \frac{z}{(z-1)(z+1)^2} = \lim_{z \to 1}\frac{z}{(z+1)^2} = \frac{1}{4}.$$

$$\text{Res}[f(z), -1] = \lim_{z \to -1}\frac{d}{dz}\left[(z+1)^2 \cdot \frac{z}{(z-1)(z+1)^2}\right]$$

$$= \lim_{z \to -1}\frac{d}{dz}\left(\frac{z}{z-1}\right) = \lim_{z \to -1}\frac{-1}{(z-1)^2} = -\frac{1}{4}.$$

例 5.6 求函数 $f(z) = \tan z$ 在 $z = k\pi + \dfrac{\pi}{2}$ 处的留数,其中 k 为整数.

解 因为

$$\tan z = \frac{\sin z}{\cos z}, \quad \sin\left(k\pi + \frac{\pi}{2}\right) = (-1)^k \neq 0,$$

$$\cos\left(k\pi + \frac{\pi}{2}\right) = 0, \quad \cos'z\big|_{k\pi + \frac{\pi}{2}} = (-1)^{k+1} \neq 0.$$

所以, $k\pi + \dfrac{\pi}{2}$ 为一阶极点,由推论 5.2 得

$$\text{Res}\left[\tan z, k\pi + \frac{\pi}{2}\right] = \frac{\sin z}{(\cos z)'}\bigg|_{k\pi + \frac{\pi}{2}} = -1.$$

例 5.7 求函数 $f(z) = \dfrac{z \sin z}{(1 - e^z)^3}$ 在 $z = 0$ 处的留数.

解 显然, $z = 0$ 为函数 $f(z) = \dfrac{z \sin z}{(1 - e^z)^3}$ 的一阶极点,从而

$$\text{Res}[f(z), 0] = \lim_{z \to 0} z f(z) = \lim_{z \to 0}\frac{z^2 \sin z}{(1 - e^z)^3}$$

$$= \lim_{z \to 0}\frac{z^3}{(-z)^3} = -1.$$

126

对于无穷远点的留数 $\mathrm{Res}[f(z),\infty]$，一般是寻求 $f(z)$ 在 $R<|z|<+\infty$ 内罗朗展开式中负幂项 $c_{-1}z^{-1}$ 的系数变号 $-c_{-1}$，也可用以下定理来计算.

定理 5.5 设 $z=\infty$ 是函数 $f(z)$ 的孤立奇点，则

$$\mathrm{Res}[f(z),\infty]=-\mathrm{Res}\left[\frac{1}{z^2}f\left(\frac{1}{z}\right),\ 0\right]. \tag{5-11}$$

证明 因为 $z=\infty$ 是函数 $f(z)$ 的孤立奇点，则存在充分大的 $R>0$，使得函数 $f(z)$ 在圆周 $|z|=R$ 外部可展开为罗朗级数

$$f(z)=\cdots+c_{-3}z^{-3}+c_{-2}z^{-2}+c_{-1}z^{-1}+c_0+c_1z+c_2z^2+\cdots,$$

且

$$\mathrm{Res}[f(z),\infty]=-c_{-1}. \tag{5-12}$$

由于

$$\frac{1}{z^2}f\left(\frac{1}{z}\right)=\cdots+c_{-3}z+c_{-2}+c_{-1}z^{-1}+c_0z^{-2}+c_1z^{-3}+\cdots.$$

且 $z=0$ 是函数 $\dfrac{1}{z^2}f\left(\dfrac{1}{z}\right)$ 在 $|z|\leqslant\dfrac{1}{R}$ 内的孤立奇点，所以，

$$\mathrm{Res}\left[\frac{1}{z^2}f\left(\frac{1}{z}\right),\ 0\right]=c_{-1}. \tag{5-13}$$

由式 $(5-12)$ 和式 $(5-13)$ 即得式 $(5-11)$.

定理 5.6 设 $z=\infty$ 是函数 $f(z)$ 的孤立奇点，若 $\lim\limits_{z\to\infty}zf(z)=A$，则

$$\mathrm{Res}[f(z),\infty]=-A. \tag{5-14}$$

证明 因为 $z=\infty$ 是函数 $f(z)$ 的孤立奇点，则存在充分大的 $R>0$，使得函数 $f(z)$ 在圆周 $|z|=R$ 外部可展开为罗朗级数：

$$f(z)=\cdots+c_{-3}z^{-3}+c_{-2}z^{-2}+c_{-1}z^{-1}+c_0+c_1z+c_2z^2+\cdots,$$

从而

$$zf(z)=\cdots+c_{-3}z^{-2}+c_{-2}z^{-1}+c_{-1}+c_0z+c_1z^2+c_2z^3+\cdots,$$

由条件 $\lim\limits_{z\to\infty}zf(z)=A$ 可得

$$c_{-1}=A,\ c_n=0,\ n\geqslant 0.$$

因此

$$\mathrm{Res}[f(z),\infty]=-c_{-1}=-A.$$

例 5.8 求函数 $f(z) = \dfrac{\mathrm{e}^{\frac{1}{z}}}{1-z}$ 在 $z = \infty$ 下的留数.

解 **方法 1** 利用定理 5.5 结论. 因为 $z = 0$ 为函数

$$\frac{1}{z^2} f\left(\frac{1}{z}\right) = \frac{\mathrm{e}^z}{z(z-1)}$$

的一阶极点,故

$$\mathrm{Res}\left[\frac{1}{z^2} f\left(\frac{1}{z}\right)\right] = \lim_{z \to 0} z \cdot \frac{\mathrm{e}^z}{z(z-1)} = \lim_{z \to 0} \frac{\mathrm{e}^z}{(z-1)} = -1.$$

由式 (5-13) 得

$$\mathrm{Res}[f(z), \infty] = -\mathrm{Res}\left[\frac{1}{z^2} f\left(\frac{1}{z}\right), 0\right] = 1.$$

方法 2 利用定理 5.6 结论. 因为

$$\lim_{z \to \infty} z f(z) = \lim_{z \to \infty} \frac{z \mathrm{e}^{\frac{1}{z}}}{1-z} = -1,$$

由式 (5-14) 得

$$\mathrm{Res}[f(z), \infty] = -\lim_{z \to \infty} z f(z) = 1.$$

5.1.3 留数定理

定理 5.7 设 C 为一条正向简单闭曲线,若函数 $f(z)$ 在 C 上连续,在 C 所围的区域 D 内除去有限个奇点 $z_1, z_2, \cdots, z_n$ 外均解析,则

$$\oint_C f(z) \mathrm{d}z = 2\pi\mathrm{i} \sum_{k=1}^{n} \mathrm{Res}[f(z), z_k]. \tag{5-15}$$

证明 在 D 内以 z_k 为中心,以充分小的 $r_k > 0$ 为半径作圆周 $C_k: |z - z_k| = r_k$, $(k = 1, 2, \cdots, n)$,且使任何两个小圆周既不相交,又不相含(见图 5-1). 由 $f(z)$ 在以 C 和 $C_1, C_2, \cdots, C_n$ 为边界的多连通区域上解析,可得

$$\oint_C f(z) \mathrm{d}z = \sum_{k=1}^{n} \oint_{C_k} f(z) \mathrm{d}z.$$

上式两边同除以 $2\pi\mathrm{i}$,得

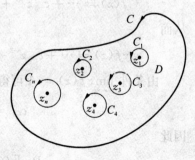

图 5-1

$$\frac{1}{2\pi i}\oint_C f(z)\mathrm{d}z = \sum_{k=1}^{n}\frac{1}{2\pi i}\oint_{C_k} f(z)\mathrm{d}z = \sum_{k=1}^{n}\mathrm{Res}[f(z),\, z_k].$$

由此即得结论.

定理 5.7 称为第一留数定理,它揭示了复变函数沿围线的积分与留数间的联系. 从而,提供了一种计算复变函数沿闭曲线积分的方法.

例 5.9 计算下列积分:

(1) $I = \oint_C \dfrac{1}{z^3(z-\mathrm{i})}\mathrm{d}z$,其中 C 为正向圆周 $|z| = 2$;(2) $I = \oint_C \tan\pi z\mathrm{d}z$,其中 C 为正向圆周 $|z| = n$(n 为正整数).

解 (1) 在圆周 $|z| = 2$ 内,函数 $f(z) = \dfrac{1}{z^3(z-\mathrm{i})}$ 有三阶极点 $z = 0$ 和一阶极点 $z = \mathrm{i}$.

$$\mathrm{Res}[f(z),\, 0] = \frac{1}{2!}\lim_{z\to 0}\left[z^3 \cdot \frac{1}{z^3(z-\mathrm{i})}\right]'' = \frac{1}{2}\lim_{z\to 0}\frac{2}{(z-\mathrm{i})^3} = -\mathrm{i},$$

$$\mathrm{Res}[f(z),\, \mathrm{i}] = \lim_{z\to \mathrm{i}}(z-\mathrm{i}) \cdot \frac{1}{z^3(z-\mathrm{i})} = \mathrm{i}.$$

因此,由留数定理,有

$$I = \oint_C \frac{1}{z^3(z-\mathrm{i})}\mathrm{d}z = 2\pi\mathrm{i}(-\mathrm{i}+\mathrm{i}) = 0.$$

(2) $f(z) = \tan\pi z = \dfrac{\sin\pi z}{\cos\pi z}$ 有一阶极点 $z = k + \dfrac{1}{2}$(k 为整数),由推论 5.2,

$$\mathrm{Res}\left[f(z),\, k+\frac{1}{2}\right] = \frac{\sin\pi z}{(\cos\pi z)'}\bigg|_{z=k+\frac{1}{2}} = -\frac{1}{\pi}.$$

由留数定理,

$$I = \oint_C \tan\pi z\mathrm{d}z = 2\pi\mathrm{i}\sum_{\left|k+\frac{1}{2}\right|<n}\mathrm{Res}\left[f(z),\, k+\frac{1}{2}\right]$$

$$= 2\pi\left(-\frac{2n}{\pi}\right) = -4n\mathrm{i}.$$

例 5.10 计算下列积分: (1) $I = \oint_C \dfrac{z-\sin z}{z^8}\mathrm{d}z$,其中 C 为正向圆周 $|z| = 1$;

129

(2) $I = \oint_c \dfrac{1}{1+e^z}dz$, 其中 C 为正向圆周 $|z| = 4\pi$.

解 (1) $z = 0$ 为 $f(z)$ 在 $|z| = 1$ 所围区域内唯一的孤立奇点，且为五阶极点，

$$f(z) = \frac{z - \sin z}{z^8} = \frac{1}{z^8}\left[z - \left(z - \frac{1}{3!}z^3 + \frac{1}{5!}z^5 - \frac{1}{7!}z^7 + \cdots\right)\right]$$

$$= \frac{1}{3!z^5} - \frac{1}{5!z^3} + \frac{1}{7!z} - \cdots,$$

得

$$\mathrm{Res}[f(z),\, 0] = c_{-1} = \frac{1}{7!}.$$

从而

$$I = \oint_C \frac{z - \sin z}{z^8}dz = 2\pi i\mathrm{Res}[f(z),\, 0] = \frac{2}{7!}\pi i.$$

(2) 在 $|z| = 4\pi$ 所围区域内，$f(z) = \dfrac{1}{1+e^z}$ 有四个一阶极点：$\pm\pi i$，$\pm 3\pi i$，

$$\mathrm{Res}[f(z),\, \pm\pi i] = \lim_{z \to \pm\pi i} \frac{1}{e^z} = -1,$$

$$\mathrm{Res}[f(z),\, \pm 3\pi i] = \lim_{z \to \pm 3\pi i} \frac{1}{e^z} = -1.$$

从而

$$I = \oint_C \frac{1}{1+e^z}dz = 2\pi i\{\mathrm{Res}[f(z),\, \pi i] + \mathrm{Res}[f(z),\, -\pi i] +$$

$$\mathrm{Res}[f(z),\, 3\pi i] + \mathrm{Res}[f(z),\, -3\pi i]\}$$

$$= -8\pi i.$$

定理 5.8 若函数 $f(z)$ 在扩充复平面上除有限个孤立奇点 z_1，z_2，$\cdots$，z_n，∞ 外是解析的，则 $f(z)$ 在所有孤立奇点处的留数之和为零，即

$$\sum_{k=1}^{n}\mathrm{Res}[f(z),\, z_k] + \mathrm{Res}[f(z),\, \infty] = 0. \tag{5-16}$$

证明 以原点为中心,充分大的 R 为半径作圆周 C,使 C 所围的区域包含点 z_1, z_2, $\cdots$, z_n,则由留数定理,得

$$\oint_C f(z)\mathrm{d}z = 2\pi\mathrm{i}\sum_{k=1}^{n} \mathrm{Res}[f(z), z_k],$$

即

$$\sum_{k=1}^{n} \mathrm{Res}[f(z), z_k] = \frac{1}{2\pi\mathrm{i}}\oint_C f(z)\mathrm{d}z.$$

而由无穷远点的留数定义,得

$$\mathrm{Res}[f(z), \infty] = \frac{1}{2\pi\mathrm{i}}\oint_{C^-} f(z)\mathrm{d}z = -\frac{1}{2\pi\mathrm{i}}\oint_C f(z)\mathrm{d}z,$$

因此

$$\sum_{k=1}^{n} \mathrm{Res}[f(z), z_k] + \mathrm{Res}[f(z), \infty] = 0.$$

定理 5.8 称为第二留数定理. 由式(5-16)可见:若能较容易地算出 $\mathrm{Res}[f(z), \infty]$,且 n 越大,则利用式(5-16)计算 $\sum_{k=1}^{n} \mathrm{Res}[f(z), z_k]$ 的优越性也越大,从而大大方便了积分 $\oint_C f(z)\mathrm{d}z$ 的计算.

例 5.11 设 $f(z) = \dfrac{1}{(z-3)^2(z^8-1)}$, $z_k(k=1, 2, \cdots, 8)$ 为方程 $z^8=1$ 的解,计算

$$\mathrm{Res}[f(z), 3] + \sum_{k=1}^{8} \mathrm{Res}[f(z), z_k].$$

解 函数 $f(z)$ 在扩充复平面上有奇点为 $z_k(k=1, 2, \cdots, 8)$ 及 $z=3$. 应用定理 5.8,得

$$\mathrm{Res}[f(z), 3] + \sum_{k=1}^{8} \mathrm{Res}[f(z), z_k] = -\mathrm{Res}[f(z), \infty].$$

求 $z = \infty$ 处留数有两种方法:

方法 1 利用定理 5.5 结论. 由于

$$\frac{1}{z^2}f\left(\frac{1}{z}\right) = \frac{1}{z^2} \cdot \frac{1}{\left(\frac{1}{z}-3\right)^2\left(\frac{1}{z^8}-1\right)} = \frac{z^8}{(1-3z)^2(1-z^8)},$$

从而

$$\mathrm{Res}[f(z),\ \infty] = -\mathrm{Res}\Big[\frac{1}{z^2}f\Big(\frac{1}{z}\Big),\ 0\Big] = 0.$$

方法 2 利用定理 5.6 结论.

$$\lim_{z\to+\infty} zf(z) = \lim_{z\to+\infty} \frac{z}{(z-3)^2(z^8-1)} = 0.$$

由式(5-14)得

$$\mathrm{Res}[f(z),\ \infty] = -\lim_{z\to+\infty} zf(z) = 0.$$

所以

$$\mathrm{Res}[f(z),\ 3] + \sum_{k=1}^{8} \mathrm{Res}[f(z),\ z_k] = 0.$$

例 5.12 试计算积分

$$I = \oint_C \frac{z^{15}}{(z^2+1)^2(z^4+2)^3}\mathrm{d}z,$$

其中 C 为正向圆周 $|z| = 4$.

解 $f(z) = \dfrac{z^{15}}{(z^2+1)^2(z^4+2)^3}$ 除去 $z = \infty$ 外,还有奇点

$$z = \pm\mathrm{i},\ z_k = \sqrt[4]{2}\mathrm{e}^{\frac{\pi+2k\pi}{4}} \quad (k = 0,\ 1,\ 2,\ 3).$$

以上奇点均位于 C 内. 另外

$$\mathrm{Res}[f(z),\ \infty] = -\lim_{z\to\infty} zf(z) = -\lim_{z\to\infty}\frac{z^{16}}{(z^2+1)^2(z^4+2)^3} = -1.$$

由定理 5.8 得

$$\mathrm{Res}[f(z),\ \mathrm{i}] + \mathrm{Res}[f(z),\ -\mathrm{i}] + \sum_{k=0}^{3} \mathrm{Res}[f(z),\ z_k]$$

$$= -\mathrm{Res}[f(z),\ \infty] = 1,$$

从而

$$I = \oint_C \frac{z^{15}}{(z^2+1)^2(z^4+2)^3}\mathrm{d}z = 2\pi\mathrm{i}.$$

5.2 留数在某些定积分计算中的应用

本节主要介绍利用留数来计算某些定积分的方法. 在很多实际问题和理论研究中经常会遇到一些定积分,它们的计算往往比较复杂,有的甚至由于原函数不能用初等函数表示而根本无法计算. 留数定理为此类型积分的计算,提供了极为有效的方法. 应用留数定理计算实变函数定积分的方法称为围道积分方法. 所谓围道积分方法,就是将实变函数的积分化为复变函数沿闭曲线的积分,然后应用留数定理,使沿闭曲线的积分计算,归结为留数计算.

5.2.1 形如 $\int_0^{2\pi} R(\cos\theta, \sin\theta)\mathrm{d}\theta$ 的积分

被积函数 $R(\cos\theta, \sin\theta)$ 是 $\cos\theta$, $\sin\theta$ 的有理函数,且在 $[0, 2\pi]$ 上连续. 令

$$z = \mathrm{e}^{\mathrm{i}\theta},$$

则

$$\sin\theta = \frac{\mathrm{e}^{\mathrm{i}\theta} - \mathrm{e}^{-\mathrm{i}\theta}}{2\mathrm{i}} = \frac{z^2 - 1}{2\mathrm{i}z}, \quad \cos\theta = \frac{\mathrm{e}^{\mathrm{i}\theta} + \mathrm{e}^{-\mathrm{i}\theta}}{2} = \frac{z^2 + 1}{2z},$$

且 $\mathrm{d}\theta = \dfrac{\mathrm{d}z}{\mathrm{i}z}$. 当 $\theta: 0 \to 2\pi$ 时,对应的 z 恰好沿单位圆 $|z| = 1$ 的正向绕行一圈. 如果 $f(z) = R\left(\dfrac{z^2 + 1}{2z}, \dfrac{z^2 - 1}{2\mathrm{i}z}\right)\dfrac{1}{\mathrm{i}z}$ 在积分闭路 $|z| = 1$ 上无奇点,在 $|z| < 1$ 内的奇点为 $z_k(k = 1, 2, \cdots, n)$,则由第一留数定理,

$$\int_0^{2\pi} R(\cos\theta, \sin\theta)\mathrm{d}\theta = \oint_{|z|=1} f(z)\mathrm{d}z \tag{5-17}$$

$$= 2\pi\mathrm{i}\sum_{k=1}^n \mathrm{Res}[f(z), z_k].$$

例 5.13 试计算积分

$$I = \int_0^{2\pi} \frac{\sin^2 x}{5 + 3\cos x}\mathrm{d}x.$$

解 令 $z = \mathrm{e}^{\mathrm{i}x} = \cos x + \mathrm{i}\sin x$,则由

$$\sin x = \frac{z - z^{-1}}{2\mathrm{i}}, \quad \cos x = \frac{z + z^{-1}}{2}, \quad \mathrm{d}x = \frac{1}{\mathrm{i}z}\mathrm{d}z,$$

得

$$I = \int_0^{2\pi} \frac{\sin^2 x}{5 + 3\cos x} dx = \oint_{|z|=1} \frac{i(z^2-1)^2}{2z^2(3z^2+10z+3)} dz$$

$$= \frac{i}{6} \oint_{|z|=1} \frac{(z^2-1)^2}{z^2\left(z+\frac{1}{3}\right)(z+3)} dz.$$

设 $f(z) = \dfrac{(z^2-1)^2}{z^2\left(z+\dfrac{1}{3}\right)(z+3)}$，它在 $|z| < 1$ 内有二阶极点 $z = 0$，一阶极点

$z = -\dfrac{1}{3}$，其留数分别为

$$\text{Res}[f(z),\, 0] = \lim_{z \to 0}\left[z^2 \cdot \frac{(z^2-1)^2}{z^2\left(z+\frac{1}{3}\right)(z+3)}\right]' = -\frac{10}{3},$$

$$\text{Res}\left[f(z),\, -\frac{1}{3}\right] = \lim_{z \to -\frac{1}{3}}\left(z+\frac{1}{3}\right) \cdot \frac{(z^2-1)^2}{z^2\left(z+\frac{1}{3}\right)(z+3)} = \frac{8}{3},$$

则

$$I = \frac{i}{6} \cdot 2\pi i\left(-\frac{10}{3} + \frac{8}{3}\right) = \frac{2}{9}\pi.$$

例 5.14 试计算积分

(1) $I = \displaystyle\int_0^\pi \frac{\cos mx}{5 - 4\cos x} dx$ （m 为正整数）.

(2) $I = \displaystyle\int_0^\alpha \frac{1}{\left(5 - 3\sin\dfrac{2\pi\varphi}{\alpha}\right)^2} d\varphi$ （$\alpha > 0$）.

解 （1）$I = \dfrac{1}{2}\displaystyle\int_{-\pi}^\pi \frac{\cos mx}{5 - 4\cos x} dx$. 对于积分 $\displaystyle\int_{-\pi}^\pi \frac{e^{imx}}{5 - 4\cos x} dx$，令 $z = e^{ix} = \cos x + i\sin x$，则由

$$\cos x = \frac{z + z^{-1}}{2}, \quad \sin x = \frac{z - z^{-1}}{2i}, \quad dx = \frac{1}{iz} dz,$$

134

得

$$\int_{-\pi}^{\pi} \frac{e^{imx}}{5 - 4\cos x} dx = \int_{-\pi}^{\pi} \frac{\cos mx + i\sin mx}{5 - 4\cos x} dx$$

$$= \frac{1}{i} \oint_{|z|=1} \frac{z^m}{5z - 2(1 + z^2)} dz.$$

被积函数 $f(z) = \dfrac{z^m}{5z - 2(1 + z^2)}$ 在 $|z| < 1$ 内仅有一个一阶极点 $z = \dfrac{1}{2}$，其留数为

$$\text{Res}\left[f(z), \frac{1}{2}\right] = \lim_{x \to \frac{1}{2}} \left(z - \frac{1}{2}\right) \cdot \frac{z^m}{-2\left(z - \dfrac{1}{2}\right)(z - 2)} = \frac{1}{3 \times 2^m},$$

因此

$$\int_{-\pi}^{\pi} \frac{e^{imx}}{5 - 4\cos x} dx = \int_{-\pi}^{\pi} \frac{\cos mx}{5 - 4\cos x} dx + i\int_{-\pi}^{\pi} \frac{\sin mx}{5 - 4\cos x} dx$$

$$= \frac{1}{i} \cdot 2\pi i \cdot \frac{1}{3 \times 2^m} = \frac{\pi}{3 \times 2^{m-1}},$$

从而

$$I = \int_{0}^{\pi} \frac{\cos mx}{5 - 4\cos x} dx = \frac{1}{2}\int_{-\pi}^{\pi} \frac{\cos mx}{5 - 4\cos x} dx = \frac{\pi}{3 \times 2^m}.$$

(2) 令 $\theta = \dfrac{2\pi\varphi}{\alpha}$，则

$$I = \int_{0}^{\alpha} \frac{1}{\left(5 - 3\sin\dfrac{2\pi\varphi}{\alpha}\right)^2} d\varphi = \frac{\alpha}{2\pi} \int_{0}^{2\pi} \frac{1}{(5 - 3\sin\theta)^2} d\theta.$$

令 $z = e^{i\theta}$，则

$$\cos\theta = \frac{z + z^{-1}}{2}, \quad \sin\theta = \frac{z - z^{-1}}{2i}, \quad d\theta = \frac{1}{iz} dz.$$

从而

$$I = -\frac{2\alpha}{i\pi} \oint_{|z|=1} \frac{z}{(3z - i)^2 (z - 3i)^2} dz.$$

被积分函数 $f(z) = \dfrac{z}{(3z-\mathrm{i})^2 (z-3\mathrm{i})^2}$ 在 $|z| < 1$ 内只有一个二阶极点 $z = \dfrac{\mathrm{i}}{3}$，其留数为

$$\operatorname{Res}\left[f(z),\ \frac{\mathrm{i}}{3}\right] = \lim_{z \to \frac{\mathrm{i}}{3}} \frac{\mathrm{d}}{\mathrm{d}z}\left[\left(z - \frac{\mathrm{i}}{3}\right)^2 f(z)\right]$$

$$= \lim_{z \to \frac{\mathrm{i}}{3}} \frac{\mathrm{d}}{\mathrm{d}z}\left[\frac{z}{9\ (z-3\mathrm{i})^2}\right] = -\frac{5}{256}.$$

所以

$$I = 2\pi\mathrm{i}\left(-\frac{2\alpha}{\mathrm{i}\pi}\right)\left(-\frac{5}{256}\right) = \frac{5}{64}\alpha.$$

5.2.2　形如 $\displaystyle\int_{-\infty}^{+\infty} \frac{P(x)}{Q(x)}\mathrm{d}x$ 的积分

为介绍这种类型的积分方法，先给出一个引理.

引理 5.1　设 C 为圆周 $|z| = R$ 的上半圆周，函数 $f(z)$ 在 C 上连续，且

$$\lim_{z \to \infty} zf(z) = 0,$$

则

$$\lim_{|z|=R \to +\infty} \int_C f(z)\mathrm{d}z = 0. \qquad (5-18)$$

证明　令 $z = R\mathrm{e}^{\mathrm{i}\theta}(0 \leqslant \theta \leqslant \pi)$，由 $\lim\limits_{z \to +\infty} zf(z) = 0$ 得，$\forall \varepsilon > 0$，$\exists R_0(\varepsilon) > 0$，使当 $R > R_0$ 时，有 $|zf(z)| < \varepsilon$，$z \in C$，从而 $|R\mathrm{e}^{\mathrm{i}\theta}f(R\mathrm{e}^{\mathrm{i}\theta})| < \varepsilon$.

于是

$$\left|\int_C f(z)\mathrm{d}z\right| = \left|\int_0^\pi f(R\mathrm{e}^{\mathrm{i}\theta})\ R\mathrm{e}^{\mathrm{i}\theta}\mathrm{d}\theta\right| < \pi\varepsilon.$$

从而式(5-18)成立.

由引理 5.1 知，如果存在 $\alpha > 1$，$M > 0$，使得 $|f(z)| \leqslant \dfrac{M}{|z|^\alpha}$，则 $\lim\limits_{R \to +\infty} \displaystyle\int_C f(z)\mathrm{d}z = 0$. 特别的，当 $f(z) = \dfrac{P(z)}{Q(z)}$，其中，$P(x)$，$Q(x)$ 为多项式，且 $Q(x)$ 的次数比 $P(x)$ 的次数至少高两次，则式(5-18)成立. 因此，有如下定理：

定理 5.9　设 $P(x)$，$Q(x)$ 为多项式，方程 $Q(x) = 0$ 无实根，且 $Q(x)$ 的次数

比 $P(x)$ 的次数至少高两次，$f(z) = \dfrac{P(z)}{Q(z)}$，则

$$\int_{-\infty}^{+\infty} \frac{P(x)}{Q(x)} \mathrm{d}x = 2\pi\mathrm{i} \sum_{k=1}^{n} \mathrm{Res}[f(z), z_k]. \tag{5-19}$$

其中 $z_k (k = 1, 2, \cdots, n)$ 为 $f(z)$ 在上半平面上的孤立奇点.

证明 取上半圆周 C_R：$|z| = R$ 和实线段 $[-R, R]$ 组成一条封闭曲线 C（见图 $5-2$）.

取充分大的 R，使 C 所围区域包含 $f(z)$ 在上半平面的所有奇点，由留数定理，就得

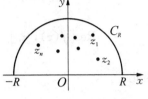

图 $5-2$

$$\int_{-R}^{R} \frac{P(x)}{Q(x)} \mathrm{d}x + \int_{C_R} f(z) \mathrm{d}z = 2\pi\mathrm{i} \sum_{k=1}^{n} \mathrm{Res}[f(z), z_k].$$

由引理 5.1，得

$$\lim_{R \to +\infty} \int_{C_R} f(z) \mathrm{d}z = 0.$$

从而

$$\int_{-\infty}^{+\infty} \frac{P(x)}{Q(x)} \mathrm{d}x = 2\pi\mathrm{i} \sum_{k=1}^{n} \mathrm{Res}[f(z), z_k].$$

例 5.15 试计算积分

$$I = \int_{-\infty}^{+\infty} \frac{x^2 - x + 2}{x^4 + 10x^2 + 9} \mathrm{d}x.$$

解 函数 $f(z) = \dfrac{z^2 - z + 2}{z^4 + 10z^2 + 9}$ 在上半平面内有两个一阶极点 $z = \mathrm{i}$ 和 $z = 3\mathrm{i}$，且

$$\mathrm{Res}[f(z), \mathrm{i}] = \lim_{z \to \mathrm{i}} (z - \mathrm{i}) \cdot \frac{z^2 - z + 2}{(z^2 + 1)(z^2 + 9)} = \frac{1 - \mathrm{i}}{16\mathrm{i}},$$

$$\mathrm{Res}[f(z), 3\mathrm{i}] = \lim_{z \to 3\mathrm{i}} (z - 3\mathrm{i}) \cdot \frac{z^2 - z + 2}{(z^2 + 1)(z^2 + 9)} = \frac{7 + 3\mathrm{i}}{48\mathrm{i}},$$

因此

$$I = \int_{-\infty}^{+\infty} \frac{x^2 - x + 2}{x^4 + 10x^2 + 9} \mathrm{d}x = 2\pi\mathrm{i} \left(\frac{1 - \mathrm{i}}{16\mathrm{i}} + \frac{7 + 3\mathrm{i}}{48\mathrm{i}} \right) = \frac{5}{12}\pi.$$

例 5.16 试计算积分

$$I = \int_0^{+\infty} \frac{1}{x^4 + a^4} \mathrm{d}x \quad (a > 0).$$

解　$I = \int_0^{+\infty} \frac{1}{x^4 + a^4} \mathrm{d}x = \frac{1}{2} \int_{-\infty}^{+\infty} \frac{1}{x^4 + a^4} \mathrm{d}x.$

函数 $f(z) = \dfrac{1}{z^4 + a^4}$ 在上半平面内有两个一阶极点 $z_k = a\mathrm{e}^{\frac{\pi + 2k\pi}{4}}$ $(k = 0, 1)$，且

$$\operatorname{Res}[f(z), z_k] = \frac{1}{4z^3}\bigg|_{z=z_k} = \frac{1}{4z_k^3} = -\frac{z_k}{4a^4} \quad (k = 0, 1),$$

因此

$$I = \int_0^{+\infty} \frac{1}{x^4 + a^4} \mathrm{d}x = \frac{1}{2} \int_{-\infty}^{+\infty} \frac{1}{x^4 + a^4} \mathrm{d}x$$

$$= \frac{1}{2} \cdot 2\pi\mathrm{i} \cdot \frac{-1}{4a^4} (a\mathrm{e}^{\frac{\pi}{4}\mathrm{i}} + a\mathrm{e}^{\frac{3\pi}{4}\mathrm{i}}) = -\frac{\pi\mathrm{i}}{4a^3} (\mathrm{e}^{\frac{\pi}{4}\mathrm{i}} - \mathrm{e}^{-\frac{\pi}{4}\mathrm{i}})$$

$$= -\frac{\pi\mathrm{i}}{4a^3} \cdot 2\mathrm{i}\sin\frac{\pi}{4} = \frac{\sqrt{2}\pi}{4a^3}.$$

5.2.3　形如 $\int_{-\infty}^{+\infty} f(x)\mathrm{e}^{\mathrm{i}\lambda x}\mathrm{d}x$ 的积分

引理 5.2［约当(Jordan)引理］　设 c 为圆周 $|z| = R$ 的上半圆周，函数 $f(z)$ 在 c 上连续，且

$$\lim_{z \to \infty} f(z) = 0,$$

则

$$\lim_{|z|=R \to +\infty} \int_c f(z)\mathrm{e}^{\mathrm{i}\lambda z}\mathrm{d}z = 0 \quad (\lambda > 0). \tag{5-20}$$

证明　令 $z = R\mathrm{e}^{\mathrm{i}\theta}(0 \leqslant \theta \leqslant \pi)$，由 $\lim\limits_{z \to +\infty} f(z) = 0$ 得，$\forall \varepsilon > 0$，$\exists R_0(\varepsilon) > 0$，使当 $R > R_0$ 时，有 $|f(z)| < \varepsilon$，$z \in C$，从而 $|f(R\mathrm{e}^{\mathrm{i}\theta})| < \varepsilon$.

由 $|R\mathrm{e}^{\mathrm{i}\theta}\mathrm{i}| = R$，$|\mathrm{e}^{\mathrm{i}\lambda R\mathrm{e}^{\mathrm{i}\theta}}| = |\mathrm{e}^{-\lambda R\sin\theta + \mathrm{i}\lambda R\cos\theta}| = \mathrm{e}^{-\lambda R\sin\theta}$，得

$$\left| \int_C f(z)\mathrm{e}^{\mathrm{i}\lambda z}\mathrm{d}z \right| = \left| \int_0^\pi f(R\mathrm{e}^{\mathrm{i}\theta})\mathrm{e}^{\mathrm{i}\lambda R\mathrm{e}^{\mathrm{i}\theta}} R\mathrm{e}^{\mathrm{i}\theta}\mathrm{d}\theta \right| = 2R\varepsilon \int_0^{\pi/2} \mathrm{e}^{-\lambda R\sin\theta}\mathrm{d}\theta.$$

于是,由约当不等式: $\dfrac{2\theta}{\pi} \leqslant \sin\theta \leqslant \theta \left(0 \leqslant \theta \leqslant \dfrac{\pi}{2}\right).$

$$\left|\int_C f(z) e^{i\lambda z} dz\right| \leqslant 2R\varepsilon \int_0^{\pi/2} e^{-\frac{2}{\pi}\lambda R\theta} d\theta$$

$$= 2R\varepsilon \left[-\frac{e^{-\frac{2\lambda R}{\pi}\theta}}{\frac{2\lambda R}{\pi}}\right]_{\theta=0}^{\theta=\frac{\pi}{2}} = \frac{\pi\varepsilon}{\lambda}(1 - e^{-\lambda R}) < \frac{\pi\varepsilon}{\lambda},$$

即 $\lim\limits_{R \to +\infty} \displaystyle\int_C f(z) e^{i\lambda z} dz = 0.$

由引理 5.2 知,若 $f(z) = \dfrac{P(z)}{Q(z)}$,其中 $P(x)$,$Q(x)$ 为多项式,且 $Q(x)$ 的次数比 $P(x)$ 的次数至少高一次,则式(5-20)成立. 因此,有如下定理.

定理 5.10 设 $P(x)$,$Q(x)$ 为多项式,方程 $Q(x) = 0$ 无实根,且 $Q(x)$ 的次数比 $P(x)$ 的次数至少高一次. 令 $f(z) = \dfrac{P(z)}{Q(z)}$,则

$$\int_{-\infty}^{+\infty} \frac{P(x)}{Q(x)} e^{i\lambda x} dx = 2\pi i \sum_{k=1}^{n} \text{Res}[f(z) e^{i\lambda z}, z_k]. \qquad (5-21)$$

其中 $z_k(k = 1, 2, \cdots, n)$ 为 $f(z)$ 在上半平面上的孤立奇点.

证明 类似于定理 5.9 的证明,略.

由定理 5.10 可得

$$\int_{-\infty}^{+\infty} \frac{P(x)}{Q(x)} \cos\lambda x \, dx = \text{Re}\left(2\pi i \sum_{k=1}^{n} \text{Res}[f(z) e^{i\lambda z}, z_k]\right),$$

$$\int_{-\infty}^{+\infty} \frac{P(x)}{Q(x)} \sin\lambda x \, dx = \text{Im}\left(2\pi i \sum_{k=1}^{n} \text{Res}[f(z) e^{i\lambda z}, z_k]\right).$$

其中 $\lambda > 0$. 上述两类积分在傅里叶积分及变换中有着广泛的应用.

例 5.17 试计算积分

$$I = \int_{-\infty}^{+\infty} \frac{x\cos x}{x^2 - 2x + 10} dx.$$

解 函数 $f(z) e^{iz} = \dfrac{z e^{iz}}{z^2 - 2z + 10}$ 在上半平面内有一个一阶极点 $z = 1 + 3i$,且

$$\text{Res}[f(z)\mathrm{e}^{\mathrm{i}z}, 1+3\mathrm{i}] = \frac{z\mathrm{e}^{\mathrm{i}z}}{(z^2-2z+10)'}\bigg|_{z=1+3\mathrm{i}} = \frac{(1+3\mathrm{i})\mathrm{e}^{-3+\mathrm{i}}}{6\mathrm{i}},$$

从而

$$I = \int_{-\infty}^{+\infty} \frac{x\cos x}{x^2-2x+10}\mathrm{d}x = \text{Re}\bigg[\int_{-\infty}^{+\infty} \frac{x\mathrm{e}^{\mathrm{i}x}}{x^2-2x+10}\mathrm{d}x\bigg]$$

$$= 2\pi\mathrm{i}\text{Res}[f(z)\mathrm{e}^{\mathrm{i}z}, 1+3\mathrm{i}]$$

$$= \frac{\pi}{3\mathrm{e}^3}(\cos 1 - 3\sin 1).$$

例 5.18 计算积分 $I = \int_{0}^{+\infty} \frac{x\sin x}{(x^2+4)^2}\mathrm{d}x$.

解 $I = \int_{0}^{+\infty} \frac{x\sin x}{(x^2+4)^2}\mathrm{d}x = \frac{1}{2}\int_{-\infty}^{+\infty} \frac{x\sin x}{(x^2+4)^2}\mathrm{d}x$, 令 $f(z) = \frac{z}{(z^2+4)^2}\mathrm{e}^{\mathrm{i}z}$,

$f(z)$ 在上半平面上只有一个二阶极点 $z = 2\mathrm{i}$, 且

$$\text{Res}[f(z), 2\mathrm{i}] = \lim_{z\to 2\mathrm{i}} \frac{\mathrm{d}}{\mathrm{d}z}\bigg[(z-2\mathrm{i})^2 \frac{z\mathrm{e}^{\mathrm{i}z}}{(z^2+4)^2}\bigg]$$

$$= \lim_{z\to 2\mathrm{i}} \frac{(1+\mathrm{i}z)\mathrm{e}^{\mathrm{i}z}(z+2\mathrm{i})^2 - 2(z+2\mathrm{i})z\mathrm{e}^{\mathrm{i}z}}{(z+2\mathrm{i})^4}$$

$$= \frac{\mathrm{e}^{-2}}{8}$$

$$I = \frac{1}{2}\text{Im}\bigg(2\pi\mathrm{i}\sum_{k=1}^{n}\text{Res}[f(z), 2\mathrm{i}]\bigg) = \frac{1}{2}\times 2\pi\times\frac{\mathrm{e}^{-2}}{8} = \frac{\mathrm{e}^{-2}}{8}\pi.$$

以上三种类型的实积分计算, 大致可分为如下步骤:

(1) 根据实积分被积函数 $f(x)$ 的特点, 作以相应的复变函数 $F(z)$, 使当 $z\in(a, b)$ 时, $F(z) = f(x)$, 或 $F(z)$ 的实部或虚部之一等于 $f(x)$.

(2) 选取一条或几条按段光滑的辅助曲线 Γ, 使其与实线段 $[a, b]$ 构成闭曲线并围成区域 D, 使 $F(z)$ 在 D 内除有限个孤立奇点 $z_k(k = 1, 2, \cdots, n)$ 外处处解析, 并应用留数定理,

$$\int_{a}^{b} F(x)\mathrm{d}x + \int_{\Gamma} F(z)\mathrm{d}z = 2\pi\mathrm{i}\text{Res}[F(z), z_k].$$

(3) 计算 $F(z)$ 沿辅助曲线的积分 $\int_{\Gamma} F(z)\mathrm{d}z$.

(4) 计算 $F(z)$ 在 D 内奇点 $z_k(k=1, 2, \cdots, n)$ 处的留数 $\mathrm{Res}[F(z), z_k]$.

若实积分是无穷积分,则可取极限,并求出 $\int_\Gamma F(z)\mathrm{d}z$ 的极限值.

5.2.4* 实轴上有奇点的积分

利用留数定理计算以上三类实积分,要求积分路径上无奇点,但在实际问题中,常遇到积分路径(如实轴上)有奇点的情形,此时,需选取特殊的辅助曲线 Γ,使其上无奇点.下面以计算狄利克雷(Dirichlet)积分为例,说明积分路径上有奇点的解决方法.

为了叙述方便起见,先给出下面的引理.

引理 5.3 设 C 为圆周 $|z|=r$ 的上半圆周,$f(z)$ 在 C 上连续,且

$$\lim_{z\to 0} zf(z) = 0,$$

则

$$\lim_{|z|=r\to 0} \int_C f(z)\mathrm{d}z = 0.$$

这个引理的证法与引理 5.1 相同.

例 5.19 试计算积分 $\displaystyle\int_0^{+\infty} \frac{\sin x}{x}\mathrm{d}x$.

解 $\displaystyle\int_0^{+\infty} \frac{\sin x}{x}\mathrm{d}x$ 存在,且 $\displaystyle\int_0^{+\infty} \frac{\sin x}{x}\mathrm{d}x = \frac{1}{2}\int_{-\infty}^{+\infty} \frac{\sin x}{x}\mathrm{d}x$.

考虑函数 $f(z) = \dfrac{\mathrm{e}^{\mathrm{i}z}}{z}$ 沿图 5-3 所示的闭曲线路径 C 的积分.

根据柯西积分定理得

$$\int_C f(z)\mathrm{d}z = 0$$

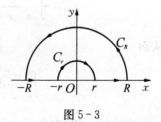

图 5-3

或写成

$$\int_r^R \frac{\mathrm{e}^{\mathrm{i}x}}{x}\mathrm{d}x + \int_{C_R} \frac{\mathrm{e}^{\mathrm{i}z}}{z}\mathrm{d}z + \int_{-R}^{-r} \frac{\mathrm{e}^{\mathrm{i}x}}{x}\mathrm{d}x - \int_{C_r} \frac{\mathrm{e}^{\mathrm{i}z}}{z}\mathrm{d}z = 0. \qquad (5-22)$$

这里 C_R 及 C_r 分别表示圆周 $z=R\mathrm{e}^{\mathrm{i}\theta}$ 及 $z=r\mathrm{e}^{\mathrm{i}\theta}(0\leqslant\theta\leqslant\pi, r<R)$.

由引理 5.2,得

$$\lim_{R \to +\infty} \int_{C_R} \frac{e^{iz}}{z} dz = 0.$$

对于积分 $\displaystyle\int_{C_r} \frac{e^{iz}}{z} dz$，因为

$$\frac{e^{iz}}{z} = \frac{1}{z} + i - \frac{z}{2!} - \frac{iz^2}{3!} + \cdots = \frac{1}{z} + p(z),$$

其中 $p(z)$ 在 $z = 0$ 的邻域内是解析的，所以

$$\lim_{z \to 0} zp(z) = 0.$$

于是由引理 5.3，得

$$\lim_{r \to 0} \int_{C_r} p(z) dz = 0,$$

从而

$$\lim_{r \to 0} \int_{C_r} \frac{e^{iz}}{z} dz = \lim_{r \to 0} \int_{C_r} \frac{1}{z} dz + \lim_{r \to 0} \int_{C_r} p(z) dz$$

$$= \lim_{r \to 0} \int_{\pi}^{0} \frac{1}{re^{i\theta}} r i e^{i\theta} d\theta = -\pi i.$$

令 $x = -t$，则

$$\int_{-R}^{-r} \frac{e^{ix}}{x} dx = \int_{R}^{r} \frac{e^{-it}}{t} dt = -\int_{r}^{R} \frac{e^{-ix}}{x} dx.$$

从而

$$\int_{r}^{R} \frac{e^{ix}}{x} dx + \int_{-R}^{-r} \frac{e^{ix}}{x} dx = 2i \int_{r}^{R} \frac{\sin x}{x} dx.$$

在式(5-22)中令 $r \to 0$，$R \to +\infty$，两端取极限，就得

$$2i \int_{0}^{+\infty} \frac{\sin x}{x} dx - \pi i = 0,$$

因此

$$\int_{0}^{+\infty} \frac{\sin x}{x} dx = \frac{\pi}{2}.$$

习 题 5

A 套

1. 求下列函数在孤立奇点(包括无穷远点)处的留数：

(1) $f(z) = \dfrac{1}{1+z^4}$.

(2) $f(z) = \dfrac{1}{1-\mathrm{e}^z}$.

(3) $f(z) = \dfrac{z}{(z-1)(z+1)^2}$.

(4) $f(z) = \dfrac{1-\mathrm{e}^{2z}}{z^4}$.

(5) $f(z) = \mathrm{e}^{\frac{1}{1-z}}$.

(6) $f(z) = \dfrac{1}{z(\mathrm{e}^z-1)}$.

(7) $f(z) = \dfrac{1}{(\mathrm{e}^z-1)^2}$.

(8) $f(z) = \dfrac{1}{(z-1)(z-2)^{100}}$.

(9) $f(z) = z^n \sin \dfrac{1}{z}$.

(10) $f(z) = \dfrac{z^{2n}}{1+z^n}$.

(11) $f(z) = \dfrac{1}{(z-a)^n(z-b)} \quad (a \neq b)$.

(12) $f(z) = \sin \dfrac{1}{z}$.

2. 计算下列积分,其中,闭曲线 C 取正向：

(1) $\oint_C \dfrac{1}{z\sin z}\mathrm{d}z$,其中 C： $|z| = 1$.

(2) $\oint_C \dfrac{z}{1-2\sin^2 z}\mathrm{d}z$,其中 C： $|z| = 1$.

(3) $\oint_C z\mathrm{e}^{\frac{1}{z}}\mathrm{d}z$,其中 C： $|z| = 1$.

(4) $\oint_C \dfrac{1}{(z-1)^2(z^3-1)}\mathrm{d}z$,其中 C： $|z| = r > 1$.

(5) $\oint_C \dfrac{\mathrm{d}z}{(z+\mathrm{i})^{10}(z-1)(z-3)}$,其中 C： $|z| = 2$.

(6) $\oint_C \dfrac{1}{(z-1)^2(z^2+1)}\mathrm{d}z$,其中 C： $x^2 + y^2 = 2(x+y)$.

(7) $\oint_C \tanh z\mathrm{d}z$,其中 C： $|z-2\mathrm{i}| = 1$.

3. 计算下列积分：

(1) $\oint_{|z|=2} \dfrac{z^3}{1+z} e^{\frac{1}{z}} \mathrm{d}z$.

(2) $\oint_{|z|=2} \dfrac{z^{2n}}{1+z^n} \mathrm{d}z$　$(n=1,\ 2,\ \cdots)$.

4. 计算下列积分：

(1) $\displaystyle\int_0^{2\pi} \dfrac{1}{5+3\cos x} \mathrm{d}x$.

(2) $\displaystyle\int_0^{2\pi} \dfrac{1}{1+a\sin x} \mathrm{d}x$　$(a^2<1)$.

(3) $\displaystyle\int_0^{\frac{\pi}{2}} \dfrac{1}{2+\cos 2x} \mathrm{d}x$.

(4) $\displaystyle\int_0^{\frac{\pi}{2}} \dfrac{1}{1+\sin^2 x} \mathrm{d}x$.

5. 计算下列积分：

(1) $\displaystyle\int_{-\infty}^{+\infty} \dfrac{1}{(x^2+1)^2} \mathrm{d}x$.

(2) $\displaystyle\int_0^{+\infty} \dfrac{x^2}{(x^2+1)(x^2+4)} \mathrm{d}x$.

(3) $\displaystyle\int_{-\infty}^{+\infty} \dfrac{x^2}{(x^2+a^2)^2} \mathrm{d}x$　$(a>0)$.

(4) $\displaystyle\int_{-\infty}^{+\infty} \dfrac{\mathrm{d}x}{(x^2+1)^n}$　（n 为正整数）.

6. 计算下列积分：

(1) $\displaystyle\int_{-\infty}^{+\infty} \dfrac{\cos x}{(x^2+1)(x^2+9)} \mathrm{d}x$.

(2) $\displaystyle\int_{-\infty}^{+\infty} \dfrac{x\sin x}{x^2+4x+20} \mathrm{d}x$.

(3) $\displaystyle\int_{-\infty}^{+\infty} \dfrac{x\sin bx}{x^4+a^4} \mathrm{d}x$　$(a>0,\ b>0$ 为实数）.

(4) $\displaystyle\int_0^{+\infty} \dfrac{x\sin ax}{(x^2+b^2)^2} \mathrm{d}x$　$(a>0,\ b>0)$.

B 套

1. 设 z_0 为函数 $f(z)$ 的 m 阶极点，函数 $g(z)$ 在 z_0 处解析，证明：

$$\mathrm{Res}\left[g(z)\dfrac{f'(z)}{f(z)},\ z_0\right]=-mg(z_0).$$

2. 设 $z=z_0$ 是函数 $f(z)$ 的 m 阶极点，证明：对任意给定的正整数 n，有

$$\mathrm{Res}[f(z),\ z_0] = \dfrac{1}{(m+n-1)!} \lim_{z\to z_0}\left\{\dfrac{\mathrm{d}^{m+n-1}}{\mathrm{d}z^{m+n-1}}\big[(z-z_0)^{m+n}f(z)\big]\right\}.$$

3. 设 C 为正向圆周 $|z|=2$，计算积分 $I=\displaystyle\oint_C z\left[\mathrm{e}^{\frac{1}{z-1}}+\dfrac{1}{(z^2-9)(z+\mathrm{i})}\right]\mathrm{d}z$.

4. 设 C 为正向圆周 $|z|=2$，计算积分 $I=\displaystyle\oint_C \dfrac{1}{z\sin\left(1+\dfrac{1}{z^2}\right)}\mathrm{d}z$.

144

5. 计算积分 $I = \int_0^{2\pi} \dfrac{\cos 3\theta}{1 - 2a\cos\theta + a^2} d\theta \ (\,|\,a\,|\,> 1)$.

6. 计算积分 $\int_{-\infty}^{+\infty} \dfrac{\cos x}{(x^4 + 1)} dx$.

7. 设 $f(t) = \dfrac{1}{4 + 5t^2 + t^4}$, 计算积分 $I = \int_0^{+\infty} f(t) \cdot \cos\omega t\, dt$, 其中 ω 为实数.

8*. 计算积分 $I = \int_0^{+\infty} \dfrac{\sin 2x}{x(1 + x^2)} dx$.

第6章 保形映射

保形映射是从几何的角度对解析函数的性质和应用进行讨论和研究. 一个定义在某区域上的复变函数 $w = f(z)$ 可认为是从 Z 平面到 W 平面的一个映射或变换,而解析函数能把区域映射成区域,且在导数不为零的点的邻域上,具有伸缩率和旋转角不变的特性. 反之,若给定两个单连通区域,则在一定的条件下,必可找到一个解析函数,实现这两个区域的一一对应的映射,从而可以把较为复杂区域上所讨论的问题转化到比较简单的区域上进行.

保形映射在流体力学、电磁学、热传导理论等领域有着广泛的应用.

6.1 保形映射的概念

6.1.1 导数的几何意义

首先讨论曲线在一点处切线倾角的复数表示. 设 C 为复平面上过点 z_0 的连续曲线,其参数方程为

$$z = z(t),\ \alpha \leqslant t \leqslant \beta,\ \text{且}\ z_0 = z(t_0).$$

若规定割线 $z_0 z$ 的正方向对应于 t 增大的方向,则此方向与向量 $\dfrac{z - z_0}{t - t_0}$ 的方向相同.

由此可知,向量 $\dfrac{z - z_0}{t - t_0}$ 的辐角 $\mathrm{Arg}\dfrac{z - z_0}{t - t_0}$ 与割线 $z_0 z$ 的倾角相等. 由于

$$\lim_{t \to t_0} \frac{z - z_0}{t - t_0} = z'(t_0),$$

因此,若 $z'(t_0) \neq 0$, 则

$$\lim_{t \to t_0} \mathrm{Arg}\frac{z - z_0}{t - t_0} = \mathrm{Arg}\,z'(t_0),$$

即,若曲线 C 上的点 $z_0 = z(t_0)$ 处的切线存在,则此切线的倾角为 $\mathrm{Arg}\,z'(t_0)$. 如图 6-1 所示.

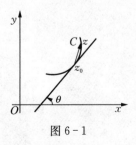

图 6-1

设函数 $w = f(z)$ 将 Z 平面上的曲线 C 映射成 W 平面上的曲线 Γ,如图 6-2 所示. 记 $\Delta z = z - z_0$,其指数形式为 $\Delta z = |\Delta z| e^{i\theta}$,其中模 $|\Delta z|$ 表示向量 $\overline{z_0 z}$ 的长度,辐角 θ 表示向量 $\overline{z_0 z}$ 与实轴正向的夹角,如图 6-2(a)所示.

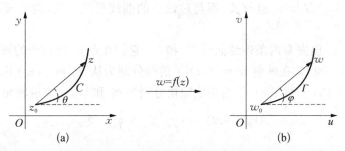

图 6-2　导数的几何意义

相应地,$\Delta w = w - w_0$ 的指数形式为 $\Delta w = |\Delta w| e^{i\varphi}$.

在 W 平面上表示向量 $\overline{w_0 w}$,它的模 $|\Delta w|$ 表示向量 $\overline{w_0 w}$ 的长度,辐角 φ 表示向量 $\overline{w_0 w}$ 与实轴正向的夹角,如图 6-2(b)所示.

当 z 沿 Z 平面上的曲线 C 趋于 z_0 时,与它对应的点 w 也就沿曲线 Γ 趋于 w_0,弦 $\overline{z_0 z}$ 和 $\overline{w_0 w}$ 分别趋于上述两条曲线在点 z_0 和 w_0 的切线. 函数 $w = f(z)$ 在点 z_0 的导数 $f'(z_0)$ 是 $\dfrac{\Delta w}{\Delta z}$ 当 Δz 趋于 0 时的极限:

$$f'(z_0) = \lim_{\Delta z \to 0} \frac{\Delta w}{\Delta z} = \lim_{\Delta z \to 0} \left| \frac{\Delta w}{\Delta z} \right| e^{i(\varphi - \theta)}, \tag{6-1}$$

导数的模为

$$|f'(z_0)| = \lim_{\Delta z \to 0} \left| \frac{\Delta w}{\Delta z} \right| = \lim_{\Delta z \to 0} \frac{\Delta s}{\Delta \sigma} = \frac{\mathrm{d}s}{\mathrm{d}\sigma}.$$

其中 $\Delta \sigma$ 和 Δs 分别表示曲线 C 和 Γ 上弧长的增量,即

$$\mathrm{d}s = |f'(z_0)| \, \mathrm{d}\sigma.$$

式(6-1)表明:曲线 Γ 上过点 w_0 的无穷小弧长 Δs 与曲线 C 上过点 z_0 的无穷小弧长 $\Delta \sigma$ 之比的极限是定值 $|f'(z_0)|$,它反映了在映射 $f(z)$ 下,Z 平面上曲线 C 在 z_0 点处弧长的伸缩率,这就是导数模的几何意义. 且伸缩率 $|f'(z_0)|$ 只与 z_0 点有关,而与过 z_0 点的曲线 C 的形状无关,此性质称为伸缩率的不变性.

由于导数 $f'(z_0)$ 的辐角为

$$\mathrm{Arg} f'(z_0) = \varphi - \theta, \tag{6-2}$$

它表示在 w_0 和 z_0 处的两条切线与实轴正向之间的夹角之差. 这说明曲线 Γ 在点 w_0 的切线方向可由曲线 C 在点 z_0 处的切线方向旋转一个角度 $\mathrm{Arg}\, f'(z_0)$ 得到. 称 $\mathrm{Arg}\, f'(z_0)$ 为函数 $w = f(z)$ 在点 z_0 处的旋转角,此即为导数辐角的几何意义. 由于 $\mathrm{Arg}\, f'(z_0)$ 仅与 z_0 点有关,而与过该点的曲线形状无关,此性质称为旋转角的不变性.

设从点 z_0 出发有两条连续曲线 C_1 和 C_2,它们在点 z_0 处切线的倾角分别为 θ_1 和 θ_2,曲线 C_1 和 C_2 在映射 $w = f(z)$ 下的像分别为从 $w_0 = f(z_0)$ 出发的两条连续曲线 Γ_1 和 Γ_2,它们在 w_0 处的切线倾角分别为 φ_1 和 φ_2,则由旋转角不变性有

$$\mathrm{Arg}\, f'(z_0) = \varphi_1 - \theta_1 = \varphi_2 - \theta_2,$$

即

$$\varphi_2 - \varphi_1 = \theta_2 - \theta_1. \tag{6-3}$$

由于 $\theta_2 - \theta_1$ 是曲线 C_1 和 C_2 之间的夹角,而 $\varphi_2 - \varphi_1$ 是曲线 Γ_1 和 Γ_2 之间的夹角,所以式(6-3)表明:若 $f'(z_0) \neq 0$,则过点 z_0 的任意两条连续曲线之间的夹角,与其像曲线在 $w_0 = f(z_0)$ 处的夹角大小相等且方向相同,如图 6-3 所示.

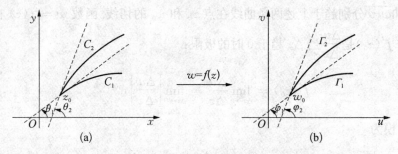

图 6-3

综上所述,我们有如下的结论.

定理 6.1 设函数 $w = f(z)$ 在区域 D 内解析,z_0 为 D 内一点,且 $f'(z_0) \neq 0$,则映射 $w = f(z)$ 在点 z_0 具有如下两个性质:

(1) 伸缩率不变性:即通过点 z_0 的任何一条曲线的伸缩率均为 $|f'(z_0)|$,而与其形状和方向无关.

(2) 保角性:即通过点 z_0 的两条曲线间的夹角与经过映射后所得两曲线的夹角在大小和方向上保持不变.

例 6.1 求映射 $w = z^3$ 在 $z = \mathrm{i}$ 处的旋转角和伸缩率.

解 $w = f(z) = z^3$ 在全平面解析,且 $f'(z) = 3z^2$,$f'(\mathrm{i}) = -3 = 3\mathrm{e}^{\mathrm{i}\pi}$,故在

$z = i$ 处, $f(z)$ 的旋转角为 π, 伸缩率为 3.

例 6.2 试判断映射 $w = f(z) = z^2 + 2z$ 在平面上哪部分被放大？哪部分被缩小？

解 由于 $|f'(z)| = |2z + 2|$, 故当 $|z+1| > \dfrac{1}{2}$ 时被放大，当 $|z+1| < \dfrac{1}{2}$ 被缩小.

6.1.2 保形映射的概念

定义 6.1 设函数 $w = f(z)$ 定义在点 z_0 的邻域内，若它在 z_0 点具有保角性和伸缩率不变性，则称 $w = f(z)$ 在 z_0 处为保角. 若 $w = f(z)$ 在区域 D 内的每一点都是保角的，则称 $w = f(z)$ 是区域 D 内的保角映射（第一类保角映射）.

若仅保持夹角大小不变，但方向相反，则该保角映射称为第二类保角映射.

一般地，若 $w = f(z)$ 是第一类保角映射，则 $w = \overline{f(z)}$ 为第二类保角映射.

定义 6.2 若对区域 D 内的任意不同两点 $z_1 \neq z_2$, 都有 $f(z_1) \neq f(z_2)$, 则称 $w = f(z)$ 是 D 内的单叶映射.

定义 6.3 若 $w = f(z)$ 在区域 D 内是单叶的保角映射，则称 $w = f(z)$ 是 D 内的保形映射（或共形映射）.

定理 6.2 若函数 $w = f(z)$ 在区域 D 内解析，z_0 为区域 D 内一点.

(1) 若 $f'(z_0) \neq 0$, 则 $w = f(z)$ 在 z_0 处是保角的.

(2) 若 $w = f(z)$ 在 D 内是单叶的，则 $w = f(z)$ 将区域 D 保形映射为区域 $G = \{w \mid w = f(z), z \in D\}$, 且它的反函数 $z = f^{-1}(w)$ 在 G 内是单叶的解析函数.

注 此定理中用到一个结论，即单叶的解析函数，其导数必不为零.

例 6.3 试讨论解析函数 $w = f(z) = z^n$ (n 为整数) 的保角性和保形性.

解 因为 $f'(z) = nz^{n-1}$, 故 $w = z^n$ 除 $z = 0$ 外，处处保角. 当 $z = 0$ 时，由点 $z = 0$ 出发的两条射线 $\operatorname{Arg} z = \alpha$ 和 $\operatorname{Arg} z = \beta$ 映射成射线 $\operatorname{Arg} w = n\alpha$ 和 $\operatorname{Arg} w = n\beta$. 从而在 $z = 0$ 处的夹角为 $\beta - \alpha$, 而在 $w = 0$ 处的夹角为 $n(\beta - \alpha)$. 因此 $w = z^n$ 在 $z = 0$ 处不具有保角性.

由于 $w = z^n$ 的单叶性区域为顶点在 $z = 0$, 张角不超过 $\dfrac{2\pi}{n}$ 的角形域，所以在此角形域内（不包含 $z = 0$ 点），$w = z^n$ 是保形的.

由定理 6.2 知，区域 D 内单叶的解析函数 $w = f(z)$ 所构成的映射将区域 D 保形地映射成区域 $G = f(D)$, 它的反函数 $z = f^{-1}(w)$ 将区域 G 保形映射成区域 D. 从而，区域 D 内的一个任意小的曲边三角形 δ 映射成区域 G 内的一个小曲边三

角形 Δ. 根据保角性,它们的对应角相同;由伸缩率不变性,对应边也近似地成比例,因此,三角形 δ 与三角形 Δ 近似地"相似"(见图 6-4).

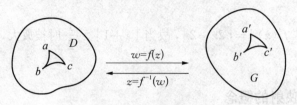

图 6-4 保形映射

保形映射在解决许多实际问题中有着重要的应用. 例如,为了研究飞机飞行过程中气流对机翼所产生的升力,需要研究机翼剖面外部的速度分布问题,也就是通常所说的机翼剖面的绕流问题. 由于机翼剖面的边界是一条很复杂的曲线,直接求解非常困难,因此,常将机翼剖面的外部区域映射为圆的外部区域(见图 6-5),即将机翼剖面的绕流问题转化为比较简单的圆柱剖面的绕流问题. 为了能将求得的解还原为原问题的解,必须要求逆映射存在,也就是说,该映射必须是一一对应的. 另外,机翼剖面外部区域的流速场中流线和等位线是正交的,我们自然希望映射成圆外部区域的流速场后流线与等位线仍能保持正交,所以,该映射应当具有保角性. 因此,将机翼剖面外部映射成圆的外部区域的映射为保形映射.

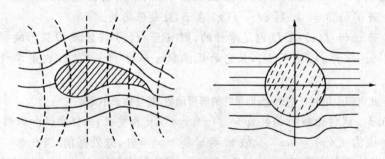

图 6-5 机翼剖面绕流问题保形映射

6.1.3 关于保形映射的几个一般性定理

定理 6.3 若函数 $w = f(z)$ 把区域 D 保形映射成区域 G,则 $w = f(z)$ 在 D 上是单值且解析的函数,其导数在 D 上必不为零,且其反函数 $z = g(w)$ 在 G 上也是单值且解析的函数,它把 G 保形映射成 D.

定理 6.4(黎曼定理) 设有两个单连通区域 D 和 G (它们的边界至少包含两点),z_0 和 w_0 分别是 D 和 G 中的任意两点,θ_0 是任一实数 $(0 \leqslant \theta \leqslant 2\pi)$,则总存在

一个函数 $w = f(z)$，它把 D 一一对应地保角映射成 G，使得

$$f(z_0) = w_0, \quad \arg f'(z_0) = \theta_0,$$

并且这样的保形映射是唯一的.

容易得，仅满足条件 $f(z_0) = w_0$ 的函数并不唯一，条件 $\arg f'(z_0) = \theta_0$ 保证了函数 $f(z)$ 的唯一性.定理中两个条件的几何解释为：对 D 中某一点 z_0 指出它在 G 中的像 w_0，并给出在映射 $w = f(z)$ 下点 z_0 的无穷小邻域所转过的角度 θ_0.

根据黎曼定理，若要找能将单连通区域 D_1 一一地、保角地映射成单连通区域 D_2 的映射 $w = f(z)$，仅需找到能将 D_1 与 D_2 分别一一对应且保角地映射成某一标准形式的区域(如单位圆)即可.

定理 6.5(边界对应原理) 设有两个单连通区域 D 和 G 的边界分别为简单闭曲线 C 和 Γ.若能找到一个在 D 内解析、在 C 上连续的函数，它将 C 一一对应地映射成 Γ，且当原像点 z 和像点 w 在边界上绕行方向一致时，D 和 G 在边界的同一侧，则 $w = f(z)$ 将 D 一一对应地保形映射成 G.

应用此定理，若求已给区域 D 被函数 $w = f(z)$ 映射成的区域 G，只需沿 D 的边界绕行，并求出此边界被函数 $w = f(z)$ 所映射成的闭曲线，此曲线所围成的区域即为 G(见图 6-6).

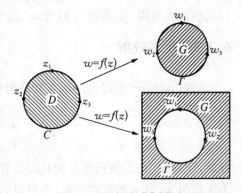

图 6-6 边界对应原理

6.2 分式线性映射

分式线性映射是一类比较简单而又重要的保形映射，在研究各种特殊形式的区域的映射时，起着重要的作用.本节专门讨论分式线性映射的特性.

6.2.1 平移映射和相似映射

由复数的运算知，映射 $w = z + b$ 将 z 沿 b 方向平行移动单位 $|b|$，且满足，

$$|w - b| = |z|, \quad w' = 1 \neq 0,$$

因此，$w = z + b$ 为复平面(Z 平面)到复平面(W 平面)的保形映射，且将圆周映射成圆周.称映射 $w = z + b$ 为平移映射(见图 6-7(a)).

映射 $w = az$，$a \neq 0$ 的作用为将 z 旋转角度 $\mathrm{Arg}(a)$，并伸长或收缩 $|a|$ 倍，且

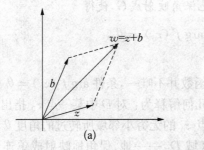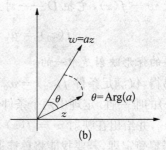

(a)   (b)

图 6-7　平移映射与相似映射

$$|w| = |a||z|, \quad w' = a \neq 0,$$

类似于平移映射，$w = az$ 为复平面(Z 平面)到复平面(W 平面)的保形映射，且将圆周映射成圆周. 通常称映射 $w = az$ 为相似映射(见图 6-7(b)).

6.2.2　反演映射

映射 $w = \dfrac{1}{z}$ 可经过两次对称映射得到:

$$w_1 = \frac{1}{\bar{z}}, \quad w = \overline{w_1}.$$

显然，w 和 w_1 均由解析函数的共轭函数所构成，因此它们都是第二类的保角映射. 为了说明 w_1 和 z 的对称关系，先给出如下定义.

定义 6.4　设有圆周 $C: |z - a| = R$，若有两点 z_1 和 z_2 均在同一条始于圆心 a 的射线上，并满足 $|z_1 - a||z_2 - a| = R^2$，则称点 z_1 与 z_2 关于圆周 C 对称，或称 z_1 与 z_2 是关于圆周 C 的对称点(见图 6-8(a)). 规定: 无穷远点 ∞ 与圆心 a 是关于圆周 C 的对称点.

设 $z = r\mathrm{e}^{\mathrm{i}\theta}$，则 $w_1 = \dfrac{1}{\bar{z}} = \dfrac{1}{r}\mathrm{e}^{\mathrm{i}\theta}$，从而 $|w_1||z| = 1$. 因此，w_1 与 z 关于单位圆周 $|z| = 1$ 对称.

由于

$$w' = -\frac{1}{z^2}, \quad z \neq 0,$$

因此，$w = \dfrac{1}{z}$ 在复平面上除 $z = 0$ 外，处处是保角的.

不难得，反演映射将圆周映射成圆周. 事实上，设圆方程复数表示一般式为

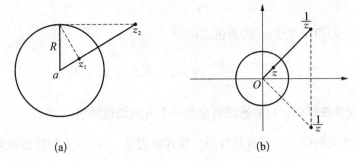

图 6-8 反演映射

$$az\bar{z}+\bar{b}z+b\bar{z}+c=0.$$

经 $w=\dfrac{1}{z}$ 映射后得

$$cw\bar{w}+\bar{b}\bar{w}+bw+a=0,$$

此方程仍为圆方程.

若规定：两条曲线在 $z=\infty$ 处的夹角用通过反演映射 $w=\dfrac{1}{z}$ 后所得的像曲线在 $w=0$ 处的夹角来定义,则映射 $w=\dfrac{1}{z}$ 为扩充复平面(Z 平面)到扩充复平面(W 平面)的保形映射.

6.2.3　分式线性映射及其性质

分式线性映射是保形映射中较简单但又很重要的一类映射,它的一般形式为

$$w=\frac{az+b}{cz+d},\qquad(6-4)$$

其中 a, b, c, d 均为常数,且 $ad-bc\neq0$.

为了保证映射的保角性,$ad-bc\neq0$. 否则,由于

$$\frac{\mathrm{d}w}{\mathrm{d}z}=\frac{ad-bc}{(cz+d)^{2}},$$

得 $\dfrac{\mathrm{d}w}{\mathrm{d}z}=0$,此时 $w\equiv$ 常数,它将整个 Z 平面映射成 W 平面上的一个点.

分式线性映射(6-4)是由德国数学家默比乌斯首先研究的,所以也称为默比

乌斯映射.

由式(6-4)得 z 关于 w 的表达式：

$$z = \frac{-dw+b}{cw-a}, \quad (-a)(-d)-bc \neq 0.$$

所以,分式线性映射(6-4)的逆映射也是一个分式线性映射.

分式线性映射(6-4)可将其分解为整式映射 $w = az+b$ 和反演映射 $w = \frac{1}{z}$ 的复合. 事实上,当 $c = 0$ 时,式(6-4)变为

$$w = \frac{a}{d}z + \frac{b}{d}. \tag{6-5}$$

当 $c \neq 0$ 时,式(6-4)变为

$$w = \left(b - \frac{ad}{c}\right)\frac{1}{cz+d} + \frac{a}{c}. \tag{6-6}$$

为了便于研究分式线性映射在扩充复平面上的性质,先给出如下的约定.

(1) 当 $c \neq 0$ 时,在点 $z = -\frac{d}{c}$ 处规定 $w = \infty$; 在 $z = \infty$ 处,规定 $w = \frac{a}{c}$; 当 $c = 0$ 时,在点 $z = \infty$ 处规定 $w = \infty$.

(2) 两曲线在点 $z = \infty$ 处的夹角 α,是指在反演映射下,此两曲线的像曲线在原点处的夹角.

(3) 在扩充复平面上,将直线视为过无穷远点的圆周.

定理 6.6 分式线性映射是扩充复平面上的保形映射.

证明 对于整式映射 $w = az+b$ 仅需证明在 $z = \infty$ 处为保形的即可.

由于 $z = \infty$ 时,$w = \infty$,考虑在点 $z = \infty$ 和点 $w = \infty$ 处二曲线的夹角. 引入反演映射

$$\xi = \frac{1}{z}, \quad \eta = \frac{1}{w}.$$

此时,映射 $w = az+b$ 变换为

$$\eta = \frac{\xi}{a+b\xi}.$$

其在点 $\xi = 0$ 处解析,且

154

$$\frac{\mathrm{d}\eta}{\mathrm{d}\xi} = \frac{a}{(a+b\xi)^2}\bigg|_{\xi=0} = \frac{1}{a} \neq 0.$$

因而在 $\xi = 0$ 处是保形的,即 $w = az + b$ 在 $z = \infty$ 处是保形的. 所以,映射 $w = az + b\ (a \neq 0)$ 是扩充复平面上的保形映射.

对于反演映射 $w = \dfrac{1}{z}$,在扩充复平面上显然是一一对应的. 当 $z = 0$ 时,$w = \infty$. 引入变换 $\eta = \dfrac{1}{w}$,则 $\eta = z$. $w = \infty$ 对应 $\eta = 0$,且 $\dfrac{\mathrm{d}\eta}{\mathrm{d}z} = 1 \neq 0$. 这说明映射 $\eta = z$ 在 $z = 0$ 处保形,从而 $w = \dfrac{1}{z}$ 在 $z = 0$ 处保形.

在 $z = \infty$ 处,引入变换 $\xi = \dfrac{1}{z}$,则 $z = \infty$ 对应 $\xi = 0$,且 $\dfrac{\mathrm{d}w}{\mathrm{d}\xi} = 1 \neq 0$. 映射 $w = \xi$ 在 $\xi = 0$ 处保形,从而 $w = \dfrac{1}{z}$ 在 $z = \infty$ 处保形.

综上所述,$w = \dfrac{1}{z}$ 在扩充复平面上处处保形,从而是一个保形映射.

由于平移、旋转和反演映射都具有保圆性,即将圆周映射成圆周,因而有如下结论.

定理 6.7 分式线性映射将扩充复平面(Z 平面)上的圆周一一对应地保角映射成扩充复平面(W 平面)上的圆周,即具有保圆性.

由保圆性可知:在分式线性映射下,如果给定的圆周或直线上没有点映射成无穷远点,则它就映射成半径为有限的圆周;如果有一个点映射成无穷远点,它就映射成直线.

分式线性映射除具有保形性和保圆性外,还具有保持对称性不变的性质,即保对称性.

定理 6.8 若分式线性映射将圆周 C 映射成圆周 Γ,则它将关于 C 对称的点 z_1 和 z_2 的映射成关于 Γ 对称的点 w_1 和 w_2.

证明 定理 6.8 证明需利用以下的一个结论:z_1,z_2 是关于圆周 C:$|z - a| = R$ 的一对对称点的充要条件是经过 z_1,z_2 的任何圆周 Γ 与 C 正交.

假设经过 w_1 与 w_2 的任一圆周 Γ' 是经过 z_1 和 z_2 的圆周 Γ 由分式线性映射所得. 由于 Γ 与 C 正交,而分式线性映射具有保角性,所以 Γ' 与 C'(C 的像)也必正交. 因此,w_1 与 w_2 是关于 C' 的对称点.

定义 6.5 由扩充复平面上 4 个有序的相异的点 z_1,z_2,z_3,z_4 构成的比式

$$\frac{z_4 - z_1}{z_4 - z_2} : \frac{z_3 - z_1}{z_3 - z_2}$$

称为它们的交比,记为(z_1, z_2, z_3, z_4).

若 4 点中有一点为∞,则应将包含此点的分子或分母用 1 代替.如当$z_1 = \infty$时,则有

$$(\infty, z_2, z_3, z_4) = \frac{1}{z_4 - z_2} : \frac{1}{z_3 - z_2}.$$

定理 6.9 在分式线性映射下,四点的交比不变.

证明 略.

分式线性映射中,虽含有四个常数a, b, c, d,但其中仅有三个常数独立. 因此,只需给定三个条件,就能决定一个分式线性映射.

定理 6.10 若在Z平面上任意选定三个相异的点z_1, z_2, z_3,在W平面上也任意给定三个相异的点w_1, w_2, w_3,则存在唯一的分式线性映射,将z_1, z_2, z_3依次映射成w_1, w_2, w_3.

证明 设$w = \dfrac{az + b}{cz + d}$ $(ad - bc \neq 0)$,将$z_k(k = 1, 2, 3)$依次映射成$w_k(k = 1, 2, 3)$,即

$$w_k = \frac{az_k + b}{cz_k + d}, \quad k = 1, 2, 3.$$

于是,有

$$w - w_k = \frac{(z - z_k)(ad - bc)}{(cz + d)(cz_k + d)}, \quad k = 1, 2.$$

及

$$w_3 - w_k = \frac{(z_3 - z_k)(ad - bc)}{(cz_3 + d)(cz_k + d)}, \quad k = 1, 2.$$

由此得

$$\frac{w - w_1}{w - w_2} \cdot \frac{w_3 - w_2}{w_3 - w_1} = \frac{z - z_1}{z - z_2} \cdot \frac{z_3 - z_2}{z_3 - z_1}.$$

因为分式线性映射具有上述性质,所以它在处理边界由两个圆弧(或直线段)所围成的区域的保形映射问题时起着非常重要的作用.

156

一般的,在分式线性映射下:

(1) 当两圆弧上没有点映射成无穷远点时,这两圆弧所围成的区域映射成两圆弧所围成的区域;

(2) 当两圆弧上有一个点映射成无穷远点时,这两圆弧所围成的区域映射成一圆弧与一直线所围成的区域;

(3) 当两圆弧交点中的一个映射成无穷远点时,这两圆周的弧所围成的区域映射成角形区域.

例 6.4 试讨论中心在 $z=1$ 与 $z=-1$, 半径为 $\sqrt{2}$ 的两圆弧所围区域,在映射 $w=\dfrac{z-\mathrm{i}}{z+\mathrm{i}}$ 下映射成什么区域?

解 所设的两个圆弧的交点为 $-\mathrm{i}$ 与 i,且相互正交. 交点 $-\mathrm{i}$ 映射成无穷远点,i 映射成原点. 因此所给的区域经映射后映射成以原点为顶点的角形区域,张角等于 $\dfrac{\pi}{2}$.

取 C_1 与正实轴的交点 $z=\sqrt{2}-1$,其对应的像点为

$$w=\frac{\sqrt{2}-1-\mathrm{i}}{\sqrt{2}-1+\mathrm{i}}=\frac{1-\sqrt{2}}{2-\sqrt{2}}+\frac{1-\sqrt{2}}{2-\sqrt{2}}\mathrm{i}.$$

此点位于第三象限的角平分线 C_1' 上. 由保角性知 C_2 映射为第二象限的角平分线 C_2'. 映射的角形域如图 6-9 所示.

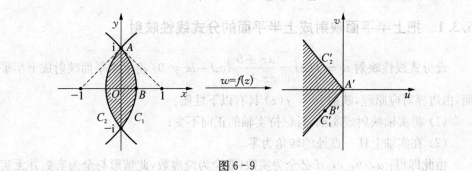

图 6-9

例 6.5 求将点 $0,-1,\infty$ 分别映射成 $1,0,\ -1$ 的分式线性映射,并讨论它将单位圆 $|z|<1$ 内部的上半部分映射成什么区域?

解 由保交比性 $(0,-1,\infty,z)=(1,0,-1,w)$ 得所求的分式线性映射为

$$w=-\frac{z+1}{z-1}.$$

由于此映射系数全为实数,且 $w = f(\mathrm{i}) = -\dfrac{\mathrm{i}+1}{\mathrm{i}-1} = \mathrm{i}$,故此分式映射将 Z 平面上的实轴映射成 W 平面上的实轴;将半圆周映射成上半虚轴. 根据边界对应原理,此映射将上半圆 $|z| < 1$, $\mathrm{Im}(z) > 0$ 映射成角形域 $0 < \arg(w) < \dfrac{\pi}{2}$,即 W 平面上的第一象限,如图 6-10 所示.

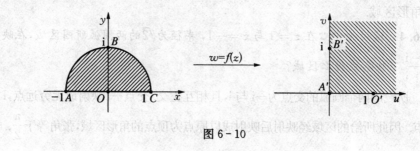

图 6-10

6.3 几个典型的分式线性映射

本节介绍三类典型区域的映射特征,即将上半平面映射成上半平面,将上半平面映射成单位圆内部,及将单位圆内部映射成单位圆内部的映射特征. 在处理边界为圆弧或直线的区域时,它们将起很大的作用.

6.3.1 把上半平面映射成上半平面的分式线性映射

设分式线性映射 $w = f(z) = \dfrac{az+b}{cz+d}$ $(ad-bc \neq 0)$ 将上半平面映射成上半平面,由边界对应原理,映射 $w = f(z)$ 具有以下性质:

(1) 将实轴映射成实轴,且保持实轴的正向不变;

(2) 在实轴上任一点处的转角为零.

由此即得:a, b, c, d 必全为实数(或全为纯虚数,此情形与全为实数并无实质区别!);且

$$\arg w' = 0,\ \text{或}\ \frac{\mathrm{d}w}{\mathrm{d}z} = \frac{ad-bc}{(cz+d)^2} > 0.$$

因而映射有 $ad-bc > 0$.

易见,此条件也是充分的.

158

因此,分式线性映射 $w = f(z) = \dfrac{az+b}{cz+d}$ 将上半平面映射成上半平面的充分必要条件为

$$a, b, c, d \text{ 全为实数,且 } ad - bc > 0.\tag{6-7}$$

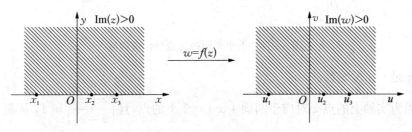

图 6-11　上半平面映射成上半平面

例 6.6　求把上半平面映射成上半平面的分式线性映射 $w = f(z)$,且满足:

$$f(0) = 0, \quad f(\mathrm{i}) = 1 + \mathrm{i}.$$

解　设所求映射为 $w = \dfrac{az+b}{cz+d}$,其中 a, b, c, d 全为实数. 由 $f(0) = 0$ 可得 $b = 0$. 由 $f(\mathrm{i}) = 1 + \mathrm{i}$ 得 $1 + \mathrm{i} = \dfrac{a\mathrm{i}}{c\mathrm{i}+d}$,即 $d - c + (d + c)\mathrm{i} = a\mathrm{i}$. 比较实部和虚部得

$$c = d = \frac{1}{2}a.$$

因此,所求的映射为: $w = \dfrac{2z}{z+1}$.

6.3.2　把上半平面映射成单位内部的分式线性映射

如果将上半平面视为半径为无穷大的圆域,则实轴相当于圆域的边界圆周. 由于分式线性映射具有保圆性,因此它将实轴 $\mathrm{Im}(z) = 0$ 映射成圆周 $|w| = 1$. 另外,总有上半半面上的某点 z_0 映射成单位圆的圆心 $w = 0$(见图 6-12). 利用分式线性映射的保对称性知:点 z_0 关于实轴的对称点 $\overline{z_0}$ 映射成 $w = 0$ 关于单位圆周的对称点 $w = \infty$,从而所求的分式线性映射具有形式:

$$w = k\frac{z - z_0}{z - \overline{z_0}},$$

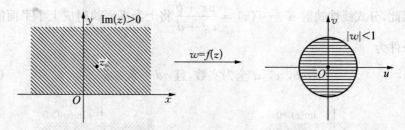

图 6-12　上半平面映射成单位圆内部

其中 k 是一个复常数.

因为实轴上的点 z 对应于圆周 $|w|=1$ 上的点,且 $\left|\dfrac{z-z_0}{z-\bar{z}_0}\right|=1$,从而

$$|w|=|k|\ \left|\frac{z-z_0}{z-\bar{z}_0}\right|=|k|=1.$$

于是 $k=\mathrm{e}^{\mathrm{i}\theta}$,其中 θ 是一个实常数. 因此所求的映射应为

$$w=\mathrm{e}^{\mathrm{i}\theta}\frac{z-z_0}{z-\bar{z}_0},\ (\theta\text{是一个实常数},\operatorname{Im}(z_0)>0). \tag{6-8}$$

反之,给定形如式(6-8)的分式线性映射,若取 z 为实数,则有

$$|w|=|\mathrm{e}^{\mathrm{i}\theta}|\ \left|\frac{z-z_0}{z-\bar{z}_0}\right|=1,$$

即将实轴映射成单位圆周 $|w|=1$,且将上半平面上的点 $z=z_0$ 映射成 $w=0$. 根据边界对应原理,式(6-8)必把上半平面 $\operatorname{Im}(z)>0$ 映射成单位圆内部 $|w|<1$.

综上所述,把上半平面映射成单位圆内部的映射必是具有式(6-8)形式的分式线性映射.

需指出的是,对于分式线性映射(6-8),即使 z_0 给定,w 也不是唯一的. 若要唯一确定此映射,除 z_0 给定外,另需给出确定 θ 的条件,例如,映射在点 $z=z_0$ 处的旋转角等.

例 6.7　求把上半平面 $\operatorname{Im}(z)>0$ 映射成单位圆内部 $|w|<1$ 的分式线性映射 $w=f(z)$,且满足:$f(\mathrm{i})=0$,$\arg f'(\mathrm{i})=\dfrac{\pi}{2}$.

解　由已知条件 $f(\mathrm{i})=0$,可设 $w=\mathrm{e}^{\mathrm{i}\theta}\dfrac{z-\mathrm{i}}{z+\mathrm{i}}$. 因为

$$w'\big|_{z=i} = e^{i\theta} \frac{(z+i)-(z-i)}{(z+i)^2}\bigg|_{z=i} = \frac{1}{2}e^{i(\theta-\frac{\pi}{2})},$$

由条件 $\arg f'(i) = \dfrac{\pi}{2}$ 得：$\theta - \dfrac{\pi}{2} = \dfrac{\pi}{2}$，即 $\theta = \pi$. 从而所求的分式线性映射为

$$w = e^{i\pi}\frac{z-i}{z+i} = -\frac{z-i}{z+i}.$$

6.3.3 把单位圆内部映射成单位圆内部的分式线性映射

把 Z 平面上的单位圆内部 $|z|<1$ 的一点 z_0 映射成 W 平面上的单位圆内部 $|w|<1$ 的圆心 $w=0$，如图 6-13 所示. 由分式线性映射的保对称性可得，点 $z=\dfrac{1}{\bar{z}_0}$ 映射为 $w=\infty$. 满足上述条件的分式线性映射具有形式

$$w = k_1 \frac{z-z_0}{z-\dfrac{1}{\bar{z}_0}} = k\frac{z-z_0}{1-\bar{z}_0 z}.$$

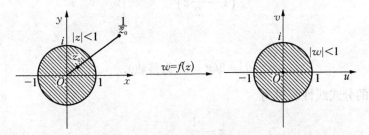

图 6-13 单位圆内部映射成单位圆内部

根据边界对应原理，Z 平面上的单位圆周上的点映射成 W 平面上的单位圆周上的点，即当 $|z|=1$ 时，$|w|=1$. 由于当 $|z|=1$ 时，$1-\bar{z}_0 z = z\bar{z} - \bar{z}_0 z = \overline{(z-z_0)}z$. 从而

$$1 = |w| = |k|\left|\frac{z-z_0}{1-\bar{z}_0 z}\right| = |k|,$$

所以，$k=e^{i\theta}$，其中 θ 为任意实数. 由此可见，所求的分式线性映射的一般形式为

$$w = e^{i\theta}\frac{z-z_0}{1-\bar{z}_0 z}, \theta \text{为实数}, |z_0|<1. \tag{6-9}$$

161

反之,由式(6-9)可知:映射(6-9)将 z_0 映射到 $w=0$,且当 $|z|=1$ 时,则

$$|w|=|e^{i\theta}|\left|\frac{z-z_0}{1-\overline{z}_0 z}\right|=1.$$

由边界对应原理,映射(6-9)确把单位圆内部 $|z|<1$ 映射成单位圆内部 $|w|<1$.

例 6.8 求把单位圆内部 $|z|<1$ 映射成单位圆内部 $|w|<1$ 的分式线性映射 $w=f(z)$,且满足 $f\left(\dfrac{1}{2}\right)=0$, $f'\left(\dfrac{1}{2}\right)>0$.

解 设所求的映射为

$$w=f(z)=e^{i\theta}\frac{z-\dfrac{1}{2}}{1-\dfrac{1}{2}z}\quad(\theta \text{ 为实数}),$$

则由

$$f'\left(\frac{1}{2}\right)=e^{i\theta}\frac{\left(1-\dfrac{1}{2}z\right)+\dfrac{1}{2}\left(z-\dfrac{1}{2}\right)}{\left(1-\dfrac{1}{2}z\right)^2}\Bigg|_{z=\frac{1}{2}}=\frac{4}{3}e^{i\theta}>0,$$

得

$$\theta=2k\pi\quad(k \text{ 为整数}).$$

于是所求的分式线性映射为

$$w=\frac{z-\dfrac{1}{2}}{1-\dfrac{1}{2}z}=\frac{2z-1}{2-z}.$$

6.4 几个初等函数所构成的映射

本节主要讨论幂函数、根式函数、指数函数及对数函数等初等函数所构成的映射的特性.

6.4.1 幂函数与根式函数

幂函数 $w=z^n(n\geqslant 2)$ 在 Z 平面上处处可导,且除去原点外导数不为零,因

此,由幂函数 $w = z^n$ 所构成的映射在除去原点的 Z 平面上处处是保角的. 另外,由例题 6.3 知,$w = z^n$ 的单叶性区域为顶点在 $z = 0$,张角不超过 $\dfrac{2\pi}{n}$ 的角形域,所以在此角形域内(不包含 $z = 0$ 点),$w = z^n$ 是保形映射.

若令 $z = re^{i\theta}$,$w = \rho e^{i\varphi}$,则由

$$w = z^n$$

得

$$\rho = r^n, \quad \varphi = n\theta.$$

由此可见,在幂函数 $w = z^n$ 构成的映射把 Z 平面上的圆周 $|z| = r$ 映射成 W 平面上的圆周 $|w| = r^n$,射线 $\theta = \theta_0$ 映射成射线 $\varphi = n\theta_0$,正实轴 $\theta = 0$ 映射成正实轴 $\varphi = 0$,角形域 $0 < \theta < \theta_0 \left(\theta_0 < \dfrac{2\pi}{n}\right)$ 映射成 W 平面上的角形域 $0 < \varphi < n\theta_0$.(见图 6-14).

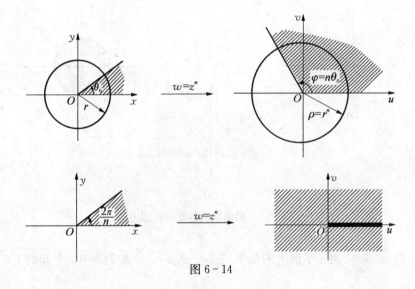

图 6-14

特别地,$w = z^n$ 把 Z 平面上的角形域 $0 < \theta < \dfrac{\pi}{n}$ 映射成 W 平面上的上半平面 $0 < \varphi < \pi$. 把 Z 平面上的角形域 $0 < \theta < \dfrac{2\pi}{n}$ 映射成沿正实轴剪开的 W 平面 $0 < \varphi < 2\pi$,它的一边 $\theta = 0$ 映射成 W 平面正实轴的上岸 $\varphi = 0$;另外一边 $\theta = \dfrac{2\pi}{n}$

映射成 W 平面正实轴的下岸 $\varphi = 2\pi$. 在这两个区域上的点在映射 $w = z^n$ 下是一一对应的.

幂函数 $w = z^n$ 所构成的映射的特点是：把以原点为顶点的角形域映射成以原点为顶点的角形域，但张角变为原来的 n 倍. 因此，如果要把角形域映射成角形域，常利用幂函数.

根式函数 $w = \sqrt[n]{z}$ 是幂函数 $z = w^n$ 的反函数. 它所构成的映射把角形域映射成角形域，但张角缩小到 $\dfrac{1}{n}$，特别地，它把上半平面 $0 < \theta < \pi$ 映射成角形域 $0 < \varphi < \dfrac{\pi}{n}$.

例 6.9 求映射 $w = f(z)$，它把角形域 $0 < \arg z < \dfrac{\pi}{4}$ 保形映射成 $|w| < 1$.

解 本题可先用幂函数把角形域映射到上半平面，然后用分式线性映射把上半平面映射成单位圆的内部（见图 $6-15$）.

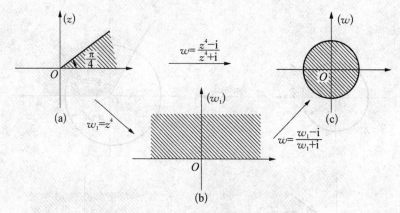

图 $6-15$ 角形域映射成单位圆内部

映射 $w_1 = z^4$ 将 z 平面上的角形域 $0 < \arg z < \dfrac{\pi}{4}$ 映射到 W_1 平面的上半平面 $0 < \arg w_1 < \pi$；映射 $w = \dfrac{w_1 - i}{w_1 + i}$ 将 W_1 平面的上半平面 $0 < \arg w_1 < \pi$ 映射成 W 平面上单位内部 $|w| < 1$. 综合得，所求的映射为 $w = \dfrac{z^4 - i}{z^4 + i}$.

例 6.10 求映射 $w = f(z)$，它把半月形域：$|z| < 2$，$\operatorname{Im} z > 1$ 保角映射成上半平面.

164

解 由 $|z|=2$ 和 $\operatorname{Im}z=1$ 求得交点 $z_1=-\sqrt{3}+\mathrm{i}$, $z_2=\sqrt{3}+\mathrm{i}$,且在点 z_1 处 $|z|=2$ 与 $\operatorname{Im}z=1$ 的交角为 $\dfrac{\pi}{3}$.

先设法将圆弧和直线映射成从原点出发的两条射线,将半月形域映射成角形域. 为此,作分式线性映射

$$w_1 = k\,\frac{z-z_1}{z-z_2} = k\,\frac{z-(-\sqrt{3}+\mathrm{i})}{z-(\sqrt{3}+\mathrm{i})} \quad (k\ \text{为常数})$$

使 z_1, z_2 分别映射成 $w_1=0$ 和 $w_1=\infty$.若选取 $k=-1$,则可以使半月形域保角映射成角形域 $0<\arg w_1<\dfrac{\pi}{3}$.

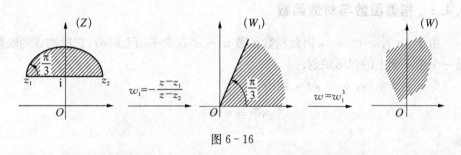

图 6-16

再通过幂函数 $w=w_1^3$ 将角形域 $0<\arg w_1<\dfrac{\pi}{3}$ 映射成上半平面(见图 6-16),最后将上述两个函数复合起来,便得所求的函数

$$w = -\left(\frac{z+\sqrt{3}-\mathrm{i}}{z-\sqrt{3}-\mathrm{i}}\right)^3.$$

例 6.11 求一函数,它把割去 0 到 1 的半径的单位圆域保角映射成上半平面.

解 先作映射 $w_1=\sqrt{z}$,它把单位圆域映射成上半单位圆域,且割去的线段充满 -1 到 1 的直径.

其次作分式线性映射 $w_2 = k\,\dfrac{w_1+1}{w_1-1}$ (k 为常数),使 $w_1=-1$, $w_1=1$ 分别映射成 $w_2=0$ 与 $w_2=\infty$.选取 $k=-1$,就可以使上半单位圆域映射成 W_2 平面的第 I 象限,且使割去的线段充满 W_2 平面的正实轴. 再通过幂函数 $w=w_2^2$ 把上述第 I 象限映射成上半平面,割去的线段位于 W 平面的正实轴上(见图 6-17).最后将上述函数复合起来,便得所求的函数

165

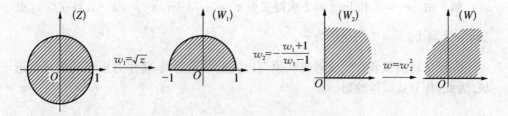

图 6 - 17

$$w = \left(\frac{\sqrt{z}+1}{\sqrt{z}-1} \right)^2.$$

6.4.2 指数函数与对数函数

由于 $(e^z)' = e^z \neq 0$，因此指数函数 $w = e^z$ 在全平面上解析，它所构成的映射是一个全平面上的保形映射.

令 $z = x + iy$，$w = \rho e^{i\varphi}$，则由

$$\rho e^{i\varphi} = e^x \cdot e^{iy}$$

得

$$\rho = e^x, \quad \varphi = y,$$

由此可知，指数函数 $w = e^z$ 所构成的映射把 Z 平面上的直线 $x = x_0$（常数）映射成 W 平面上的圆周 $\rho = e^{x_0}$，直线 $y = y_0$（常数）映射成射线 $\varphi = y_0$. 特别地，把虚轴映射成单位圆周；把实轴映射成正半实轴. 把 Z 平面上带状域 $0 < \text{Im}(z) < \alpha$ 映射角形域 $0 < \arg w < \alpha$. 特别地，把带状域 $0 < \text{Im}(z) < 2\pi$ 映射成沿正实轴剪开的 W 平面 $0 < \arg w < 2\pi$；把半带状域 $0 < \text{Im}(z) < 2\pi$，$-\infty < \text{Re}(z) < 0$ 映射成沿正实轴剪开的单位圆内部；把半带状域 $0 < \text{Im}(z) < 2\pi$，$0 < \text{Re}(z) < +\infty$ 映射成沿正实轴剪开的单位圆外部（见图 6 - 18）.

综上所述，由指数函数 $w = e^z$ 所构成的映射的特点是：把横带形域 $0 < \text{Im} z < a \ (a \leqslant 2\pi)$ 映射成角形域 $0 < \arg w < a$. 指数函数 $w = e^z$ 常用来把带形域映射成角形域.

对数函数 $w = \ln z$（某一单值分支）是指数函数 $z = e^w$ 的反函数. 它所构成的映射把圆周：$|z| = r$，$0 \leqslant \arg z < 2\pi$ 映射成直线段 $\text{Re} w = \ln r$，$2k\pi \leqslant \text{Im} w < 2(k+1)\pi$，把区域 $0 < \arg z < 2\pi$ 映射成横带形域 $2k\pi < \text{Im} w < 2(k+1)\pi$. 特别地，它把 Z 平面上的角形域 $0 < \arg z < \alpha \ (\alpha \leqslant 2\pi)$ 保角映射成 W 平面上的横带形

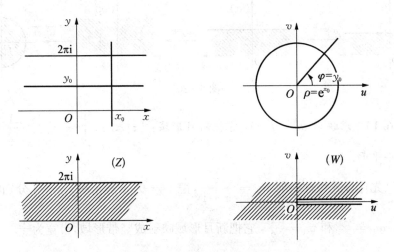

图 6-18　指数映射

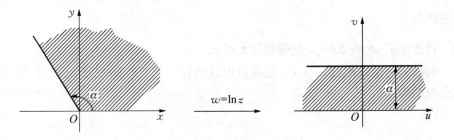

图 6-19　对数映射

域 $0 < \mathrm{Im}\, w < \alpha$（见图 6-19）.

例 6.12　求映射 $w = f(z)$，它把带状域 $0 < \mathrm{Im}\, z < a$ 保角映射成 $|w| < 1$.

解　先作相似变换 $w_1 = \dfrac{\pi}{\alpha} z$，把带状域 $0 < \mathrm{Im}\, z < \alpha$ 映射成带状域 $0 < \mathrm{Im}\, z < \pi$；然后通过指数函数 $w_2 = \mathrm{e}^{w_1}$，将带状域 $0 < \mathrm{Im}\, w_1 < \pi$ 映射成上半平面 $\mathrm{Im}\, w_2 > 0$；再作分式线性映射 $w = \dfrac{w_2 - \mathrm{i}}{w_2 + \mathrm{i}}$，它把上半平面 $\mathrm{Im}\, w_2 > 0$ 映射成单位圆内部 $|w| < 1$（见图 6-20）. 因此，所求的映射为

$$w = \frac{\mathrm{e}^{\frac{\pi}{\alpha} z} - \mathrm{i}}{\mathrm{e}^{\frac{\pi}{\alpha} z} + \mathrm{i}}.$$

167

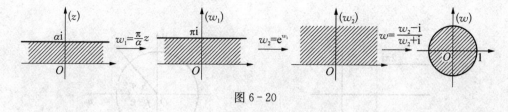

图 6 - 20

例 6.13 求映射 $w = f(z)$，它把新月形域：$|z| < 1$，$\left| z - \dfrac{i}{2} \right| > \dfrac{1}{2}$ 保角映射成上半平面.

解 先作分式线性映射 $w_1 = \dfrac{z}{z - i}$，把 $z = 0$，$z = i$ 和 $z = -i$ 分别映射成 $w_1 = 0$，$w_1 = \infty$ 和 $w_1 = \dfrac{1}{2}$，它把新月形域映射成竖带形域，带宽为 $\dfrac{1}{2}$.

其次作映射 $w_2 = \mathrm{e}^{\frac{\pi}{2}\mathrm{i}} w_1 = \mathrm{i} w_1$，它把竖带形域逆时针旋转 $\dfrac{\pi}{2}$，映射成横带形域，带宽仍为 $\dfrac{1}{2}$.

再作映射 $w_3 = 2\pi w_2$，把带宽放大到 π.

最后通过指数函数 $w = \mathrm{e}^{w_3}$ 把横带形域映射成上半平面（见图 6 - 21）. 因此所求的映射为

$$w = \mathrm{e}^{2\pi\mathrm{i}\cdot\frac{z}{z-i}}.$$

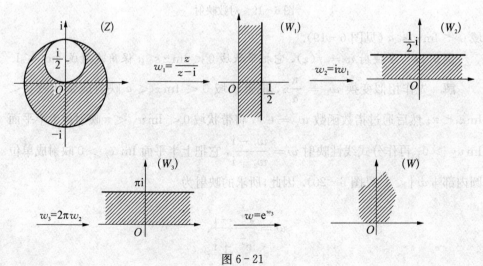

图 6 - 21

6.4.3* 儒可夫斯基函数

称函数

$$w = \frac{1}{2}\left(z + \frac{1}{z}\right) \tag{6-10}$$

为儒可夫斯基函数.

儒可夫斯基函数在扩充复平面上除 $z = 0$，∞ 外解析. 作为映射，儒可夫斯基函数最重要的性质是：把单位圆的外部 $|z| > 1$ 映射成去掉线段 $-1 \leqslant \mathrm{Re}\, w \leqslant 1$，$\mathrm{Im}\, w = 0$ 的区域.

作分式线性映射

$$t = \frac{w+1}{w-1}, \tag{6-11}$$

使 $w = -1$，$w = 0$ 及 $w = 1$ 分别映射成 $t = 0$，$t = -1$ 及 $t = \infty$. 因此，它把实轴映射成实轴，且把 W 平面上的裂缝：$-1 \leqslant \mathrm{Re}\, w \leqslant 1$，$\mathrm{Im}\, w = 0$ 映射成 T 平面上的负实轴：$\mathrm{Re}\, t \leqslant 0$，$\mathrm{Im}\, t = 0$. 这样，映射式(6-11)把扩充的 W 平面上的已给区域保角地映射成 T 平面上除去负实轴的区域.

再作分式线性映射

$$\zeta = \frac{z+1}{z-1}, \tag{6-12}$$

它把 Z 平面上的单位圆周 $|z| = 1$ 映射成 ζ 平面的虚轴. 根据边界对应原理，可知映射式(6-12)把扩充的 Z 平面上单位圆的外部 $|z| > 1$ 映射成 ζ 平面的右半平面：$\mathrm{Re}\, \zeta > 0$.

最后作映射

$$t = \zeta^2, \tag{6-13}$$

把 $\zeta = \pm \mathrm{i}$ 映射成 $t = -1$. 因此，它把 ζ 平面的虚轴映射成 T 平面的负实轴，且把 ζ 平面的右半平面 $-\frac{\pi}{2} < \arg \zeta < \frac{\pi}{2}$ 映射成 T 平面上的区域 $-\pi < \arg t < \pi$. 于是，映射式(6-13)把 ζ 平面的右半平面映射成 T 平面上除去负实轴的区域. 因此将映射式(6-11)、式(6-12)、式(6-13)复合起来，由等式

$$\frac{w+1}{w-1} = \left(\frac{z+1}{z-1}\right)^2$$

确定所求的映射为

$$w = \frac{1}{2}\Big(z + \frac{1}{z}\Big).$$

若作变换 $z^* = \frac{1}{z}$，则 $w = \frac{1}{2}\Big(z^* + \frac{1}{z^*}\Big)$. 由此可见,儒可夫斯基映射将单位圆的内部 $|z| < 1$ 也映射成去掉线段 $-1 \leqslant \mathrm{Re}\, w \leqslant 1$, $\mathrm{Im}\, w = 0$ 的区域.

习　题　6

A 套

1. 求下列各解析函数所构成的映射在指定点处的伸缩率和旋转角:

(1) $w = z^3$, 在 $z_1 = -\frac{1}{4}$ 和 $z_2 = \sqrt{3} - \mathrm{i}$ 处.

(2) $w = (1 + \sqrt{3}\mathrm{i})z + (2 - \mathrm{i})$, 在 $z_1 = 1$ 和 $z_2 = -3 + 2\mathrm{i}$ 处.

(3) $w = \mathrm{e}^z$, 在 $z_1 = \frac{\pi}{2}\mathrm{i}$ 和 $z_2 = 2 - \pi\mathrm{i}$ 处.

2. 求出以 $z_1 = -\mathrm{i}$, $z_2 = 2 - \mathrm{i}$, $z_3 = 1 + \mathrm{i}$, $z_4 = \mathrm{i}$ 为顶点的梯形内部在映射 $w = 2\mathrm{i}z + 1 + \mathrm{i}$ 下的像区域.

3. 求一函数 $w = f(z)$, 它把顶点为 $z_1 = 0$, $z_2 = -1$, $z_3 = -1 - 4\mathrm{i}$, $z_4 = -4\mathrm{i}$ 的矩形内部映射成顶点为 $w_1 = 2 - \mathrm{i}$, $w_2 = 1$, $w_3 = -3 - 4\mathrm{i}$, $w_4 = -2 - 5\mathrm{i}$ 的矩形内部.

4. 求出下列区域在指定的映射下的像:

(1) $\mathrm{Re}\, z > 0$, $w = \mathrm{i}z + \mathrm{i}$.

(2) $\mathrm{Im}\, z > 0$, $w = (1 + \mathrm{i})z$.

(3) $0 < \mathrm{Im}\, z < \frac{1}{2}$, $w = \frac{1}{z}$.

(4) $\mathrm{Re}\, z > 0$, $0 < \mathrm{Im}\, z < 1$, $w = \frac{\mathrm{i}}{z}$.

5. 试决定满足下列要求的分式线性映射 $w = f(z)$:

(1) $z = 2$, i 和 -2 分别对应 $w = -1$, i 和 1.

(2) $z = \infty$, i 和 0 分别对应 $w = 0$, i 和 ∞.

6. 试求把 $\mathrm{Im}\, z > 0$ 映射成 $\mathrm{Im}\, w > 0$ 分式线性映射 $w = f(z)$, 并且满足:

(1) $z = -1, 0$ 和 1 映射成 $w = \infty, 0$ 和 1.

(2) $z = -1, 0$ 和 1 映射成 $w = 0, 1$ 和 ∞.

7. 试求把 $\mathrm{Im}\, z > 0$ 映射成 $|w| < 1$ 的分式线性映射 $w = f(z)$，并且满足：

(1) $f(\mathrm{i}) = 0, \ f(-1) = 1.$　　　　　(2) $f(\mathrm{i}) = 0, \ \arg f'(\mathrm{i}) = 0.$

8. 试求把 $|z| < 1$ 保形映射成 $|w| < 1$ 的分式线性映射 $w = f(z)$，并且满足：

(1) $f\left(\dfrac{1}{2}\right) = 0, \ \arg f'\left(\dfrac{1}{2}\right) = 0.$　　　　(2) $f(0) = \dfrac{1}{2}, \ f'(0) > 0.$

9. 求分式线性映射 $w = f(z)$，它把 $z = 1, \mathrm{i}$ 和 $-\mathrm{i}$ 分别映射成 $w = 1, 0$ 和 -1，并指出此映射把过 $1, \mathrm{i}$ 和 $-\mathrm{i}$ 的单位圆内部映射成什么区域.

10. 求映射 $w = f(z)$，它把区域 $0 < \arg z < \dfrac{\pi}{2}$ 保形映射成单位圆内部 $|w| < 1$，并使 $z = 1 + \mathrm{i}, 0$ 分别映射成 $w = 0, 1$.

11. 映射 $w = \mathrm{e}^z$ 将下列区域映为什么区域.

(1) 带形区域 $\alpha < \mathrm{Im}(z) < \beta, \ 0 \leqslant \alpha < \beta \leqslant 2\pi$.

(2) 半带形区域 $\mathrm{Re}(z) > 0, \ 0 < \mathrm{Im}(z) < \alpha, \ 0 \leqslant \alpha \leqslant 2\pi$.

12. 求映射 $w = f(z)$，它把下列各区域保形映射成上半平面：

(1) $|z| < 1, \ |z + \mathrm{i}| > 1.$　　　　　(2) $0 < \arg z < \dfrac{\pi}{3}, \ |z| < 1.$

(3) $|z + \mathrm{i}| < 2, \ \mathrm{Im}\, z > 0.$　　　　(4) $|z| < 2, \ |z - 1| > 1.$

B 套

1. 试求把单位内部 $|z| < 1$ 保形映射成半平面 $\mathrm{Im}\, w > 0$ 的映射 $w = f(z)$，并且满足：

(1) 将点 $z = -1, 1$ 和 i 映射成 $w = \infty, 0$ 和 1.

(2) 将点 $z = -1, 1$ 和 i 映射成 $w = -1, 0$ 和 1.

2. 若 $f(z_0) = z_0$，则称 z_0 为函数 $f(z)$ 的不动点. 试求所有使点 ± 1 为不动点的分式线性映射.

3. 试求映射 $w = f(z)$：

(1) 把带形区域 $\pi < y < 2\pi$ 保形映射成上半平面.

(2) 把去掉上半虚轴的复平面保形映射成上半平面.

4. 试求保形映射 $w = f(z)$：

(1) 把 $|z| < 1$ 及 $|z - 1| < 1$ 的公共部分映射成 $|w| < 1$.

(2) 把扇形 $0 < \arg z < a\ (< 2\pi), \ |z| < 1$ 映射成 $|w| < 1$.

(3) 把圆周 $|z|=2$ 及 $|z-1|=1$ 所夹的区域映射成 $|w|<1$.

(4) 把圆域 $|z|<1$ 映射成带形域 $0<\mathrm{Im}\,w<1$,并把 -1, 1, i 映射成 ∞, ∞, i.

5. 试求映射 $w=f(z)$,它将区域 $|z|<1$ 保形映射成区域 $\dfrac{\pi}{3}<\arg w<\dfrac{2\pi}{3}$.

6. 求映射 $w=f(z)$,它将带状域 $-\dfrac{\pi}{2}<\mathrm{Re}\,z<\dfrac{\pi}{2}$, $\mathrm{Im}\,z>0$ 保形映射为上半平面 $\mathrm{Im}\,w>0$,且满足：$f\left(\pm\dfrac{\pi}{2}\right)=\pm1$, $f(0)=0$.

7*. 试讨论映射 $w=\cos z$ 将半带形区域 $0<\mathrm{Re}\,z<\pi$, $\mathrm{Im}\,z>0$ 保形映射为扩充复平面上的什么区域.

8*. 试作保形映射：把椭圆 $\dfrac{x^2}{25}+\dfrac{y^2}{9}=\dfrac{1}{16}$ 以外的区域映射成单位圆的外区域.

第 2 篇　积分变换

第 7 章　傅里叶变换

在自然科学和工程技术中为把复杂的运算转化为较简单的运算,人们常采用变换的方法来达到目的. 在工程数学中,积分变换能将分析运算(如微分、积分)转化为代数运算,正是积分变换的这一特性,使得它成为求解微分方程、积分方程的重要的方法之一. 积分变换理论不仅在数学的诸多分支中得到广泛的应用,而且在许多科学技术领域中,例如物理学、力学、现代光学、无线电技术以及信号处理等方面,作为一种研究工具发挥着十分重要的作用.

所谓积分变换,就是通过特定的积分运算,把某函数类 $\mathscr{D}$ 中的一个函数 $f(t)$,变换成另一函数类 $\mathscr{R}$ 中的一个函数 $F(\omega)$. 一般地,含参变量 ω 的积分

$$F(\omega) = \int_a^b f(t)K(t, \omega)\mathrm{d}t, \tag{7-1}$$

将某函数类 $\mathscr{D}$ 中的函数 $f(t)$,通过上述的积分运算变成另一函数类 $\mathscr{R}$ 中的函数 $F(\omega)$ 就称为一个积分变换,其中: $K(t, \omega)$ 为一确定的二元函数,称为积分变换的核. 当选取不同的积分变换核和积分域时,就可以得到不同的积分变换. 特别地,当积分核 $K(t, \omega) = \mathrm{e}^{-\mathrm{i}\omega t}$,且 $a = -\infty$, $b = +\infty$ 时,称式(7-1)中 $F(\omega)$ 为函数 $f(t)$ 的傅里叶(Fourier)变换,同时,称 $f(t)$ 为 $F(\omega)$ 的傅里叶逆变换. 如果取 $K(t, \omega) = \mathrm{e}^{-\omega t}$,且 $a = 0$, $b = +\infty$,称式(7-1)中的 $F(\omega)$ 为函数 $f(t)$ 的拉普拉斯(Laplace)变换,相应地,称 $f(t)$ 为 $F(\omega)$ 的拉普拉斯逆变换. 如果取 $K(t, \omega) = \sin\omega t$,且 $a = 0$, $b = +\infty$,称式(7-1)中的 $F(\omega)$ 为函数 $f(t)$ 的正弦变换,相应地,称 $f(t)$ 为 $F(\omega)$ 的正弦逆变换. 取 $K(t, \omega) = \cos\omega t$,且 $a = 0$, $b = +\infty$,称式(7-1)中的 $F(\omega)$ 为函数 $f(t)$ 的余弦变换,相应地,称 $f(t)$ 为 $F(\omega)$ 的余弦逆变换.

7.1　傅里叶枳分公式

7.1.1　傅里叶级数

在工程计算中,常用到随时间而变的周期函数 $f_T(t)$. 最常用的周期函数为三

角函数.人们发现,周期函数均可以用一系列的三角函数的线性组合来逼近.由于研究周期函数实际上只须研究其中一个周期内的情况,因此,通常研究在闭区间 $\left[-\dfrac{T}{2}, \dfrac{T}{2}\right]$ 内函数变化的情况即可.

定理 7.1 设 $f_T(t)$ 为以 $T(0 < T < +\infty)$ 为周期的实函数,且在 $\left[-\dfrac{T}{2}, \dfrac{T}{2}\right]$ 满足狄利赫莱(Dirichlet)条件:① $f_T(t)$ 连续或仅有有限个第一类间断点;② $f_T(t)$ 仅有有限个极值点. 则 $f_T(t)$ 可展开为傅里叶级数,且在连续点 t 处有

$$f_T(t) = \frac{a_0}{2} + \sum_{n=1}^{+\infty} (a_n \cos n\omega t + b_n \sin n\omega t), \tag{7-2}$$

其中

$$\begin{cases} \omega = 2\pi/T, \\ a_n = \dfrac{2}{T} \displaystyle\int_{-\frac{T}{2}}^{\frac{T}{2}} f_T(t) \cos n\omega t \, \mathrm{d}t \quad (n = 0, 1, \cdots), \\ b_n = \dfrac{2}{T} \displaystyle\int_{-\frac{T}{2}}^{\frac{T}{2}} f_T(t) \sin n\omega t \, \mathrm{d}t \quad (n = 1, 2, \cdots). \end{cases} \tag{7-3}$$

在间断点 t 处有

$$\frac{f_T(t+0) + f_T(t-0)}{2} = \frac{a_0}{2} + \sum_{n=1}^{+\infty} (a_n \cos n\omega t + b_n \sin n\omega t). \tag{7-4}$$

利用三角函数的复数表示

$$\cos n\omega t = \frac{\mathrm{e}^{in\omega t} + \mathrm{e}^{-in\omega t}}{2}, \ \sin n\omega t = \frac{\mathrm{e}^{in\omega t} - \mathrm{e}^{-in\omega t}}{2i},$$

式(7-2)右端可化为

$$\frac{a_0}{2} + \sum_{n=1}^{+\infty} \left(a_n \frac{\mathrm{e}^{in\omega t} + \mathrm{e}^{-in\omega t}}{2} + b_n \frac{\mathrm{e}^{in\omega t} - \mathrm{e}^{-in\omega t}}{2i} \right)$$

令

$$c_0 = \frac{a_0}{2}, \ c_n = \frac{a_n - ib_n}{2}, \ d_n = \frac{a_n + ib_n}{2},$$

则

$$c_0 = \frac{1}{T} \int_{-\frac{T}{2}}^{\frac{T}{2}} f_T(t) \, \mathrm{d}t,$$

$$c_n = \frac{1}{T}\int_{-\frac{T}{2}}^{\frac{T}{2}}[\cos n\omega t - \mathrm{i}\sin n\omega t]\mathrm{d}t = \frac{1}{T}\int_{-\frac{T}{2}}^{\frac{T}{2}}f_T(t)\mathrm{e}^{-\mathrm{i}n\omega t}\,\mathrm{d}t,$$

$$d_n = \frac{1}{T}\int_{-\frac{T}{2}}^{\frac{T}{2}}[\cos n\omega t + \mathrm{i}\sin n\omega t]\mathrm{d}t = \frac{1}{T}\int_{-\frac{T}{2}}^{\frac{T}{2}}f_T(t)\mathrm{e}^{\mathrm{i}n\omega t}\,\mathrm{d}t.$$

由于

$$d_n = c_{-n} = \overline{c_n},$$

级数式(7-2)可表示为

$$f_T(t) = \frac{1}{T}\sum_{n=-\infty}^{+\infty}\Big[\int_{-\frac{T}{2}}^{\frac{T}{2}}f_T(t)\mathrm{e}^{-\mathrm{i}n\omega\tau}\,\mathrm{d}\tau\Big]\mathrm{e}^{\mathrm{i}n\omega t}. \tag{7-5}$$

称式(7-5)为傅里叶级数的复数形式. 其物理意义为：周期为 T 的周期函数 $f_T(t)$，可以分解为频率为 $\dfrac{2n\pi}{T}$，复振幅为 c_n 的复简谐波的叠加. 称 c_n 为 $f_T(t)$ 的离散频谱；$A_n = 2|c_n|$ 为 $f_T(t)$ 的离散振幅频谱；$\arg c_n$ 为 $f_T(t)$ 的离散相位频谱. 若以 $f_T(t)$ 描述某种信号，则 c_n 可以刻画 $f_T(t)$ 的频率特征.

例 7.1 求周期方波 $f_T(t) = \begin{cases} -1, & -\pi \leqslant t < 0, \\ 1, & 0 \leqslant t < \pi, \end{cases}$ $f_T(t) = f_T(t+2\pi)$ 的傅里叶级数.

解 周期方波 $f_T(t)$ 的图形如图 7-1(a)所示.

$$c_0 = \frac{1}{2\pi}\int_{-\pi}^{\pi}f(t)\mathrm{d}t = 0,$$

$$c_n = \frac{1}{2\pi}\int_{-\pi}^{\pi}f(t)\mathrm{e}^{-\mathrm{i}nt}\,\mathrm{d}t$$

$$= \frac{1}{2\pi}\int_{-\pi}^{0}(-1)\mathrm{e}^{-\mathrm{i}nt}\,\mathrm{d}t + \frac{1}{2\pi}\int_{0}^{\pi}\mathrm{e}^{-\mathrm{i}nt}\,\mathrm{d}t$$

$$= \frac{1}{\mathrm{i}n\pi}(1-\cos n\pi) = \begin{cases} 0, & n = \pm2,\ \pm4,\ \cdots, \\ -\dfrac{2\mathrm{i}}{n\pi}, & n = \pm1,\ \pm3,\ \cdots. \end{cases}$$

或

$$a_n = 0,\ b_n = \begin{cases} 0, & n = 2,\ 4,\ 6,\ \cdots, \\ \dfrac{4}{n\pi}, & n = 1,\ 3,\ 5,\ \cdots. \end{cases}$$

从而

$$f_T(t) = \frac{4}{\pi}\left[\sin t + \frac{1}{3}\sin 3t + \cdots + \frac{1}{2k-1}\sin(2k-1)t + \cdots\right]$$

$$(-\infty < t < +\infty,\ t \neq 0,\ \pm\pi,\ \pm 2\pi,\ \cdots).$$

由收敛性定理知,当 $t = k\pi$ $(k = 0,\ \pm 1,\ \pm 2,\ \cdots)$ 时,级数的和为 0. $f_T(t)$ 的频谱为

$$A_n = 2\,|\,c_n\,| = \begin{cases} 0,\ n = 0,\ \pm 2,\ \pm 4,\ \cdots, \\ \dfrac{2}{n\pi},\ n = \pm 1,\ \pm 3,\ \cdots. \end{cases}$$

方波 $f_T(t)$ 可由不同频率正弦波

$$\frac{4}{\pi}\sin t,\quad \frac{4}{\pi}\cdot\frac{1}{3}\sin 3t,\quad \frac{4}{\pi}\cdot\frac{1}{5}\sin 5t,\quad \frac{4}{\pi}\cdot\frac{1}{7}\sin 7t,\quad \cdots$$

逐个叠加而成. 图 7-1(b) 为前 4 个正弦波叠加所得.

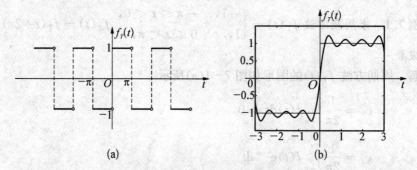

图 7-1　周期方波及其傅里叶级数

7.1.2　傅里叶积分公式

对任何一个非周期函数 $f(t)$,都可以看成是由某个周期函数 $f_T(t)$ 当周期 $T \rightarrow +\infty$ 时极限. 事实上,作周期为 T 的周期函数 $f_T(t)$,使其在 $[-T/2,\ T/2]$ 之内等于 $f(t)$,在 $[-T/2,\ T/2]$ 之外按周期 T 延拓至整个数轴上,则 T 越大,$f_T(t)$ 与 $f(t)$ 相等的范围也越大,这就说明当 $T \rightarrow +\infty$ 时,周期函数 $f_T(t)$ 便可转化为 $f(t)$,即有

$$\lim_{T\to+\infty} f_T(t) = f(t).$$

因此,非周期函数 $f(t)$ 的傅里叶展开式可以看成周期函数 $f_T(t)$ 的傅里叶展开式

当 $T \to +\infty$ 的极限形式,即

$$f(t) = \lim_{T \to +\infty} f_T(t) = \lim_{T \to +\infty} \frac{1}{T} \sum_{n=-\infty}^{+\infty} \left[\int_{-\frac{T}{2}}^{\frac{T}{2}} f_T(\tau) \mathrm{e}^{-\mathrm{i}n\omega\tau} \mathrm{d}\tau \right] \mathrm{e}^{\mathrm{i}n\omega t}. \qquad (7-6)$$

令

$$\omega_n = n\omega, \quad \Delta\omega_n = \omega_n - \omega_{n-1} = \frac{2\pi}{T},$$

当 n 取一切整数时,ω_n 所对应的点便均匀地分布在整个数轴上(见图 7-2).
由于 $\Delta\omega_n \to 0$ 等价于 $T \to +\infty$,于是

图 7-2

$$f(t) = \lim_{T \to +\infty} \frac{1}{T} \sum_{n=-\infty}^{+\infty} \left[\int_{-\frac{T}{2}}^{\frac{T}{2}} f_T(\tau) \mathrm{e}^{-\mathrm{i}\omega_n\tau} \mathrm{d}\tau \right] \mathrm{e}^{\mathrm{i}\omega_n t}$$

$$= \lim_{\Delta\omega_n \to 0} \frac{1}{2\pi} \sum_{n=-\infty}^{+\infty} \left[\int_{-\frac{T}{2}}^{\frac{T}{2}} f_T(\tau) \mathrm{e}^{-\mathrm{i}\omega_n\tau} \mathrm{d}\tau \right] \mathrm{e}^{\mathrm{i}\omega_n t} \Delta\omega_n. \qquad (7-7)$$

记

$$F_T(\omega_n) = \int_{-\frac{T}{2}}^{\frac{T}{2}} f_T(\tau) \mathrm{e}^{-\mathrm{i}\omega_n\tau} \mathrm{d}\tau,$$

则

$$f(t) = \frac{1}{2\pi} \lim_{\Delta\omega_n \to 0} \sum_{n=-\infty}^{+\infty} F_T(\omega_n) \mathrm{e}^{\mathrm{i}\omega_n\tau} \Delta\omega_n.$$

由于

$$F(\omega_n) = \lim_{T \to +\infty} F_T(\omega_n) = \int_{-\infty}^{+\infty} f(\tau) \mathrm{e}^{-\mathrm{i}\omega_n\tau} \mathrm{d}\tau,$$

由定积分定义得

$$f(t) = \frac{1}{2\pi} \int_{-\infty}^{+\infty} F(\omega_n) \mathrm{e}^{\mathrm{i}\omega_n t} \mathrm{d}\omega_n,$$

即

$$f(t) = \frac{1}{2\pi} \int_{-\infty}^{+\infty} F(\omega) \mathrm{e}^{\mathrm{i}\omega t} \mathrm{d}\omega,$$

从而

$$f(t) = \frac{1}{2\pi} \int_{-\infty}^{+\infty} \left[\int_{-\infty}^{+\infty} f(\tau) e^{-i\omega\tau} d\tau \right] e^{i\omega t} d\omega. \tag{7-8}$$

称式(7-8)为非周期函数 $f(t)$ 的傅里叶积分公式.

将上述推导归纳为如下定理:

定理 7.2(傅里叶积分定理)　若函数 $f(t)$ 在任意有限区间上满足狄利克雷条件,且在区间 $(-\infty, +\infty)$ 上绝对可积,则 $f(t)$ 可表示傅里叶积分(7-8)的形式,且当 t 为 $f(t)$ 的连续点时

$$\frac{1}{2\pi} \int_{-\infty}^{+\infty} \left[\int_{-\infty}^{+\infty} f(\tau) e^{-i\omega\tau} d\tau \right] e^{i\omega t} d\omega = f(t), \tag{7-9}$$

当 t 为 $f(t)$ 的间断点时

$$\frac{1}{2\pi} \int_{-\infty}^{+\infty} \left[\int_{-\infty}^{+\infty} f(\tau) e^{-i\omega\tau} d\tau \right] e^{i\omega t} d\omega = \frac{f(t+0) + f(t-0)}{2}. \tag{7-10}$$

$f(t)$ 的傅里叶积分公式也可以转化为三角形式. 由式(7-8)得

$$f(t) = \frac{1}{2\pi} \int_{-\infty}^{+\infty} \left[\int_{-\infty}^{+\infty} f(\tau) e^{-i\omega\tau} d\tau \right] e^{i\omega t} d\omega = \frac{1}{2\pi} \int_{-\infty}^{+\infty} \left[\int_{-\infty}^{+\infty} f(\tau) e^{i\omega(t-\tau)} d\tau \right] d\omega$$

$$= \frac{1}{2\pi} \int_{-\infty}^{+\infty} \left[\int_{-\infty}^{+\infty} f(\tau) \cos \omega(t-\tau) d\tau + i \int_{-\infty}^{+\infty} f(\tau) \sin \omega(t-\tau) d\tau \right] d\omega.$$

由于 $\int_{-\infty}^{+\infty} f(\tau) \sin \omega(t-\tau) d\tau$ 是 ω 的奇函数, $\int_{-\infty}^{+\infty} f(\tau) \cos \omega(t-\tau) d\tau$ 为 ω 的偶函数,从而上式可化为

$$f(t) = \frac{1}{\pi} \int_0^{+\infty} \left[\int_{-\infty}^{+\infty} f(\tau) \cos \omega(t-\tau) d\tau \right] d\omega, \tag{7-11}$$

称式(7-11)为 $f(t)$ 的傅里叶积分的三角表示式.

利用余弦函数的和差化积公式,式(7-11)可化为

$$f(t) = \frac{1}{\pi} \int_0^{+\infty} \left[\int_{-\infty}^{+\infty} f(\tau) \cos \omega\tau d\tau \right] \cos \omega t d\omega + \int_0^{+\infty} \left[\int_{-\infty}^{+\infty} f(\tau) \cos \omega\tau d\tau \right] \sin \omega t d\omega$$

$$= \int_0^{+\infty} [A(\omega) \cos \omega t + B(\omega) \sin \omega t] d\omega, \tag{7-12}$$

其中

$$A(\omega) = \frac{1}{\pi} \int_{-\infty}^{+\infty} f(\tau) \cos \omega\tau d\tau,$$

$$B(\omega) = \frac{1}{\pi} \int_{-\infty}^{+\infty} f(\tau) \sin \omega\tau \, d\tau.$$

特别地，当 $f(t)$ 为偶函数时

$$A(\omega) = \frac{2}{\pi} \int_{0}^{+\infty} f(\tau) \cos \omega\tau \, d\tau,$$

$$B(\omega) = 0,$$

此时

$$f(t) = \int_{0}^{+\infty} A(\omega) \cos \omega t \, d\omega = \frac{2}{\pi} \int_{0}^{+\infty} \left[\int_{0}^{+\infty} f(\tau) \cos \omega\tau \, d\tau \right] \cos \omega t \, d\omega,$$

$$(7-13)$$

称式(7-13)为余弦傅里叶积分公式.

同理，当 $f(t)$ 为奇函数时

$$A(\omega) = 0,$$

$$B(\omega) = \frac{2}{\pi} \int_{0}^{+\infty} f(\tau) \sin \omega\tau \, d\tau,$$

此时

$$f(t) = \int_{0}^{+\infty} B(\omega) \sin \omega t \, d\omega = \frac{2}{\pi} \int_{0}^{+\infty} \left[\int_{0}^{+\infty} f(\tau) \sin \omega\tau \, d\tau \right] \sin \omega t \, d\omega, \quad (7-14)$$

称式(7-14)为正弦傅里叶积分公式.

当 $f(t)$ 定义在 $(0, +\infty)$ 时，可作奇延拓或偶延拓到 $(-\infty, +\infty)$，从而得到正弦或余弦傅里叶积分公式.

例 7.2 求 $f(t) = e^{-\beta|t|}$ $(\beta > 0)$ 的傅里叶积分.

解 由于 $f(t)$ 是偶函数，故

$$f(t) = \frac{2}{\pi} \int_{0}^{+\infty} \left[\int_{0}^{+\infty} f(\tau) \cos \omega\tau \, d\tau \right] \cos \omega t \, d\omega = \frac{2}{\pi} \int_{0}^{+\infty} \left[\int_{0}^{+\infty} e^{-\beta\tau} \cos \omega\tau \, d\tau \right] \cos \omega t \, d\omega.$$

记：$I = \int_{0}^{+\infty} e^{-\beta\tau} \cos \omega\tau \, d\tau$，经两次分部积分得

$$I = \frac{\beta}{\omega^2 + \beta^2},$$

从而

$$f(t) = \frac{2\beta}{\pi} \int_{0}^{+\infty} \frac{\cos \omega t}{\omega^2 + \beta^2} \, d\omega,$$

由此可得

$$\int_0^{+\infty} \frac{\cos \omega t}{\omega^2 + \beta^2} \, d\omega = \frac{\pi}{2\beta} e^{-\beta|t|}.$$

7.2 傅里叶变换

7.2.1 傅里叶变换的定义

在傅里叶积分公式中,若 t 为 $f(t)$ 的连续点,则有

$$f(t) = \frac{1}{2\pi} \int_{-\infty}^{+\infty} \left[\int_{-\infty}^{+\infty} f(\tau) e^{-i\omega\tau} \, d\tau \right] e^{i\omega t} \, d\omega.$$

如果记

$$F(\omega) = \int_{-\infty}^{+\infty} f(t) e^{-i\omega t} \, dt, \ \omega \in (-\infty, +\infty), \tag{7-15}$$

则

$$f(t) = \frac{1}{2\pi} \int_{-\infty}^{+\infty} F(\omega) e^{i\omega t} \, d\omega. \tag{7-16}$$

定义 7.1 设 $f(t)$ 和 $F(\omega)$ 分别定义在 **R** 上的实值和复值函数,称它们为一组傅里叶变换对. $F(\omega)$ 为 $f(t)$ 的像函数或傅里叶变换,记为 $\mathscr{F}[f(t)]$; $f(t)$ 为 $F(\omega)$ 的像原函数或傅里叶逆变换,记为 $\mathscr{F}^{-1}[F(\omega)]$.

记

$$\mathscr{D} = \{ f(t) \mid f(t) = \mathscr{F}^{-1}[F(\omega)] \},$$

$$\mathscr{R} = \{ F(\omega) \mid F(\omega) = \mathscr{F}[f(t)] \},$$

称 $\mathscr{D}$ 为原像空间,$\mathscr{R}$ 为像空间. 因此,傅里叶变换与逆变换建立了原像空间与像空间之间的一一对应.

在频谱分析中,傅里叶变换的物理意义是将连续信号从时间域(time domain)表达式 $f(t)$ 变换到频率域(frequency domain)表达式 $F(\omega)$;而傅里叶逆变换将连续信号的频域表达式 $F(\omega)$ 求得时域表达式 $f(t)$. 因此,傅里叶变换对是一个信号的时域表达式 $f(t)$ 和频域表达式 $F(\omega)$ 之间的一一对应关系. 时域表达式 $f(t)$ 是一个关于时间的函数,表达的是在不同时间点函数幅度值的不同;频域表达式 $F(\omega)$ 表达的是把信号分解为不同频率的指数信号的组合(只不过这些指数信号的频率变化是连续的),这些不同频率的指数信号在总信号中所占分量的大小,自变

量为 ω. 两者并非是不同的信号,而是同一信号的不同表示.

傅里叶变换 $F(\omega)$ 又称为 $f(t)$ 的频谱函数,而它的模 $|F(\omega)|$ 称为 $f(t)$ 的振幅频谱(简称为频谱). 由于 ω 是连续变化的,我们称之为连续频谱. 对一个时间函数 $f(t)$ 作傅里叶变换,就是求这个时间函数 $f(t)$ 的频谱. 而 $\arg F(\omega)$ 称为 $f(t)$ 的相位频谱. 不难证明,频谱为偶函数,即: $|F(\omega)|=|F(-\omega)|$.

由于傅里叶变换定义在傅里叶积分基础上,因此,傅里叶积分存在定理,即为 $f(t)$ 的傅里叶变换存在的条件. 其含义是:非周期信号的总能量(即时域绝对值平方积分)有限则该信号傅里叶变换存在. 但是,此条件仅为充分条件. 满足傅里叶积分存在定理条件的 $f(t)$,仅当还满足条件

$$f(t) = \frac{1}{2}\big[f(t+0) + f(t-0)\big]$$

时,有 $f(t) \in \mathscr{D}$,但在间断点处,上述条件并不影响 $F(\omega)$ 的值. 因此约定:满足傅里叶积分存在定理条件的函数 $f(t)$ 与 $g(t)$,只要在连续点处有 $f(t) = g(t)$,则认为它们是同一函数.

例 7.3　求函数 $f(t) = \begin{cases} 0, & t < 0 \\ \mathrm{e}^{-\beta t}, & t \geqslant 0 \end{cases}$ 的傅里叶变换和频谱,并计算积分

$$\int_0^{+\infty} \frac{\beta\cos\omega t + \omega\sin\omega t}{\beta^2 + \omega^2}\mathrm{d}\omega,$$

其中 $\beta > 0$.

解　根据傅里叶变换定义,有

$$F(\omega) = \int_{-\infty}^{+\infty} f(t)\mathrm{e}^{-\mathrm{i}\omega t}\mathrm{d}t = \int_0^{+\infty} \mathrm{e}^{-\beta t}\mathrm{e}^{-\mathrm{i}\omega t}\mathrm{d}t$$

$$= \int_0^{+\infty} \mathrm{e}^{-(\beta+\mathrm{i}\omega)t}\mathrm{d}t = \frac{-\mathrm{e}^{-(\beta+\mathrm{i}\omega)t}}{\beta+\mathrm{i}\omega}\Big|_0^{+\infty}$$

$$= \frac{\beta - \mathrm{i}\omega}{\beta^2 + \omega^2}.$$

频谱为

$$|F(\omega)| = \frac{1}{\sqrt{\beta^2 + \omega^2}}, \quad \arg F(\omega) = -\arctan\frac{\omega}{\beta}.$$

根据傅里叶逆变换的定义,有

$$f(t) = \frac{1}{2\pi}\int_{-\infty}^{+\infty} F(\omega)\mathrm{e}^{\mathrm{i}\omega t}\mathrm{d}\omega = \frac{1}{2\pi}\int_{-\infty}^{+\infty} \frac{\beta - \mathrm{i}\omega}{\beta^2 + \omega^2}\mathrm{e}^{\mathrm{i}\omega t}\mathrm{d}\omega.$$

注意到 $e^{i\omega t} = \cos\omega t + i\sin\omega t$，由上式可得

$$f(t) = \frac{1}{2\pi}\int_{-\infty}^{+\infty}\frac{\beta - i\omega}{\beta^2 + \omega^2}(\cos\omega t + i\sin\omega t)\,d\omega = \frac{1}{\pi}\int_0^{+\infty}\frac{\beta\cos\omega t + \omega\sin\omega t}{\beta^2 + \omega^2}\,d\omega.$$

因此

$$\int_0^{+\infty}\frac{\beta\cos\omega t + \omega\sin\omega t}{\beta^2 + \omega^2}\,d\omega = \begin{cases} 0, & t < 0, \\ \pi/2, & t = 0, \\ \pi e^{-\beta t}, & t > 0. \end{cases}$$

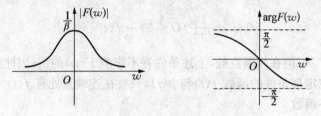

图 7-3　指数衰减函数的频谱图

例 7.4　求矩形脉冲函数（见图 7-4）$f(t) = \begin{cases} 1, & |t| \leqslant 1 \\ 0, & |t| > 1 \end{cases}$ 的傅里叶变换及其积分表达式.

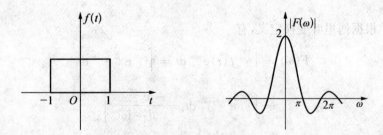

图 7-4　矩形脉冲函数及傅里叶变换

解　根据傅里叶变换的定义，有

$$F(\omega) = \mathscr{F}[f(t)] = \int_{-\infty}^{+\infty}f(t)e^{-i\omega t}\,dt = \int_{-1}^{+1}e^{-i\omega t}\,dt = \frac{e^{-i\omega t}}{-i\omega}\bigg|_{-1}^{+1}$$

$$= -\frac{1}{i\omega}(e^{-i\omega} - e^{i\omega}) = \frac{2\sin\omega}{\omega},$$

由傅里叶逆变换定义

$$f(t) = \mathscr{F}^{-1}[F(\omega)] = \frac{1}{2\pi}\int_{-\infty}^{+\infty} F(\omega)\mathrm{e}^{i\omega t}\,\mathrm{d}\omega = \frac{1}{\pi}\int_0^{+\infty} F(\omega)\cos \omega t\,\mathrm{d}\omega$$

$$= \frac{1}{\pi}\int_0^{+\infty} \frac{2\sin \omega}{\omega}\cos \omega t\,\mathrm{d}\omega = \frac{2}{\pi}\int_0^{+\infty} \frac{\sin \omega \cos \omega t}{\omega}\,\mathrm{d}\omega.$$

由此可得

$$\int_0^{+\infty} \frac{\sin \omega \cos \omega t}{\omega}\,\mathrm{d}\omega = \begin{cases} \dfrac{\pi}{2} & (\mid t\mid < 1),\\[2mm] \dfrac{\pi}{4} & (\mid t\mid = 1),\\[2mm] 0 & (\mid t\mid > 1). \end{cases}$$

当 $t = 0$ 时,有

$$\int_0^{+\infty} \frac{\sin x}{x}\,\mathrm{d}x = \frac{\pi}{2},$$

上述积分称为狄利克雷积分.

在实际应用中,为了保持傅里叶变换及逆变换的对称性,常采用如下两种定义式:

$$F(\omega) = \frac{1}{\sqrt{2\pi}}\int_{-\infty}^{+\infty} f(t)\mathrm{e}^{-i\omega t}\,\mathrm{d}t,$$

$$f(t) = \frac{1}{\sqrt{2\pi}}\int_{-\infty}^{+\infty} F(\omega)\mathrm{e}^{i\omega t}\,\mathrm{d}\omega,$$

和

$$F(\omega) = \int_{-\infty}^{+\infty} f(t)\mathrm{e}^{-i2\pi\omega t}\,\mathrm{d}t,$$

$$f(t) = \int_{-\infty}^{+\infty} F(\omega)\mathrm{e}^{i2\pi\omega t}\,\mathrm{d}\omega.$$

由于采用不同的定义时,将得出不同的结果. 本书约定,傅里叶变换和逆变换分别按式(7-15)和式(7-16)定义.

7.2.2　余弦与正弦傅里叶变换

相对于余弦积分与正弦积分,我们可以给出余弦与正弦傅里叶变换.

当 $f(t)$ 为偶函数时,有如下的余弦积分公式

183

$$f(t) = \frac{2}{\pi} \int_0^{+\infty} \left[\int_0^{+\infty} f(\tau) \cos \omega\tau \, \mathrm{d}\tau \right] \cos \omega t \, \mathrm{d}\omega.$$

记

$$\mathscr{F}_c[f(t)] = F_c(\omega) = \int_0^{+\infty} f(t) \cos \omega t \, \mathrm{d}t, \qquad (7-17)$$

则

$$\mathscr{F}_c^{-1}[F_c(\omega)] = f(t) = \frac{2}{\pi} \int_0^{+\infty} F_c(\omega) \cos \omega t \, \mathrm{d}\omega. \qquad (7-18)$$

定义 7.2 称 $\mathscr{F}_c[f(t)]$ 和 $\mathscr{F}_c^{-1}[F_c(\omega)]$ 为余弦傅里叶变换和余弦傅里叶逆变换.

同理,当 $f(t)$ 为奇函数时,利用正弦积分公式

$$f(t) = \frac{2}{\pi} \int_0^{+\infty} \left[\int_0^{+\infty} f(\tau) \sin \omega\tau \, \mathrm{d}\tau \right] \sin \omega t \, \mathrm{d}\omega.$$

记

$$\mathscr{F}_s[f(t)] = F_s(\omega) = \int_0^{+\infty} f(t) \sin \omega t \, \mathrm{d}t, \qquad (7-19)$$

则

$$\mathscr{F}_s^{-1}[F_s(\omega)] = f(t) = \frac{2}{\pi} \int_0^{+\infty} F_s(\omega) \sin \omega t \, \mathrm{d}\omega. \qquad (7-20)$$

定义 7.3 称 $\mathscr{F}_s[f(t)]$ 和 $\mathscr{F}_s^{-1}[F_s(\omega)]$ 为正弦傅里叶变换和正弦傅里叶逆变换.

不难证明:当 $f(t)$ 为偶函数时

$$F(\omega) = \mathscr{F}[f(t)] = 2\mathscr{F}_c[f(t)] = 2F_c(\omega);$$

当 $f(t)$ 为奇函数时

$$F(\omega) = \mathscr{F}[f(t)] = -2\mathrm{i}\mathscr{F}_s[f(t)] = -2\mathrm{i}F_s(\omega).$$

例 7.5 已知

$$f(t) = \begin{cases} t, & 0 \leqslant t < 1, \\ 0, & t \geqslant 1. \end{cases}$$

求函数 $f(t)$ 傅里叶正弦与余弦变换.

184

解 由式(7 - 19)得

$$F_s(\omega) = \mathscr{F}_s\big[f(t)\big] = \int_0^{+\infty} f(t)\sin\omega t\,\mathrm{d}t$$

$$= \int_0^1 t\sin\omega t\,\mathrm{d}t = \left(-\frac{t}{\omega}\cos\omega t\right)\Big|_0^1 + \frac{1}{\omega}\int_0^1 \cos\omega t\,\mathrm{d}t$$

$$= -\frac{\cos\omega}{\omega} + \frac{1}{\omega^2}\sin\omega t\,\Big|_0^1 = \frac{\sin\omega}{\omega^2} - \frac{\cos\omega}{\omega}.$$

同理,由式(7 - 17)得

$$F_c(\omega) = \mathscr{F}_c\big[f(t)\big] = \int_0^{+\infty} f(t)\cos\omega t\,\mathrm{d}t$$

$$= \int_0^1 t\cos\omega t\,\mathrm{d}t = \left(\frac{t}{\omega}\sin\omega t\right)\Big|_0^1 - \frac{1}{\omega}\int_0^1 \sin\omega t\,\mathrm{d}t$$

$$= \frac{\sin\omega}{\omega} + \frac{1}{\omega^2}\cos\omega t\,\Big|_0^1 = \frac{\sin\omega}{\omega} + \frac{\cos\omega}{\omega^2} - \frac{1}{\omega^2}.$$

7.3 广义傅里叶变换

在物理学和工程技术中,有许多重要函数不满足傅里叶积分定理中的绝对可积条件,即不满足条件

$$\int_{-\infty}^{+\infty} \mid f(t) \mid \mathrm{d}t < +\infty,$$

例如常数、符号函数、单位阶跃函数以及正弦函数、余弦函数等,都无法确定其傅里叶变换.这无疑限制了傅里叶变换的应用范围.

引入单位脉冲函数及其傅里叶变换后,可以扩充原像空间与像空间.我们引入的广义傅里叶变换概念是指 δ 函数及其相关函数的傅里叶变换.所谓广义是相对于古典意义而言的,在广义意义下,同样可以说,原像函数 $f(t)$ 和像函数 $F(\omega)$ 构成一个傅里叶变换对.

7.3.1 δ 函数

在众多实际问题中,常常会碰到单位脉冲函数.因为许多物理现象,除了有连续分布的物理量外,还会有集中于一点的量(点源),例如:单位质点的质量密度、

单位点电荷的电荷密度、集中于一点的单位磁通的磁感强度等等. 或者具有脉冲性质的量，如：瞬间作用的冲击力、电脉冲等. 在电学中, 我们要研究受具有脉冲性质的电势作用后所产生的电流; 在力学中, 要研究机械系统受冲击力作用后的运动情况等. 研究这类问题就会产生我们要介绍的脉冲函数. 有了这种函数, 对于许多集中在一点或一瞬间的量, 例如点电荷、点热源、集中于一点的质量以及脉冲技术中的非常狭窄的脉冲等, 就能够像处理连续分布的量那样, 用统一的方式来加以解决.

考虑原电流为零的电路中, 在某一瞬时(设为 $t = 0$)输入一单位电量的脉冲, 现在要确定电路上的电流 $i(t)$. 以 $q(t)$ 表示上述电路中的电荷函数, 则

$$q(t) = \begin{cases} 0 & (t \neq 0), \\ 1 & (t = 0), \end{cases}$$

$$i(t) = \frac{\mathrm{d}q(t)}{\mathrm{d}t} = \lim_{\Delta t \to 0} \frac{q(t + \Delta t) - q(t)}{\Delta t}.$$

当 $t \neq 0$ 时, $i(t) = 0$. 由于 $q(t)$ 在 $t = 0$ 这点不连续, 从而在普通导数意义下, $q(t)$ 在这一点不可导的. 如果我们形式地计算此导数, 则

$$i(0) = \lim_{\Delta t \to 0} \frac{q(0 + \Delta t) - q(0)}{\Delta t} = \lim_{\Delta t \to 0} \left(-\frac{1}{\Delta t} \right) = \infty,$$

这表明在通常意义下的函数类中找不到一个函数能够表示这样的电流强度. 为了确定这样的电流强度, 引进一个称为狄拉克(Dirac)的函数, 简单记为 δ 函数:

$$\delta(t - t_0) = \begin{cases} 0 & (t \neq t_0), \\ \infty & (t = t_0). \end{cases}$$

定义 7.4 如果函数 $\delta(t - t_0)$ 满足下列条件:

(1) $\delta(t - t_0) = \begin{cases} 0 & (t \neq t_0), \\ \infty & (t = t_0). \end{cases}$

(2) $\int_{-\infty}^{+\infty} \delta(t - t_0) \mathrm{d}t = 1$. 则称函数 $\delta(t - t_0)$ 为 δ 函数.

可以将 δ 函数作为脉冲函数的极限来理解. 给定函数序列

$$\delta_\varepsilon(t - t_0) = \begin{cases} \dfrac{1}{2\varepsilon} & (\,|\,t - t_0\,| < \varepsilon), \\ 0 & (\,|\,t - t_0\,| > \varepsilon). \end{cases}$$

它描述了在 $t = t_0$ 处的矩形脉冲函数（见图 7 - 5）. 直接计算可知

$$\lim_{\varepsilon \to 0} \int_{-\infty}^{+\infty} \delta_\varepsilon(t - t_0) \mathrm{d}t = \lim_{\varepsilon \to 0} \int_{-\varepsilon}^{\varepsilon} \frac{1}{2\varepsilon} \mathrm{d}t = 1,$$

$$\lim_{\varepsilon \to 0} \delta_\varepsilon(t - t_0) = \begin{cases} 0 & (t \neq t_0), \\ \infty & (t = t_0). \end{cases}$$

因此, δ 函数也可由矩形脉冲函数序列 $\delta_\varepsilon(t - t_0)$ 的极限来定义.

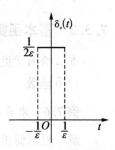

图 7 - 5　矩形脉冲 $\delta_\varepsilon(t)$

δ 函数不是通常意义下的函数, 而是一个广义函数. 由 $\delta_\varepsilon(x - x_0)$ 的定义知, 对任意在 $t = t_0$ 处连续的函数 $\phi(t)$, 有

$$\int_{-\infty}^{+\infty} \delta(t - t_0) \phi(t) = \lim_{\varepsilon \to 0} \int_{-\infty}^{+\infty} \delta_\varepsilon(t - t_0) \phi(t) \mathrm{d}t = \lim_{\varepsilon \to 0} \int_{t_0 - \varepsilon}^{t_0 + \varepsilon} \frac{1}{2\varepsilon} \phi(t) \mathrm{d}t = \phi(t_0).$$

因此, δ 函数常以广义函数形式定义.

定义 7.5　对任意在 $t = t_0$ 处连续的函数 $\phi(t)$, 如果

$$\int_{-\infty}^{+\infty} \phi(t) \delta(t - t_0) \mathrm{d}t = \phi(t_0), \tag{7 - 21}$$

则称 $\delta(t - t_0)$ 为 δ 函数, 其中 $\phi(t)$ 称为检验函数.

由于

$$\int_{-\infty}^{t} \delta(t - c) \mathrm{d}t = \begin{cases} 1 & (t > c), \\ 0 & (t < c). \end{cases}$$

两边关于 t 求导得

$$\frac{\mathrm{d}}{\mathrm{d}t} u(t - c) = \delta(t - c),$$

其中 $u(t)$ 为单位阶跃函数, 因此, δ 函数可作为单位阶跃函数的导数（广义）.

由 δ 函数的广义函数定义, 可以定义 δ 函数的导数.

定义 7.6　设函数 $\varphi(t)$ 在 $t = t_0$ 处具有任意阶导数, 且满足 $\lim\limits_{|t| \to +\infty} \varphi^{(k)}(t) = 0$, 如果

$$\int_{-\infty}^{+\infty} f(t) \varphi(t) \mathrm{d}t = (-1)^k \varphi^{(k)}(t_0), \tag{7 - 22}$$

则称 $f(t)$ 为 δ 函数 $\delta(t - t_0)$ 在 $t = t_0$ 处的 k 阶导数, 记为 $\delta^{(k)}(t - t_0)$.

7.3.2 基本函数的广义傅里叶变换

本节给出常见函数的广义傅里叶变换.

1) δ 函数

例 7.6 求 δ 函数的傅里叶变换,并求积分 $\int_{-\infty}^{+\infty} e^{i\omega t} d\omega$.

解 根据傅里叶变换的定义和 δ 函数的性质,得

$$\mathscr{F}[\delta(t)] = \int_{-\infty}^{+\infty} \delta(t) e^{-i\omega t} dt = e^{-i\omega t} \mid_{t=0} = 1, \qquad (7-23)$$

于是 $\delta(t)$ 与常数 1 构成傅里叶变换对. 于是按傅里叶逆变换的定义,有

$$\delta(t) = \mathscr{F}^{-1}[1] = \frac{1}{2\pi} \int_{-\infty}^{+\infty} e^{i\omega t} d\omega, \qquad (7-24)$$

从而得

$$\int_{-\infty}^{+\infty} e^{i\omega t} d\omega = 2\pi\delta(t). \qquad (7-25)$$

同理可得 $\delta(t-t_0)$ 的傅里叶变换

$$\mathscr{F}[\delta(t-t_0)] = \int_{-\infty}^{+\infty} \delta(t-t_0) e^{-i\omega t} dt = e^{-i\omega t} \mid_{t=t_0} = e^{-i\omega t_0}, \qquad (7-26)$$

且

$$\delta(t-t_0) = \mathscr{F}^{-1}[e^{-i\omega t_0}] = \frac{1}{2\pi} \int_{-\infty}^{+\infty} e^{i\omega(t-t_0)} d\omega, \qquad (7-27)$$

从而得

$$\int_{-\infty}^{+\infty} e^{i\omega(t-t_0)} d\omega = 2\pi\delta(t-t_0). \qquad (7-28)$$

需说明的是,δ 函数的傅里叶变换采用的仍是傅里叶变换的古典定义,但积分是根据 δ 函数广义意义下的定义和运算性质所得.

2) 单位阶跃函数 $u(t)$

例 7.7 验证:单位阶跃函数 $u(t)$ 的傅里叶变换为

$$\mathscr{F}[u(t)] = F(\omega) = \frac{1}{i\omega} + \pi\delta(\omega). \qquad (7-29)$$

解 由傅里叶逆变换的定义,得

$$f(t) = \mathscr{F}^{-1}[F(\omega)] = \frac{1}{2\pi} \int_{-\infty}^{+\infty} \left[\frac{1}{i\omega} + \pi\delta(\omega) \right] e^{i\omega t} d\omega$$

$$= \frac{1}{2\pi} \int_{-\infty}^{+\infty} \pi\delta(\omega) e^{i\omega t} d\omega + \frac{1}{2\pi} \int_{-\infty}^{+\infty} \frac{1}{i\omega} e^{i\omega t} d\omega$$

$$= \frac{1}{2} \int_{-\infty}^{+\infty} \delta(\omega) e^{i\omega t} d\omega + \frac{1}{2\pi} \int_{-\infty}^{+\infty} \frac{\cos \omega t + i\sin \omega t}{i\omega} d\omega$$

$$= \frac{1}{2} e^{i\omega t} \Big|_{\omega=0} + \frac{1}{2\pi} \int_{-\infty}^{+\infty} \frac{\sin \omega t}{\omega} d\omega$$

$$= \frac{1}{2} + \frac{1}{\pi} \int_{0}^{+\infty} \frac{\sin \omega t}{\omega} d\omega.$$

由狄利克雷积分得

$$\int_{0}^{+\infty} \frac{\sin \omega t}{\omega} d\omega = \begin{cases} \dfrac{\pi}{2} & (t > 0), \\ -\dfrac{\pi}{2} & (t < 0). \end{cases}$$

从而

$$f(t) = u(t) = \begin{cases} 0 & (t < 0), \\ 1 & (t > 0). \end{cases}$$

3) 指数函数 $e^{i\omega_0 t}$

例 7.8 求指数函数 $e^{i\omega_0 t}$ 的傅里叶变换.

解 由傅里叶变换定义,有

$$\mathscr{F}[e^{i\omega_0 t}] = \int_{-\infty}^{+\infty} e^{i\omega_0 t} e^{i\omega t} dt = \int_{-\infty}^{+\infty} e^{-i(\omega-\omega_0)t} dt,$$

利用式(7-28),得

$$\mathscr{F}[e^{i\omega_0 t}] = 2\pi\delta(\omega - \omega_0). \tag{7-30}$$

特别地,当 $\omega_0 = 0$ 时,得到常数 1 的傅里叶变换为

$$\mathscr{F}[1] = 2\pi\delta(\omega). \tag{7-31}$$

4) 正弦函数 $\sin \omega_0 t$ 和余弦函数 $\cos \omega_0 t$

例 7.9 求正弦函数 $\sin \omega_0 t$ 与余弦函数 $\cos \omega_0 t$ 的傅里叶变换.

解 根据傅里叶变换定义,并利用式(7-28),得

$$\mathscr{F}[\sin \omega_0 t] = \int_{-\infty}^{+\infty} \sin \omega_0 t e^{-i\omega t} \mathrm{d}t = \frac{1}{2i} \int_{-\infty}^{+\infty} (e^{-i(\omega-\omega_0)t} - e^{-i(\omega+\omega_0)t}) \mathrm{d}t$$

$$= \frac{1}{2i}[2\pi\delta(\omega-\omega_0) - 2\pi\delta(\omega+\omega_0)]$$

$$= i\pi[\delta(\omega+\omega_0) - \delta(\omega-\omega_0)],$$

即

$$\mathscr{F}[\sin \omega_0 t] = i\pi[\delta(\omega+\omega_0) - \delta(\omega-\omega_0)]. \tag{7-32}$$

同理可得

$$\mathscr{F}[\cos \omega_0 t] = \pi[\delta(\omega+\omega_0) + \delta(\omega-\omega_0)]. \tag{7-33}$$

7.4 傅里叶变换与逆变换的性质

本节介绍傅里叶变换的几个重要性质,为了叙述方便起见,假定在这些性质中,凡是需要求傅氏变换的函数都满足傅氏积分定理中的条件,而在证明这些性质时,不再重述. 在实际应用时,只要记住基本函数的傅里叶变换,则常见函数的傅里叶变换都无须用公式直接计算而可由傅里叶变换的性质导出.

7.4.1 傅里叶变换的基本性质

性质 7.1 线性性质:设 α, β 为任意的常数,$F(\omega) = \mathscr{F}[f(t)]$,$G(\omega) = \mathscr{F}[g(t)]$,则

$$\mathscr{F}[\alpha f(t) + \beta g(t)] = \alpha F(\omega) + \beta G(\omega), \tag{7-34}$$

$$\mathscr{F}^{-1}[\alpha F(\omega) + \beta G(\omega)] = \alpha f(t) + \beta g(t). \tag{7-35}$$

证明 直接由傅氏变换和逆变换的定义可得

$$\mathscr{F}[\alpha f(t) + \beta g(t)] = \int_{-\infty}^{+\infty} [\alpha f(t) + \beta g(t)] e^{-i\omega t} \mathrm{d}t$$

$$= \alpha \int_{-\infty}^{+\infty} e^{-i\omega t} \mathrm{d}t + \beta \int_{-\infty}^{+\infty} g(t) e^{-i\omega t} \mathrm{d}t$$

$$= \alpha F(\omega) + \beta G(\omega),$$

$$\mathscr{F}^{-1}[\alpha F(\omega) + \beta G(\omega)] = \frac{1}{2\pi} \int_{-\infty}^{+\infty} [\alpha F(\omega) + \beta G(\omega)] e^{i\omega t} \mathrm{d}\omega$$

$$= \frac{\alpha}{2\pi} \int_{-\infty}^{+\infty} F(\omega) e^{i\omega t} d\omega + \frac{\beta}{2\pi} \int_{-\infty}^{+\infty} G(\omega) e^{i\omega t} d\omega$$

$$= \alpha f(t) + \beta g(t).$$

例 7.10 求 $\sin^2 t$ 的傅里叶变换.

解 利用线性性质,1 和 $\cos t$ 的傅里叶变换,得

$$\mathscr{F}[\sin^2 t] = \mathscr{F}\left[\frac{1}{2} - \frac{1}{2}\cos 2t\right] = \frac{1}{2}\mathscr{F}[1] - \frac{1}{2}\mathscr{F}[\cos 2t]$$

$$= \pi\delta(\omega) - \frac{\pi}{2}[\delta(\omega+2) + \delta(\omega-2)].$$

例 7.11 设 $F(\omega) = \pi\delta(\omega+1) - \dfrac{i}{\omega+1}$,求 $F(\omega)$ 的傅里叶逆变换.

解 利用线性性质得

$$\mathscr{F}^{-1}[F(\omega)] = \mathscr{F}^{-1}[\pi\delta(\omega+1)] - \mathscr{F}^{-1}\left[\frac{i}{\omega+1}\right] = \frac{1}{2}e^{-it} - \mathscr{F}^{-1}\left[\frac{i}{\omega+1}\right],$$

直接计算,并利用狄利克雷积分,得

$$\mathscr{F}^{-1}\left[\frac{i}{\omega+1}\right] = \frac{1}{2\pi}\int_{-\infty}^{+\infty} \frac{i}{\omega+1} e^{i\omega t} d\omega$$

$$= \frac{1}{2\pi}\int_{-\infty}^{+\infty} \frac{i}{\omega+1} e^{i(\omega+1)t} e^{-it} d\omega = \frac{e^{-it}}{2\pi}\int_{-\infty}^{+\infty} \frac{i e^{i(\omega+1)t}}{\omega+1} d(\omega+1)$$

$$= -\frac{e^{-it}}{2\pi}\int_{-\infty}^{+\infty} \frac{\sin(\omega+1)t}{\omega+1} d(\omega+1) = -\frac{e^{-it}}{\pi}\int_{0}^{+\infty} \frac{\sin \omega t}{\omega} d\omega$$

$$= \begin{cases} \dfrac{1}{2}e^{-it} & (t<0), \\ -\dfrac{1}{2}e^{-it} & (t>0). \end{cases}$$

从而 $\mathscr{F}^{-1}[F(\omega)] = u(t)e^{-it}$,其中 $u(t)$ 为单位阶跃函数.

性质 7.2 对称性:设 $\mathscr{F}[f(t)] = F(\omega)$,则

$$\mathscr{F}[F(t)] = 2\pi f(-\omega). \tag{7-36}$$

证明 由傅里叶逆变换定义,有

$$f(-t) = \frac{1}{2\pi} \int_{-\infty}^{+\infty} F(\omega) e^{-i\omega t} d\omega,$$

从而

$$\mathscr{F}[F(t)] = \int_{-\infty}^{+\infty} F(t) e^{-i\omega t} dt = 2\pi f(-\omega).$$

例 7.12　利用矩形脉冲函数 $f(t) = \begin{cases} 1, & |t| < 1, \\ 0, & |t| > 1 \end{cases}$ 的傅里叶变换,证明:

$$\mathscr{F}\left[\frac{\sin t}{t}\right] = \begin{cases} \pi, & |\omega| < 1, \\ 0, & |\omega| > 1. \end{cases}$$

证明　由例 7.4,矩形脉冲函数 $f(t) = \begin{cases} 1, & |t| < 1, \\ 0, & |t| > 1 \end{cases}$ 的傅里叶变换为

$$\mathscr{F}[f(t)] = \frac{2\sin\omega}{\omega}.$$

利用对称性,得

$$\mathscr{F}\left[\frac{\sin t}{t}\right] = \pi f(-\omega) = \begin{cases} \pi, & |\omega| < 1, \\ 0, & |\omega| > 1. \end{cases}$$

性质 7.3　位移性:设 $\mathscr{F}[f(t)] = F(\omega)$,$t_0$ 和 ω_0 为常数,则

$$\mathscr{F}[f(t - t_0)] = e^{-i\omega t_0} F(\omega), \tag{7-37}$$

$$\mathscr{F}[e^{i\omega_0 t} f(t)] = F(\omega - \omega_0). \tag{7-38}$$

或

$$\mathscr{F}^{-1}[F(\omega - \omega_0)] = e^{i\omega_0 t} f(t).$$

证明　仅证明式(7-37).令 $s = t - t_0$,则

$$\mathscr{F}[f(t - t_0)] = \int_{-\infty}^{+\infty} f(t - t_0) e^{-i\omega t} dt$$

$$= \int_{-\infty}^{+\infty} f(s) e^{-i\omega(s + t_0)} ds = e^{-i\omega t_0} \int_{-\infty}^{+\infty} f(s) e^{-i\omega s} ds$$

$$= e^{-i\omega t_0} F(\omega).$$

例 7.13 已知函数 $f(t)$ 的傅里叶变换为 $F(\omega)$，求函数 $f(t)\sin\omega_0 t$ 和 $f(t)\cos\omega_0 t$ 的傅里叶变换，其中 ω_0 为常数.

解 利用傅里叶逆变换的位移性(7-38)，可得

$$\mathscr{F}[f(t)\sin\omega_0 t] = \mathscr{F}\left[f(t)\left(\frac{e^{i\omega_0 t}-e^{-i\omega_0 t}}{2i}\right)\right]$$

$$= \frac{1}{2i}\{\mathscr{F}[f(t)e^{i\omega_0 t}] - \mathscr{F}[f(t)e^{-i\omega_0 t}]\}$$

$$= \frac{i}{2}[F(\omega+\omega_0) - F(\omega-\omega_0)].$$

同理可得

$$\mathscr{F}[f(t)\cos\omega_0 t] = \frac{1}{2}[F(\omega+\omega_0) + F(\omega-\omega_0)].$$

性质 7.4 相似性：设 $\mathscr{F}[f(t)] = F(\omega)$，$a \neq 0$，则

$$\mathscr{F}[f(at)] = \frac{1}{|a|}F\left(\frac{\omega}{a}\right), \tag{7-39}$$

$$\mathscr{F}^{-1}[F(a\omega)] = \frac{1}{|a|}f\left(\frac{t}{a}\right). \tag{7-40}$$

证明 首先证明傅里叶变换的相似性. 令 $s = at$. 当 $a > 0$ 时，

$$\mathscr{F}[f(at)] = \frac{1}{a}\int_{-\infty}^{+\infty}f(s)e^{-i\omega\frac{s}{a}}ds = \frac{1}{a}F\left(\frac{\omega}{a}\right),$$

同理，当 $a < 0$ 时，

$$\mathscr{F}[f(at)] = -\frac{1}{a}\int_{-\infty}^{+\infty}f(s)e^{-i\omega\frac{s}{a}}ds = -\frac{1}{a}F\left(\frac{\omega}{a}\right),$$

因此，当 $a \neq 0$ 时，式(7-39)成立.

同理可证傅里叶逆变换的相似性.

更一般的，有如下的结论

$$\mathscr{F}[f(at-t_0)] = \frac{1}{|a|}e^{-i\frac{t_0}{a}\omega}F\left(\frac{\omega}{a}\right). \tag{7-41}$$

例 7.14 计算 $\mathscr{F}[u(5t-2)]$，其中 $u(t)$ 为单位阶跃函数.

解 **方法** 1 先用相似性,再用位移性.令 $g(t) = u(t-2)$,则 $g(5t) = u(5t-2)$.

$$\mathscr{F}[u(5t-2)] = \mathscr{F}[g(5t)] = \frac{1}{5}\mathscr{F}[g(t)]\big|_{\frac{\omega}{5}} = \frac{1}{5}\mathscr{F}[u(t-2)]_{\frac{\omega}{5}}$$

$$= \left(\frac{1}{5}\mathrm{e}^{-2\mathrm{i}\omega}\mathscr{F}[u(t)]\right)\Big|_{\frac{\omega}{5}} = \left(\frac{1}{5}\mathrm{e}^{-2\mathrm{i}\omega}\left[\frac{1}{\mathrm{i}\omega} + \pi\delta(\omega)\right]\right)\Big|_{\frac{\omega}{5}}$$

$$= \frac{1}{5}\mathrm{e}^{-\frac{2}{5}\mathrm{i}\omega}\left[\frac{5}{\mathrm{i}\omega} + \pi\delta\left(\frac{\omega}{5}\right)\right].$$

方法 2 先用位移性,再用相似性.令 $g(t) = u(5t)$,则 $g\left(t - \frac{2}{5}\right) = u(5t-2)$.

$$\mathscr{F}[u(5t-2)] = \mathscr{F}\left[g\left(t - \frac{2}{5}\right)\right] = \mathrm{e}^{-\frac{2}{5}\mathrm{i}\omega}\mathscr{F}[g(t)] = \mathrm{e}^{-\frac{2}{5}\mathrm{i}\omega}\mathscr{F}[u(5t)]$$

$$= \mathrm{e}^{-\frac{2}{5}\mathrm{i}\omega}\left[\frac{1}{5}\mathscr{F}[u(t)]_{\frac{\omega}{5}}\right] = \left(\frac{1}{5}\mathrm{e}^{-\frac{2}{5}\mathrm{i}\omega}\left[\frac{1}{\mathrm{i}\omega} + \pi\delta(\omega)\right]\right)\Big|_{\frac{\omega}{5}}$$

$$= \frac{1}{5}\mathrm{e}^{-\frac{2}{5}\mathrm{i}\omega}\left[\frac{5}{\mathrm{i}\omega} + \pi\delta\left(\frac{\omega}{5}\right)\right].$$

方法 3 直接由式(7-41)得

$$\mathscr{F}[u(5t-2)] = \frac{1}{5}\mathrm{e}^{-\frac{2}{5}\mathrm{i}\omega}\mathscr{F}[u(t)]_{\frac{\omega}{5}} = \frac{1}{5}\mathrm{e}^{-\frac{2}{5}\mathrm{i}\omega}\left[\frac{5}{\mathrm{i}\omega} + \pi\delta\left(\frac{\omega}{5}\right)\right].$$

比较上述三种方法,方法 3 较为简捷.事实上,本题可直接由傅里叶变换的定义计算.

性质 7.5 微分性:设 $\mathscr{F}[f(t)] = F(\omega)$.

(1) 原像函数的微分性.

若 $\lim\limits_{|t| \to +\infty} f(t) = 0$,则

$$\mathscr{F}[f'(t)] = \mathrm{i}\omega F(\omega), \tag{7-42}$$

(2) 像函数的微分性.

$$F'(\omega) = -\mathrm{i}\mathscr{F}[tf(t)]. \tag{7-43}$$

证明

$$\mathscr{F}[f'(t)] = \int_{-\infty}^{+\infty} f'(t)\mathrm{e}^{-\mathrm{i}\omega t}\mathrm{d}t$$

$$= f(t)\mathrm{e}^{-\mathrm{i}\omega t}\Big|_{-\infty}^{+\infty} + \mathrm{i}\omega\int_{-\infty}^{+\infty} f(t)\mathrm{e}^{-\mathrm{i}\omega t}\mathrm{d}t = \mathrm{i}\omega F(\omega),$$

$$F'(\omega) = \frac{\mathrm{d}}{\mathrm{d}\omega} \int_{-\infty}^{+\infty} f(t) \mathrm{e}^{-\mathrm{i}\omega t} \mathrm{d}t = \int_{-\infty}^{+\infty} \frac{\mathrm{d}}{\mathrm{d}\omega} f(t) \mathrm{e}^{-\mathrm{i}\omega t} \mathrm{d}t$$

$$= \int_{-\infty}^{+\infty} f(t)(-\mathrm{i}t) \mathrm{e}^{-\mathrm{i}\omega t} \mathrm{d}t = -\mathrm{i}\mathscr{F}[tf(t)].$$

一般地，若 $\lim\limits_{|t| \to +\infty} f^{(k)}(t) = 0$ $(k = 0, 1, \cdots, n-1)$，则

$$\mathscr{F}[f^{(n)}(t)] = (\mathrm{i}\omega)^n F(\omega).$$

$$(7\text{-}44)$$

类似地，有

$$F^{(n)}(\omega) = (-\mathrm{i})^n \mathscr{F}[t^n f(t)].$$

$$(7\text{-}45)$$

需指出的是，附加条件 $\lim\limits_{|t| \to +\infty} f^{(k)}(t) = 0$ $(k = 0, 1, \cdots, n-1)$ 目的是为证明式(7-44)方便，事实上，满足傅里叶变换存在性条件的函数 $f^{(k)}(t)$，必满足附加条件.

例 7.15 设函数 $f(t) = \mathrm{e}^{-|t|}$，求函数 $tf(t)$ 的傅里叶变换.

解 显然，函数 $f(t)$ 满足条件. 首先，求 $f(t)$ 的傅里叶变换.

$$F(\omega) = \mathscr{F}[f(t)] = \int_{-\infty}^{+\infty} \mathrm{e}^{-|t|} \mathrm{e}^{-\mathrm{i}\omega t} \mathrm{d}t$$

$$= 2 \int_{0}^{+\infty} \mathrm{e}^{-t} \cos \omega t \, \mathrm{d}t.$$

记 $I = \int_{0}^{+\infty} \mathrm{e}^{-t} \cos \omega t \, \mathrm{d}t$，经分部积分两次，得 $I = \dfrac{1}{1+\omega^2}$. 从而

$$F(\omega) = \frac{2}{1+\omega^2}.$$

利用微分性得

$$\mathscr{F}[tf(t)] = \mathrm{i}\frac{\mathrm{d}}{\mathrm{d}\omega} F(\omega) = \frac{-4\mathrm{i}\omega}{(1+\omega^2)^2}.$$

性质 7.6 积分性：设 $\mathscr{F}[f(t)] = F(\omega)$，如果 $\lim\limits_{t \to +\infty} \int_{-\infty}^{t} f(\tau) \mathrm{d}\tau = 0$，则

$$\mathscr{F}\left[\int_{-\infty}^{t} f(\tau) \mathrm{d}\tau\right] = \frac{1}{\mathrm{i}\omega} F(\omega).$$

$$(7\text{-}46)$$

证明 令 $g(t) = \int_{-\infty}^{t} f(\tau)\mathrm{d}\tau$，则 $g'(t) = f(t)$. 且 $\lim\limits_{|t|\to+\infty} g(t) = 0$. 对 $g(t)$ 应用微分性得

$$\mathscr{F}\big[g'(t)\big] = \mathrm{i}\omega\mathscr{F}\big[g(t)\big],$$

从而

$$\mathscr{F}\left[\int_{-\infty}^{t} f(\tau)\mathrm{d}\tau\right] = \frac{1}{\mathrm{i}\omega}\mathscr{F}\big[f(t)\big] = \frac{1}{\mathrm{i}\omega}F(\omega).$$

注 如果 $\lim\limits_{t\to+\infty}\int_{-\infty}^{t} f(\tau)\mathrm{d}\tau = F(0) \neq 0$，利用卷积性质可得

$$\mathscr{F}\left[\int_{-\infty}^{t} f(\tau)\mathrm{d}\tau\right] = \frac{1}{\mathrm{i}\omega}F(\omega) + \pi F(0)\delta(\omega).$$

傅里叶变换的微分性和积分性表明：原函数的微分和积分的运算经过傅里叶变换后，变成了像函数的代数运算. 因此，利用傅里叶变换可以求某些线性微分、积分方程.

例 7.16 设 $\lim\limits_{|t|\to+\infty} x(t) = 0$，$\int_{-\infty}^{+\infty} x(t)\mathrm{d}t = 0$. 求微分、积分方程

$$x'(t) - 4\int_{-\infty}^{t} x(s)\mathrm{d}s = \delta(t)$$

的解.

解 记 $X(\omega) = \mathscr{F}[x(t)]$，方程两边作傅里叶变换，得

$$\mathrm{i}\omega X(\omega) - \frac{4}{\mathrm{i}\omega}X(\omega) = 1.$$

解上述代数方程得

$$X(\omega) = \frac{-\mathrm{i}\omega}{(\omega^2+4)}.$$

由傅里叶逆变换定义

$$x(t) = \frac{-\mathrm{i}}{2\pi}\int_{-\infty}^{+\infty} \frac{\omega}{(\omega^2+4)}\mathrm{e}^{\mathrm{i}\omega t}\mathrm{d}\omega.$$

上述广义积分可利用留数定理计算. 当 $t > 0$ 时，

$$x(t) = \frac{-i}{2\pi} \times 2\pi i \times \text{Res}\left[\frac{\omega}{(\omega^2+4)}e^{i\omega t}, \ 2i\right]$$

$$= \lim_{\omega \to 2i} \frac{\omega}{\omega+2i}e^{i\omega t} = \frac{1}{2}e^{-2t}.$$

当 $t=0$ 时，$x(t) = \frac{-i}{\pi}\int_{-\infty}^{+\infty}\frac{\omega}{(\omega^2+4)}d\omega = 0.$

当 $t<0$ 时，令 $\omega=-u$，仿照 $t>0$ 时计算，得

$$x(t) = \frac{-i}{2\pi}\int_{-\infty}^{+\infty}\frac{\omega}{(\omega^2+4)}e^{i\omega t}d\omega = \frac{i}{2\pi}\int_{-\infty}^{+\infty}\frac{u}{(u^2+4)}e^{iu(-t)}du$$

$$= \frac{i}{2\pi} \times 2\pi i \times \text{Res}\left[\frac{u}{(u^2+4)}e^{iu(-t)}, \ 2i\right]$$

$$= -\lim_{u \to 2i}\frac{u}{u+2i}e^{iu(-t)} = -\frac{1}{2}e^{2t}.$$

所以原方程的解为

$$x(t) = \begin{cases} \dfrac{1}{2}e^{-2t}, & t>0, \\[2mm] 0, & t=0, \\[2mm] -\dfrac{1}{2}e^{2t}, & t<0. \end{cases}$$

7.4.2 傅里叶变换的卷积与卷积定理

首先给出 $(-\infty, +\infty)$ 上的卷积定义.

定义 7.7 设 $f_1(t)$, $f_2(t)$ 是定义在 $(-\infty, +\infty)$ 上的两个函数，如果积分

$$\int_{-\infty}^{+\infty}f_1(s)f_2(t-s)ds$$

存在，称其为函数 $f_1(t)$, $f_2(t)$ 的卷积，记为

$$f_1(t) * f_2(t) = \int_{-\infty}^{+\infty}f_1(s)f_2(t-s)ds. \tag{7-47}$$

例 7.17 求下列函数的卷积

$$f_1(t) = \begin{cases} 0, & t<0, \\ 2, & t \geqslant 0, \end{cases} \quad f_2(t) = \begin{cases} 0, & t<0, \\ e^{-t}, & t \geqslant 0. \end{cases}$$

解 由于当 $s < 0$ 时，$f_1(s) = 0$，当 $s > t$ 时，$f_2(t-s) = 0$. 因此，由卷积定义可知，当 $t \leqslant 0$ 时，$f_1(t) * f_2(t) = 0$. 当 $t > 0$ 时，

$$\begin{aligned}
f_1(t) * f_2(t) &= \int_{-\infty}^{+\infty} f_1(s) f_2(t-s) \mathrm{d}s \\
&= \int_0^t f_1(s) f_2(t-s) \mathrm{d}s \\
&= \int_0^t 2\mathrm{e}^{-(t-s)} \mathrm{d}s = 2\mathrm{e}^{-t} \int_0^t \mathrm{e}^s \mathrm{d}s \\
&= 2(1 - \mathrm{e}^{-t}).
\end{aligned}$$

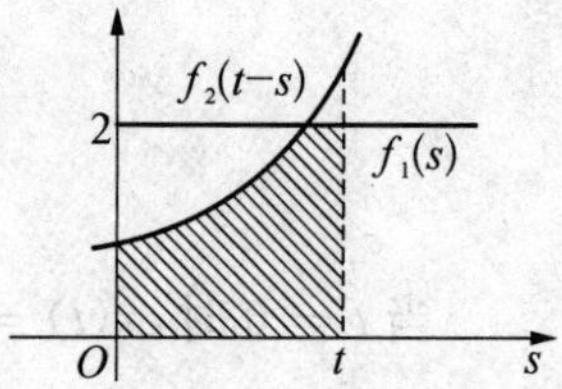

图 7-6 积分区域

对于傅里叶变换有如下的卷积定理.

定理 7.3（卷积定理） 设 $F(\omega) = \mathscr{F}[f(t)]$，$G(\omega) = \mathscr{F}[g(t)]$，则

$$\mathscr{F}[f * g] = \mathscr{F}[f(t)] \cdot \mathscr{F}[g(t)] = F(\omega) \cdot G(\omega), \tag{7-48}$$

$$\mathscr{F}[f \cdot g] = \frac{1}{2\pi} \mathscr{F}[f(t)] * \mathscr{F}[g(t)] = \frac{1}{2\pi} F(\omega) * G(\omega). \tag{7-49}$$

证明

$$\begin{aligned}
\mathscr{F}[f * g] &= \int_{-\infty}^{+\infty} \left[\int_{-\infty}^{+\infty} f(s) g(t-s) \mathrm{d}s \right] \mathrm{e}^{-\mathrm{i}\omega t} \mathrm{d}t \\
&= \int_{-\infty}^{+\infty} f(s) \left[\int_{-\infty}^{+\infty} g(t-s) \mathrm{e}^{-\mathrm{i}\omega t} \mathrm{d}t \right] \mathrm{d}s \\
&= \int_{-\infty}^{+\infty} f(s) \mathscr{F}[g(t-s)] \mathrm{d}s.
\end{aligned}$$

令 $\xi = t - s$，则

$$\begin{aligned}
\mathscr{F}[g(t-s)] &= \int_{-\infty}^{+\infty} g(t-s) \mathrm{e}^{-\mathrm{i}\omega t} \mathrm{d}t = \int_{-\infty}^{+\infty} g(\xi) \mathrm{e}^{-\mathrm{i}\omega\xi} \mathrm{e}^{-\mathrm{i}\omega s} \mathrm{d}\xi \\
&= \mathrm{e}^{-\mathrm{i}\omega s} G(\omega).
\end{aligned}$$

从而

$$\mathscr{F}[f * g] = \int_{-\infty}^{+\infty} f(s) \mathrm{e}^{-\mathrm{i}\omega s} G(\omega) \mathrm{d}s = F(\omega) \cdot G(\omega).$$

$$\mathscr{F}[f \cdot g] = \int_{-\infty}^{+\infty} f(t)g(t)\mathrm{e}^{-\mathrm{i}\omega t}\,\mathrm{d}t$$

$$= \int_{-\infty}^{+\infty}\left[\frac{1}{2\pi}\int_{-\infty}^{+\infty}F(s)\mathrm{e}^{\mathrm{i}st}\,\mathrm{d}s\right]g(t)\mathrm{e}^{-\mathrm{i}\omega t}\,\mathrm{d}t$$

$$= \frac{1}{2\pi}\int_{-\infty}^{+\infty}F(s)\left[\int_{-\infty}^{+\infty}g(t)\mathrm{e}^{-\mathrm{i}(\omega-s)t}\,\mathrm{d}t\right]\mathrm{d}s$$

$$= \frac{1}{2\pi}\int_{-\infty}^{+\infty}F(s)G(\omega-s)\,\mathrm{d}s$$

$$= \frac{1}{2\pi}F(\omega) * G(\omega).$$

称式(7-48)为时域卷积定理,式(7-49)为频域卷积定理.

卷积定理建立了时域与频域之间最重要的联系,即时域的卷积对应频域的乘积.利用傅里叶变换的性质,可以将复杂的卷积、微分和积分关系式表示为简单的代数关系式,这将为我们对复杂系统的研究带来极大的方便.

例 7.18 求 $f(t) = tu(t)\mathrm{e}^{\mathrm{i}t}$ 的傅里叶变换,其中 $u(t)$ 为单位阶跃函数.

解 由于 $\mathscr{F}[\mathrm{e}^{\mathrm{i}t}] = 2\pi\delta(\omega-1)$,

$$\mathscr{F}[tu(t)] = \mathrm{i}\frac{\mathrm{d}}{\mathrm{d}\omega}\mathscr{F}[u(t)] = \mathrm{i}\frac{\mathrm{d}}{\mathrm{d}\omega}\left[\frac{1}{\mathrm{i}\omega} + \pi\delta(\omega)\right]$$

$$= -\frac{1}{\omega^2} + \mathrm{i}\pi\delta'(\omega).$$

由卷积定理,得

$$\mathscr{F}[f(t)] = \mathscr{F}[tu(t)\mathrm{e}^{\mathrm{i}t}] = \frac{1}{2\pi}\mathscr{F}[\mathrm{e}^{\mathrm{i}t}] * \mathscr{F}[tu(t)]$$

$$= \frac{1}{2\pi}[2\pi\delta(\omega-1)] * \left[-\frac{1}{\omega^2} + \mathrm{i}\pi\delta'(\omega)\right]$$

$$= \frac{1}{2\pi}\int_{-\infty}^{+\infty}2\pi\delta(s-1) \cdot \left[-\frac{1}{(\omega-s)^2} + \mathrm{i}\pi\delta'(\omega-s)\right]\mathrm{d}s$$

$$= \left[-\frac{1}{(\omega-1)^2} + \mathrm{i}\pi\delta'(\omega-1)\right].$$

例 7.19 设 $\mathscr{F}[f(t)] = F(\omega)$,若 $\lim\limits_{t\to+\infty}\int_{-\infty}^{t}f(s)\mathrm{d}s = F(0) \neq 0$,则

$$\mathscr{F}\left[\int_{-\infty}^{t} f(s)\,\mathrm{d}s\right] = \frac{F(\omega)}{\mathrm{i}\omega} + \pi F(0)\delta(0).$$

证明 令 $g(t) = \int_{-\infty}^{t} f(s)\,\mathrm{d}s$，则 $g(t) = f(t) * u(t)$.

$$\mathscr{F}\left[\int_{-\infty}^{t} f(s)\,\mathrm{d}s\right] = \mathscr{F}[f(t) * u(t)] = \mathscr{F}[f(t)] \cdot \mathscr{F}[u(t)]$$

$$= F(\omega)\left[\frac{1}{\mathrm{i}\omega} + \pi\delta(\omega)\right]$$

$$= \frac{F(\omega)}{\mathrm{i}\omega} + \pi F(0)\delta(\omega).$$

最后一个等式利用了 δ 函数乘时间函数性质，即 $F(\omega)\delta(\omega) = F(0)\delta(\omega)$.

7.4.3 傅里叶变换的应用

傅里叶变换在数学领域及工程技术等方面有着非常广泛的应用. 例如，频谱分析在现代声学、语音通信、声呐、地震、核科学，乃至生物医学工程等信号的研究发挥着重要的作用. 傅里叶变换也是求解微分、积分方程、数学物理方程等问题的一种有效数学工具. 运用傅里叶变换，求某些数学物理方程的定解问题将在第 11 章中作详细介绍. 以下仅举例说明傅里叶变换在求解常微分方程和积分方程中的应用.

例 7.20 求解二阶常系数非齐次常微分方程

$$x''(t) - x(t) = -f(t), \quad -\infty < t < +\infty,$$

其中 $f(t)$ 为已知函数.

解 记 $\mathscr{F}[x(t)] = X(\omega)$，$F(\omega) = \mathscr{F}[f(t)]$. 方程两端作傅里叶变换，并利用微分性，得

$$-\omega^2 X(\omega) - X(\omega) = -F(\omega).$$

即

$$X(\omega) = \frac{F(\omega)}{1 + \omega^2}.$$

上式两端求傅里叶逆变换，并利用卷积定理，得

$$x(t) = \mathscr{F}^{-1}\left[\frac{F(\omega)}{1 + \omega^2}\right] = \mathscr{F}^{-1}\left[\frac{1}{1 + \omega^2}\right] * \mathscr{F}^{-1}[F(\omega)].$$

200

由例 7.15 知

$$\mathscr{F}[e^{-|t|}] = \frac{2}{1+\omega^2}.$$

从而

$$x(t) = \frac{1}{2} e^{-|t|} * f(t) = \frac{1}{2} \int_{-\infty}^{+\infty} f(\xi) e^{-|t-\xi|} \, d\xi.$$

例 7.21 求积分方程

$$\int_0^{+\infty} x(\omega) \sin \omega t \, d\omega = e^{-t} \, (t > 0).$$

解 积分方程等价于

$$\frac{2}{\pi} \int_0^{+\infty} x(\omega) \sin \omega t \, d\omega = \frac{2}{\pi} e^{-t}.$$

由傅里叶正弦变换可知,$\dfrac{2}{\pi} e^{-t}$ 为 $x(\omega)$ 的傅里叶正弦逆变换. 从而有

$$x(\omega) = \int_0^{+\infty} \frac{2}{\pi} e^{-t} \sin \omega t \, dt.$$

记 $I = \displaystyle\int_0^{+\infty} e^{-t} \sin \omega t \, dt$,分部积分二次,得 $I = \dfrac{\omega}{1+\omega^2}$,所以

$$x(\omega) = \frac{2}{\pi} \cdot \frac{\omega}{1+\omega^2}.$$

例 7.22 求解下列积分方程

$$\int_{-\infty}^{+\infty} e^{-|t-\xi|} x(\xi) \, d\xi = f(t),$$

其中

$$f(t) = \begin{cases} e^{-t} - \dfrac{1}{2} e^{-2t}, & t \geqslant 0, \\[2mm] e^{t} - \dfrac{1}{2} e^{2t}, & t < 0. \end{cases}$$

解 记 $\mathscr{F}[x(t)] = X(\omega)$,$F(\omega) = \mathscr{F}[f(t)]$.

$$F(\omega) = \mathscr{F}[f(t)] = \int_{-\infty}^{+\infty} f(t) e^{-i\omega t} dt$$

$$= \int_{-\infty}^{0} \left(e^{t} - \frac{1}{2} e^{2t} \right) e^{-i\omega t} dt + \int_{0}^{+\infty} \left(e^{-t} - \frac{1}{2} e^{-2t} \right) e^{-i\omega t} dt$$

$$= \frac{1}{(1-i\omega)} e^{(1-i\omega)t} \bigg|_{-\infty}^{0} - \frac{1}{2} \frac{1}{(2-i\omega)} e^{(2-i\omega)t} \bigg|_{-\infty}^{0} + $$

$$\frac{1}{-(1+i\omega)} e^{-(1+i\omega)t} \bigg|_{0}^{+\infty} + \frac{1}{2} \frac{1}{(2+i\omega)} e^{(2+i\omega)t} \bigg|_{0}^{+\infty}$$

$$= \frac{1}{(1-i\omega)} - \frac{1}{2(2-i\omega)} + \frac{1}{(1+i\omega)} - \frac{1}{2(2+i\omega)}$$

$$= \frac{6}{(\omega^2 + 4)(\omega^2 + 1)}.$$

由例 7.15 知

$$\mathscr{F}[e^{-|t|}] = \frac{2}{1+\omega^2}.$$

方程两端求傅里叶变换,并利用卷积性,得

$$\frac{2}{1+\omega^2} X(\omega) = F(\omega) = \frac{6}{(\omega^2 + 4)(\omega^2 + 1)},$$

从而得

$$X(\omega) = \frac{3}{(\omega^2 + 4)}.$$

求傅里叶逆变换

$$x(t) = \mathscr{F}^{-1} \left[\frac{3}{\omega^2 + 4} \right] = \frac{3}{2\pi} \int_{-\infty}^{+\infty} \frac{1}{\omega^2 + 4} e^{i\omega t} d\omega.$$

当 $t \geqslant 0$ 时

$$x(t) = \frac{3}{2\pi} \int_{-\infty}^{+\infty} \frac{1}{\omega^2 + 4} e^{i\omega t} d\omega = \frac{3}{2\pi} \cdot 2\pi i \text{Res} \left[\frac{1}{\omega^2 + 4} e^{i\omega t}, \ 2i \right]$$

$$= 3i \times \frac{e^{-2t}}{4i} = \frac{3}{4} e^{-2t}.$$

当 $t < 0$ 时

$$x(t) = \frac{3}{2\pi}\int_{-\infty}^{+\infty}\frac{1}{\omega^2+4}\mathrm{e}^{\mathrm{i}(-\omega)(-t)}\mathrm{d}\omega = \frac{3}{2\pi}\cdot 2\pi\mathrm{i}\mathrm{Res}\left[\frac{1}{\omega^2+4}\mathrm{e}^{-\mathrm{i}\omega t},\ 2\mathrm{i}\right]$$

$$= 3\mathrm{i}\times\frac{\mathrm{e}^{2t}}{4\mathrm{i}} = \frac{3}{4}\mathrm{e}^{2t}.$$

所以,原方程解为

$$x(t) = \begin{cases} \dfrac{3}{4}\mathrm{e}^{-2t}, & t \geqslant 0, \\[2mm] \dfrac{3}{4}\mathrm{e}^{2t}, & t < 0. \end{cases}$$

习 题 7

A 套

1. 求下列函数的傅里叶积分:

(1) $f(t) = \begin{cases} 1-t^2, & |t| < 1, \\ 0, & |t| > 1. \end{cases}$
(2) $f(t) = \begin{cases} \sin t, & |t| \leqslant \pi, \\ 0, & |t| > \pi. \end{cases}$

(3) $f(t) = \begin{cases} -1, & -1 < t < 0, \\ 1, & 0 < t < 1, \\ 0, & |t| \geqslant 1; \end{cases}$
(4) $f(t) = \begin{cases} 1-\cos t, & |t| \leqslant \dfrac{\pi}{2}, \\ 0, & |t| > \dfrac{\pi}{2}. \end{cases}$

2. 求下列函数的傅里叶积分,并证明广义积分:

(1) $f(t) = \begin{cases} \cos t, & |t| \leqslant \pi, \\ 0, & |t| > \pi, \end{cases}$ 证明 $\displaystyle\int_0^{+\infty}\frac{\omega\sin\omega\pi\cos\omega t}{1-\omega^2}\mathrm{d}\omega = \begin{cases} \dfrac{\pi}{2}\cos t, & |t| \leqslant \pi, \\ 0, & |t| > \pi. \end{cases}$

(2) $f(t) = \mathrm{e}^{-|t|}\cos t$, 证明 $\displaystyle\int_0^{+\infty}\frac{\omega^2+2}{\omega^4+4}\cos\omega t\,\mathrm{d}\omega = \frac{\pi}{2}\mathrm{e}^{-|t|}\cos t.$

3. 求下列函数的傅里叶变换:

(1) $f(t) = \begin{cases} \cos 2\pi t, & |t| < 1, \\ 0, & |t| \geqslant 1. \end{cases}$
(2) $f(t) = \begin{cases} \mathrm{e}^{-t}\sin 2\pi t, & t \geqslant 0, \\ 0, & t < 0. \end{cases}$

4. 求下列函数的傅里叶变换:

(1) $f(t) = \delta(t-1)(t-2)^2 \sin t.$　　　(2) $f(t) = u(t)e^{-t}\cos t.$

(3) $f(t) = \delta(t) + 2\delta'(t) + 3\delta''(t).$　　(4) $f(t) = \sin t \cos t.$

(5) $f(t) = \dfrac{1}{a^2 + t^2}\ (a > 0);$　　　(6) $f(t) = te^{-it}\sin t.$

5. 设 $F(\omega) = \mathscr{F}[f(t)]$，证明：$F(-\omega) = \mathscr{F}[f(-t)].$

6. 设 $F(\omega) = \mathscr{F}[f(t)]$，证明：$|F(\omega)| = |F(-\omega)|.$

7. 求下列函数的傅里叶逆变换：

(1) $F(\omega) = \delta(\omega + 2) - \delta(\omega - 2).$　　(2) $F(\omega) = -2\pi\delta''(\omega).$

(3) $F(\omega) = \cos 2\omega.$　　　　　　(4) $F(\omega) = \dfrac{1}{2 + \omega^2}.$

(5) $F(\omega) = \dfrac{-2i\omega}{(\omega^2 + 1)(\omega^2 + 4)}.$　　(6) $F(\omega) = \dfrac{2\sin\omega}{\omega}.$

8. 已知 $F(\omega) = \mathscr{F}[f(t)]$，求下列函数的傅里叶变换：

(1) $g(t) = tf(2t).$　　　　　　(2) $g(t) = (t-2)f(-2t).$

(3) $g(t) = f(2t - 5).$　　　　　(4) $g(t) = tf'(t),\ \lim\limits_{|t| \to +\infty} f(t) = 0.$

9. 已知

$$f(t) = \begin{cases} e^{-t}, & t \geqslant 0, \\ 0, & t < 0, \end{cases} \qquad g(t) = \begin{cases} \sin t, & 0 \leqslant t \leqslant \dfrac{\pi}{2}, \\ 0, & \text{否则}. \end{cases}$$

计算卷积 $f(t) * g(t).$

10. 利用傅里叶变换求下列方程的解：

(1) $x''(t) - x(t) = \delta(t).$

(2) $x'(t) - 9\displaystyle\int_{-\infty}^{t} x(s)\mathrm{d}s = e^{-|t|}$，其中 $\displaystyle\int_{-\infty}^{+\infty} x(t)\mathrm{d}t = 0.$

B 套

1. 求函数 $f(t) = e^{-at}$ 的傅里叶正弦和余弦变换，其中 $a > 0$.

2. 利用傅里叶余弦变换，证明：$\displaystyle\int_{0}^{+\infty} \dfrac{1}{1 + \xi^2}\cos t\xi \mathrm{d}\xi = \dfrac{\pi}{2}e^{-t}$，其中 $t > 0$.

3. 利用像函数的微分性，求函数 $f(t) = e^{-t^2}$ 的傅里叶变换.

4. 利用留数定理，计算函数 $f(t) = \dfrac{t^2}{(1 + t^2)^2}$ 的傅里叶变换.

5. 利用卷积定理，求函数 $e^{-\beta t}u(t)\sin bt\ (\beta > 0)$ 的傅里叶变换.

6. 利用傅里叶变换，解下列积分方程：

(1) $\displaystyle\int_{-\infty}^{+\infty} \frac{y(\xi)}{(t-\xi)^2+a^2}\mathrm{d}\xi = \frac{1}{t^2+b^2}, \quad 0 < a < b.$

(2) $\displaystyle\int_0^{+\infty} y(\xi)\sin\omega\xi\,\mathrm{d}\xi = \begin{cases} \sin\omega, & 0 \leqslant \omega \leqslant \pi, \\ 0, & \omega > \pi. \end{cases}$

7. 利用函数 $f(t) = \begin{cases} 0, & t < 0, \\ \dfrac{\pi}{2}, & t = 0, \\ \pi\mathrm{e}^{-t}, & t > 0 \end{cases}$ 的傅里叶积分表达式，计算广义积分

$$I = \int_0^{+\infty} \frac{\cos 2t + t\sin 2t}{1+t^2}\mathrm{d}t.$$

8. 设 $f(t)$ 为复值函数，$F(\omega) = \mathscr{F}[f(t)]$，$\overline{F}(\omega) = \displaystyle\int_{-\infty}^{+\infty} \overline{f}(t)\mathrm{e}^{\mathrm{i}\omega t}\,\mathrm{d}t.$ 证明：

$$\int_{-\infty}^{+\infty} |f(t)|^2\mathrm{d}t = \frac{1}{2\pi}\int_{-\infty}^{+\infty} |F(\omega)|^2\mathrm{d}\omega.$$

上式称为帕斯瓦尔(Parseval)等式.

第 8 章　拉普拉斯变换

拉普拉斯(Laplace)变换理论始于 19 世纪末,其在电学、光学、力学等工程技术与科学领域中有着广泛的应用,是现代电路与系统分析的重要方法. 由于拉普拉斯变换对函数 $f(t)$ 要求的条件比傅里叶变换的条件要弱,因此,在某些问题上,它比傅里叶变换的适用面更广.

本章首先从傅里叶变换的定义出发,导出拉普拉斯变换的定义,并研究它的一些基本性质,然后给出拉普拉斯逆变换的求法,最后介绍拉普拉斯变换在求解常微分方程及计算广义积分中的应用.

8.1　拉普拉斯变换的概念

8.1.1　拉普拉斯变换的存在性

对一个函数作傅里叶变换,要求该函数满足在无穷区间 $(-\infty, +\infty)$ 有定义,在任意一个有限区间上满足狄利克雷条件,且绝对可积. 这是一个比较苛刻的条件. 一些常用的函数,如单位阶跃函数 $u(t)$,三角函数 $\sin t$, $\cos t$ 等均不满足这些要求,这就限制了傅里叶变换的应用范围. 另外,在物理、线性控制等实际应用中,许多以时间为自变量的函数,往往当 $t < 0$ 时没有意义,或者不需要知道 $t < 0$ 时的情况.

为了解决上述问题而拓宽应用范围,人们发现对于任意一个实函数 $\phi(t)$,可以经过适当地改造以满足傅里叶变换存在性定理的基本条件.

设 $f(t) = \phi(t)u(t)$,其中,$u(t)$ 为单位阶跃函数,对 $f(t)$ 作傅里叶变换,得

$$\mathscr{F}[f(t)] = \int_{-\infty}^{+\infty} \phi(t)u(t)\mathrm{e}^{-\mathrm{i}\omega t}\mathrm{d}t = \int_{0}^{+\infty} f(t)\mathrm{e}^{-\mathrm{i}\omega t}\mathrm{d}t,$$

经上述处理,解决了 $\phi(t)$ 当 $t < 0$ 时没有定义的问题,但仍不能回避 $f(t)$ 在 $[0, +\infty]$ 上绝对可积的限制. 为此,可用当 $t \to +\infty$ 时,快速衰减的函数 $\mathrm{e}^{-\sigma t}$ ($\sigma > 0$) 乘以 $f(t)$,并作傅里叶变换

$$\mathscr{F}[f(t)] = \int_{-\infty}^{+\infty} \phi(t)u(t)\mathrm{e}^{-\sigma t}\mathrm{e}^{-\omega t}\mathrm{d}t = \int_{0}^{+\infty} f(t)\mathrm{e}^{-(\sigma+\mathrm{i}\omega)t}\mathrm{d}t.$$

图 8-1 表示 $\phi(t)$ 与 $\phi(t)u(t)\mathrm{e}^{-\sigma t}$ 的图像.

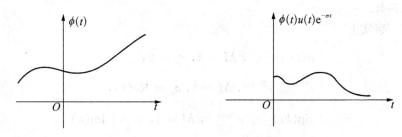

图 8-1 $\phi(t)$ 与 $\phi(t)u(t)\mathrm{e}^{-\sigma t}$ 的图像

定义 8.1 设 $f(t)$ 是 $[0,+\infty]$ 上的实（或复）值函数,若对参数 $p=\sigma+\mathrm{i}\omega$,$F(p)=\displaystyle\int_0^{+\infty}f(t)\mathrm{e}^{-pt}\mathrm{d}t$ 在 p 平面的某一区域内收敛,则称其为 $f(t)$ 的拉普拉斯变换,记为

$$\mathscr{L}[f(t)]=F(p)=\int_0^{+\infty}f(t)\mathrm{e}^{-pt}\mathrm{d}t, \tag{8-1}$$

称 $f(t)$ 为 $F(p)$ 的拉普拉斯逆变换,记为 $f(t)=\mathscr{L}^{-1}[F(p)]$. 称 $F(p)$ 为像函数,$f(t)$ 为像原函数.

从定义可知, $f(t)(t\geqslant 0)$ 的拉普拉斯变换实际上就是 $f(t)u(t)\mathrm{e}^{-\sigma t}$ 的傅里叶变换,称为一种单边的广义傅里叶变换.

比较傅里叶变换和拉普拉斯变换的表达式可知二者区别是:傅里叶变换是将时域函数 $f(t)$ 变成频域函数 $F(\omega)$ 的变换,其时域变量 t 和频域变量 ω 均为实数;而拉普拉斯变换是将时域函数 $f(t)$ 变为复频域函数 $F(p)$ 的变换,其时域变量 t 为实数,而频域变量 p 为复数. 因此,拉普拉斯变换建立了时域和复频域之间的关系.

令 $\mathscr{D}=\{f(t)\mid f(t)=\mathscr{L}^{-1}[F(p)]\}$, $\mathscr{R}=\{F(p)\mid F(p)=\mathscr{L}[f(t)]\}$,称 $\mathscr{D}$ 为原像空间, $\mathscr{R}$ 为像空间.

拉普拉斯变换扩大了傅里叶变换的应用范围. 那么当时域函数 $f(t)$ 满足什么条件时,拉普拉斯变换存在? 或函数 $f(t)\mathrm{e}^{-pt}$ 在区间 $[0,+\infty)$ 上绝对可积?

定义 8.2 对于实变量的实值（或复值）函数 $f(t)$,若存在 $M>0$ 及实数 σ_c,使得

$$|f(t)|\leqslant M\mathrm{e}^{\sigma_\mathrm{c}t},\ \forall t\geqslant 0, \tag{8-2}$$

则称 $f(t)$ 为指数级函数, σ_c 称为增长指数.

图 8-2 为指数增长函数.

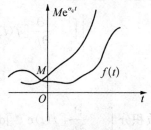

图 8-2 指数增长函数

例 8.1 单位阶跃函数 $u(t)$，指数函数 e^{kt}，正弦函数 $\sin(kt)$，幂函数 t^n 等均为指数级函数.

解 事实上

$$|u(t)| \leqslant e^{0t}, \ M = 1, \ \sigma_c = 0,$$

$$|e^{kt}| \leqslant e^{\mathrm{Re}(k)t}, \ M = 1, \ \sigma_c = \mathrm{Re}(k),$$

$$|\sin(kt)| \leqslant e^{|\mathrm{Im}(k)|t}, \ M = 1, \ \sigma_c = |\mathrm{Im}(k)|,$$

$$|t^n| \leqslant n! e^t, \ M = n!, \ \sigma_c = 1.$$

并非所有的函数均为指数级函数，例如：$f(t) = e^{t^2}$.

定理 8.1（拉普拉斯变换存在定理） 若函数 $f(t)$ 满足：

(1) 在 $t \geqslant 0$ 的任一有限区间上分段连续.

(2) 当 $t \to +\infty$ 时，$f(t)$ 为指数级函数.

则 $F(p) = \mathscr{L}[f(t)] = \int_0^{+\infty} f(t) e^{-pt} \mathrm{d}t$ 在半平面 $\mathrm{Re}(p) > \sigma_c$ 上存在且解析. 其中，σ_c 为 $f(t)$ 的增长指数.

证明 首先证明 $F(p) = \int_0^{+\infty} f(t) e^{-pt} \mathrm{d}t$ 的存在性.

由于 $f(t)$ 为指数级函数，存在常数 $M > 0$ 和实数 σ_c，使得

$$|f(t)| \leqslant M e^{\sigma_c t} \quad (\forall t \geqslant 0),$$

从而

$$\int_0^{+\infty} |f(t) e^{-pt}| \, \mathrm{d}t \leqslant \int_0^{+\infty} M e^{-(\sigma - \sigma_c)t} \mathrm{d}t = \frac{M}{\sigma - \sigma_c} \quad (\sigma > \sigma_c).$$

所以上述积分绝对收敛，且 $F(p)$ 在右半平面 $\mathrm{Re}(p) = \sigma > \sigma_c$ 存在.

其次，证明 $F(p)$ 解析. 为此，在积分号内对 p 求偏导数，并取 $\sigma > \sigma_1 > \sigma_c$（$\sigma_1$ 为任意实常数），则有

$$\left| \int_0^{+\infty} \frac{\partial}{\partial p} [f(t) e^{-pt}] \mathrm{d}t \right| \leqslant \int_0^{+\infty} \left| \frac{\partial}{\partial p} [f(t) e^{-pt}] \right| \mathrm{d}t$$

$$\leqslant \int_0^{+\infty} M t e^{-(\sigma_1 - \sigma_c)t} \mathrm{d}t = \frac{M}{(\sigma_1 - \sigma_c)^2},$$

故积分 $\int_0^{+\infty} \frac{\partial}{\partial p} [f(t) e^{-pt}] \mathrm{d}t$ 在半平面 $\mathrm{Re}(p) = \sigma > \sigma_c$ 上一致收敛，从而可交换积

分与求导的次序,即

$$\frac{\mathrm{d}}{\mathrm{d}p}F(p) = \frac{\mathrm{d}}{\mathrm{d}p}\int_0^{+\infty} f(t)\mathrm{e}^{-pt}\mathrm{d}t = \int_0^{+\infty} \frac{\partial}{\partial p}[f(t)\mathrm{e}^{-pt}]\mathrm{d}t \leqslant \frac{M}{(\sigma_1 - \sigma_c)^2},$$

故 $F(p)$ 的导数在 $\mathrm{Re}(p) = \sigma > \sigma_c$ 上处处存在且有限. 由此可见,$F(p)$ 在半平面 $\mathrm{Re}(p) = \sigma > \sigma_c$ 内解析.

注 (1) 由定理 8.1 证明知,当 $f(t)$ 满足定理的条件时,

$$\lim_{\mathrm{Re}\,p \to +\infty} F(p) = 0.$$

(2) 由于增长指数不唯一,记 σ_0 为使 $|f(t)| \leqslant M\mathrm{e}^{\sigma_c t}$ 成立的最小的增长指数,则称其为收敛坐标,称 $\mathrm{Re}\,p = \sigma_0$ 为收敛轴.σ_0 的值是由 $f(t)$ 的性质所确定.根据 σ_0 的值,可将 p 平面(复频率平面)分为两个区域,收敛轴以右的区域(不包括收敛轴在内)即为收敛域,收敛轴以左(包括收敛轴在内)则为非收敛域.可见 $f(t)$ 或 $F(p)$ 的收敛域就是在 p 平面上能使

$$\lim_{t \to +\infty} f(t)\mathrm{e}^{-\sigma t} = 0 \quad (\sigma > \sigma_0),$$

满足的 σ 的取值范围,意即 σ 只有在收敛域内取值,$f(t)$ 的拉普拉斯变换 $F(p)$ 才能存在,且一定存在.

(3) 存在定理 8.1 中的条件是充分但非必要条件,例如:$\mathscr{L}[t^{-1/2}] = \dfrac{\sqrt{\pi}}{\sqrt{p}}$ (见例题 8.6),但 $t = 0$ 为 $t^{-1/2}$ 的无穷间断点.

8.1.2 常用函数的拉普拉斯变换

在电路分析中,常用的时域函数为单位阶跃函数 $u(t)$,脉冲函数 $\delta(t)$,指数函数 e^{-at},正弦函数 $\sin \omega t$ 和余弦函数 $\cos \omega t$ 等,下面给出这些函数的拉普拉斯变换,读者要熟悉这些常用函数的拉氏变换,以便能熟练应用.

例 8.2 求单位阶跃函数 $u(t) = \begin{cases} 0 & (t < 0), \\ 1 & (t > 0) \end{cases}$ 的拉氏变换.

解

$$\mathscr{L}[u(t)] = \int_0^{+\infty} \mathrm{e}^{-pt}\mathrm{d}t = -\frac{1}{p}\mathrm{e}^{-pt}\Big|_0^{+\infty}.$$

由于

$$|\mathrm{e}^{-pt}| = |\mathrm{e}^{-(\sigma+\mathrm{i}\omega t)}| = \mathrm{e}^{-\sigma t},$$

当 $\mathrm{Re}\,p = \sigma > 0$ 时,$\lim\limits_{t \to +\infty} \mathrm{e}^{-pt} = 0$,从而有

$$\mathscr{L}[u(t)] = \frac{1}{p} \quad (\operatorname{Re}p > 0),$$

同理可得

$$\mathscr{L}[u(t-b)] = \int_0^{+\infty} u(t-b)\mathrm{e}^{-pt}\mathrm{d}t = \int_b^{+\infty} \mathrm{e}^{-pt}\mathrm{d}t$$

$$= -\frac{1}{p}\mathrm{e}^{-pt}\Big|_b^{+\infty} = \frac{1}{p}\mathrm{e}^{-pb} \quad (\operatorname{Re}p > 0).$$

例 8.3　求指数函数 $f(t) = \mathrm{e}^{kt}$ 的拉氏变换.
解

$$\mathscr{L}[f(t)] = \int_0^{+\infty} \mathrm{e}^{kt}\mathrm{e}^{-pt}\mathrm{d}t = \int_0^{+\infty} \mathrm{e}^{-(p-k)t}\mathrm{d}t$$

$$= -\frac{1}{p-k}\mathrm{e}^{-(p-k)t}\Big|_0^{+\infty} = \frac{1}{p-k} \quad (\operatorname{Re}p > \operatorname{Re}k).$$

例 8.4　求正弦函数 $f(t) = \sin kt$ 和余弦函数 $f(t) = \cos kt$ 的拉氏变换.
解

$$\mathscr{L}[f(t)] = \int_0^{+\infty} \sin kt\,\mathrm{e}^{-pt}\mathrm{d}t = \int_0^{+\infty} \frac{\mathrm{e}^{ikt} - \mathrm{e}^{-ikt}}{2i}\mathrm{e}^{-pt}\mathrm{d}t$$

$$= \frac{1}{2i}\int_0^{+\infty} [\mathrm{e}^{-(p-ik)} - \mathrm{e}^{-(p+ik)}]\mathrm{d}t = \frac{1}{2i}\left(\frac{1}{p-ik} - \frac{1}{p+ik}\right)$$

$$= \frac{k}{p^2 + k^2} \quad (\operatorname{Re}p > |\operatorname{Im}k|),$$

同理可得

$$\mathscr{L}[\cos kt] = \frac{p}{p^2 + k^2} \quad (\operatorname{Re}p > |\operatorname{Im}k|).$$

例 8.5　求幂函数 $f(t) = t$ 和 $f(t) = t^2$ 的拉氏变换.
解

$$\mathscr{L}[t] = \int_0^{+\infty} t\mathrm{e}^{-pt}\mathrm{d}t = -\frac{t}{p}\mathrm{e}^{-pt}\Big|_0^{+\infty} + \frac{1}{p}\int_0^{+\infty} \mathrm{e}^{-pt}\mathrm{d}t,$$

当 $\operatorname{Re}p = \sigma > 0$ 时,

$$\lim_{t\to+\infty} \mathrm{e}^{-pt} = 0, \ \lim_{t\to+\infty} t\mathrm{e}^{-pt} = 0,$$

从而

$$\mathscr{L}[t] = \frac{1}{p}\int_0^{+\infty} \mathrm{e}^{-pt}\,\mathrm{d}t = -\frac{1}{p^2}\mathrm{e}^{-pt}\Big|_0^{+\infty} = \frac{1}{p^2}.$$

同理,利用

$$\lim_{t\to+\infty}\mathrm{e}^{-pt} = 0,\ \lim_{t\to+\infty} t\mathrm{e}^{-pt} = 0,\ \lim_{t\to+\infty} t^2\mathrm{e}^{-pt} = 0,$$

可得

$$\mathscr{L}[t^2] = \frac{2}{p^3}.$$

一般地,当 m 为正整数时,

$$\mathscr{L}[t^m] = \frac{m!}{p^{m+1}} \quad (\mathrm{Re}\,p > 0).$$

为了讨论更一般的幂函数 $f(t) = t^m (m > -1)$ 的拉氏变换,先引入特殊函数 $\Gamma(x)$(称为 Gamma 函数)

$$\Gamma(x) = \int_0^{+\infty} \mathrm{e}^{-t} t^{x-1}\,\mathrm{d}t \quad (x > 0).$$

利用分部积分可得 Γ 函数具有如下性质:

$$\Gamma(1) = \int_0^{+\infty} \mathrm{e}^{-t}\,\mathrm{d}t = 1,$$

$$\Gamma(x+1) = x\Gamma(x).$$

因此,当 m 为正整数时

$$\Gamma(m+1) = m\Gamma(m) = m!,$$

且

$$\Gamma\left(\frac{1}{2}\right) = \int_0^{+\infty} \mathrm{e}^{-t} t^{-\frac{1}{2}}\,\mathrm{d}t = 2\int_0^{+\infty} \mathrm{e}^{-u^2}\,\mathrm{d}u = \sqrt{\pi}.$$

例 8.6 求幂函数 $f(t) = t^m (m > -1)$ 的拉氏变换.

解 用变量代换 $u = pt$,则

$$\mathscr{L}[t^m] = \int_0^{+\infty} t^m \mathrm{e}^{-pt}\,\mathrm{d}t = \int_C \left(\frac{u}{p}\right)^m \mathrm{e}^{-u}\,\frac{1}{p}\,\mathrm{d}u = \frac{1}{p^{m+1}}\int_C u^m \mathrm{e}^{-u}\,\mathrm{d}u,$$

其中 γ 是沿射线，$\arg u = \theta$，$-\dfrac{\pi}{2} < \theta < \dfrac{\pi}{2}$.

当 $-1 < m < 0$ 时，$u = 0$ 是 u^m 的奇点. 如图 8-3 所示建立积分围道. 设 A，B 点分别对应复数 $re^{i\alpha}$ 和 $Re^{i\alpha}$（$r < R$），$\alpha \in \left(-\dfrac{\pi}{2}, \dfrac{\pi}{2} \right)$，则令 $u = \rho e^{i\theta}\left(0 \leqslant \rho < +\infty, \right.$ $\left. -\dfrac{\pi}{2} < \theta < \dfrac{\pi}{2} \right)$，则

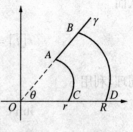

图 8-3　积分围道

$$\overset{\frown}{BD}: u = Re^{i\phi} \quad (0 \leqslant \phi \leqslant \alpha),$$

$$\overset{\frown}{AE}: u = re^{i\phi} \quad (0 \leqslant \phi \leqslant \alpha).$$

由

$$\int_{\overline{AB} + \overset{\frown}{BD} + \overline{DE} + \overset{\frown}{EA}} u^m e^{-u} du = 0,$$

得

$$\int_{\overline{AB}} u^m e^{-u} du = \int_{\overset{\frown}{EA} + \overline{ED} + \overset{\frown}{DB}} u^m e^{-u} du.$$

由于

$$\left| \int_{\overset{\frown}{EA}} u^m e^{-u} du \right| = \left| \int_0^\alpha r^m e^{im\phi} e^{-re^{i\phi}} ire^{i\phi} d\phi \right|$$

$$\leqslant r^{m+1} \int_0^\alpha \left| e^{im\phi} e^{-re^{i\phi}} e^{i\phi} \right| d\phi$$

$$= r^{m+1} \int_0^\alpha e^{-r\cos\phi} d\phi \leqslant r^{m+1} e^{-r\cos\xi} \alpha.$$

最后一个不等式利用了积分中值定理.

当 $r \to 0$ 时，$r^{m+1} e^{-r\cos\xi}\alpha \to 0$，从而

$$\lim_{r\to 0} \int_{\overset{\frown}{EA}} u^m e^{-u} du = 0.$$

同理可得

$$\lim_{R\to +\infty} \int_{\overset{\frown}{DB}} u^m e^{-u} du = 0,$$

从而 $r \to 0$，$R \to +\infty$ 时

212

$$\int_{\gamma} u^m \mathrm{e}^{-u} \mathrm{d}u = \int_{\overline{AB}} u^m \mathrm{e}^{-u} \mathrm{d}u = \int_0^{+\infty} t^m \mathrm{e}^{-t} \mathrm{d}t.$$

因此

$$\mathscr{L}[t^m] = \frac{1}{p^{m+1}} \int_0^{+\infty} t^m \mathrm{e}^{-t} \mathrm{d}t = \frac{\Gamma(m+1)}{p^{m+1}} \quad (\mathrm{Re}\, p > 0).$$

当 m 为正整数时,

$$\mathscr{L}[t^m] = \frac{\Gamma(m+1)}{p^{m+1}} = \frac{m!}{p^{m+1}}.$$

特别地

$$\mathscr{L}[t^{-\frac{1}{2}}] = \frac{\Gamma\left(\dfrac{1}{2}\right)}{\sqrt{p}} = \frac{\sqrt{\pi}}{\sqrt{p}}.$$

8.1.3 拉普拉斯变换的积分下限

在拉普拉斯变换定义式中,其积分下限为零,在实际应用中,应该有 0^+(零的右极限)和 0^-(零的左极限)之分. 对于在 $t=0$ 处连续或只有第一类间断点的函数,0^+ 型和 0^- 型的拉普拉斯变换结果是相同的. 但对于在 $t=0$ 处有无界跳跃的函数,两种拉氏变换的结果不一致. 例如,单位脉冲函数 $\delta(t)$ 的拉普拉斯变换:

$$\int_{0^+}^{+\infty} \delta(t) \mathrm{e}^{-pt} \mathrm{d}t = 0, \quad \int_{0^-}^{+\infty} \delta(t) \mathrm{e}^{-pt} \mathrm{d}t = 1.$$

令

$$\mathscr{L}_+[f(t)] = \int_{0^+}^{+\infty} f(t) \mathrm{e}^{-pt} \mathrm{d}t,$$

$$\mathscr{L}_-[f(t)] = \int_{0^-}^{+\infty} f(t) \mathrm{e}^{-pt} \mathrm{d}t = \mathscr{L}_+[f(t)] + \int_{0^-}^{0^+} f(t) \mathrm{e}^{-pt} \mathrm{d}t.$$

称 $\mathscr{L}_+[f(t)]$ 和 $\mathscr{L}_-[f(t)]$ 分别为 0^+ 型和 0^- 型拉普拉斯变换. 显然,当 $f(t)$ 在 $t=0$ 附近包含了脉冲函数时,$\int_{0^-}^{0^+} f(t) \mathrm{e}^{-pt} \mathrm{d}t \neq 0$,从而 $\mathscr{L}_+[f(t)] \neq \mathscr{L}_-[f(t)]$. 因此,为了反映在 $t=0$ 处有脉冲函数的作用,应取 0^- 型拉普拉斯变换. 以后不加声明地认为拉普拉斯变换为 0^- 型.

采用 0^- 型拉普拉斯变换另一方便之处,是考虑到在工程实际问题中,常常把开始研究系统的时刻规定为零时刻,而外作用也是在零时刻加于系统. 0^- 时刻表示外作用尚未加于系统,此时系统所处的状态是易于知道的,因此 0^- 时刻的初始条件也比较容易确定. 若采用 0^+ 型的拉普拉斯变换,则相当于外作用已加于系统,要确定 0^+ 时系统的状态是很繁琐的,因而 0^+ 时的初始条件也不易确定.

例 8.7　求函数 $f(t) = \mathrm{e}^{-at}\delta(t) + \delta'(t) \ (\alpha > 0)$ 的拉普拉斯变换.

解

$$\mathscr{L}[f(t)] = \int_0^{+\infty} [\mathrm{e}^{-at}\delta(t) + \delta'(t)]\mathrm{e}^{-pt}\mathrm{d}t$$

$$= \int_0^{+\infty} \delta(t)\mathrm{e}^{-(a+p)t}\mathrm{d}t + \int_0^{+\infty} \delta'(t)\mathrm{e}^{-pt}\mathrm{d}t$$

$$= \mathrm{e}^{-(a+p)t}\big|_{t=0} + [\delta(t)\mathrm{e}^{-pt}]\big|_0^{+\infty} + p\int_0^{+\infty} \delta(t)\mathrm{e}^{-pt}\mathrm{d}t$$

$$= 1 + p.$$

8.2　拉普拉斯变换的性质

虽然,由拉普拉斯变换的定义式可以求出一些常用函数的拉氏变换,在实际应用中我们总结出拉普拉斯变换的一些基本性质,通过这些性质使得许多复杂计算简单化.

8.2.1　拉普拉斯变换基本性质

以下约定需要取拉普拉斯变换的函数,均满足存在定理的条件.

性质 8.1　线性性质:若 α, β 为任意常数,且 $F(p) = \mathscr{L}[f(t)]$, $G(p) = \mathscr{L}[g(t)]$, 则

$$\mathscr{L}[\alpha f(t) + \beta g(t)] = \alpha F(p) + \beta G(p), \tag{8-3}$$

$$\mathscr{L}^{-1}[\alpha F(p) + \beta G(p)] = \alpha f(t) + \beta g(t). \tag{8-4}$$

证明

$$\mathscr{L}[\alpha f(t) + \beta g(t)] = \int_0^{+\infty} [\alpha f(t) + \beta g(t)]\mathrm{e}^{-pt}\mathrm{d}t$$

$$= \alpha\int_0^{+\infty} f(t)\mathrm{e}^{-pt}\mathrm{d}t + \beta\int_0^{+\infty} g(t)\mathrm{e}^{-pt}\mathrm{d}t$$

$$= \alpha F(p) + \beta G(p).$$

根据拉普拉斯逆变换的定义,不难证明第二式. 具体证明留给读者.

例 8.8 求双曲正弦 $\sinh kt$ 和双曲余弦 $\cosh kt$ 的拉氏变换,其中,$k \neq 0$ 为常数.

解

$$\mathscr{L}[\sinh kt] = \mathscr{L}\left[\frac{\mathrm{e}^{kt} - \mathrm{e}^{-kt}}{2}\right] = \frac{1}{2}\left(\frac{1}{p-k} - \frac{1}{p+k}\right) = \frac{k}{p^2 - k^2},$$

同理可得

$$\mathscr{L}[\cosh kt] = \mathscr{L}\left[\frac{\mathrm{e}^{kt} + \mathrm{e}^{-kt}}{2}\right] = \frac{1}{2}\left(\frac{1}{p-k} + \frac{1}{p+k}\right) = \frac{p}{p^2 - k^2}.$$

例 8.9 求像函数 $F(p) = \dfrac{p}{(p-1)(p^2+4)}$ 的拉普拉斯逆变换.

解 由于

$$F(p) = \frac{1}{5}\frac{1}{p-1} - \frac{1}{5}\frac{p}{p^2+4} + \frac{2}{5}\frac{2}{p^2+4},$$

从而

$$f(t) = \mathscr{L}^{-1}[F(p)] = \frac{1}{5}\mathscr{L}^{-1}\left[\frac{1}{p-1}\right] - \frac{1}{5}\mathscr{L}^{-1}\left[\frac{p}{p^2+2^2}\right] + \frac{2}{5}\mathscr{L}^{-1}\left[\frac{2}{p^2+2^2}\right]$$

$$= \frac{1}{5}\mathrm{e}^t - \frac{1}{5}\cos 2t + \frac{2}{5}\sin 2t.$$

性质 8.2 相似性质:设 $F(p) = \mathscr{L}[f(t)]$,$a > 0$,则

$$\mathscr{L}[f(at)] = \frac{1}{a}F\left(\frac{p}{a}\right), \tag{8-5}$$

$$\mathscr{L}^{-1}[F(ap)] = \frac{1}{a}f\left(\frac{t}{a}\right). \tag{8-6}$$

证明 令 $u = at$,则

$$\mathscr{L}[f(at)] = \int_0^{+\infty} f(at)\mathrm{e}^{-pt}\mathrm{d}t = \frac{1}{a}\int_0^{+\infty} f(u)\mathrm{e}^{-\frac{p}{a}u}\mathrm{d}u = \frac{1}{a}F\left(\frac{p}{a}\right).$$

令 $u = \dfrac{t}{a}$,则

$$\mathscr{L}\left[f\left(\frac{t}{a}\right)\right] = \int_0^{+\infty} f\left(\frac{t}{a}\right)\mathrm{e}^{-pt}\mathrm{d}t = \int_0^{+\infty} af(u)\mathrm{e}^{-apu}\mathrm{d}u = aF(ap),$$

从而

$$\mathscr{L}^{-1}[F(ap)] = \frac{1}{a}f\left(\frac{t}{a}\right).$$

例 8.10 利用 $\mathscr{L}\left[\dfrac{\sin t}{t}\right] = \arctan\dfrac{1}{p}$，求 $\mathscr{L}\left[\dfrac{\sin at}{t}\right]$．

解 由相似性，有

$$\mathscr{L}\left[\frac{\sin at}{at}\right] = \frac{1}{a}\arctan\frac{1}{\dfrac{p}{a}} = \frac{1}{a}\arctan\frac{a}{p},$$

从而

$$\mathscr{L}\left[\frac{\sin at}{t}\right] = \arctan\frac{a}{p}.$$

性质 8.3 延迟性质：设 $F(p) = \mathscr{L}[f(t)]$，对于任意非负实数 t_0，有

$$\mathscr{L}[f(t-t_0)u(t-t_0)] = \mathrm{e}^{-pt_0}F(p), \tag{8-7}$$

或

$$\mathscr{L}^{-1}[\mathrm{e}^{-pt_0}F(p)] = f(t-t_0)u(t-t_0). \tag{8-8}$$

证明 令 $u = t - t_0$，则

$$\begin{aligned}
\mathscr{L}[f(t-t_0)u(t-t_0)] &= \int_0^{+\infty} f(t-t_0)u(t-t_0)\mathrm{e}^{-pt}\,\mathrm{d}t \\
&= \int_{t_0}^{+\infty} f(t-t_0)\mathrm{e}^{-pt}\,\mathrm{d}t = \int_0^{+\infty} f(u)\mathrm{e}^{-p(u+t)}\,\mathrm{d}u \\
&= \mathrm{e}^{-pt_0}\int_0^{+\infty} f(u)\mathrm{e}^{-pu}\,\mathrm{d}u = \mathrm{e}^{-pt_0}F(p).
\end{aligned}$$

在应用延迟性质时，特别注意像原函数的写法，此时，$f(t-t_0)$ 后不能省略因子 $u(t-t_0)$．事实上，$f(t-t_0)u(t-t_0)$ 与 $f(t)u(t)$ 相比，$f(t)u(t)$ 从 $t=0$ 开始有非零数值，而 $f(t-t_0)u(t-t_0)$ 是从 $t=t_0$ 开始才有非零数值，即延迟了一个时间段 $t-t_0$．从它的图像上讲，$f(t-t_0)u(t-t_0)$ 是由 $f(t)u(t)$ 沿 t 轴向右平移 t_0 而得（见图 8-4），其

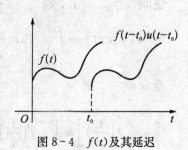

图 8-4 $f(t)$ 及其延迟

拉氏变换也多了一个因子 e^{-pt_0}.

例 8.11 求函数 $f(t)=\begin{cases}\cos t, & 0\leqslant t\leqslant 2\pi,\\ 0, & t<0\ \text{或}\ t>2\pi\end{cases}$ 的拉普拉斯变换.

解 函数 $f(t)$ 可表示为

$$f(t)=\cos t \cdot u(t)-\cos(t-2\pi)\cdot u(t-2\pi).$$

利用线性性质、延迟性质及 $\mathscr{L}[\cos t]=\dfrac{p}{p^2+1}$，得

$$\mathscr{L}[f(t)]=\frac{p}{p^2+1}-\frac{p}{p^2+1}\mathrm{e}^{-2\pi p}$$

$$=\frac{p}{p^2+1}(1-\mathrm{e}^{-2\pi p}).$$

例 8.12 求分段函数

$$f(t)=\begin{cases}0 & (t<0),\\ t & (0\leqslant t<1),\\ 1 & (1\leqslant t<2),\\ 3-t & (2\leqslant t<3),\\ 0 & (t\geqslant 3)\end{cases}$$

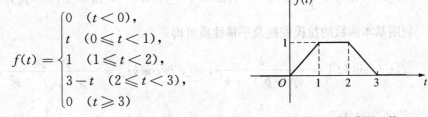

图 8-5 $f(t)$ 分段函数

的拉氏变换(见图 8-5).

解 由于

$$f(t)=tu(t)-(t-1)u(t-1)-(t-2)u(t-2)+(t-3)u(t-3),$$

从而

$$\mathscr{L}[f(t)]=\frac{1}{p^2}(1-\mathrm{e}^{-p}-\mathrm{e}^{-2p}+\mathrm{e}^{-3p}).$$

例 8.13 求像函数 $F(p)=\dfrac{1-\mathrm{e}^{-2p}}{p^4+5p^2+4}$ 的拉普拉斯逆变换.

解 由于

$$F(p)=\frac{1-\mathrm{e}^{-2p}}{p^4+5p^2+4}=\frac{1}{3}\left(\frac{1}{p^2+1}-\frac{1}{p^2+4}\right)$$

$$-\frac{1}{3}\left(\frac{1}{p^2+1}-\frac{1}{p^2+4}\right)\mathrm{e}^{-2p}.$$

利用正弦函数的拉普拉斯变换及延迟性得

$$f(t) = \mathcal{L}^{-1}[F(p)] = \frac{1}{3}\sin t - \frac{1}{6}\sin 2t$$

$$- \left[\frac{1}{3}\sin(t-2) - \frac{1}{6}\sin 2(t-2)\right]u(t-2).$$

性质8.4 平移性质：设 $F(p) = \mathcal{L}[f(t)]$，对于任意复常数 p_0，有

$$F(p - p_0) = \mathcal{L}[e^{p_0 t}f(t)], \tag{8-9}$$

或

$$\mathcal{L}^{-1}[F(p - p_0)] = e^{p_0 t}f(t). \tag{8-10}$$

证明

$$\mathcal{L}[e^{p_0 t}f(t)] = \int_0^{+\infty} e^{p_0 t}e^{-pt}f(t)\mathrm{d}t = \int_0^{+\infty} f(t)e^{-(p-p_0)t}\mathrm{d}t = F(p - p_0).$$

利用基本函数的拉氏变换及平移性质可得

$$\mathcal{L}[e^{-p_0 t}\sin kt] = \frac{k}{(p+p_0)^2 + k^2}, \ \mathcal{L}[e^{-p_0 t}\cos kt] = \frac{p+p_0}{(p+p_0)^2 + k^2},$$

$$\mathcal{L}[e^{-p_0 t}\sinh kt] = \frac{k}{(p+p_0)^2 - k^2}, \ \mathcal{L}[e^{-p_0 t}\cosh kt] = \frac{p+p_0}{(p+p_0)^2 - k^2},$$

$$\mathcal{L}[e^{-p_0 t}t^m] = \frac{m!}{(p+p_0)^{m+1}}.$$

例8.14 求函数 $f(t) = e^{-t}\sin^2 t$ 的拉普拉斯变换.
解

$$\mathcal{L}[f(t)] = \mathcal{L}\left[e^{-t}\frac{1-\cos 2t}{2}\right] = \mathcal{L}\left[\frac{1-\cos 2t}{2}\right]\Big|_{p+1}$$

$$= \frac{1}{2}\left[\frac{1}{s} - \frac{s}{s^2+4}\right]\Big|_{p+1}$$

$$= \frac{1}{2}\left[\frac{1}{p+1} - \frac{p+1}{(p+1)^2+4}\right]$$

$$= \frac{2}{(p+1)[(p+1)^2+4]}.$$

例 8.15 求像函数 $F(p) = \dfrac{p+1}{9p^2 + 6p + 5}$ 的拉普拉斯逆变换.

解 由于

$$F(p) = \frac{p + \dfrac{1}{3}}{9\left[\left(p + \dfrac{1}{3}\right)^2 + \dfrac{4}{9}\right]} + \frac{\dfrac{2}{3}}{9\left[\left(p + \dfrac{1}{3}\right)^2 + \dfrac{4}{9}\right]}.$$

利用正弦和余弦函数的拉普拉斯变换及平移性得

$$\mathscr{L}^{-1}[F(p)] = \frac{1}{9}\left(\sin\frac{2}{3}t + \cos\frac{2}{3}t\right)\mathrm{e}^{-\frac{t}{3}}.$$

性质 8.5 微分性质：设 $f(t)$ 在 $[0, +\infty]$ 上可微，$F(p) = \mathscr{L}[f(t)]$，则

$$\mathscr{L}[f'(t)] = pF(p) - f(0), \tag{8-11}$$

$$F'(p) = -\mathscr{L}[tf(t)]. \tag{8-12}$$

证明

$$\begin{aligned}
\mathscr{L}[f'(t)] &= \int_0^{+\infty} f'(t)\mathrm{e}^{-pt}\,\mathrm{d}t \\
&= f(t)\mathrm{e}^{-pt}\Big|_0^{+\infty} + p\int_0^{+\infty} f(t)\mathrm{e}^{-pt}\,\mathrm{d}t \\
&= pF(p) - f(0), \\
F'(p) &= \frac{\mathrm{d}}{\mathrm{d}p}\int_0^{+\infty} f(t)\mathrm{e}^{-pt}\,\mathrm{d}t = \int_0^{+\infty} \frac{\partial}{\partial p}[f(t)\mathrm{e}^{-pt}]\,\mathrm{d}t \\
&= -\int_0^{+\infty} tf(t)\mathrm{e}^{-pt}\,\mathrm{d}t = -\mathscr{L}[tf(t)].
\end{aligned}$$

称式(8-11)为原像函数的微分性质，式(8-12)为像函数的微分性质.

将式(8-11)作进一步推广. 若 $f(t)$ 在 $[0, +\infty]$ 上具有 n 次可微，且 $f^{(n)}$ 满足拉普拉斯变换存在定理中的条件，则

$$\mathscr{L}[f^{(n)}] = p^n F(p) - p^{n-1}f(0) - p^{n-2}f'(0) - \cdots - f^{(n-1)}(0), \tag{8-13}$$

其中 $f^{(k)}(0) = \lim\limits_{t \to 0^-} f^{(k)}(t)$. 特别地，若 $f(0) = f'(0) = f''(0) = \cdots = f^{(n-1)}(0) = 0$，式(8-13)简化为

$$\mathscr{L}[f^{(n)}(t)] = p^n F(p). \tag{8-14}$$

相应地,式(8-12)可进一步推广,有

$$F^{(n)}(p) = (-1)^n \mathscr{L}[t^n f(t)]. \tag{8-15}$$

例 8.16 设 $f(t) = te^{-at} \sin \beta t$,求 $\mathscr{L}[f(t)]$.

解 由位移性 $F(p) = \mathscr{L}[e^{-at} \sin \beta t] = \dfrac{\beta}{(p+a)^2 + \beta^2}$. 由微分性得

$$\mathscr{L}[f(t)] = -\frac{d}{dp}\left[\frac{\beta}{(p+a)^2 + \beta^2}\right] = \frac{2\beta(p+a)}{[(p+a)^2 + \beta^2]^2}.$$

例 8.17 求像函数 $F(p) = \ln \dfrac{p^4}{p^4 - 1}$ 的拉普拉斯逆变换 $\mathscr{L}^{-1}[F(p)]$.

解 由 $F'(p) = \dfrac{4}{p} - \dfrac{2p}{p^2-1} - \dfrac{2p}{p^2+1}$ 得

$$\mathscr{L}^{-1}[F'(p)] = 4 - 2\cosh t - 2\cos t.$$

利用像函数的微分性,得

$$\mathscr{L}^{-1}[F(p)] = \frac{\mathscr{L}^{-1}[F'(p)]}{-t}$$

$$= -\frac{4}{t} + \frac{2\cosh t}{t} + \frac{2\cos t}{t}.$$

性质 8.6 积分性质:设 $F(p) = \mathscr{L}[f(t)]$,则

$$\mathscr{L}\left[\int_0^t f(s)ds\right] = \frac{F(p)}{p}. \tag{8-16}$$

若 $\displaystyle\int_p^{+\infty} F(s)ds$ 收敛,则

$$\int_p^{+\infty} F(s)ds = \mathscr{L}\left[\frac{f(t)}{t}\right]. \tag{8-17}$$

证明 令 $g(t) = \displaystyle\int_0^t f(s)ds$,则 $g'(t) = f(t)$,$g(0) = 0$. 由微分性质得

$$\mathscr{L}\left[\int_0^t f(s)ds\right] = \mathscr{L}[g(t)] = \frac{1}{p}\mathscr{L}[g'(t)] = \frac{1}{p}\mathscr{L}[f(t)] = \frac{1}{p}F(p).$$

令 $G(p) = \displaystyle\int_p^{+\infty} F(s)ds$,则 $G'(p) = -F(p)$. 由微分性质得

220

$$f(t) = \mathscr{L}^{-1}[F(p)] = -\mathscr{L}^{-1}[G'(p)] = t\mathscr{L}^{-1}[G(p)],$$

从而

$$\int_p^{+\infty} F(s)\mathrm{d}s = \mathscr{L}(\mathscr{L}^{-1}[G(p)]) = \mathscr{L}\left[\frac{f(t)}{t}\right].$$

称式(8-16)为像原函数的积分性质,式(8-17)为像函数的积分性质.

例 8.18 求函数 $f(t) = \int_0^t s\mathrm{e}^{-\alpha s}\sin\beta s\,\mathrm{d}s$ 的拉普拉斯变换,其中,α,β 为常数.

解

$$\mathscr{L}[f(t)] = \mathscr{L}\left[\int_0^t s\mathrm{e}^{-\alpha s}\sin\beta s\,\mathrm{d}s\right] = \frac{1}{p}\mathscr{L}[t\mathrm{e}^{-\alpha t}\sin\beta t]$$

$$= -\frac{1}{p}\frac{\mathrm{d}}{\mathrm{d}p}\mathscr{L}[\mathrm{e}^{-\alpha t}\sin\beta t] = -\frac{1}{p}\frac{\mathrm{d}}{\mathrm{d}p}(\mathscr{L}[\sin\beta t]\mid_{p+\alpha})$$

$$= -\frac{1}{p}\frac{\mathrm{d}}{\mathrm{d}p}\left[\frac{\beta}{(p+\alpha)^2+\beta^2}\right] = \frac{4(p+\alpha)}{p\left[(p+\alpha)^2+\beta^2\right]^2}.$$

例 8.19 求函数 $f(t) = \dfrac{\sinh t}{t}$ 的拉普拉斯变换.

解 由 $\mathscr{L}[\sinh t] = \dfrac{1}{s^2-1}$ 及像函数的积分性可得

$$\mathscr{L}\left[\frac{\sinh t}{t}\right] = \int_p^{+\infty}\mathscr{L}[\sinh t]\mathrm{d}s = \int_p^{+\infty}\frac{1}{s^2-1}\mathrm{d}s$$

$$= \frac{1}{2}\ln\frac{s-1}{s+1}\Bigg|_p^{+\infty} = \frac{1}{2}\ln\frac{p+1}{p-1}.$$

性质 8.7 周期性质:设 $f(t)$ 为周期为 T 的函数,即 $f(t+T) = f(t)$ $(t>0)$,则

$$\mathscr{L}[f(t)] = \frac{\displaystyle\int_0^T f(t)\mathrm{e}^{-pt}\mathrm{d}t}{1-\mathrm{e}^{-pT}}. \tag{8-18}$$

证明

$$\mathscr{L}[f(t)] = \int_0^{+\infty} f(t)\mathrm{e}^{-pt}\mathrm{d}t = \int_0^T f(t)\mathrm{e}^{-pt}\mathrm{d}t + \int_T^{+\infty} f(t)\mathrm{e}^{-pt}\mathrm{d}t$$

$$= \int_0^T f(t)\mathrm{e}^{-pt}\mathrm{d}t + \int_0^{+\infty} f(t+T)\mathrm{e}^{-p(t+T)}\mathrm{d}t$$

$$= \int_0^T f(t)\mathrm{e}^{-pt}\mathrm{d}t + \mathrm{e}^{-pT}\int_0^{+\infty} f(t)\mathrm{e}^{-pt}\mathrm{d}t,$$

从而

$$\mathscr{L}[f(t)] = \frac{\int_0^T f(t)\mathrm{e}^{-pt}\,\mathrm{d}t}{1-\mathrm{e}^{-pT}}.$$

例 8.20　设函数 $f(t)$ 是以 2π 为周期的函数,且在一个周期内的表达式为

$$f(t) = \begin{cases} \sin t, & 0 < t \leqslant \pi, \\ 0, & \pi < t < 2\pi. \end{cases}$$

求 $f(t)$ 的拉普拉斯变换.

解　根据周期函数的拉普拉斯变换公式(8-18)得

$$\mathscr{L}[f(t)] = \frac{\int_0^T f(t)\mathrm{e}^{-pt}\,\mathrm{d}t}{1-\mathrm{e}^{-pT}} = \frac{1}{1-\mathrm{e}^{-2\pi p}}\int_0^\pi \sin t\,\mathrm{e}^{-pt}\,\mathrm{d}t.$$

利用分部积分可得

$$\int_0^\pi \sin t\,\mathrm{e}^{-pt}\,\mathrm{d}t = \frac{\mathrm{e}^{-\pi p}+1}{p^2+1}.$$

从而

$$\mathscr{L}[f(t)] = \frac{1}{(1-\mathrm{e}^{-\pi p})(p^2+1)}.$$

性质 8.8[*]　初值与终值定理:

(1) 如果 $f(t)$ 在 $t \geqslant 0$ 可微,且 $\lim\limits_{p\to+\infty} pF(p)$ 存在满足拉普拉斯变换存在定理条件,$\mathscr{L}[f(t)] = F(p)$,则

$$f(0^+) = \lim_{\mathrm{Re}\,p\to+\infty} pF(p). \tag{8-19}$$

(2) 如果 $f(t)$ 在 $t \geqslant 0$ 可微,$f'(t)$ 满足拉普拉斯变换存在定理条件,$\mathscr{L}[f(t)] = F(p)$,$pF(p)$ 在半平面 $\mathrm{Re}\,p > -\varepsilon(\varepsilon > 0)$ 内解析,则

$$f(+\infty) = \lim_{\mathrm{Re}\,p\to 0} pF(p). \tag{8-20}$$

初值、终值定理其实就是求时域初值和终值.初值与终值定理就是将时域初值转换到频域去求.其物理意义为:时域初值相当于信号刚接入,其变化比较剧烈,即信号的频率比较高,所以转到频率域,变成频率趋于无穷大.而时域终值可看成信号接入时间无穷大,此时系统趋于稳定,信号只剩下直流分量,可以看成频率趋于零.

8.2.2 拉普拉斯变换的卷积性质

在傅里叶变换这一章中,我们已定义了区间$(-\infty, +\infty)$上两个函数$f_1(t)$和$f_2(t)$的卷积,如果当$t < 0$时,$f_1(t) = f_2(t) = 0$, 此时

$$f_1(t) * f_2(t) = \int_{-\infty}^{+\infty} f_1(s) f_2(t-s) \mathrm{d}s = \int_0^{+\infty} f_1(s) f_2(t-s) \mathrm{d}s$$

$$= \int_0^t f_1(s) f_2(t-s) \mathrm{d}s + \int_t^{+\infty} f_1(s) f_2(t-s) \mathrm{d}s$$

$$= \int_0^t f_1(s) f_2(t-s) \mathrm{d}s.$$

定义 8.3 称式

$$f_1(t) * f_2(t) = \int_0^t f_1(s) f_2(t-s) \mathrm{d}s \tag{8-21}$$

为$f_1(t)$和$f_2(t)$在区间$[0, +\infty)$上卷积.

在拉普拉斯变换卷积中,无特别说明,总是假设当$t < 0$时,$f_1(t) = f_2(t) = 0$.

例 8.21 求$f_1(t) = t$,$f_2(t) = \mathrm{e}^t$在区间$[0, +\infty)$上的卷积.

解

$$f_1 * f_2 = t * \mathrm{e}^t = \int_0^t s\mathrm{e}^{t-s} \mathrm{d}s = \mathrm{e}^t \int_0^t s\mathrm{e}^{-s} \mathrm{d}s$$

$$= -\mathrm{e}^t [s\mathrm{e}^{-s}]\,|_0^t + \mathrm{e}^t \int_0^t \mathrm{e}^{-s} \mathrm{d}s$$

$$= -t + \mathrm{e}^t - 1.$$

对于拉普拉斯变换,有如下的卷积定理:

定理 8.2 设$f_1(t)$和$f_2(t)$满足拉普拉斯变换存在定理条件,记$\mathscr{L}[f_1(t)] = F_1(p)$,$\mathscr{L}[f_2(t)] = F_2(p)$, 则$f_1 * f_2$的拉普拉斯变换存在,且

$$\mathscr{L}[f_1 * f_2] = \mathscr{L}[f_1]\mathscr{L}[f_2] = F_1(p) F_2(p), \tag{8-22}$$

或

$$\mathscr{L}^{-1}[F_1(p) F_2(p)] = f_1(t) * f_2(t). \tag{8-23}$$

证明 首先验证$f_1 * f_2$满足拉普拉斯变换存在定理条件.

设$|f_1(t)| \leqslant M\mathrm{e}^{ct}$,$|f_2(t)| \leqslant M\mathrm{e}^{ct}$, 则

$$|f_1 * f_2| \leqslant \int_0^t |f_1(s)| |f_2(t-s)| \, ds$$

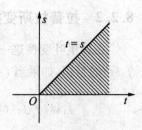

$$\leqslant M^2 \int_0^t e^{cs} e^{c(t-s)} \, ds \leqslant M^2 t e^{ct}$$

$$\leqslant M^2 e^{(c+1)t}.$$

图 8-6 积分区域

其次,证明卷积公式. 由卷积及拉普拉斯变换定义

$$\mathscr{L}[f_1 * f_2] = \int_0^{+\infty} [f_1 * f_2] e^{-pt} \, dt$$

$$= \int_0^{+\infty} \left[\int_0^t f_1(s) f_2(t-s) \, ds \right] e^{-pt} \, dt.$$

其积分区域如图 8-6 所示. 交换积分次序,并作变换代换: $u = t - s$, 上式为

$$\mathscr{L}[f_1 * f_2] = \int_0^{+\infty} f_1(s) \left[\int_0^{+\infty} f_2(t-s) e^{-pt} \, dt \right] ds$$

$$= \int_0^{+\infty} f_1(s) \left[\int_{-s}^{+\infty} f_2(u) e^{-p(u+s)} \, du \right] ds$$

$$= \int_0^{+\infty} f_1(s) e^{-ps} \, ds \cdot \int_0^{+\infty} f_2(u) e^{-pu} \, du$$

$$= F_1(p) F_2(p).$$

例 8.22 已知 $f_1(t) = t^m$, $f_2(t) = t^n$, m, n 为正整数,求 $[0, +\infty)$ 上的卷积 $f_1 * f_2$.

解 因为

$$\mathscr{L}[f_1 * f_2] = F_1(p) F_2(p) = \mathscr{L}[t^m] \mathscr{L}[t^n]$$

$$= \frac{m!}{t^{m+1}} \frac{n!}{p^{n+1}} = \frac{m! n!}{p^{m+n+2}},$$

从而

$$f_1 * f_2 = \mathscr{L}^{-1} \left[\frac{m! n!}{p^{m+n+2}} \right] = \frac{m! n!}{(m+n+1)!} t^{m+n+1}.$$

例 8.23 设 $F(p) = \dfrac{1}{p^2(1+p^2)}$, 求 $\mathscr{L}^{-1}[F(p)]$.

解 取 $F_1(p) = \dfrac{1}{p^2}$, $F_2(p) = \dfrac{1}{1+p^2}$, 则

$$f_1(t) = \mathscr{L}^{-1}[F_1(p)] = t, \quad f_2(t) = \mathscr{L}^{-1}[F_2(p)] = \sin t,$$

由卷积定理得

$$f(t) = \mathscr{L}^{-1}[F(p)] = f_1(t) * f_2(t) = \int_0^t s \sin(t-s)\,\mathrm{d}s$$

$$= \left[s \cos(t-s)\right] \big|_0^t - \int_0^t \cos(t-s)\,\mathrm{d}s = t - \sin t.$$

8.3 拉普拉斯逆变换

由拉普拉斯变换的性质可以求某些函数 $f(t)$ 的像函数 $F(p)$, 或已知像函数 $F(p)$ 求拉普拉斯逆变换 $f(t)$. 本节介绍利用复变函数中的留数定理求拉普拉斯逆变换.

8.3.1 复反演积分公式

由拉普拉斯变换的概念可知, 函数 $f(t)$ 的拉普拉斯变换, 实际上就是 $f(t)u(t)$ $\mathrm{e}^{-\sigma t}$ 的傅里叶变换.

$$\begin{aligned}
\mathscr{F}\left[f(t)u(t)\mathrm{e}^{-\sigma t}\right] &= \int_{-\infty}^{+\infty} f(t)u(t)\mathrm{e}^{-\sigma t}\,\mathrm{e}^{-\mathrm{i}\omega t}\,\mathrm{d}t \\
&= \int_0^{+\infty} f(t)\mathrm{e}^{-(\sigma+\mathrm{i}\omega)t}\,\mathrm{d}t = \int_0^{+\infty} f(t)\mathrm{e}^{-pt}\,\mathrm{d}t \\
&= F(p) \quad (p = \sigma + \mathrm{i}\omega).
\end{aligned}$$

因此, 按傅里叶积分公式, 在 $f(t)$ 的连续点就有

$$\begin{aligned}
f(t)u(t)\mathrm{e}^{-\sigma t} &= \frac{1}{2\pi}\int_{-\infty}^{+\infty}\left[\int_{-\infty}^{+\infty} f(s)u(s)\mathrm{e}^{-\sigma s}\,\mathrm{e}^{-\mathrm{i}\omega s}\,\mathrm{d}s\right]\mathrm{e}^{\mathrm{i}\omega t}\,\mathrm{d}\omega \\
&= \frac{1}{2\pi}\int_{-\infty}^{+\infty}\mathrm{e}^{\mathrm{i}\omega t}\left[\int_0^{+\infty} f(s)\mathrm{e}^{-(\sigma+\mathrm{i}\omega)s}\,\mathrm{d}s\right]\mathrm{d}\omega \\
&= \frac{1}{2\pi}\int_{-\infty}^{+\infty} F(\sigma+\mathrm{i}\omega)\mathrm{e}^{\mathrm{i}\omega t}\,\mathrm{d}\omega \quad (t > 0),
\end{aligned}$$

等式两边同乘以 $\mathrm{e}^{\sigma t}$, 则

$$f(t) = \frac{1}{2\pi}\int_{-\infty}^{+\infty} F(\sigma+\mathrm{i}\omega)\mathrm{e}^{(\sigma+\mathrm{i}\omega)t}\,\mathrm{d}\omega = \frac{1}{2\pi\mathrm{i}}\int_{\sigma-\mathrm{i}\infty}^{\sigma+\mathrm{i}\infty} F(p)\mathrm{e}^{pt}\,\mathrm{d}p \quad (t > 0),$$

其中,积分路径($\sigma-\mathrm{i}\infty$,$\sigma+\mathrm{i}\infty$)为$\mathrm{Re}\,p>\sigma_0$内任一条平行于虚轴的直线.

由此可得如下定理:

定理 8.3 设 $f(t)$ 满足拉普拉斯变换存在性定理中的条件,$\mathscr{L}[f(t)]=F(p)$,σ_0 为收敛坐标,则当 t 为连续点时,$\mathscr{L}^{-1}[F(p)]$ 由下式给出:

$$f(t)=\frac{1}{2\pi}\int_{-\infty}^{+\infty}F(\sigma+\mathrm{i}\omega)\mathrm{e}^{(\sigma+\mathrm{i}\omega)t}\mathrm{d}\omega=\frac{1}{2\pi\mathrm{i}}\int_{\sigma-\mathrm{i}\infty}^{\sigma+\mathrm{i}\infty}F(p)\mathrm{e}^{pt}\mathrm{d}p \quad(t>0).$$

$$(8-24)$$

当 t 为间断点时,

$$\frac{f(t+0)+f(t-0)}{2}=\frac{1}{2\pi}\int_{-\infty}^{+\infty}F(\sigma+\mathrm{i}\omega)\mathrm{e}^{(\sigma+\mathrm{i}\omega)t}\mathrm{d}\omega$$

$$=\frac{1}{2\pi\mathrm{i}}\int_{\sigma-\mathrm{i}\infty}^{\sigma+\mathrm{i}\infty}F(p)\mathrm{e}^{pt}\mathrm{d}p \quad(t>0). \qquad(8-25)$$

其中,积分路径($\sigma-\mathrm{i}\infty$,$\sigma+\mathrm{i}\infty$)为$\mathrm{Re}\,p>\sigma_0$内任一条平行于虚轴的直线.

计算复变函数积分通常比较困难,但可以利用留数方法计算.

8.3.2 利用留数定理求拉普拉斯逆变换

首先引入推广的约当(Jordan)引理.

引理 8.1 设复变量 p 的函数 $F(p)$ 满足下列条件:

(1) 它在左半平面内($\mathrm{Re}\,p<\sigma$)除有限个奇点外解析;(2) 对于满足 $\mathrm{Re}\,p<\sigma$ 的 p,当 $|p|=R\to+\infty$ 时,$F(p)$ 一致地趋于零.则当 $t>0$ 时,有

$$\lim_{R\to+\infty}\int_{C_R}F(p)\mathrm{e}^{pt}\mathrm{d}p=0,$$

其中,$C_R:|p|=R$,$\mathrm{Re}(p)<\sigma$,它是一个以点 $\sigma+\mathrm{i}0$ 为圆心,R 为半径的圆弧.

定理 8.4 设 $F(p)=\mathscr{L}[f(t)]$,若 $F(p)$ 在全平面上只有有限个奇点 p_1,p_2,$\cdots$,p_n,它们均位于直径 $\mathrm{Re}\,p=\sigma>\sigma_0$ 的左侧,且 $\lim\limits_{p\to+\infty}F(p)=0$,则当 $t>0$ 时,

$$f(t)=\mathscr{L}^{-1}[F(p)]=\sum_{k=1}^{n}\mathrm{Res}[F(p)\mathrm{e}^{pt},\,p_k]. \qquad(8-26)$$

证明 如图 8-7 所示建立积分路径,由留数定理得

$$\frac{1}{2\pi\mathrm{i}}\Big[\int_{\overline{AB}}F(p)\mathrm{e}^{pt}\mathrm{d}p+\int_{C_R}F(p)\mathrm{e}^{pt}\mathrm{d}p\Big]=\sum_{k=1}^{n}\mathrm{Res}[F(p)\mathrm{e}^{pt},\,p_k],$$

由于

$$\int_{\overline{AB}} F(p)\mathrm{e}^{pt}\,\mathrm{d}p = \int_{\sigma-\mathrm{i}R}^{\sigma+\mathrm{i}R} F(p)\mathrm{e}^{pt}\,\mathrm{d}p,$$

由约当引理知

$$\lim_{R\to+\infty}\int_{C_R} F(p)\mathrm{e}^{pt}\,\mathrm{d}p = 0,$$

令 $R\to+\infty$，得

$$\int_{\sigma-\mathrm{i}R}^{\sigma+\mathrm{i}R} F(p)\mathrm{e}^{pt}\,\mathrm{d}p = \sum_{k=1}^{n}\mathrm{Res}[F(p)\mathrm{e}^{pt},\ p_k].$$

由此即得结论.

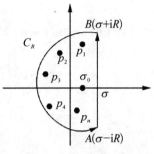

图 8-7　积分路径

在实际应用中，$F(p) = \dfrac{A(p)}{B(p)}$ 往往为有理分式函数，其中，$A(p)$ 和 $B(p)$ 为多项式. $B(p)$ 的次数为 n，且 $B(p)$ 的次数高于 $A(p)$ 的次数，如线性电路中，常见的响应量电压和电流的像函数往往为有理函数. 此时 $F(p)$ 的奇点类型为极点.

(1) 如果 $p_1,\ p_2,\ \cdots,\ p_n$ 为 $\dfrac{A(p)}{B(p)}$ 的一阶极点，从而

$$f(t) = \sum_{k=1}^{n}\mathrm{Res}[F(p)\mathrm{e}^{pt},\ p_k] = \sum_{k=1}^{n}\frac{A(p_k)}{B'(p_k)}\mathrm{e}^{p_k t}. \tag{8-27}$$

(2) 如果 $p_1,\ p_2,\ \cdots,\ p_n$ 为 $\dfrac{A(p)}{B(p)}$ 的 $m_1,\ m_2,\ \cdots,\ m_n$ 阶极点，则

$$f(t) = \sum_{k=1}^{n}\frac{1}{(m_k-1)!}\lim_{p\to p_k}\frac{\mathrm{d}^{m_k-1}}{\mathrm{d}p^{m_k-1}}\left[(p-p_k)^{m_k}\frac{A(p)}{B(p)}\mathrm{e}^{pt}\right]. \tag{8-28}$$

例 8.24　设 $F(p) = \dfrac{p}{(p+1)(p+2)(p+3)}$，求 $\mathcal{L}^{-1}[F(p)]$.

解　$F(p)$ 的奇点为 $-1,\ -2,\ -3$，且均为一阶极点，从而

$$\mathcal{L}^{-1}[F(p)] = \mathrm{Res}[F(p)\mathrm{e}^{pt},\ -1] + \mathrm{Res}[F(p)\mathrm{e}^{pt},\ -2] + \mathrm{Res}[F(p)\mathrm{e}^{pt},\ -3]$$

$$= \frac{p\mathrm{e}^{pt}}{(p+2)(p+3)}\bigg|_{p=-1} + \frac{p\mathrm{e}^{pt}}{(p+1)(p+3)}\bigg|_{p=-2} + $$

$$\frac{p\mathrm{e}^{pt}}{(p+1)(p+2)}\bigg|_{p=-3}$$

$$= -\frac{1}{2}\mathrm{e}^{-t} + 2\mathrm{e}^{-2t} - \frac{3}{2}\mathrm{e}^{-3t}.$$

例 8.25 设 $F(p) = \dfrac{p^2+2}{(p^2+1)^2}\mathrm{e}^{-pa}\,(a>0)$，求 $\mathscr{L}^{-1}[F(p)]$.

解

$$\mathscr{L}^{-1}[F(p)] = u(t-a)\mathscr{L}^{-1}\left[\frac{p^2+2}{(p^2+1)^2}\right]\Big|_{t-a}$$

$$= u(t-a)\left(\mathrm{Res}\left[\frac{p^2+2}{(p^2+1)^2}\mathrm{e}^{pt},\,\mathrm{i}\right]+\mathrm{Res}\left[\frac{p^2+2}{(p^2+1)^2}\mathrm{e}^{pt},\,-\mathrm{i}\right]\right)\Big|_{t-a}$$

$$= u(t-a)\left[-\frac{1}{2}t\cos t+\frac{3}{2}\sin t\right]_{t-a}$$

$$= -\frac{1}{2}u(t-a)[(t-a)\cos(t-a)-3\sin(t-a)].$$

8.4　拉普拉斯变换的应用

积分变换法是通过积分变换简化定解问题的一种有效的求解方法. 对于单个自变量的线性常微分方程,可以通过实施积分变换化为代数方程;而对于多个自变量的线性偏微分方程,也可以通过进行积分变换来减少方程的自变量个数,直至化为常微分方程,这就使原问题得到大大简化,再通过逆变换,就可得到了原来微分方程的解. 积分变换法在求解线性常微分方程、数学物理方程中具有广泛的应用.

本节主要介绍用拉普拉斯变换求微分(积分)方程的定解问题,以及某些广义积分.

8.4.1　利用拉普拉斯变换求线性微分(积分)方程

所谓线性系统,在许多场合,它的数学模型可以用一个线性微分方程来描述,或者说是满足叠加原理的一类系统. 这类系统无论是在电路理论还是在自动控制理论的研究中,都占有重要的地位.

利用拉普拉斯变换求线性微分(积分)方程的一般步骤:① 对方程取拉普拉斯变换,把原问题的微分(积分)方程,转化为像函数的代数方程;② 求像函数的代数方程,解出像函数;③ 对像函数求拉普拉斯逆变换,求出原函数,得到原微分(积分)方程的解.

例 8.26　求二阶常微分方程初始值问题

$$\begin{cases} x''(t) - 2x'(t) + 2x(t) = 2e^t\cos t, \\ x(0) = 0, \quad x'(0) = 0 \end{cases}$$

的解.

解 令 $X(p) = \mathscr{L}[x(t)]$，方程两边取拉普拉斯变换，并利用像原函数微分性，得

$$p^2 X(p) - px(0) - x'(0) - 2(pX(p) - x(0)) + 2X(p) = \frac{2(p-1)}{(p-1)^2 + 1}.$$

利用初值条件，得

$$X(p) = \frac{2(p-1)}{[(p-1)^2 + 1]^2}.$$

取拉氏逆变换，利用平移性和像函数微分性得

$$x(t) = \mathscr{L}^{-1}[X(p)] = e^t \mathscr{L}^{-1}\left[\frac{2p}{(p^2+1)^2}\right]$$

$$= -e^t \mathscr{L}^{-1}\left[\left(\frac{1}{p^2+1}\right)'\right] = te^t \mathscr{L}^{-1}\left[\frac{1}{p^2+1}\right] = te^t \sin t.$$

例 8.27 求常微分方程组初值问题 $\begin{cases} 2x(t) - y(t) - y'(t) = 4(1 - e^{-t}), \\ 2x'(t) + y(t) = 2(1 + 3e^{-2t}), \\ x(0) = 0, \quad y(0) = 0 \end{cases}$

的解.

解 设 $X(p) = \mathscr{L}[x(t)]$，$Y(p) = \mathscr{L}[y(t)]$，方程两边取拉普拉斯变换，得

$$\begin{cases} 2X(p) - Y(p) - pY(p) = 4\left(\dfrac{1}{p} - \dfrac{1}{p+1}\right), \\ 2pX(p) + Y(p) = 2\left(\dfrac{1}{p} + \dfrac{3}{p+2}\right). \end{cases}$$

解上述代数方程得

$$\begin{cases} X(p) = \dfrac{3}{p} - \dfrac{2}{p+1} - \dfrac{1}{p+2}, \\ Y(p) = \dfrac{2}{p} - \dfrac{4}{p+1} + \dfrac{2}{p+2}. \end{cases}$$

取拉普拉斯逆变换,得

$$\begin{cases} x(t) = 3 - 2\mathrm{e}^{-t} - \mathrm{e}^{-2t}, \\ y(t) = 2 - 4\mathrm{e}^{-t} + 2\mathrm{e}^{-2t}. \end{cases}$$

拉普拉斯变换不仅可求微分方程初值问题,还可以求特殊微分方程边值问题和微分、积分方程的解.

例 8.28 求下列二阶常微分方程的边值问题

$$\begin{cases} x''(t) - x(t) = 0, \quad 0 < t < 2\pi, \\ x(0) = 0, \quad x(2\pi) = 1 \end{cases}$$

的解

解 令 $X(p) = \mathscr{L}[x(t)]$,方程两边取拉普拉斯变换,得

$$p^2 X(p) - p x(0) - x'(0) - X(p) = 0.$$

利用 $x(0) = 0$ 得

$$p^2 X(p) - x'(0) - X(p) = 0.$$

解上述代数方程,得

$$X(p) = \frac{x'(0)}{p^2 - 1}.$$

取拉普拉斯逆变换

$$x(t) = \mathscr{L}^{-1}\left[\frac{x'(0)}{p^2 - 1}\right] = x'(0)\mathscr{L}^{-1}\left[\frac{1}{p^1 - 1}\right] = x'(0)\sinh t.$$

令 $t = 2\pi$ 得, $x'(0) = \dfrac{1}{\sinh 2\pi}$,从而得原方程解为

$$x(t) = \frac{\sinh t}{\sinh 2\pi}.$$

例 8.29 求下列积分方程

$$x(t) = at + \int_0^t \sin(t - \tau) x(\tau) \mathrm{d}\tau$$

的解. 其中 a 为常数.

解 $X(p) = \mathscr{L}[x(t)]$,对方程两边作拉普拉斯变换,并利用卷积性,得

$$X(p) = \frac{a}{p^2} + \frac{1}{1+p^2}X(p).$$

解上述代数方程,得

$$X(p) = \frac{a}{p^2} + \frac{a}{p^4}.$$

求拉普拉斯逆变换,得原方程的解为

$$x(t) = \mathscr{L}^{-1}[X(p)] = a\left(t + \frac{t^3}{6}\right).$$

例 8.30　求下列微分积分方程

$$\begin{cases} x'(t) - 2\displaystyle\int_0^t u(s)x(t-s)\mathrm{d}s + 3\displaystyle\int_0^t x(s)\mathrm{d}s = u(t-1), \\ x(0) = 0 \end{cases}$$

的解. 其中 $u(t)$ 为单位阶跃函数.

解　令 $X(p) = \mathscr{L}[x(t)]$. 方程两边取拉普拉斯变换,注意到方程中第二项为 $u(t)$ 与 $x(t)$ 的卷积,利用卷积定理得

$$pX(p) - \frac{2}{p}X(p) + \frac{3}{p}X(p) = \frac{\mathrm{e}^{-p}}{p}.$$

上述代数方程的解为

$$X(p) = \frac{\mathrm{e}^{-p}}{p^2 + 1}.$$

取拉普拉斯逆变换,得原方程解为

$$x(t) = \mathscr{L}^{-1}\left[\frac{\mathrm{e}^{-p}}{p^2 + 1}\right] = u(t-1)\sin(t-1).$$

例 8.31　设 RLC 串联电路接上电压 E 的直流电源(见图 8-8),设初始时刻 $t = 0$ 的电路中的电流 $i_0 = 0$,电容 C 上没有电量即 $q_0 = 0$,求电路中电流 $i(t)$ 的变化规律.

解　根据基尔霍夫定律,有

$$u_R(t) + u_L(t) + u_C(t) = E,$$

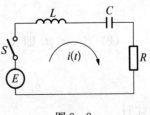

图 8-8

其中

$$u_R(t) = Ri(t), \ u_L(t) = L\frac{\mathrm{d}}{\mathrm{d}t}i(t), \ i(t) = C\frac{\mathrm{d}u_c}{\mathrm{d}t}.$$

又 $i_0 = q_0 = 0$, 则

$$Ri(t) + L\frac{\mathrm{d}}{\mathrm{d}t}i(t) + \frac{1}{C}\int_0^t i(s)\mathrm{d}s = E, \ i(0) = 0.$$

上式为 RLC 串联电路中电流 $i(t)$ 所满足的关系式,它是一个微分积分方程. 对方程两端取拉普拉斯变换,且记 $I(p) = \mathscr{L}[i(t)]$, 则

$$RI(p) + \frac{1}{Cp}I(p) + LpI(p) = \mathscr{L}[E] = \frac{E}{p}.$$

所以有

$$I(p) = \frac{\dfrac{E}{p}}{R + Lp + \dfrac{1}{Cp}} = \frac{E}{L} \frac{1}{p^2 + \dfrac{R}{L}p + \dfrac{1}{CL}}.$$

记 $\alpha = \dfrac{R}{2L}$, $\beta^2 = \dfrac{1}{LC}$, 而 $\lambda_1 = -\alpha + \sqrt{\alpha^2 - \beta^2}$, $\lambda_2 = -\alpha - \sqrt{\alpha^2 - \beta^2}$ 是代数方程 $p^2 + 2\alpha p + \beta^2 = 0$ 的两个根,则

$$I(p) = \frac{E}{L(\lambda_1 - \lambda_2)}\left[\frac{1}{p - \lambda_1} - \frac{1}{p - \lambda_2}\right].$$

(1) 当 $\alpha > \beta$, 即 $R > 2\sqrt{\dfrac{L}{C}}$ 时, λ_1, λ_2 为不同的实数,对 $I(p)$ 求拉普拉斯逆变换,得

$$i(t) = \frac{E}{L(\lambda_1 - \lambda_2)}[\mathrm{e}^{\lambda_1 t} - \mathrm{e}^{\lambda_2 t}], \ t \geqslant 0.$$

(2) 当 $\alpha < \beta$, 即 $R < 2\sqrt{\dfrac{L}{C}}$ 时, λ_1, λ_2 是一对共轭复数,即

$$\lambda_1 = -\alpha + \mathrm{i}\sqrt{\beta^2 - \alpha^2}, \ \lambda_2 = -\alpha - \mathrm{i}\sqrt{\beta^2 - \alpha^2},$$

此时

232

$$i(t) = \frac{E}{L(\lambda_1 - \lambda_2)} [e^{\lambda_1 t} - e^{\lambda_2 t}] = \frac{E}{2Li\sqrt{\beta^2 - \alpha^2}} \cdot [e^{(-\alpha + i\sqrt{\beta^2 - \alpha^2})t} - e^{(-\alpha - i\sqrt{\beta^2 - \alpha^2})t}];$$

$$= \frac{E}{L\sqrt{\beta^2 - \alpha^2}} e^{-at} \sin\sqrt{\beta^2 - \alpha^2} t, \ t \geqslant 0.$$

(3) $\alpha = \beta$, 即 $R = 2\sqrt{\dfrac{L}{C}}$ 时, $\lambda_1 = \lambda_2 = -\alpha$, 则有

$$I(p) = \frac{E}{L} \frac{1}{p^2 + \dfrac{R}{L}p + \dfrac{1}{CL}} = \frac{E}{L} \frac{1}{(p+\alpha)^2}.$$

从而可求得 $I(p)$ 的拉氏逆变换

$$i(t) = \frac{E}{L} t \, e^{-at}, \ t \geqslant 0.$$

8.4.2 用拉普拉斯变换求广义积分

利用拉普拉斯变换定义及像函数的积分性质, 可以有效地求解以下两类广义积分.

类型 1 型如 $\displaystyle\int_0^{+\infty} \frac{f(t)}{t} \mathrm{d}t$ 的广义积分.

由拉普拉斯变换积分性得: 若 $F(p) = \mathscr{L}[f(t)]$, 且 $\displaystyle\int_0^{+\infty} \frac{f(t)}{t} \mathrm{d}t$ 收敛, 则

$$\int_0^{+\infty} \frac{f(t)}{t} \mathrm{d}t = \lim_{p \to 0} \int_0^{+\infty} \frac{f(t)}{t} e^{-pt} \mathrm{d}t = \lim_{p \to 0} \int_p^{+\infty} F(s) \mathrm{d}s.$$

例 8.32 计算狄利克雷积分 $\displaystyle\int_0^{+\infty} \frac{\sin t}{t} \mathrm{d}t$.

解

$$\int_0^{+\infty} \frac{\sin t}{t} \mathrm{d}t = \lim_{p \to 0} \int_p^{+\infty} \mathscr{L}[\sin t] \mathrm{d}p$$

$$= \int_0^{+\infty} \frac{1}{1+p^2} \mathrm{d}p = \frac{\pi}{2}.$$

例 8.33 求广义积分 $\displaystyle\int_0^{+\infty} \frac{1 - \cos 2t}{t} e^{-3t} \mathrm{d}t$.

解 *方法* 1 利用拉普拉斯变换的定义和积分性质. 因为

$$F(p) = \mathscr{L}[1 - \cos 2t] = \frac{1}{p} - \frac{p}{p^2 + 4},$$

从而

$$\int_0^{+\infty} \frac{1 - \cos 2t}{t} e^{-3t} dt = \lim_{p \to 3} \int_p^{+\infty} F(s) ds$$

$$= \lim_{p \to 3} \ln \frac{s}{\sqrt{s^2 + 4}} \bigg|_p^{+\infty} = \ln \frac{\sqrt{13}}{3}.$$

方法 2 利用位移性和积分性. 由位移性

$$\mathscr{L}\left[(1 - \cos 2t) e^{-3t}\right] = \mathscr{L}[1 - \cos 2t]\big|_{p+3}$$

$$= \left(\frac{1}{p} - \frac{p}{p^2 + 4}\right)\bigg|_{p+3}$$

$$= \frac{1}{p+3} - \frac{p+3}{(p+3)^2 + 4}.$$

从而

$$\int_0^{+\infty} \frac{1 - \cos 2t}{t} e^{-3t} dt = \int_0^{+\infty} \left[\frac{1}{p+3} - \frac{p+3}{(p+3)^2 + 4}\right] dp$$

$$= \ln \frac{p+3}{\sqrt{(p+3)^2 + 4}} \bigg|_0^{+\infty} = \ln \frac{\sqrt{13}}{3}.$$

类型 2 *形如* $\int_0^{+\infty} t^n f(t) dt$ *的广义积分.*

由拉普拉斯变换微分性得,若 $F(p) = \mathscr{L}[f(t)]$,且 $F(p)$ 在 $\mathrm{Re}(p) \geqslant 0$ 的半平面上解析,则

$$F^{(n)}(p) = (-1)^n \int_0^{+\infty} t^n f(t) e^{-pt} dt = (-1)^n \mathscr{L}[t^n f(t)].$$

从而

$$\int_0^{+\infty} t^n f(t) dt = (-1)^n \lim_{p \to 0} F^{(n)}(p).$$

例 8.34 计算广义积分 $\int_0^{+\infty} t e^{-at} \sin t \, dt$, $(a > 0)$.

解 由于

$$\mathscr{L}\left[e^{-at}\sin t\right]=\frac{1}{(p+a)^2+1}.$$

所以

$$\int_0^{+\infty}te^{-at}\sin t\,\mathrm{d}t=-\lim_{p\to 0}\left[\frac{1}{(p+a)^2+1}\right]'$$

$$=\frac{2a}{(a^2+1)^2}.$$

例 8.35 计算广义积分 $\displaystyle\int_0^{+\infty}t^2e^{-at}\sin\beta t\,\mathrm{d}t,\ (\alpha,\ \beta>0).$

解 方法 1 利用像函数的微分性. 因为

$$\mathscr{L}\left[e^{-at}\sin\beta t\right]=\frac{\beta}{(p+\alpha)^2+\beta^2}.$$

从而

$$\int_0^{+\infty}t^2e^{-at}\sin\beta t\,\mathrm{d}t=\lim_{p\to 0}(-1)^2\frac{\mathrm{d}^2}{\mathrm{d}p^2}\left[\frac{\beta}{(p+\alpha)^2+\beta^2}\right]$$

$$=\lim_{p\to 0}\frac{-2\beta[\beta^2-3(p+\alpha)^2]}{[(p+\alpha)^2+\beta^2]^3}=\frac{2\beta(3\alpha^2-\beta^2)}{(\alpha^2+\beta^2)^3}.$$

方法 2 利用拉普拉斯变换定义. 因为

$$\int_0^{+\infty}t^2e^{-at}e^{\mathrm{i}\beta t}\,\mathrm{d}t=\int_0^{+\infty}t^2e^{-(\alpha-\mathrm{i}\beta)t}\,\mathrm{d}t$$

$$=\mathscr{L}\left[t^2\right]\big|_{\alpha-\mathrm{i}\beta}=\frac{2}{p^3}\bigg|_{\alpha-\mathrm{i}\beta}$$

$$=\frac{2}{(\alpha-\mathrm{i}\beta)^3}=\frac{2[\alpha^3-3\alpha\beta^2+i(3\alpha^2\beta-\beta^3)]}{(\alpha^2+\beta^2)^3}.$$

取虚部得

$$\int_0^{+\infty}t^2e^{-at}\sin\beta t\,\mathrm{d}t=\frac{2\beta(3\alpha^2-\beta^2)}{(\alpha^2+\beta^2)^3}.$$

由上例可知,对于形如:$\int_0^{+\infty} f(t)\mathrm{e}^{-\alpha t}\sin\beta t\,\mathrm{d}t$,$\int_0^{+\infty} f(t)\mathrm{e}^{-\alpha t}\cos\beta t\,\mathrm{d}t$, $(\alpha,\ \beta>0)$ 的广义积分,可先考虑积分 $I=\int_0^{+\infty} f(t)\mathrm{e}^{-\alpha t}\mathrm{e}^{\mathrm{i}\beta t}\,\mathrm{d}t$. 利用拉普拉斯变换的定义

$$I=\int_0^{+\infty} f(t)\mathrm{e}^{-\alpha t}\mathrm{e}^{\mathrm{i}\beta t}\,\mathrm{d}t=\mathscr{L}[f(t)]\big|_{\alpha-\mathrm{i}\beta}=F(\alpha-\mathrm{i}\beta).$$

从而

$$\int_0^{+\infty} f(t)\mathrm{e}^{-\alpha t}\sin\beta t\,\mathrm{d}t=\operatorname{Im}F(\alpha-\mathrm{i}\beta),$$

$$\int_0^{+\infty} f(t)\mathrm{e}^{-\alpha t}\cos\beta t\,\mathrm{d}t=\operatorname{Re}F(\alpha-\mathrm{i}\beta).$$

习 题 8

A 套

1. 用定义计算下列函数的拉氏变换:

(1) $f(t)=\begin{cases} t & (0\leqslant t<1), \\ -4 & (1\leqslant t<3), \\ 0 & (t\geqslant 3). \end{cases}$

(2) $f(t)=\begin{cases} \sin t & (0\leqslant t<\pi), \\ 0 & (t\geqslant \pi). \end{cases}$

2. 求下列函数的拉普拉斯变换:

(1) $\sin^2\beta t$.

(2) $3\sqrt[3]{t}+4\mathrm{e}^{2t}$.

(3) $\mathrm{e}^{-t}-3\delta(t)$.

(4) $\sin(t-2)$.

(5) $\sin t\cdot u(t-2)$.

(6) $\mathrm{e}^{2t}\cdot u(t-2)$.

3. 利用延迟性,求下列函数的拉氏逆变换:

(1) $\dfrac{\mathrm{e}^{-5p+1}}{p}$.

(2) $\dfrac{p^2+p+2}{p^3}\mathrm{e}^{-p}$.

(3) $\dfrac{\mathrm{e}^{-2p}}{p^2-4}$.

(4) $\dfrac{2\mathrm{e}^{-p}-\mathrm{e}^{-2p}}{p}$.

4. 利用拉氏变换的性质,求下列函数的拉氏变换:

(1) $(t-1)^2 e^t$.

(2) $e^{-(t+a)}\cos\beta t$.

(3) $te^{-at}\sin\beta t$.

(4) $\dfrac{1-e^{-at}}{t}$.

(5) $\dfrac{\sin\alpha t}{t}$.

(6) $\dfrac{e^{-3t}\sin 2t}{t}$.

(7) $\dfrac{1-\cos t}{t^2}$.

(8) $t\displaystyle\int_0^t e^{-3t}\sin 2t\mathrm{d}t$.

(9) $\displaystyle\int_0^t te^{-3t}\sin 2t\mathrm{d}t$.

(10) $\displaystyle\int_0^t \dfrac{e^{-3t}\sin 2t}{t}\mathrm{d}t$.

5. 利用拉氏变换的性质,求下列函数的拉氏逆变换:

(1) $\dfrac{1}{p^2+1}+1$.

(2) $\dfrac{2p+3}{p^2+9}$.

(3) $\dfrac{1}{(p+2)^2}$.

(4) $\dfrac{4p}{(p^2+4)^2}$.

(5) $\dfrac{p+2}{(p^2+4p+5)^2}$.

(6) $\dfrac{p+3}{(p+1)(p-3)}$.

(7) $\dfrac{p+1}{p^2+p-6}$.

(8) $\dfrac{2p+5}{p^2+4p+13}$.

(9) $\ln\dfrac{p+1}{p-1}$.

(10) $\ln\dfrac{p^2+1}{p^2}$.

6. 利用留数,求下列函数的拉氏逆变换:

(1) $\dfrac{1}{p(p-a)}$.

(2) $\dfrac{1}{(p^2-a^2)(p^2-b^2)}$.

(3) $\dfrac{1}{p^3(p-a)}$.

(4) $\dfrac{1}{p(p^2+a^2)^2}$.

(5) $\dfrac{p+c}{(p+a)(p+b)^2}$.

(6) $\dfrac{1}{p^4-a^4}$.

7. 求下列函数的拉氏逆变换:

(1) $\dfrac{4}{p(2p+3)}$.

(2) $\dfrac{1}{p(p^2+5)}$.

(3) $\dfrac{p^2+2}{p(p+1)(p+2)}$.

(4) $\dfrac{p+2}{p^3(p-1)^2}$.

237

(5) $\dfrac{p}{p^4+5p^2+4}$.

(6) $\dfrac{p^2+4p+4}{(p^2+4p+13)^2}$.

8. 求下列函数的卷积：

(1) $1*1$.

(2) $t*\mathrm{e}^t$.

(3) $\sin t * \cos t$.

(4) $t * \sinh t$.

9. 利用卷积，求下列函数的拉氏逆变换：

(1) $\dfrac{a}{p(p^2+a^2)}$.

(2) $\dfrac{p}{(p-a)^2(p-b)}$.

(3) $\dfrac{1}{p(p-1)(p-2)}$.

(4) $\dfrac{p^2}{(p^2+a^2)^2}$.

(5) $\dfrac{1}{(p^2+a^2)^3}$.

(6) $\dfrac{1}{p^2(p+1)^2}$.

10. 求下列常微分方程(组)的解：

(1) $y''+4y=\sin t$, $y(0)=y'(0)=0$.

(2) $y''+3y'+2y=u(t-1)$, $y(0)=0$, $y'(0)=1$.

(3) $y'''+3y''+3y'+y=6\mathrm{e}^{-t}$, $y^{(k)}(0)=0$, $k=0,1,2$.

(4) $y^{(4)}+2y^{(3)}-2y'-y=\delta(t)$, $y^{(k)}(0)=0$, $k=0,1,2,3$.

(5) $y''+9y=\cos 2t$, $y(0)=1$, $y\left(\dfrac{\pi}{2}\right)=-1$.

(6) $y''+ty'-y=0$, $y(0)=0$, $y'(0)=1$.

(7) $\begin{cases} x'+y'=1, \\ x'-y'=t, \\ x(0)=a,\ y(0)=b. \end{cases}$

(8) $\begin{cases} x'+y=1,\quad x(0)=0, \\ x-y'=t,\quad y(0)=1. \end{cases}$

11. 求下列微分、积分方程的解：

(1) $y+\displaystyle\int_0^t y(s)\mathrm{d}s=\mathrm{e}^{-t}$.

(2) $\displaystyle\int_0^t \cos(t-s)y(s)\mathrm{d}s=t\cos t$.

(3) $y'+\displaystyle\int_0^t y(s)\mathrm{d}s=1$, $y(0)=-1$.

(4) $y+\displaystyle\int_0^t \mathrm{e}^{2(t-s)}y(s)\mathrm{d}s=1-2\cos t$.

(5) $y' + 3y + 2\int_0^t y(s)\mathrm{d}s = u(t-1) - u(t-2)$, $y(0) = 1$.

12. 利用拉普拉斯变换的性质,求下列广义积分:

(1) $\displaystyle\int_0^{+\infty} \frac{\mathrm{e}^{-t} - \mathrm{e}^{-2t}}{t}\mathrm{d}t.$

(2) $\displaystyle\int_0^{+\infty} \frac{1-\cos t}{t}\mathrm{e}^{-t}\mathrm{d}t.$

(3) $\displaystyle\int_0^{+\infty} \mathrm{e}^{-3t}\cos 2t\mathrm{d}t.$

(4) $\displaystyle\int_0^{+\infty} t\mathrm{e}^{-2t}\mathrm{d}t.$

(5) $\displaystyle\int_0^{+\infty} t\mathrm{e}^{-3t}\sin 2t\mathrm{d}t.$

(6) $\displaystyle\int_0^{+\infty} \frac{\mathrm{e}^{-t}\sin^2 t}{t}\mathrm{d}t.$

(7) $\displaystyle\int_0^{+\infty} t^3\mathrm{e}^{-t}\mathrm{d}t.$

(8) $\displaystyle\int_0^{+\infty} t^3\mathrm{e}^{-t}\sin t\mathrm{d}t.$

B 套

1. 利用周期性质,计算函数 $f(t) = |\cos t|$ 的拉普拉斯变换.

2. 利用卷积定理证明

$$\mathscr{L}^{-1}\left[\frac{p}{(p^2+a^2)^2}\right] = \frac{t}{2a} \cdot \sin at.$$

3. 利用卷积定理证明

$$\mathscr{L}^{-1}\left[\frac{1}{\sqrt{p}(p-1)}\right] = \frac{2}{\sqrt{\pi}}\mathrm{e}^t\int_0^{\sqrt{t}}\mathrm{e}^{-y^2}\mathrm{d}y.$$

并由此证明

$$\mathscr{L}^{-1}\left[\frac{1}{p\sqrt{p+1}}\right] = \frac{2}{\sqrt{\pi}}\int_0^{\sqrt{t}}\mathrm{e}^{-y^2}\mathrm{d}y.$$

4. 利用拉普拉斯变换,求变系数常微分方程初始值问题

$$\begin{cases} tx''(t) + 2x'(t) + tx(t) = 2\sin t, \\ x(0) = -1, \quad x'(0) = 0 \end{cases}$$

的解.

5. 利用拉普拉斯变换求微分、积分方程

$$\begin{cases} x'(t) + 3x(t) + \int_0^t u(s) \cdot x(t-s)\mathrm{d}s + \int_0^t x(s)\mathrm{d}s = \mathrm{e}^{-2t} - t, \\ x(0) = 0 \end{cases}$$

的解

6. 利用拉普拉斯变换计算积分 $\int_0^{+\infty} t \cdot e^{-4t} \cdot \sin t \cdot \cosh t \, dt$.

7. 利用拉普拉斯变换计算积分 $\int_0^{+\infty} \int_0^{+\infty} \frac{\cos xt}{x^2+1} \, dx \, dt$.

8. 设 RL 串联电路接上正弦式电压 $u(t) = u_0 \sin \omega t$（见图 8-9），初始时刻 $t = 0$ 的电路中的电流 $i_0 = 0$，求电路中电流 $i(t)$ 的变化规律.

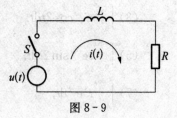

图 8-9

第 3 篇　数学物理方程

第 9 章　数学物理方程的
导出及定解问题

数学物理方程,通常是指从物理学、力学等自然科学及工程技术等学科中提出的偏微分方程.数学物理方程研究的范围非常广泛,连续介质力学、电磁学、量子力学等方面的基本方程都属于数学物理方程的范围.

数学物理方程描述了自然界中许多物理现象,并能解决生产与科学技术中的许多重大问题,它处理问题的大致步骤如下:

(1) 建立数学模型.将物理问题归结为数学定解问题.定解问题是由偏微分方程本身和定解条件所组成的整体.定解条件包括反映一个具体问题的边界所处的物理状况的边界条件和反映初始状态的初始条件.

(2) 解定解问题.即用数学方法求出满足方程和定解条件的解.常用的数学方法有解析法和数值法.

(3) 检验所得解的正确性,并作适当的物理解释.

本章通过几个具体物理现象建立相应的数学物理方程,并讨论它们的定解条件,提出相应的定解问题.

9.1　数学物理方程的导出

9.1.1　弦振动方程

考虑一根长为 l,水平拉紧的弦,它是柔软而有弹性的细线,不抵抗弯曲.当其横振动时,弦上每一点 x 上的张力 $T(x)$ 的方向总是沿着瞬时形状的切线方向.又假设弦是均匀的,即线密度 ρ 是常数.弦线做横振动是指弦的位移 $u = u(x, t)$ 在任何时刻都垂直于 Ox 轴,且总在 Oxu 平面内.微小振动是指振幅相对弦长很小,即 $|u_x| \ll 1$.若用 $\alpha = \alpha(x)$ 表示弦在 Oxu 平面内点 (x, u) 处切线和 x 轴夹角,则

$$\tan\alpha = u_x, \ \cos\alpha = \frac{1}{\sqrt{1+u_x^2}} \approx 1, \ \sin\alpha = \frac{u_x}{\sqrt{1+u_x^2}} \approx u_x,$$

且弦线的弧微分 $ds = \sqrt{1+u_x^2}\,dx \approx dx = \Delta x$，故弦的长度变化可忽略不计.

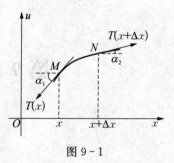

用微元分析法：在弦上任取小段弧 $\overset{\frown}{MN}$，其对应的区间为 $[x, x+\Delta x]$，它受三个力作用：两个张力 $T(x)$ 和 $T(x+\Delta x)$ 以及重力 $\rho g\Delta s$.

根据牛顿运动定律，作用于弧段上任一方向上力的总和等于这段弧的质量乘以该方向的运动加速度. 从而得到运动方程

图 9-1

$$T(x+\Delta x)\cos\alpha_2 - T(x)\cos\alpha_1 = 0, \tag{9-1}$$

$$T(x+\Delta x)\sin\alpha_2 - T(x)\sin\alpha_1 - \rho g\Delta s = \rho\Delta s u_{tt}(\bar{x}, t), \tag{9-2}$$

其中，α_1，α_2 分别是弦上坐标为 x，$x+\Delta x$ 的点 M，N 处切线与 x 轴的夹角；$u(\bar{x}, t)$ 是小弧段在重心处的位移. 由于振动是微小的，故 α_1，α_2 都很小，从而有

$$\cos\alpha_1 \approx 1, \ \cos\alpha_2 \approx 1, \ \sin\alpha_1 \approx \tan\alpha_1 = u_x(x, t),$$

$$\sin\alpha_2 \approx \tan\alpha_2 = u_x(x+\Delta x, t).$$

故由式(9-1)得 $T(x) = T(x+\Delta x)$，即张力等于常数，记为 T. 由于 $\Delta s \approx \Delta x$，由式(9-2)得

$$\rho\Delta x u_{tt}(\bar{x}, t) = T[u_x(x+\Delta x, t) - u_x(x, t)] - \rho g\Delta x.$$

假设 $u(x, t)$ 关于 x 和 t 二阶导数连续，利用微分中值定理，上式两端除以 Δx，再令 $\Delta x \to 0$，得

$$\rho u_{tt} = T u_{xx} - \rho g.$$

令 $a^2 = \dfrac{T}{\rho}$，并考虑到弦中张力很大，弦振动时速度 $u_{tt}(x, t)$ 较大，重力对弦的作用可忽略不计，从而得到弦的振动方程

$$u_{tt} = a^2 u_{xx}. \tag{9-3}$$

若在振动过程中，还有外力作用于弦上，其方向垂直于 x 轴，设其密度为 $F(x, t)$.

则在小弧段上受力为 $\int_x^{x+\Delta x} F(\xi, t)\mathrm{d}\xi$，从而式(9-2)和式(9-3)分别表示为

$$T(x+\Delta x)\cos\alpha_2 - T(x)\cos\alpha_1 = 0,$$

$$T(x+\Delta x)\sin\alpha_2 - T(x)\sin\alpha_1 - \rho g\Delta s + \int_x^{x+\Delta x} F(\xi, t)\mathrm{d}\xi = \rho\Delta s u_{tt}(\bar{x}, t).$$

重复上面推导，可得到有外力作用的弦振动方程

$$u_{tt} = a^2 u_{xx} + f(x, t), \tag{9-4}$$

其中 $a^2 = \dfrac{T}{\rho}$，$f(x, t) = \dfrac{F(x, t)}{\rho}$. 方程(9-3)和(9-4)分别称为弦的自由振动方程和强迫振动方程.

9.1.2 膜振动方程

所谓膜是指弹性固体薄片. 假设：膜厚度很小，可视膜为一张曲面；膜是均匀且各向同性的，即面密度和任何方向中单位长度所受的张力为常数；膜的平衡位置在同一平面内，膜上各点在垂直这一平面的方向上作微小的振动，膜受到的外力均与该平面垂直；膜是柔软的，它对弯曲变形不会产生任何抵抗力.

设膜的平衡位置在 Oxy 平面内，以 $u(x, y, t)$ 表示在 t 时刻 (x, y) 处的位移. 现在膜上任取一小块 Δ，它在 Oxy 平面上的投影为 Ω. 由于振动是微小的，故张力 T 有垂直方向的分量 $T_u \approx T\dfrac{\partial u}{\partial n}$，从而沿曲线 λ，张力的合力为 $\int_\Gamma T\dfrac{\partial u}{\partial n}\mathrm{d}s$，而在面积 Δ 上膜所受外力的合力为 $\iint_\Omega F(x, y, t)\cdot \mathrm{d}x\mathrm{d}y$，所以在时间段 $[t, t+\Delta t]$ 内作用于 Δ 的冲量为

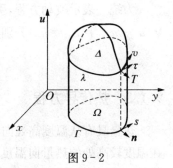

图 9-2

$$\int_t^{t+\Delta t}\left[\int_\Gamma T\frac{\partial u}{\partial n} + \iint_\Omega F(x, y, t)\mathrm{d}x\mathrm{d}y\right]\mathrm{d}t.$$

在同一时间段内，膜块 Δ 的动量变化为

$$\iint_\Omega [\rho u_t(x, y, t+\Delta t) - \rho u_t(x, y, t)]\mathrm{d}x\mathrm{d}y.$$

利用能量守恒定律，可得

$$\int_t^{t+\Delta t}\left[\int_\Gamma T\frac{\partial u}{\partial \boldsymbol{n}}+\iint_\Omega F(x,\ y,\ t)\mathrm{d}x\mathrm{d}y\right]\mathrm{d}t$$

$$(9-5)$$

$$=\iint_\Omega\left[\rho u_t(x,\ y,\ t+\Delta t)-\rho u_t(x,\ y,\ t)\right]\mathrm{d}x\mathrm{d}y.$$

假设 u 具有二阶连续偏导数,利用格林公式可得

$$\int_t^{t+\Delta t}\iint_\Omega\left[T(u_{xx}+u_{yy})+F(x,\ y,\ t)-\rho u_{tt}\right]\mathrm{d}x\mathrm{d}y\mathrm{d}t=0. \qquad (9-6)$$

由于时间区间段与空间区域 Ω 的任意性,由上式可得到膜振动方程

$$\rho u_{tt}=T(u_{xx}+u_{yy})+F(x,\ y,\ t).$$

记 $a^2=\dfrac{T}{\rho}$, $f=\dfrac{F}{\rho}$,得到膜振动方程的标准形式

$$u_{tt}=a^2(u_{xx}+u_{yy})+f(x,\ y,\ t), \qquad (9-7)$$

其中 f 称为自由项. 若 $f=0$ 时,称为膜的自由振动方程.

弦振动方程和膜振动方程分别属于一维波动方程和二维波动方程. 若考虑空间弹性体的振动或电磁波、声波的传播等,用类似的方法可导出三维波动方程

$$u_{tt}=a^2(u_{xx}+u_{yy}+u_{zz})+f(x,\ y,\ z,\ t). \qquad (9-8)$$

为统一表示波动方程,引入拉普拉斯算子 $\boldsymbol{\nabla}^2$, $\boldsymbol{\nabla}^2u=u_{xx}$, $\boldsymbol{\nabla}^2u=u_{xx}+u_{yy}$ 和 $\boldsymbol{\nabla}^2u=u_{xx}+u_{yy}+u_{zz}$ 分别对应一维、二维和三维问题,从而波动方程可表示为

$$u_{tt}=a^2\boldsymbol{\nabla}^2u+f. \qquad (9-9)$$

9.1.3 热传导方程

热量具有从温度高处向温度低处流动,如果物体内每一点的温度不全一样,则在温度较高处的热量向温度较低的点处流动,这种现象就是热传导. 由于热量的传导过程总是表现为温度随时间和点的位置变化,所以,解决热传导问题都归结为求物体内温度的分布.

在物体中任取一闭曲面 S,它所包围的区域为 V(见图 9-3).设在 t 时刻 V 内点 $M(x,\ y,\ z)$ 处的温度为 $u=u(x,\ y,\ z,\ t)$, $\boldsymbol{n}$ 为曲面元素 $\mathrm{d}S$ 的外法向. 由传热学中的傅里叶实验定律可知,物体在无穷小时间段 $\mathrm{d}t$ 内,流过一个无穷小面积 $\mathrm{d}S$ 的热量 $\mathrm{d}Q$ 与时间 $\mathrm{d}t$、曲面面积 $\mathrm{d}S$,以及物体温度 u 沿曲面 $\mathrm{d}S$ 的

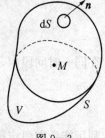

图 9-3

法线方向的方向导数 $\dfrac{\partial u}{\partial \boldsymbol{n}}$ 成正比,即

$$\mathrm{d}Q = -k\frac{\partial u}{\partial \boldsymbol{n}}\mathrm{d}S\mathrm{d}t = -k\mathbf{grad}(u)\cdot\boldsymbol{n}\mathrm{d}S\mathrm{d}t = -k\mathbf{grad}(u)\cdot\mathrm{d}S\mathrm{d}t,$$

其中,$k = k(x, y, z, t)$ 称为物体的传热系数,当物体为均匀且各向同性的导热体时,k 为常数. 因此,从时刻 t_1 到 t_2 通过曲面 S 流入区域 V 的全部热量为

$$Q_1 = \int_{t_1}^{t_2}\left[\iint_S k\,\mathbf{grad}(u)\cdot\mathrm{d}S\right]\mathrm{d}t.$$

流入的热量使 V 的温度发生变化,在 $[t_1, t_2]$ 时间间隔内,体积 V 升高所需的热量为

$$Q_2 = \iiint_V c\rho[u(x, y, z, t_2) - u(x, y, z, t_1)]\mathrm{d}V,$$

其中,c 为物体的比热容(使单位质量的物体升高单位温度所需的热量);ρ 为物体的密度,当物体为均匀且各向同性时均为常数.

由于热量守恒,流入的热量应等于物体温度升高所需吸收的热量,即

$$\int_{t_1}^{t_2}\left[\iint_S k\,\mathbf{grad}(u)\cdot\mathrm{d}S\right]\mathrm{d}t = \iiint_V c\rho[u(x, y, z, t_2) - u(x, y, z, t_1)]\mathrm{d}V.$$

$$(9-10)$$

利用高斯公式,将式(9-10)左端的第二类曲面积分化为三重积分,可得

$$\int_{t_1}^{t_2}\left[\iint_S k\,\mathbf{grad}(u)\cdot\mathrm{d}S\right]\mathrm{d}t = \int_{t_1}^{t_2}\iiint_V k\,\mathbf{div}(\mathbf{grad}(u))\mathrm{d}V\mathrm{d}t = k\int_{t_1}^{t_2}\iiint_V \boldsymbol{\nabla}^2 u\,\mathrm{d}V\mathrm{d}t$$

式(9-10)右端可化为

$$\iiint_V c\rho[u(x, y, z, t_2) - u(x, y, z, t_1)]\mathrm{d}V = \int_{t_1}^{t_2}\left(\iiint_V c\rho u_t\mathrm{d}V\right)\mathrm{d}t.$$

由 $[t_1, t_2]$ 及 V 的任意性,得

$$u_t = a^2\,\boldsymbol{\nabla}^2 u,\qquad\qquad (9-11)$$

其中,$a^2 = \dfrac{k}{c\rho}$. 式(9-11)称为三维齐次热传导方程.

如果所考察的物体内部有热源(例如物体中有电流,或有化学反应等情况),则

在热传导方程的推导中还需考虑热源的影响. 若设在单位时间内单位体积中所产生的热量为 $F(x, y, z, t)$, 则在考虑平衡方程(9-10)时, 左边应加上一项

$$\int_{t_1}^{t_2} \iiint_V F(x, y, z, t) \mathrm{d}V \mathrm{d}t.$$

于是, 相应的热传导方程为

$$\frac{\partial u}{\partial t} = a^2 \boldsymbol{\nabla}^2 u + f(x, y, z, t), \tag{9-12}$$

其中

$$f(x, y, z, t) = \frac{F(x, y, z, t)}{c\rho}.$$

若考虑薄板的热传导, 设两面绝热, 可以认为在垂直于薄板的 z 方向上温度 u 没有变化, 即 $u_z = 0$, 从而可得二维热传导方程

$$u_t - a^2(u_{xx} + u_{yy}) = f(x, y, t). \tag{9-13}$$

若考虑细杆上的热传导, 设杆的侧面绝热, 可认为杆的同一截面上的温度 u 没有变化, 即 $u_y = 0$, $u_z = 0$. 温度 u 只与长度 x 及时间 t 有关, 从而得到一维热传导方程

$$u_t - a^2 u_{xx} = f(x, t). \tag{9-14}$$

9.1.4 静电场方程

静电场的问题大体上可分为两类, 一类是已知电荷分布, 直接求场内的电场强度及电位, 这类问题属于分布型问题, 可通过库仑定律, 高斯定律等直接求解; 另一类问题称为边值型问题, 它是已知边界上(如导体表面, 介质分界面等)电位、电荷(或位函数在边界上的法向导数)等条件, 求解场区的电场、电位.

在静态场中求电位比求电场更为简便. 因为前者为标量而后者为矢量. 若记 $\boldsymbol{E}$ 为电场强度, ρ 为体电荷密度, ε_0 为自由空间介电常数, 则静电场满足下列两个基本方程:

$$\mathbf{div}\boldsymbol{E} = \frac{\rho}{\varepsilon_0}, \tag{9-15}$$

$$\mathbf{rot}\boldsymbol{E} = 0. \tag{9-16}$$

式(9-15)和式(9-16)表明: 自由空间任意点处静电场的散度等于该点体电荷密

度与自由空间介电常数的比值；自由空间中静电场的旋度处处为零，即静电场在自由空间中是有散、无旋场.

引入电位函数 $\varPhi$，使得

$$\boldsymbol{E} = -\boldsymbol{\nabla}\varPhi, \tag{9-17}$$

将式(9-17)代入式(9-15)，得

$$\boldsymbol{\nabla}^2\varPhi = -\frac{\rho}{\varepsilon_0}, \tag{9-18}$$

式(9-18)为位函数 $\varPhi$ 所满足的泊松方程.

如果空体中没有电荷，即 $\rho = 0$，式(9-18)变为

$$\boldsymbol{\nabla}^2\varPhi = \varPhi_{xx} + \varPhi_{yy} + \varPhi_{zz} = 0. \tag{9-19}$$

上述方程为位函数 $\varPhi$ 所满足的拉普拉斯方程.

利用圆柱坐标

$$\begin{cases} x = r\cos\theta, \\ y = r\sin\theta, \\ z = z, \end{cases}$$

拉普拉斯方程(9-19)可写为

$$\boldsymbol{\nabla}^2\varPhi = \frac{1}{r}\frac{\partial}{\partial r}\left(r\frac{\partial\varPhi}{\partial r}\right) + \frac{1}{r^2}\frac{\partial^2\varPhi}{\partial\theta^2} + \frac{\partial^2\varPhi}{\partial z^2} = 0. \tag{9-20}$$

如果具有轴对称，则电位满足二维拉普拉斯方程的极坐标形式

$$\boldsymbol{\nabla}^2\varPhi = \frac{1}{r}\frac{\partial}{\partial r}\left(r\frac{\partial\varPhi}{\partial r}\right) + \frac{1}{r^2}\frac{\partial^2\varPhi}{\partial\theta^2} = 0. \tag{9-21}$$

拉普拉斯方程、泊松方程概括了静电场的两个基本性质，它们是静态场的基本方程. 需要说明的是，很多其他的物理问题也可归结为拉普拉斯方程或泊松方程，如：稳定温度分布、恒定电场、恒定磁场等.

9.2 定解条件及定解问题

称描述具体问题中物理规律共性的数学物理方程为泛定方程. 但是任何一个具体的物理现象都是处在某种特定条件之下的，共性的描述并未客观反映其

特殊性.例如,弦振动方程只是柔软均匀弦作微小横振动的共同规律,在推导方程时,并未考虑弦在初始时刻的状态及弦在端点所受约束的情况.显然,不同的初始状态或不同的端点约束,其振动情况是不一样的.因此,为了刻画一个具体现象,除了建立方程之外,还必须补充一定的特定条件.在方程之外添加的这些特定条件称为定解条件.描述初始时刻的物理状态的定解条件称为初始条件;描述边界上物理状态的定解条件称为边界条件.泛定方程和定解条件一起构成一个整体,称为定解问题.

9.2.1 初始条件

对于随时间而变的问题,必须考虑研究对象的"初始时刻"的状态,即初始条件.

对于热传导问题而言,初始温度对以后时刻的温度分布有影响,即需要知道初始温度 $\varphi(x, y, z)$,因此初始条件为

$$u(x, y, z)\big|_{t=0} = \varphi(x, y, z). \tag{9-22}$$

在弦振动方程中,$u(x, t)$ 是横向位移,显然,初始状态如何对以后时刻的位移有影响,因此必须考虑初始时刻引起振动的原因,这就是初始条件.设弦在初始时刻的位移为 $\varphi(x)$,初始速度 $\psi(x)$,因此弦振动方程的初值条件是

$$u\big|_{t=0} = \varphi(x), \ u_t\big|_{t=0} = \psi(x).$$

注意,初始条件是整个系统的初始状态,而不是系统中个别位置的初始状态.

对于振动方程(弦振动,膜振动,电磁波,高频传输线等),初始条件为

$$u(x, y, z)\big|_{t=0} = \varphi(x, y, z), \ u_t(x, y, z)\big|_{t=0} = \psi(x, y, z). \tag{9-23}$$

在周期性外源引起的传导或周期性外力引起的振动问题中,经过很多周期后,初始条件引起的自由传导或自由振动衰减到可以认为已经消失,这时的传导或振动可以认为完全是由周期性外源或外力引起,处理这类问题时,完全可以忽略初始条件的影响,这类问题称为无初始条件问题.另外,泊松方程和拉普拉斯方程都是描述恒稳状态,都与时间无关,当然与初始状态无关,所以不提初始条件.

9.2.2 边界条件

边界条件是给出具体物理现象在边界上所处的物理情况.边界条件应该完全描写边界上各点在任意时刻 $(t \geqslant 0)$ 的状态分布情况.根据边界条件数学表达式的

不同,一般把边界条件分成三类.记区域 Ω 的边界为 $\partial\Omega$.

9.2.2.1 第一类边界条件

直接给出物理量在边界上的分布

$$u(M, t)\big|_{M\in\partial\Omega} = \varphi(M, t). \tag{9-24}$$

例如,在弦振动问题上,若弦的两端固定,也就是说端点无位移,则其边界条件为

$$u\big|_{x=0} = 0, \ u\big|_{x=l} = 0.$$

若两端点不是固定,而是按规律 $u_1(t)$,$u_2(t)$ 运动,则其边界条件为

$$u\big|_{x=0} = u_1(t), \ u\big|_{x=l} = u_2(t).$$

又如,在热传导问题中,当物体与外界接触的表面温度 $\varphi(M, t)$ $(M\in\partial\Omega)$ 已知,则其边界条件可由式(9-24)表示.

9.2.2.2 第二类边界条件

给出物理量沿边界法线方向的导数在边界上的分布

$$\frac{\partial u(M, t)}{\partial \boldsymbol{n}}\bigg|_{M\in\partial\Omega} = \varphi(M, t). \tag{9-25}$$

例如,在弦振动问题中,如果在端点 $x=l$ 处受到与位移相反的纵向外力 $G(t)$ 作用,由于张力 T 沿 u 轴方向的分量为 $T\sin\alpha\approx Tu_x$,为达到平衡,张力与外力应大小相等,方向相反,所以

$$Tu_x\big|_{x=l} = G(t).$$

若记 $g(t) = G(t)/T$,则在端点 $x=l$ 处的边界条件为

$$u_x\big|_{x=l} = g(t).$$

又如,在热传导问题中,若在边界曲面 $\partial\Omega$ 上,热流密度为已知函数 $G(x, y, z, t)$,则由傅里叶实验定律,得

$$-k\frac{\partial u}{\partial n}\bigg|_{\partial\Omega} = G(x, y, z, t),$$

其中 n 为 $\partial\Omega$ 上的外法方向,记 $g = -G/k$,则上式成为

$$\frac{\partial u}{\partial n}\bigg|_{\partial\Omega} = g(x, y, z, t).$$

在式(9-25)中,如果$\varphi = 0$,对于振动方程而言,表示边界自由滑动;而对于热传导方程而言,表示物体与周围介质处于绝热状态,或边界上热的流速始终为零.

9.2.2.3　第三类边界条件

给出物理量及其边界上法线方向导数的线性关系

$$\left(u(M,\ t) + \sigma\frac{\partial u(M,\ t)}{\partial \boldsymbol{n}}\right)\Bigg|_{M \in \partial \Omega} = \varphi(M,\ t). \tag{9-26}$$

例如,在弦振动问题中,如果端点 $x = l$ 被弹性支撑所支承,设弹性系数是 k. 若弹性支撑固定,则 $u\mid_{x=l}$ 表示弹性支撑的应变,由虎克(Hooke)定律知,在 $x = l$ 端张力沿位移方向的分量 $Tu_x\mid_{x=l}$ 应等于 $-ku\mid_{x=l}$,即

$$Tu_x\mid_{x=l} = -ku\mid_{x=l},$$

记 $\sigma = k/T > 0$,则上式可化为

$$(u_x + \sigma u)\mid_{x=l} = 0.$$

若弹性支撑按某一规律 $h(t)$ 运动,则弹簧的实际压缩为 $(u\mid_{x=l} - h(t))$,于是有

$$Tu_x\mid_{x=l} = -k(u\mid_{x=l} - h(t)),$$

记 $\mu(t) = \sigma h(t)$, $\sigma = k/T$,则上式为

$$(u_x + \sigma u)\mid_{x=l} = \mu(t).$$

当各种边界条件的右端项 $\varphi \equiv 0$ 时,则称相应的边界条件是齐次边界条件,否则称为非齐次边界条件.

必须指出,如果所研究的系统是由不同特征的几种介质组成,则在定解条件中除了初始条件和边界条件外,在两种不同介质的交界面(或交界线、交界点)上还应当有衔接条件. 如在静电场问题中,在两种电介质的交界面上,电势应当相等,电位移矢量的法向分量也应当相等,因而有衔接条件:

$$u_1\mid_{\partial \Omega} = u_2\mid_{\partial \Omega},$$

$$\varepsilon_1\frac{\partial u_1}{\partial \boldsymbol{n}}\bigg|_{\partial \Omega} = \varepsilon_2\frac{\partial u_2}{\partial \boldsymbol{n}}\bigg|_{\partial \Omega}.$$

9.2.3　定解问题及其适定性

偏微分方程与定解条件一起构成定解问题. 定解问题一般有三种提法.

（1）**初值问题**. 在某些情况下, 边界的影响可以忽略不计（如无界弦的振动问题）, 像这类只有初始条件而不提边界条件的定解问题称为初值问题或柯西问题.

（2）**边值问题**. 在另外的一些条件下, 初始条件的影响会逐渐减弱直至消失, 经过长时间后, 可以不考虑初始条件的影响（例如长时间的阻尼振动或稳定的热传导问题）. 这类没有初始条件只提边界条件的定解问题称为边值问题.

（3）**混合问题**. 既有初值条件又有边界条件的定解问题称为初边值问题或混合问题.

例 9.1 一根长为 l 的弦, 两端固定于 $x=0$ 与 $x=l$, 在距离原点为 b 的位置将弦横向拉开距离 h, 然后放手任其振动, 试确定描述其振动规律的定解问题.

解 可以用一维波动方程混合问题描述弦的振动. 两端固定, 得边界条件为 $u|_{x=0}=0$, $u|_{x=l}=0$. 初始时刻是放手的那一瞬间, 按题意初始速度为零, 即 $u_t|_{t=0}=0$. 初始时刻, 除两端点固定外, 弦上各点均有一定的位移, 其初始位移为

$$u|_{t=0}=\varphi(x)=\begin{cases}\dfrac{h}{b}x & 0\leqslant x\leqslant b, \\[3mm] \dfrac{h}{l-b}(l-x) & b\leqslant x\leqslant l.\end{cases}$$

因此, 上述定解问题可表示为

$$\begin{cases}u_{tt}=a^2 u_{xx}, \ 0<x<l, \ t>0, \\ u|_{x=0}=0, \ u|_{x=l}=0, \\ u|_{t=0}=\varphi(x), \ u_t|_{t=0}=0.\end{cases}$$

如果一个函数具有泛定方程所需的各阶连续偏导数, 并代入该方程能使之成为恒等式, 则称此函数为该**方程的解**, 解的全体又称为该方程的**通解**（又称为古典解）. 若该方程的某个解还满足方程所在的定解问题中的所有定解条件, 则此解又称为是该**定解问题的解**或称为**特解**.

由实际问题抽象成一个偏微分方程的定解问题, 其能否反映客观规律性, 可以从以下几个方面加以检验:

（1）解的存在性. 即看所提的定解问题是否有解.

（2）解的唯一性. 即看所提的定解问题是否有唯一解.

（3）解的稳定性. 即看定解问题的解关于定解条件是否具有连续性. 也就是说, 当定解条件有微小变动时, 引起解的变动是否足够小. 若如此, 则称此解是**稳定**的, 否则称此解是不稳定的.

解的存在性、唯一性和稳定性统称为定解问题的适定性. 如果一个定解问题存在唯一稳定解,则称此定解问题是**适定**的,否则称其为不适定的. 存在性的研究常常也是提供求解方法的过程;而唯一性的确定有时也会成为存在性讨论的前提;至于稳定性研究在近似解误差估计方面的作用,则更是显而易见. 因此,定解问题的适定性讨论具有重大的实际价值和理论意义. 本书主要讨论定解问题的求解,而所讨论到的各类定解问题的适定性都已被证明了,故本书不讨论这些问题的适定性. 对适定性问题有兴趣的读者可参阅有关专业书籍.

9.3　线性问题的叠加原理与齐次化原理

在物理学的研究中经常出现这样的现象:几种不同的外因同时作用所产生的效果等于各外因单独作用产生的效果的累加. 例如,若干个点电荷产生的电位,可由这些点电荷各自单独存在时所产生的电位相加而得出;又如,几个外力作用在一个物体上所产生的加速度,等于这些外力单独作用在该物体上产生的加速度之和. 这个原理称为叠加原理,它的适用范围非常广泛. 叠加原理是一切线性问题所共有的性质,它对求解线性偏微分方程有着重要的作用.

考虑二阶线性偏微分方程

$$Lu \equiv \sum_{i,j=1}^{n} a_{ij} \frac{\partial^2 u}{\partial x_i \cdot \partial x_j} + 2\sum_{i=1}^{n} b_i \cdot \frac{\partial u}{\partial x_i} + cu = f, \tag{9-27}$$

其中 a_{ij}, b_i, c, f 都是自变量 x_1, x_2, $\cdots$, x_n 的已知函数,它们均与未知函数 u 无关.

$$L \equiv \sum_{i,j=1}^{n} a_{ij} \frac{\partial^2}{\partial x_i \cdot \partial x_j} + 2\sum_{i=1}^{n} b_i \cdot \frac{\partial}{\partial x_i} + c$$

称为二阶线性偏微分算子. 显然,线性微分算子 L 满足线性性质,即

$$L(\alpha u_1 + \beta u_2) = \alpha L(u_1) + \beta L(u_2). \tag{9-28}$$

9.3.1　线性偏微分方程的叠加原理

对于线性偏微分方程或定解条件,以下的叠加原理是显然的.

叠加原理 1　设函数 u_i 满足线性方程或线性定解条件

$$Lu_i = f_i \quad i = 1, 2, \cdots, n, \tag{9-29}$$

则线性组合 $u = \sum\limits_{i=1}^{n} c_i u_i$ 必满足方程或定解条件

$$Lu = \sum_{i=1}^{n} c_i f_i, \qquad (9-30)$$

其中 $c_i (i = 1, 2, \cdots, n)$ 为常数. 特别, 当 u_i 满足齐次方程或齐次定解条件时,

$u = \sum\limits_{i=1}^{n} c_i u_i$ 也满足此齐次方程或齐次定解条件.

在运用叠加原理讨论线性方程或线性定解条件的特性时, 不仅要用到有限个解的叠加, 更多的情况是要用到无限多个解的叠加, 这时就要用解的级数或积分来表示所求的解(形式解). 此时, 还要讨论级数或积分的收敛性, 并证明其确实是收敛于某定解问题的解.

叠加原理 2 设函数 u_i 满足线性方程或线性定解条件

$$Lu_i = f_i, \quad i = 1, 2, 3, \cdots, \qquad (9-31)$$

则当线性组合 $u = \sum\limits_{i=1}^{+\infty} c_i u_i$ 必满足方程或定解条件

$$Lu = \sum_{i=1}^{+\infty} c_i f_i, \qquad (9-32)$$

特别当 $Lu_i = 0$ 时, 有

$$Lu = 0.$$

叠加原理 3 设函数 $u = u(M, M_0)$ 满足线性方程或线性定解条件

$$Lu = f(M, M_0), \qquad (9-33)$$

其中 M 是空间的点; M_0 为参数. 则当积分

$$U(M) = \int u(M, M_0) \mathrm{d}M_0$$

存在且满足微分与积分运算可交换的条件时, 有

$$L(U(M)) = \int f(M, M_0) \mathrm{d}M_0, \qquad (9-34)$$

特别当 $Lu = 0$ 时, 有 $LU = 0$.

这些叠加原理虽是十分明显, 但它们却是许多线性方程重要解法的基础, 如后

面将要介绍的分离变量法、积分变换法等都运用了这些叠加原理.

例 9.2 考虑如下热导方程混合初边值问题:

$$
\begin{cases}
Lu \equiv u_t - a^2 u_{xx} = f_1(x,\,t) + f_2(x_2,\,t), & 0 < x < l,\, t > 0, \\
(\alpha_1 u_x + \beta_1 u)\,|_{x=0} = g_1(t) + g_2(t), & t > 0, \\
(\alpha_2 u_x + \beta_2 u)\,|_{x=l} = h_1(t) + h_2(t), & t > 0, \\
u\,|_{t=0} = \varphi_1(x) + \varphi_2(x), & 0 < x < l,
\end{cases}
\tag{9-35}
$$

其中 α_1, β_1, α_2, β_2 常数, $f_i(x,\,t)$, $g_i(t)$, $h_i(t)$, $\varphi_i(x)$ $(i = 1,\,2)$ 是已知函数.

因为方程与定解条件对 $u(x,\,t)$ 来说都是线性的,所以如果 $u_i (i = 1,\,2)$ 是定解问题

$$
\begin{cases}
Lu = f_i(x,\,t), & 0 < x < l,\, t > 0, \\
(\alpha_1 u_x + \beta_1 u)\,|_{x=0} = g_i(t), & t > 0, \\
(\alpha_2 u_x + \beta_2 u)\,|_{x=l} = h_i(t), & t > 0, \\
u\,|_{t=0} = \varphi_i(x), & 0 < x < l
\end{cases}
$$

的解,则 $u = u_1 + u_2$ 必是原定解问题(9-35)的解.

9.3.2 齐次化原理

作为叠加原理的应用,我们现导出在求解非齐次线性问题中常用的一个方法,即所谓**齐次化原理**. 其主要特点是化非齐次线性问题的求解为齐次线性问题的求解,然后利用叠加原理得出原问题的解.

为了叙述方便,先从弦的强迫振动的初始值问题出发,来导出齐次化原理.

设定解问题为

$$
\begin{cases}
\dfrac{\partial^2 u}{\partial t^2} - a^2 \dfrac{\partial^2 u}{\partial x^2} = f(x,\,t) \quad (t > 0), \\
u\,|_{t=0} = 0,\ u_t\,|_{t=0} = 0.
\end{cases}
\tag{9-36}
$$

由方程的导出过程可知:自由项 $f(x,\,t)$ 表示时刻 t 时在点 x 处单位质量所受的外力; u_t 是速度. 把时间段 $[0,\,t]$ 分成 n 个小时段 Δt_j, $j = 1,\,2,\,\cdots,\,n$,当 Δt_j 很小时,在每个小时段中 $f(x,\,t)$ 可以看做与变量 t 无关,以 $f(x,\,t_j)$ 来表示. 由动力学基本定律,它产生的速度为 $f(x,\,t_j)\Delta t_j$. 把这个速度的改变量作为时刻 $t = t_j$ 时的初始速度,它产生的振动可由下面的初始值问题来描述

$$\begin{cases} w_{tt} - a^2 w_{xx} = 0, & 0 < x < l, \ t > t_i, \\ w|_{t=0} = 0, \ w_t|_{t=t_i} = f(x, t_i)\Delta t_i. \end{cases} \tag{9-37}$$

这个定解问题的解记作 $w(x, t, t_j)$，按照叠加原理，式(9-36)中 $f(x, t)$ 所产生的总效果可以看成是无数个式(9-37)所描述的瞬时效果的叠加. 这样，式(9-36)的解为

$$u(x, t) = \lim_{\Delta_j \to 0} \sum_{j=1}^{n} w(x, t, t_j).$$

又若记 $v(x, t, \tau)$ 为定解问题

$$\begin{cases} v_{tt} - a^2 v_{xx} = 0, & 0 < x < l, \ t > \tau, \\ v|_{t=\tau} = 0, \ v_t|_{t=\tau} = f(x, \tau) \end{cases} \tag{9-38}$$

的解，则式(9-37)的解为 $w(x, t, t_j) = v(x, t, t_j)\Delta t_j$. 所以式(9-36)的解

$$u(x, t) = \lim_{\Delta_j \to 0} \sum_{j=1}^{n} w(x, t, t_j) = \lim_{\Delta_j \to 0} \sum_{j=1}^{n} v(x, t, t_j)\Delta t_j$$

$$= \int_0^t v(x, t, \tau)\mathrm{d}\tau.$$

这样，我们得到了如下齐次化原理.

齐次化原理 若 $v(x, t, \tau)$ 是式(9-38)的解(其中 τ 为参数)，则

$$u(x, t) = \int_0^t v(x, t, \tau)\mathrm{d}\tau \tag{9-39}$$

是式(9-36)的解.

齐次化原理不仅可以应用于非齐次波动方程的初始值问题，也可以应用于混合问题以及其他方程(如热传导方程)的定解问题.

习　题　9

A 套

1. 长为 l 的均匀杆，侧面绝热，一端温度为零，另一端有恒定热流 q 进入(即单位时间内通过单位截面积流入的热量为 q)，杆的初始温度分布为 $\frac{1}{2}x(l-x)$，试

255

写出相应的定解问题.

2. 弦在阻尼介质中振动,单位长度的弦所受的阻力 $F = -ku_t$(比例常数 k 称为阻力系数),试推导弦在这阻尼介质中的振动方程.

3. 长为 l 的弦两端固定,开始时在弦上某点 $x = c$ 受到冲量 k 的作用,试写出相应的定解问题.

4. 有一均匀杆,只要杆中任一小段有纵向位移或速度,必导致邻段的压缩或伸长,这种伸缩传开去,就有纵波沿着杆传播,试导出杆的纵振动方程.

5. 一均匀杆原长为 l,一端固定,另一端沿杆的轴线方向被拉长 e 而静止,突然放手任其振动,试建立振动方程与定解条件.

6. 若 $F(x)$ 和 $G(x)$ 是任意两个二次连续可微函数,验证 $u = F(x+at) + G(x-at)$ 是方程

$$u_{tt} = a^2 u_{xx}$$

的通解.

7. 已知 $u(x, t) = F(2x+5t) + G(2x-5t)$ 是方程

$$4u_{tt} = 25u_{xx}$$

的通解,其中 F 和 G 是任意二次连续可微的函数. 试求以上方程满足条件 $u|_{x=0} = 0$, $u|_{x=\pi} = 0$, $u|_{t=0} = \sin 2x$, $u_t|_{t=0} = 0$ 的特解.

8. 证明 $u(x, t) = e^{-8t} \sin 2x$ 是如下定解问题的解:

$$\begin{cases} u_t = 2u_{xx} & (0 < x < \pi, \ 0 < t), \\ u|_{x=0} = 0, \ u|_{x=\pi} = 0, \\ u|_{t=0} = \sin 2x. \end{cases}$$

9. 设函数 $u_1(x, t)$ 和 $u_2(x, t)$ 分别是定解问题

$$(\text{I}) \begin{cases} u_t = a^2 u_{xx}, \ 0 < x < l, \ t > 0, \\ u|_{t=0} = \varphi, \\ u|_{x=0} = 0, \ u|_{x=l} = u_0 \end{cases} \quad \text{和}$$

$$(\text{II}) \begin{cases} u_t = a^2 u_{xx} + f(x, t), \ 0 < x < l, \ t > 0, \\ u|_{t=0} = 0, \\ u|_{x=0} = 0, \ u|_{x=l} = 0 \end{cases}$$

的解,试证明函数 $u = u_1 + u_2$ 是定解问题

256

$$
(\text{III})\begin{cases} u_t = a^2 u_{xx} + f(x,\, t),\, 0 < x < l,\, t > 0, \\ u\,|_{t=0} = \varphi, \\ u\,|_{x=0} = 0,\, u\,|_{x=l} = u_0 \end{cases}
$$

的解.

B 套

1. 细杆(或弹簧)受某种外界原因而产生纵向振动,以 $u(x,\, t)$ 表示静止时在 x 点处的点在时刻 t 离开原来位置的偏移,假设振动过程发生的张力服从虎克定律, 试证明 $u(x,\, t)$ 满足方程

$$
\frac{\partial}{\partial t}\left(\rho(x)\, \frac{\partial u}{\partial t}\right) = \frac{\partial}{\partial x}\left(E\, \frac{\partial u}{\partial x}\right),
$$

其中 ρ 为杆的密度;E 为杨氏模量.

2. 一长为 l 的柔软、均匀弦线,有一端固定,在它本身重力作用下,此线处于铅垂平衡位置,试导出此线的微小横振动方程.

3. 验证 $u(x,\, y,\, t) = \dfrac{1}{\sqrt{t^2 - x^2 - y^2}}$ 在锥 $t^2 - x^2 - y^2 > 0$ 中都满足波动方程

$$
\frac{\partial^2 u}{\partial t^2} = \frac{\partial^2 u}{\partial x^2} + \frac{\partial^2 u}{\partial y^2}.
$$

4. 在单性杆纵向振动时,若考虑摩阻的影响,并假设摩阻力密度函数(即单位质量所受的摩阻力)与杆件在该点的速度大小成正比(比例系数设为 b),但方向相反,试导出这时位移函数所满足的微分方程.

5. 一均匀细杆直径为 l,假设它的同一横截面上温度是相同的,杆的表面和周围介质发生热交换,服从规律

$$
\mathrm{d}Q = K_1 (u - u_1)\mathrm{d}S\mathrm{d}t.
$$

记杆的体密度为 ρ,比热容为 c;热传导系数为 $K.$ 试导出此时温度 u 满足的微分方程.

第 10 章　求解数学物理方程的
分离变量法

在微积分中,多元函数的微分和重积分常转化为一元函数的相应问题来计算,例如偏导数、累次积分等. 与此类似,偏微分方程的定解问题也常设法转化为常微分方程的定解问题来求解,分离变量法就是这样一种转化的方法.

本章先以齐次一维波动方程和热传导方程为例,说明如何在直角坐标系中对第一、二、三类齐次边界条件应用分离变量法,然后以圆域上的二维拉普拉斯方程为例介绍在极坐标系中应用分离变量法. 最后讨论非齐次方程和非齐次边界条件的处理方法.

10.1　一维波动方程

一根长为 l 的有界弦,由于初始时刻受到扰动和冲击,因而产生自由振动. 本节主要讨论一维波动方程第一、二类边界条件下的分离变量法及所需条件.

10.1.1　第一类齐次边界条件

若弦的两端固定在 x 轴上 $x=0$ 和 $x=l$ 两点时,弦的自由振动规律由下面的混合问题来描述

$$(\text{I})\begin{cases} u_{tt} - a^2 u_{xx} = 0, & 0 < x < l,\, t > 0, & (10-1) \\ u|_{x=0} = 0,\ u|_{x=l} = 0, & t \geqslant 0, & (10-2) \\ u|_{t=0} = \varphi(x),\ u_t|_{t=0} = \psi(x), & 0 \leqslant x \leqslant l. & (10-3) \end{cases}$$

由于上述问题的方程和边界条件均为齐次,可利用叠加原理,即,先求出满足边界条件的方程的特解,然后利用叠加原理,使这些解的线性组合满足初始条件.

设方程(10-1)的解具有形式

$$u(x,\, t) = X(x)T(t), \tag{10-4}$$

其中 $X(x)$ 和 $T(t)$ 分别为仅与 x 和 t 有关的非零待定函数. 把式(10-4)代入方程(10-1)中,得

$$X(x)T''(t) - a^2 X''(x)T(t) = 0,$$

即

$$\frac{X''(x)}{X(x)} = \frac{T''(t)}{a^2 T(t)}. \qquad (10-5)$$

由于方程(10-5)的右边只依赖于 t,左边只依赖于 x,仅当左、右两边为相同常数时等式成立. 令该常数为 $-\lambda$,即

$$\frac{X''(x)}{X(x)} = \frac{T''(t)}{a^2 T(t)} = -\lambda.$$

从而得到关于 $X(x)$ 和 $T(t)$ 常微分方程

$$X''(x) + \lambda X(x) = 0, \qquad (10-6)$$

$$T''(t) + \lambda a^2 T(t) = 0. \qquad (10-7)$$

通过求解上述两个方程可得 $X(x)$ 和 $T(t)$,进而得到方程(10-1)的形式解 $u(x,t) = X(x)T(t)$. 为了使形式解满足边界条件(10-2),将其代入式(10-2),注意到 $T(t)$ 不恒为零,从而有

$$X(0) = 0, \quad X(l) = 0. \qquad (10-8)$$

联立式(10-6)和式(10-8),得非零解 $X(x)$ 所满足二阶常微分方程边值问题

$$\begin{cases} X''(x) + \lambda X(x) = 0, \\ X(0) = 0, \quad X(l) = 0. \end{cases}$$

只有当 λ 取某些特定值时,该问题才有非零解,这些 λ 值称为固有值(特征值),相应的解 $X(x)$ 称为固有函数(特征函数). 我们把这种含有参数 λ 的齐次常微分方程和齐次边界条件下的边值问题称为固有值问题(特征值问题).

分以下三种情况讨论.

(1) 当 $\lambda < 0$ 时,方程(10-7)的特征方程为 $r^2 + \lambda = 0$,其有两个不同的实根: $r = \pm\sqrt{-\lambda}$,故其解为

$$X(x) = C_1 e^{\sqrt{-\lambda}\,x} + C_2 e^{-\sqrt{-\lambda}\,x},$$

其中 C_1, C_2 为任意常数. 由边界条件(10-8)得

$$X(0) = C_1 + C_2 = 0,$$

$$X(l) = C_1 e^{\sqrt{-\lambda}\,l} + C_2 e^{-\sqrt{-\lambda}\,l} = 0.$$

解上述关于 C_1，C_2 的方程组，可得 $C_1 = 0$，$C_2 = 0$，从而 $X(x) \equiv 0$，所以 $\lambda < 0$ 不合要求.

（2）若 $\lambda = 0$，式（10-6）退化为 $X''(x) = 0$，其通解为 $X(x) = C_1 x + C_2$，由边界条件（10-8）得 $C_1 = C_2 = 0$. 所以 $\lambda = 0$ 也不合要求.

（3）若 $\lambda > 0$，方程的通解为

$$X(x) = C_1 \cos\sqrt{\lambda}x + C_2 \sin\sqrt{\lambda}x.$$

由边界条件得出

$$C_1 = 0, \quad C_2 \sin\sqrt{\lambda}l = 0.$$

为了得到非零解 $X(x)$，必须 $C_2 \neq 0$，从而 $\sin\sqrt{\lambda}l = 0$，由此得

$$\sqrt{\lambda} = \frac{n\pi}{l}, \; n = 1, \, 2, \, \cdots.$$

即

$$\lambda = \lambda_n = \left(\frac{n\pi}{l}\right)^2, \; n = 1, \, 2, \, \cdots. \tag{10-9}$$

λ_n 称为固有值或特征值，对应于 λ_n 的固有问题的解

$$X_n = C_n \sin\frac{n\pi}{l}x, \; n = 1, \, 2, \, \cdots \tag{10-10}$$

称为固有函数（或特征函数）.

把 $\lambda = \lambda_n = \left(\frac{n\pi}{l}\right)^2$ 代入式（10-6）得通解

$$T_n(t) = A_n \cos\frac{n\pi a}{l}t + B_n \sin\frac{n\pi a}{l}t,$$

其中 A_n，B_n 是任意常数. 于是有

$$u_n(x, \, t) = X_n(x)T_n(t) = \left(a_n \cos\frac{n\pi a}{l}t + b_n \sin\frac{n\pi a}{l}t\right)\sin\frac{n\pi}{l}x, \; n = 1, \, 2, \, \cdots,$$

其中 $a_n = A_n C_n$，$b_n = B_n C_n$. $u_n(x, \, t)$ 是满足齐次方程和齐次边界条件的一组特解. 一般来说，特解 u_n 不会满足初始条件（10-3），但由于方程与边界条件都是齐次的，利用叠加原理，所有特解线性叠加后仍满足方程和边界条件. 令

260

$$u(x, t) = \sum_{n=1}^{+\infty} u_n(x, t) = \sum_{n=1}^{+\infty} \left(a_n \cos \frac{n\pi a}{l} t + b_n \sin \frac{n\pi a}{l} t \right) \sin \frac{n\pi x}{l}.$$

$$(10-11)$$

叠加系数 a_n，b_n 可由初始条件(10-3)来确定. 利用初始条件(10-3)得

$$\varphi(x) = u(x, 0) = \sum_{n=1}^{+\infty} a_n \sin \frac{n\pi x}{l},$$

$$\psi(x) = u_t(x, 0) = \sum_{n=1}^{+\infty} b_n \frac{n\pi a}{l} \sin \frac{n\pi x}{l}.$$

当 $\varphi(x)$ 和 $\psi(x)$ 在区间 $[0, l]$ 上满足傅里叶级数展开定理中的狄利克雷条件时，由固有函数系 $\left\{ \sin \dfrac{n\pi}{l} x \right\}$ 的正交性，可得

$$\begin{cases} a_n = \dfrac{2}{l} \displaystyle\int_0^l \varphi(x) \sin \dfrac{n\pi x}{l} \mathrm{d}x, \\ b_n = \dfrac{2}{n\pi a} \displaystyle\int_0^l \psi(x) \sin \dfrac{n\pi x}{l} \mathrm{d}x. \end{cases} \quad (n = 1, 2, \cdots) \quad (10-12)$$

将式(10-12)中的 a_n，b_n 代入式(10-11)即得定解问题(Ⅰ)的形式解为

$$\begin{cases} u(x, t) = \displaystyle\sum_{n=1}^{+\infty} u_n(x, t) = \sum_{n=1}^{+\infty} \left(a_n \cos \dfrac{n\pi at}{l} + b_n \sin \dfrac{n\pi at}{l} \right) \sin \dfrac{n\pi x}{l}, \\ a_n = \dfrac{2}{l} \displaystyle\int_0^l \varphi(x) \sin \dfrac{n\pi x}{l} \mathrm{d}x, \\ b_n = \dfrac{2}{n\pi a} \displaystyle\int_0^l \psi(x) \sin \dfrac{n\pi x}{l} \mathrm{d}x. \end{cases} \quad (10-13)$$

上述求解方法称为分离变量法. 它的作用是将偏微分方程的定解问题转化为常微分方程的边值问题.

利用分离变量法求解线性偏微分方程定解问题主要有以下几个基本步骤：

(1) **分离变量**：将问题中的偏微分方程通过分离变量化成常微分方程的定解问题，其中一个称为固有值问题.

(2) **求固有值与固有函数**：求常微分方程固有值问题，得到固有值与固有函数，这是求解定解问题的关键步骤.

(3) **求出全部特解并叠加成形式解**：利用固有值和固有函数可求出另一常微分方程的解，由叠加原理可得到满足边界条件的形式解(级数解).

（4）**利用初始条件确定叠加系数**：将已知函数（初始条件）按固有函数系展开成无穷级数，利用固有函数系的正交性可确定叠加系数.

用分离变量法求得的解是形式解. 可以证明，如果 $\varphi \in \mathbb{C}^3[0, l]$，$\psi \in \mathbb{C}^2[0, l]$，且 $\varphi(0) = \varphi(l) = \varphi''(0) = \varphi''(l) = 0$，$\psi(0) = \psi(l) = 0$，则定解问题（Ⅰ）存在古典解.

例 10.1　设有一长为 l 的均匀的弦，两端固定，初始速度为零，弦的初始形状为抛物线：$x(l-x)/M$，其中 M 为常数. 求弦作微小横向振动时的位移.

解　设位移函数为 $u(x, t)$，按题意可得定解问题

$$\begin{cases} u_{tt} - a^2 u_{xx} = 0, \ 0 < x < l, \ t > 0, \\ u|_{x=0} = 0, \quad u|_{x=l} = 0, \\ u|_{t=0} = \dfrac{x(l-x)}{M}, \quad u_t|_{t=0} = 0. \end{cases}$$

上述问题的形式解由式（10-13）给出. 因为

$$a_n = \frac{l}{2} \int_0^l \frac{x(l-x)}{M} \sin \frac{n\pi}{l} x \, dx = \frac{4l^2}{n^3 \pi^3 M}(1 - \cos n\pi)$$

$$= \frac{4l^2}{n^3 \pi^3 M}[1 - (-1)^n],$$

$$b_n = 0.$$

所以，所求的解为

$$u(x, t) = \frac{4l^2}{\pi^3 M} \sum_{n=0}^{+\infty} \frac{1 - (-1)^n}{n^3} \cos \frac{n\pi a}{l} t \sin \frac{n\pi}{l} x$$

$$= \frac{8l^2}{\pi^3 M} \sum_{k=0}^{+\infty} \frac{1}{(2k+1)^3} \cos \frac{(2k+1)\pi a}{l} t \sin \frac{(2k+1)\pi}{l} x.$$

10.1.2　第二类齐次边界条件

若弦的一端（$x = 0$）固定，另一端（$x = l$）自由滑动，此时弦上各点的运动规律 $u(x, t)$ 满足以下定解问题

$$（\text{Ⅱ}）\begin{cases} u_{tt} - a^2 u_{xx} = 0, & 0 < x < l, \ t > 0, & (10\text{-}14) \\ u|_{x=0} = 0, \ u_x|_{x=l} = 0, & t \geqslant 0, & (10\text{-}15) \\ u|_{t=0} = \varphi(x), \ u_t|_{t=0} = \psi(x), & 0 \leqslant x \leqslant l. & (10\text{-}16) \end{cases}$$

上述定解问题中,左边界条件为第一类,而右边界条件为第二类齐次条件. 按分离变量法的步骤,设 $u(x, t) = X(x)T(t)$, 分离变量后得固有值问题为

$$\begin{cases} X''(x) + \lambda X(x) = 0, \\ X(0) = 0, \ X'(l) = 0. \end{cases} \quad (10\text{-}17)$$

而 $T(t)$ 满足方程

$$T''(t) + \lambda a^2 T(t) = 0. \quad (10\text{-}18)$$

解固有值问题(10-17),需按 λ 取值分情况讨论:

(1) 若 $\lambda < 0$, 方程(10-17)的通解为

$$X(x) = C_1 e^{\sqrt{-\lambda}x} + C_2 e^{-\sqrt{-\lambda}x}.$$

由边界条件

$$X(0) = C_1 + C_2 = 0, \ X'(l) = \sqrt{-\lambda}C_1 e^{\sqrt{-\lambda}l} - \sqrt{-\lambda}C_2 e^{-\sqrt{-\lambda}l} = 0.$$

解得 $C_1 = C_2 = 0$. 即固有值问题(10-17)仅有零解.

(2) 若 $\lambda = 0$, 方程的通解为

$$X(x) = C_1 x + C_2.$$

由边界条件 $X(0) = C_2 = 0$, $X'(l) = C_1 = 0$, 此时,固有值问题(10-17)也仅有零解.

(3) 若 $\lambda > 0$, 方程的通解

$$X(x) = C_1 \cos\sqrt{\lambda}x + C_2 \sin\sqrt{\lambda}x.$$

由边界条件

$$X(0) = C_1 = 0, \ X'(l) = \sqrt{\lambda}C_2 \cos\sqrt{\lambda}l = 0.$$

为了得到非零解,必须 $C_2 \neq 0$, 从而

$$\cos\sqrt{\lambda}l = 0.$$

所以固有值

$$\lambda = \lambda_n = \frac{(2n-1)^2\pi^2}{4l^2}, \quad n = 1, 2, \cdots,$$

相应的固有函数

$$X_n(x) = \sin\frac{(2n-1)\pi}{2l}x, \ n = 1, \ 2, \ \cdots.$$

对于固有值 λ_n，解方程(10-18)得通解为

$$T_n(t) = C_n\cos\frac{(2n-1)\pi a}{2l}t + D_n\sin\frac{(2n-1)\pi a}{2l}t, \ n = 1, \ 2, \ \cdots.$$

将全部固有函数 $X_n(x)$ $(n = 0, \ 1, \ 2, \ \cdots)$ 与相应的函数 $T_n(t)$ 相乘后叠加起来，即

$$u(x, \ t) = \sum_{n=1}^{+\infty}X_nT_n$$

$$= \sum_{n=1}^{+\infty}\left(a_n\cos\frac{(2n-1)\pi a}{2l}t + b_n\frac{(2n-1)\pi a}{2l}t\right)\sin\frac{(2n-1)\pi}{2l}x.$$

由初始条件(10-16)定系数. 即将 $\varphi(x)$，$\psi(x)$ 按固有函数系 $\left\{\sin\frac{(2n-1)\pi}{2l}x\right\}$ 展开

$$\varphi(x) = \sum_{n=1}^{+\infty}a_n\sin\frac{(2n-1)\pi}{2l}x,$$

$$\psi(x) = \sum_{n=1}^{+\infty}\frac{(2n-1)\pi a}{2l}b_n\sin\frac{(2n-1)\pi}{2l}x.$$

利用固有函数系 $\left\{\sin\frac{(2n-1)\pi}{2l}x\right\}$ 的正交性，得

$$\begin{cases} a_n = \dfrac{2}{l}\displaystyle\int_0^l\varphi(\xi)\sin\frac{(2n-1)\pi}{2l}\xi\mathrm{d}\xi, \\ b_n = \dfrac{4}{(2n-1)\pi a}\displaystyle\int_0^l\psi(\xi)\sin\frac{(2n-1)\pi}{2l}\xi\mathrm{d}\xi, \end{cases} n = 1, \ 2, \ \cdots.$$

从而得到原定解问题(Ⅱ)的形式解为

$$\begin{cases} u(x, \ t) - \displaystyle\sum_{n=1}^{+\infty}\left(a_n\cos\frac{(2n-1)\pi a}{2l}t + b_n\frac{(2n-1)\pi a}{2l}t\right)\sin\frac{(2n-1)\pi}{2l}x, \\ a_n = \dfrac{2}{l}\displaystyle\int_0^l\varphi(\xi)\sin\frac{(2n-1)\pi}{2l}\xi\mathrm{d}\xi, \\ b_n = \dfrac{4}{(2n-1)\pi a}\displaystyle\int_0^l\psi(\xi)\sin\frac{(2n-1)\pi}{2l}\xi\mathrm{d}\xi. \end{cases} \quad (10-19)$$

比较定解问题（Ⅰ）和（Ⅱ），不难发现两者之间具有不同的固有值，但具有相同的固有解.

类似地，可以讨论弦振动问题的另外两种第二类边界条件：

(1) 左端点自由，右端点固定，即 $u_x\big|_{x=0}=0$, $u\big|_{x=l}=0$. 此时，固有问题为

$$\begin{cases} X''(x)+\lambda X(x)=0, \\ X'(0)=0, \ X(l)=0. \end{cases} \qquad (10-20)$$

固有值和固有函数分别为

$$\lambda_n=\left[\frac{(2n-1)\pi}{2l}\right]^2, \ X_n(x)=\cos\frac{(2n-1)\pi}{2l}x, \ n=1, \ 2, \ \cdots. \quad (10-21)$$

(2) 两端均自由，即 $u_x\big|_{x=0}=0$, $u_x\big|_{x=l}=0$. 此时，固有问题为

$$\begin{cases} X''(x)+\lambda X(x)=0, \\ X'(0)=0, \ X'(l)=0. \end{cases} \qquad (10-22)$$

固有值和固有函数分别为

$$\lambda_n=\left(\frac{n\pi}{l}\right)^2, \ X_n(x)=\cos\frac{n\pi}{l}x, \ n=0, \ 1, \ \cdots. \qquad (10-23)$$

关于固有值、固有函数与边界条件的关系如表 10-1 所示.

表 10-1　固有值、固有函数与边界条件的关系

	边界条件	固有值	固有函数
1	$X(0)=X(l)=0$	$\lambda_n=\left(\dfrac{n\pi}{l}\right)^2, \ n=1, \ 2, \ \cdots$	$X_n(x)=\sin\dfrac{n\pi}{l}x$
2	$X(0)=X'(l)=0$	$\lambda_n=\left[\dfrac{(2n-1)\pi}{2l}\right]^2, \ n=1, \ 2, \ \cdots$	$X_n(x)=\sin\dfrac{(2n-1)\pi}{2l}x$
3	$X'(0)=X(l)=0$	$\lambda_n=\left[\dfrac{(2n-1)\pi}{2l}\right]^2, \ n=1, \ 2, \ \cdots$	$X_n(x)=\cos\dfrac{(2n-1)\pi}{2l}x$
4	$X'(0)=X'(l)=0$	$\lambda_n=\left(\dfrac{n\pi}{l}\right)^2, \ n=0, \ 1, \ \cdots$	$X_n(x)=\cos\dfrac{n\pi}{l}x$

例 10.2 **求解定解问题**：$$\begin{cases} u_{tt}-a^2u_{xx}=0, \ 0<x<l, \ t>0, \\ u\big|_{x=0}=0, \ u_x\big|_{x=l}=0, \\ u\big|_{t=0}=3\sin\dfrac{3\pi x}{2l}+6\sin\dfrac{5\pi x}{2l}, \\ u_t\big|_{t=0}=0. \end{cases}$$

解 本题对应的固有值问题为

$$\begin{cases} X''(x) + \lambda X(x) = 0, \\ X(0) = 0, \ X'(l) = 0. \end{cases}$$

其固有值和固有函数分别为

$$\lambda_n = \left[\frac{(2n-1)\pi}{2l} \right]^2, \ X_n = \sin \frac{(2n-1)\pi}{2l} x, \ n = 1, \ 2, \ \cdots.$$

由式(10-19)知,原问题的形式解为

$$u(x, \ t) = \sum_{n=1}^{+\infty} \left[a_n \cos \frac{(2n-1)\pi a}{2l} t + b_n \sin \frac{(2n-1)\pi a}{2l} t \right] \sin \frac{(2n-1)\pi}{2l} x.$$

由初值条件

$$u \big|_{t=0} = 3\sin \frac{3\pi}{2l} x + 6\sin \frac{5\pi}{2l} x = \sum_{n=1}^{+\infty} a_n \sin \frac{(2n-1)\pi}{2l} x,$$

$$u_t \big|_{t=0} = 0 = \sum_{n=1}^{+\infty} b_n \frac{(2n-1)\pi a}{2l} \sin \frac{(2n-1)\pi}{2l} x,$$

得

$$a_n = \frac{2}{l} \int_0^l \left[3\sin \frac{3\pi}{2l} \xi + 6\sin \frac{5\pi}{2l} \xi \right] \sin \frac{(2n-1)\pi}{2l} \xi \mathrm{d}\xi, \ b_n = 0, \ n = 1, \ 2, \ \cdots.$$

利用固有函数系 $\left\{ \sin \frac{(2n-1)\pi}{2l} x \right\}$ 的正交性,得

$$a_1 = 3, \ a_2 = 6, \ a_n = 0, \ n \geqslant 3.$$

因此,原问题的解为

$$u(x, \ t) = 3\cos \frac{3\pi a}{2l} t \cdot \sin \frac{3\pi}{2l} x + 6\cos \frac{5\pi a}{2l} t \cdot \sin \frac{5\pi}{2l} x.$$

10.1.3 解的物理意义

为了对分离变量法加深理解,我们讨论两端固定的弦自由振动问题级数解的物理意义.为此,把级数解的一般项(或特解)$u_n(x, \ t)$改写为

$$u_n(x, t) = \left(a_n \cos \frac{n\pi a}{l}t + b_n \sin \frac{n\pi a}{l}t\right)\sin \frac{n\pi}{l}x$$

$$= \alpha_n \cos(\omega_n t - \delta_n)\sin \frac{n\pi}{l}x,$$

其中 $\alpha_n = \sqrt{a_n + b_n}$, $\omega_n = \frac{n\pi a}{l}$, $\delta_n = \arctan \frac{b_n}{a_n}$. 由此可见,两端固定弦振动的解是许多简单振动 $u_n(x, t) = T_n(t)\sin \frac{n\pi}{l}x$ 的叠加,当 x 取定值时,它是一个简谐波, $\alpha_n \sin \frac{n\pi}{l}x$ 表示弦上各点处振幅的分布, ω_n 为振动频率, δ_n 为初相位. 此时,弦上各点以同样的频率 ω_n 作简谐振动,且弦上各点处的初相位也相同,而振幅则随点的位置而改变.

当 $x = x_k = \frac{kl}{n}$ $(0 \leqslant k \leqslant n)$ 时,对任意的时刻 t, $u_n(x_k, t) = 0$, 即 $u_n(x, t)$ 在振动的过程中有 $(n+1)$ 个点保持静止,这种点 x_k 称为该波的节点. 对第 n 个波而言,除去固定的两个端点以外,共有 $n-1$ 节点,两个相邻节点的间隔为 $\frac{l}{n}$,它等于半个波长,因而,第 n 个波的波长为 $\frac{2l}{n}$. 另外,当 $x = \frac{2k+1}{2n}l$ $(0 \leqslant k \leqslant n-1)$ 时 $|\sin x| = 1$, 在这些点上振幅最大,称这些点为驻波的腹点. 物理学上把不随时间变化的节点和腹点的波称为驻波. 每一个驻波 $u_n(x, t)$ 的振幅和初相位都依赖于初始条件,振动频率 ω_n 仅与弦本身的内在性质(弦长,张力,线密度等)有关,而与初始条件无关,所以把 ω_n 称为振动的固有频率. 因此,整个弦振动方程的级数形式解就是由一系列具有固有频率的驻波的叠加,而分离变量法也称为驻波法. 利用由系统本身所确定的简单振动来表示一些复杂的振动,便是分离变量法求解波动问题的物理解释.

10.2 一维热传导方程

10.2.1 第一类齐次边界条件

考虑长为 l 的均匀细杆上的热传导. 设杆的侧面绝热,并假设热是经过杆的两端流到外介质或流入杆内. 若还假设杆的两端温度为零,初始温度为 $\varphi(x)$,那么这根细杆的温度分布函数 u 就是以下定解问题的解

$$
(\text{III}) \begin{cases} u_t - a^2 u_{xx} = 0, \quad 0 < x < l, \, t > 0, & (10-24) \\ u\big|_{x=0} = 0, \, u\big|_{x=l} = 0, & (10-25) \\ u\big|_{t=0} = \varphi(x). & (10-26) \end{cases}
$$

用分离变量法求解. 令 $u(x, t) = X(x)T(t)$, 并代入式(10-24)得

$$
X(x)T'(t) - a^2 X''(x)T(t) = 0.
$$

上式分离变量后有

$$
\frac{X''(x)}{X(x)} = \frac{T'(t)}{a^2 T(t)} = -\lambda,
$$

其中 λ 为待定常数. 由此得关于变量 x 和 t 的线性常微分方程

$$
X''(x) + \lambda X(x) = 0, \tag{10-27}
$$

$$
T'(t) + \lambda a^2 T(t) = 0. \tag{10-28}
$$

又由齐次边界条件(10-25)得

$$
X(0) = X(l) = 0. \tag{10-29}
$$

由前节讨论可知, 式(10-27)和式(10-29)构成固有值问题, 其固有值与固有函数分别为

$$
\lambda_n = \left(\frac{n\pi}{l}\right)^2, \; X_n(x) = \sin\frac{n\pi}{l}x, \; n = 1, 2, \cdots.
$$

相应地, 方程(10-28)的解为

$$
T_n(t) = D_n e^{-\frac{a^2 n^2 \pi^2}{l^2}t}, \; n = 1, 2, \cdots.
$$

因此, 满足齐次边界条件的热传导方程的特解是

$$
u_n(x, t) = X_n(x)T_n(t) = C_n e^{-\left(\frac{n\pi a}{l}\right)^2 t}\sin\frac{n\pi x}{l} \quad (n = 1, 2, \cdots),
$$

其中 C_n 是任意常数. 利用线性方程叠加原理,

$$
u(x, t) = \sum_{n=1}^{+\infty} C_n e^{-\left(\frac{n\pi a}{l}\right)^2 t}\sin\frac{n\pi}{l}x
$$

仍满足定解问题(III)中的方程和边界条件. 由初始条件(10-26)可确定上式中的待定系数, 即由

$$\varphi(x) = u\,|_{t=0} = \sum_{n=1}^{+\infty} C_n \sin\frac{n\pi}{l}x$$

及固有函数系 $\left\{ \sin\dfrac{n\pi}{l}x \right\}$ 的正交性,得

$$\begin{cases} u(x,\ t) = \displaystyle\sum_{n=1}^{+\infty} C_n \mathrm{e}^{-\left(\frac{n\pi a}{l}\right)^2 t} \sin\frac{n\pi}{l}x, \\ C_n = \dfrac{2}{l} \displaystyle\int_0^l \varphi(\xi) \sin\frac{n\pi}{l}\xi \mathrm{d}\xi,\ n = 1,\ 2,\ \cdots. \end{cases} \qquad (10\text{-}30)$$

例 10.3 用分离变量法解下列定解问题

$$\begin{cases} u_t - a^2 u_{xx} = 0, \quad 0 < x < l, t > 0, \\ u\,|_{x=0} = 0, u\,|_{x=l} = 0, \quad t > 0, \\ u\,|_{t=0} = \sin\dfrac{\pi}{l}x + 3\sin\dfrac{2\pi}{l}x, \quad 0 \leqslant x \leqslant l. \end{cases}$$

解 由式(10-30)知,定解问题的级数形式解为

$$u(x,\ t) = \sum_{n=1}^{+\infty} c_n \mathrm{e}^{-\left(\frac{n\pi a}{l}\right)^2 t} \sin\frac{n\pi}{l}x.$$

利用初始条件

$$u(x,\ 0) = \sin\frac{\pi}{l}x + 3\sin\frac{2\pi}{l}x = \sum_{n=1}^{+\infty} c_n \sin\frac{n\pi}{l}x,$$

及固有函数系 $\left\{ \sin\dfrac{n\pi}{l}x \right\}$ 的正交性,得

$$c_n = \frac{2}{l} \int_0^l \left(\sin\frac{\pi}{l}\xi + 3\sin\frac{2\pi}{l}\xi \right) \sin\frac{n\pi}{l}\xi \mathrm{d}x = \begin{cases} 1, & n = 1, \\ 3, & n = 2, \\ 0, & n \geqslant 3. \end{cases}$$

从而原问题的解为

$$u(x,\ t) = \mathrm{e}^{-\left(\frac{\pi a}{l}\right)^2 t} \sin\frac{\pi}{l}x + 3\mathrm{e}^{-\left(\frac{2\pi a}{l}\right)^2 t} \sin\frac{2\pi}{l}x.$$

由于固有函数和定解问题解的形式与边界条件密切相关,读者可以自己讨论热传导方程第二类边界条件下的固有函数和解的级数形式.

例 10.4 设有一长为 l 的均匀细杆,杆的侧面绝热,$x=0$ 端保持 $0\,℃$ 不变,另

一端与外界绝热,初始时刻温度为 $\varphi(x) = \dfrac{x}{l}$. 求杆上各点的温度变化情况.

解 所考虑的定解问题为

$$\begin{cases} u_t - a^2 u_{xx} = 0, & 0 < x < l, \, t > 0, \\ u\mid_{x=0} = 0, \quad u_x\mid_{x=l} = 0, \\ u\mid_{t=0} = \dfrac{x}{l}. \end{cases}$$

用分离变量法求解. 令 $u(x,\,t) = X(x)T(t)$,并代入泛定方程,得固有值问题

$$\begin{cases} X''(x) + \lambda X(x) = 0, \\ X(0) = 0, \, X'(l) = 0, \end{cases}$$

以及关于 $T(t)$ 的常微分方程

$$T'(t) + \lambda a^2 T(t) = 0.$$

类似于波动方程第二类边界条件的讨论,可得固有值与固有函数分别为

$$\lambda_n = \left[\frac{(2n+1)\pi}{2l} \right]^2, \, X_n(x) = \sin\frac{(2n+1)\pi}{2l}x, \, n = 0,\, 1,\, 2,\, \cdots.$$

此时,$T(t)$ 满足的方程为

$$T'(t) + \left[\frac{(2n+1)\pi}{2l} \right]^2 a^2 T(t) = 0.$$

解得

$$T_n(t) = C_n \mathrm{e}^{-\left[\frac{(2n+1)\pi a}{2l} \right]^2 t}, \, n = 0,\, 1,\, 2\cdots.$$

于是,原问题的一般解为

$$u(x,\,t) = \sum_{n=0}^{+\infty} A_n \mathrm{e}^{-\left[\frac{(2n+1)\pi a}{2l} \right]^2 t} \sin\frac{(2n+1)\pi}{2l}x.$$

最后,利用初始条件

$$u(x,\,0) = \sum_{n=0}^{+\infty} A_n \sin\frac{(2n+1)\pi}{2l}x = \frac{x}{l},$$

及函数系 $\left\{ \sin\dfrac{(2n+1)\pi}{2l}x \right\}$ 的正交性,得

$$A_n = \frac{2}{l} \int_0^l \frac{\xi}{l} \sin \frac{(2n+1)\pi}{2l} \xi \mathrm{d}\xi$$

$$= \frac{8}{(2n+1)^2 \pi^2} \left[\sin \frac{(2n+1)\pi}{2l}\xi - \frac{(2n+1)\pi}{2l}\xi \cos \frac{(2n+1)\pi}{2l}\xi \right] \Big|_0^l$$

$$= (-1)^n \frac{8}{(2n+1)^2 \pi^2}.$$

所以,原问题的形式解为

$$u(x,\ t) = \frac{8}{\pi^2} \sum_{n=0}^{+\infty} \frac{(-1)^n}{(2n+1)^2} \mathrm{e}^{-\left[\frac{(2n+1)\pi a}{2l}\right]^2 t} \sin \frac{(2n+1)\pi}{2l}x.$$

10.2.2 第三类齐次边界条件

考虑长为 l 的均匀细杆,两端点的坐标为 $x=0$ 和 $x=l$,杆的侧面是绝热的,且在端点 $x=0$ 处温度为零度,而在另一端 $x=l$ 处杆的热量自由地发散到周围温度是零度的介质中. 已知初始温度为 $\varphi(x)$,求杆上的温度变化规律,即求解下列定解问题

$$(\mathrm{IV}) \begin{cases} u_t = a^2 u_{xx}, & 0 < x < l, t > 0, & (10\text{-}31) \\ u|_{x=0} = 0, (u_x + hu)|_{x=l} = 0, & (10\text{-}32) \\ u|_{t=0} = \varphi(x), & (10\text{-}33) \end{cases}$$

其中 h 为表面传热系数. 我们仍用分离变量法来求解这个问题. 设 $u(x,\ t) = X(x)T(t)$,代入到方程(10-31),得

$$\frac{T'(t)}{a^2 T(t)} = \frac{X''(x)}{X(x)} = -\lambda,$$

其中 λ 为待定常数. 由此得关于 $X(x)$ 和 $T(t)$ 常微分方程

$$X''(x) + \lambda X(x) = 0, \tag{10-34}$$

和

$$T'(t) + a^2 \lambda T(t) = 0. \tag{10-35}$$

由边界条件(10-32)得

$$X(0) = 0,\ X'(l) + hX(l) = 0.$$

式(10-34)和式(10-35)构成固有值问题.

类似于第一类、二类边界条件的讨论,当 $\lambda<0$ 和 $\lambda=0$ 时,方程没有满足边界条件非零解. 当 $\lambda>0$ 时,式(10-34)的通解为

$$X(x) = A\cos\sqrt{\lambda}x + B\sin\sqrt{\lambda}x.$$

考虑边界条件,由 $X(0)=0$ 得 $A=0$,由 $X'(l)+hX(l)=0$,得

$$B\sqrt{\lambda}\cos\sqrt{\lambda}l + hB\sin\sqrt{\lambda}l = 0.$$

为求非零解,应有 $B\neq 0$,于是有

$$\sqrt{\lambda}\cos\sqrt{\lambda}l + h\sin\sqrt{\lambda}l = 0. \tag{10-36}$$

令 $\lambda=k^2$,并将式(10-36)写成

$$\tan z = \alpha z, \tag{10-37}$$

其中 $z=kl=\sqrt{\lambda}l$, $\alpha=-\dfrac{1}{hl}$. 方程(10-37)的解可以看作曲线 $y_1=\tan z$ 与直线 $y_2=\alpha z$ 交点的横坐标(见图10-1). 显然,由于函数 $\tan z$ 为周期函数,故这样的交点有无穷多个,即方程(10-37)有无穷多个根,且其正根与负根只差一个符号,所以只考虑正根即可. 设正根依次为

图 10-1

$$z_1,\ z_2,\ \cdots,\ z_n,\ \cdots.$$

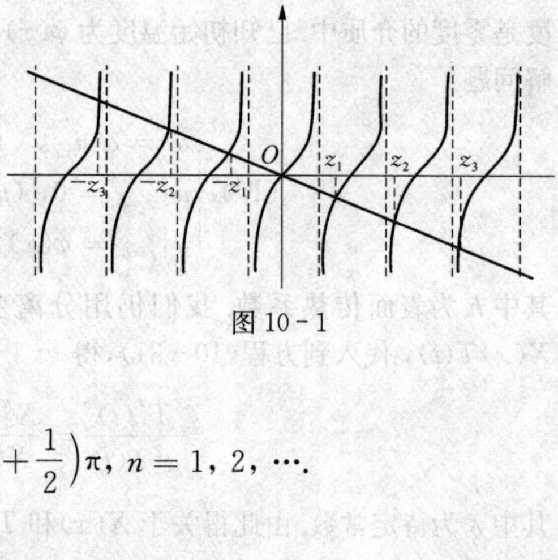

且有

$$\left(n-\frac{1}{2}\right)\pi < z_n < \left(n+\frac{1}{2}\right)\pi,\ n=1,2,\cdots.$$

于是得到无穷多个固有值

$$\lambda_n = k_n^2 = \frac{z_n^2}{l^2},\ n=1,2,\cdots.$$

和相应的固有函数

$$X_n(x) = B_n\sin\frac{z_n}{l}x,\ n=1,2,\cdots. \tag{10-38}$$

将 $\lambda=\lambda_n$ 代入式(10-35),得方程解为

272

$$T_n(t) = C_n \mathrm{e}^{-a^2 \lambda_n t} = C_n \mathrm{e}^{-\left(\frac{a z_n}{l}\right)^2 t}, \; n = 1, 2, \cdots. \tag{10-39}$$

把解(10-38)和(10-39)代入 $u(x, t) = X(x)T(t)$，得到方程(10-31)满足边界条件(10-32)的一组非零特解

$$u_n(x, t) = X_n(x)T_n(t) = a_n \mathrm{e}^{-\left(\frac{a z_n}{l}\right)^2 t} \sin \frac{z_n}{l} x, \; n = 1, 2, \cdots,$$

其中 $a_n = B_n C_n$ 是待定常数. 根据叠加原理

$$u(x, t) = \sum_{n=1}^{+\infty} a_n \mathrm{e}^{-\left(\frac{a z_n}{l}\right)^2 t} \sin \frac{z_n}{l} x \tag{10-40}$$

仍然满足方程和边界条件. 最后由初始条件(10-33)得

$$u \big|_{t=0} = \varphi(x) = \sum_{n=1}^{+\infty} a_n \sin \frac{z_n}{l} x. \tag{10-41}$$

为确定 a_n，需考虑三角函数系 $\left\{ \sin \dfrac{z_n}{l} x \right\}$ 在 $[0, l]$ 上的正交性. 令 $X_n(x) = \sin \dfrac{z_n}{l} x$，当 $n \neq m$ 时，k_n^2，$X_n(x)$ 和 k_m^2，$X_m(x)$ 均为方程(10-34)的解，故有

$$X_n''(x) + k_n^2 X_n(x) = 0,$$

$$X_m''(x) + k_m^2 X_m(x) = 0.$$

两式分别乘以 $X_m(x)$ 和 $X_n(x)$，相减后得

$$X_n''(x)X_m(x) - X_m''(x)X_n(x) + (k_n^2 - k_m^2)X_n(x)X_m(x) = 0,$$

即

$$(k_n^2 - k_m^2)X_n(x)X_m(x) = \frac{\mathrm{d}}{\mathrm{d}x}[X_n(x)X_m'(x) - X_n'(x)X_m(x)].$$

上式在 $[0, l]$ 上积分，并应用分部积分，得

$$(k_n^2 - k_m^2)\int_0^l X_n(x)X_m(x)\mathrm{d}x = [X_n(x)X_m'(x) - X_n'(x)X_m(x)]\Big|_0^l$$

$$= X_n(l)X_m'(l) - X_n'(l)X_m(l) - X_n(0)X_m'(0) - X_n'(0)X_m(0). \tag{10-42}$$

由边界条件(10-32)得

$$X_n(0) = 0, \ X'_n(l) = -hX_n(l),$$

$$X_m(0) = 0, \ X'_m(l) = -hX_m(l).$$

由此得式(10-42)右端为零，从而

$$(k_n^2 - k_m^2) \int_0^l X_n(x) X_m(x) \mathrm{d}x = 0.$$

由于当 $m \neq n$ 时, $k_n \neq k_m$, 故有

$$\int_0^l X_n(x) X_m(x) \mathrm{d}x = 0.$$

说明三角函数系 $\left\{ \sin \dfrac{z_n}{l} x \right\}$ 在 $[0, l]$ 上的正交性.

最后, 式(10-41)两边乘以 $\sin \dfrac{z_m}{l} x$, 并在 $[0, l]$ 上积分, 设右边的级数收敛并可以逐项积分, 得

$$\int_0^l \varphi(x) \sin \frac{z_m}{l} x \mathrm{d}x = \sum_{n=1}^{+\infty} a_n \int_0^l \sin \frac{z_n}{l} x \sin \frac{z_m}{l} x \mathrm{d}x$$

$$= a_m \int_0^l \left(\sin \frac{z_m}{l} x \right)^2 \mathrm{d}x.$$

从而得

$$a_n = \frac{\displaystyle\int_0^l \varphi(x) \sin \frac{z_n}{l} x \mathrm{d}x}{\displaystyle\int_0^l \left(\sin \frac{z_n}{l} x \right)^2 \mathrm{d}x}.$$

因此, 定解问题(Ⅳ)的形式解为

$$\begin{cases} u(x, t) = \displaystyle\sum_{n=1}^{+\infty} a_n \mathrm{e}^{-\left(\frac{az_n}{l} \right)^2 t} \sin \dfrac{z_n}{l} x, \\[2mm] a_n = \dfrac{1}{L^2} \displaystyle\int_0^l \varphi(\xi) \sin \dfrac{z_n}{l} \xi \mathrm{d}\xi, \\[2mm] L^2 = \displaystyle\int_0^l \left(\sin \dfrac{z_n}{l} \xi \right)^2 \mathrm{d}\xi. \end{cases} \qquad (10\text{-}43)$$

10.3 二维拉普拉斯方程

本节介绍在一些常见的矩形域和圆域等区域上利用分离变量法求解二维拉普拉斯方程定解问题的方法.

10.3.1 矩形域

有一边长为 a 和 b 的矩形薄板,其表面绝热,在 $x=0$, $x=a$, $y=0$ 三边上的温度为 0,在 $y=b$ 边上各点的温度分布为 $\varphi(x)$,且 $\varphi(x)$ 满足 $\varphi(0)=\varphi(a)=0$. 求薄板内达到稳定状态时的温度分布,即求解定解问题

$$(\text{V})\begin{cases} u_{xx}+u_{yy}=0, \ 0<x<a, \ 0<y<b, & (10-44) \\ u|_{x=0}=0, \ u|_{x=a}=0, & (10-45) \\ u|_{y=0}=0, \ u|_{y=b}=\varphi(x). & (10-46) \end{cases}$$

这是二维拉普拉斯方程的第一边值问题(或称 Dirichlet 问题).

用分离变量法求解. 令 $u(x, y) = X(x)Y(y)$ 代入式(10-44),并分离变量后得

$$\frac{X''(x)}{X(x)} = -\frac{Y''(y)}{Y(y)} = -\lambda,$$

其中 λ 为待定常数. 因为定解问题为非零解,利用边界条件(10-45),及上式,可得到关于 $X(x)$ 和 $Y(y)$ 所满足的常微分方程

$$\begin{cases} X''(x)+\lambda X(x)=0, \\ X(0)=X(a)=0. \end{cases} \tag{10-47}$$

$$Y''(y)-\lambda Y(y)=0. \tag{10-48}$$

固有值问题(10-47)仅当 $\lambda>0$ 时存在非零解,且固有值和固有函数分别为

$$\lambda = \lambda_n = \left(\frac{n\pi}{a}\right)^2, \ X_n(x) = \sin\frac{n\pi}{a}x, \ n=1, 2, \cdots.$$

将 $\lambda = \lambda_n = \left(\frac{n\pi}{a}\right)^2$ 代入式(10-48),得通解为

$$Y_n(y) = C_n e^{\frac{n\pi}{a}y} + D_n e^{-\frac{n\pi}{a}y}$$

$$= A_n \cosh\frac{n\pi y}{a} + B_n \sinh\frac{n\pi y}{a},$$

其中 $A_n = C_n + D_n$，$B_n = C_n - D_n$ 是任意常数. 由叠加原理, 得定解问题(V)的形式解为

$$u(x, y) = \sum_{n=1}^{+\infty} X_n(x) Y_n(y)$$

$$\hspace{3cm} (10-49)$$

$$= \sum_{n=1}^{+\infty} \left(A_n \cosh \frac{n\pi y}{a} + B_n \sinh \frac{n\pi y}{a} \right) \sin \frac{n\pi x}{a}.$$

由边界条件 $u|_{y=0} = 0$ 知

$$u(x, 0) = \sum_{n=1}^{+\infty} A_n \sin \frac{n\pi x}{a} = 0.$$

从而得 $A_n = 0$，$n = 1, 2, \cdots$. 由边界条件 $u|_{y=b} = \varphi(x)$，得

$$u(x, b) = \sum_{n=1}^{+\infty} B_n \sinh \frac{n\pi b}{a} \sin \frac{n\pi}{a} x = \varphi(x).$$

由傅里叶级数的系数公式知

$$B_n \sinh \frac{n\pi b}{a} = \frac{2}{a} \int_0^a \varphi(\xi) \sin \frac{n\pi}{a} \xi d\xi,$$

由此得

$$B_n = \frac{2}{a \sinh \dfrac{n\pi b}{a}} \int_0^a \varphi(\xi) \sin \frac{n\pi}{a} \xi d\xi.$$

最后, 把系数 A_n，B_n 代入式(10-49), 得定解问题(V)的形式解为

$$u(x, y) = \sum_{n=1}^{+\infty} \left[\frac{2}{a \sinh \dfrac{n\pi b}{a}} \int_0^a \varphi(x) \sin \frac{n\pi}{a} \xi d\xi \right] \sinh \frac{n\pi}{a} y \sin \frac{n\pi}{a} x.$$

用类似方法可讨论拉普拉斯方程第二类边值问题.

例 10.5 求解下列矩形域上的定解问题

$$\begin{cases} u_{xx} + u_{yy} = 0, & 0 < x < \pi, \, 0 < y < \pi, \\ u_x|_{x=0} = y - \dfrac{\pi}{2}, \, u_x|_{x=\pi} = 0, & 0 \leqslant y \leqslant \pi, \\ u_y|_{y=0} = 0, \, u_y|_{y=\pi} = 0, & 0 \leqslant x \leqslant \pi. \end{cases}$$

解 设 $u(x, y) = X(x)Y(y)$，代入方程，得

$$\frac{X''(x)}{X(x)} = -\frac{Y''(y)}{Y(y)} = \lambda.$$

由此得到关于 $X(x)$，$Y(y)$ 的常微分方程

$$X''(x) - \lambda X(x) = 0,$$

和

$$Y''(y) + \lambda Y(y) = 0.$$

利用边界条件知：$Y'(0) = Y'(\pi) = 0$. 解固有值问题

$$\begin{cases} Y''(y) + \lambda Y(y) = 0, \\ Y'(0) = Y'(\pi) = 0, \end{cases}$$

(1) 若 $\lambda < 0$，则 $Y(y) = C_1 e^{\sqrt{-\lambda}y} + C_2 e^{-\sqrt{-\lambda}y}$，代入齐次边界条件得

$$\begin{cases} \sqrt{-\lambda}(C_1 - C_2) = 0, \\ \sqrt{-\lambda}(C_1 e^{\sqrt{-\lambda}\pi} - C_2 e^{-\sqrt{-\lambda}\pi}) = 0. \end{cases}$$

得 $C_1 = C_2 = 0$，即 $Y(y) \equiv 0$.

(2) 若 $\lambda = 0$，$Y(y) = C_1 y + C_2$. 代入齐次边界条件得 $C_1 = 0$，从而 $Y(y) = C_2$.

(3) 若 $\lambda > 0$，得 $Y(y) = C_1 \cos\sqrt{\lambda}y + C_2 \sin\sqrt{\lambda}y$. 代入齐次边界条件得

$$\begin{cases} \sqrt{\lambda}C_2 = 0, \\ \sqrt{\lambda}(-C_1 \sin\sqrt{\lambda}\pi + C_2 \cos\sqrt{\lambda}\pi) = 0, \end{cases}$$

因为 $\sqrt{\lambda} \neq 0$，所以 $C_2 = 0$，$C_1 \sin\sqrt{\lambda}\pi = 0$. 若 $C_1 = 0$，则得 $Y(y) \equiv 0$. 因此，$C_1 \neq 0$，$\sin\sqrt{\lambda}\pi = 0$，于是，$\sqrt{\lambda}\pi = n\pi$ $(n = 1, 2, \cdots)$. 从而，得固有值和固有函数分别为

$$\lambda_n = n^2, \quad Y_n(y) = \cos ny, \quad n = 0, 1, 2, \cdots.$$

此时，方程 $X''(x) - \lambda_n X(x) = 0$ 的通解为

$$\begin{cases} X_0(x) = A_0 + A_1 x, & n = 0, \\ X_n(x) = A_n e^{nx} + B_n e^{-nx}, & n = 1, 2, \cdots. \end{cases}$$

叠加得

$$u(x, y) = a_0 + a_1 x + \sum_{n=1}^{+\infty}(c_n e^{nx} + d_n e^{-nx})\cos ny.$$

由边界条件,得

$$\begin{cases} u_x \big|_{x=0} = y - \dfrac{\pi}{2} = a_1 + \sum\limits_{n=1}^{+\infty} n(c_n - d_n)\cos ny, \\[2mm] u_x \big|_{x=\pi} = 0 = a_1 + \sum\limits_{n=1}^{+\infty} n(c_n e^{n\pi} - d_n e^{-n\pi})\cos ny, \end{cases}$$

解得 $a_1 = 0$ 及

$$\begin{cases} c_n e^{n\pi} - d_n e^{-n\pi} = 0, \\[2mm] n(c_n - d_n) = \dfrac{2}{\pi}\int_0^\pi \left(y - \dfrac{\pi}{2}\right)\cos ny \, dy = \dfrac{2}{n^2\pi}\big[(-1)^n - 1\big]. \end{cases}$$

从而有

$$c_n = \frac{e^{-n\pi}[1 - (-1)^n]}{n^3\pi\sinh n\pi}, \quad d_n = \frac{e^{n\pi}[1 - (-1)^n]}{n^3\pi\sinh n\pi}.$$

因此,原问题的解为

$$u(x,\,y) = a_0 + \sum_{n=1}^{+\infty} \frac{2[1 - (-1)^n]}{n^3\pi} \frac{\cosh n(x - \pi)}{\sinh n\pi}\cos ny,$$

其中 a_0 为任意常数.

10.3.2 圆域

稳定状态下,如果求以 a 为半径,上下两面绝热,圆盘周界的温度分布已知的圆片内各点的温度分布,可归结为如下定解问题

$$\begin{cases} u_{xx} + u_{yy} = 0, \quad x^2 + y^2 < a^2, \\[2mm] u\big|_{x^2+y^2=a^2} = \varphi(x,\,y). \end{cases}$$

用极坐标 $x = r\cos\theta,\ y = r\sin\theta$, 以上定解问题化为

$$(\text{Ⅵ}) \begin{cases} \Delta u = u_{rr} + \dfrac{1}{r}u_r + \dfrac{1}{r^2}u_{\theta\theta} = 0,\ r < a,\ 0 \leqslant \theta < 2\pi, & (10-50) \\[3mm] u\big|_{r=a} = f(\theta), & (10-51) \end{cases}$$

其中 $f(\theta) = \varphi(a\cos\theta,\ a\sin\theta)$ 为周界上的已知函数.

由于 $(r,\ \theta)$ 与 $(r,\ \theta+2\pi)$ 表示同一点,温度应相同. 另外,圆域内任意一点的温度为有限,特别在圆心的温度有限. 所以增加两个条件,称为周期边界条件和自然边界条件

$$u(r, \theta) = u(r, \theta + 2\pi), \qquad (10-52)$$

$$|u(0, \theta)| < +\infty. \qquad (10-53)$$

用分离变量法求解. 令 $u(r, \theta) = R(r)\Phi(\theta)$ 代入式(10-50), 得

$$\frac{r^2 R'' + r R'}{R} = -\frac{\Phi''}{\Phi}.$$

上式左端为极径 r 的函数, 与极角 θ 无关; 右端是 θ 的函数, 与 r 无关, 两端相等只可能同时等于同一个常数, 记作 λ, 得

$$\frac{r^2 R''(r) + r R'(r)}{R} = -\frac{\Phi''}{\Phi} = \lambda.$$

利用边界条件式(10-52)和式(10-53)可得如下两个定解问题:

$$\begin{cases} \Phi''(\theta) + \lambda \Phi(\theta) = 0, \\ \Phi(\theta + 2\pi) = \Phi(\theta). \end{cases} \qquad (10-54)$$

$$\begin{cases} r^2 R''(r) + r R'(r) - \lambda R(r) = 0, \\ |R(0)| < +\infty, \end{cases} \qquad (10-55)$$

问题(10-54)为周期边界的固有值问题, 需对 λ 不同取值讨论.

(1) 若 $\lambda < 0$, 方程的通解为

$$\Phi(\theta) = C e^{\sqrt{-\lambda}\theta} + D e^{-\sqrt{-\lambda}\theta}.$$

为使其满足周期边界条件, 定解问题只有零解.

(2) 若 $\lambda = 0$, 方程的通解为 $\Phi(\theta) = C + D\theta$, 但由周期性条件可得 $D = 0$, 所以 $\lambda_0 = 0$ 是固有值, 相应的固有函数 $\Phi_0(\theta) = C_0$.

(3) 若 $\lambda > 0$, 方程的通解为

$$\Phi(\theta) = C_1 \cos\sqrt{\lambda}\theta + C_2 \sin\sqrt{\lambda}\theta.$$

由于 $\Phi(\theta)$ 关于 θ 为 2π 周期, 因此 $\sqrt{\lambda}$ 必须是整数. 所以, 可得固有值和固有函数分别为

$$\lambda = \lambda_n = n^2, \ \Phi_n(\theta) = C_n \cos n\theta + D_n \sin n\theta, \ n = 1, 2, \cdots. \qquad (10-56)$$

方程(10-55)是欧拉方程, 令 $r = e^t$, 即 $t = \ln r$ 代入(10-55)注意 $\lambda = n^2$, 可得

$$\frac{\mathrm{d}^2 R}{\mathrm{d}t^2} - n^2 R = 0, \quad n = 0, 1, 2, \cdots.$$

上述方程通解为

$$R_0(r) = C_0 + D_0 t = C_0 + D_0 \ln r, \quad n = 0,$$
$$R_n(r) = C_n \mathrm{e}^{nt} + D_n \mathrm{e}^{-nt} = C_n r^n + D_n r^{-n}, \quad n = 1, 2, \cdots$$

由式(10-53)可知

$$D_0 = 0, \quad D_n = 0, \quad n = 1, 2, \cdots.$$

从而

$$R_0(r) = C_0, \quad R_n(r) = C_n r^n, \quad n = 1, 2, \cdots.$$

因此,得到一族特解 $u_n(r, \theta) = R_n(r)\Phi_n(\theta)$ $(n = 0, 1, 2, \cdots)$. 由叠加原理,原问题的形式解为

$$u(r, \theta) = \Phi_0 R_0 + \sum_{n=1}^{+\infty} \Phi_n R_n \tag{10-57}$$
$$= \frac{a_0}{2} + \sum_{n=1}^{+\infty} (a_n \cos n\theta + b_n \sin n\theta) r^n,$$

其中系数 a_n, b_n $(n = 0, 1, 2, \cdots)$ 由边界条件确定. 为此,式(10-57)中令 $r = a$,

$$u(a, \theta) = \frac{a_0}{2} + \sum_{n=1}^{+\infty} (a_n \cos n\theta + b_n \sin n\theta) a^n = f(\theta),$$

利用傅里叶级数系数公式,得

$$\begin{cases} a_0 = \dfrac{1}{\pi} \displaystyle\int_0^{2\pi} f(\theta) \mathrm{d}\theta, \\[2mm] a_n = \dfrac{1}{\pi a^n} \displaystyle\int_0^{2\pi} f(\theta) \cos n\theta \mathrm{d}\theta, \\[2mm] b_n = \dfrac{1}{\pi a^n} \displaystyle\int_0^{2\pi} f(\theta) \sin n\theta \mathrm{d}\theta. \end{cases} \tag{10-58}$$

把式(10-58)代入式(10-57),有

280

$$u(r, \theta) = \frac{1}{2\pi} \int_0^{2\pi} f(\xi) \left[1 + 2 \sum_{n=1}^{+\infty} \left(\frac{r}{a} \right)^n (\cos n\theta \cos n\xi + \sin n\theta \sin n\xi) \right] d\xi$$

$$= \frac{1}{2\pi} \int_0^{2\pi} f(\xi) \left[1 + 2 \sum_{n=1}^{+\infty} \left(\frac{r}{a} \right)^n \cos n(\theta - \xi) \right] d\xi.$$

利用 $2\cos n(\theta - \xi) = e^{in(\theta-\xi)} + e^{-in(\theta-\xi)}$，并注意到 $r < a$ 得

$$u(r, \theta) = \frac{1}{2\pi} \int_0^{2\pi} f(\xi) \left[\sum_{n=0}^{+\infty} \left(\frac{r}{a} \right)^n e^{in(\theta-\xi)} + \sum_{n=0}^{+\infty} \left(\frac{r}{a} \right)^n e^{-in(\theta-\xi)} \right] d\xi$$

$$= \frac{1}{2\pi} \int_0^{2\pi} f(\xi) \left[\frac{1}{1 - \frac{r}{a} e^{in(\theta-\xi)}} + \frac{\frac{r}{a} e^{-in(\theta-\xi)}}{1 - \frac{r}{a} e^{-in(\theta-\xi)}} \right] d\xi \tag{10-59}$$

$$= \frac{1}{2\pi} \int_0^{2\pi} \frac{(a^2 - r^2) f(\xi)}{a^2 - ar[e^{in(\theta-\xi)} + e^{-in(\theta-\xi)}] + r^2} d\xi$$

$$= \frac{1}{2\pi} \int_0^{2\pi} \frac{(a^2 - r^2) f(\xi) d\xi}{a^2 + r^2 - 2ar \cos(\theta - \xi)}.$$

式(10-59)称为圆域内的泊松公式.

例 10.6 求解定解问题

$$\begin{cases} \Delta u = u_{rr} + \frac{1}{r} u_r + \frac{1}{r^2} u_{\theta\theta} = 0, \ r < a, \ 0 \leqslant \theta < 2\pi, \\ u \mid_{r=a} = A\cos\theta + B\sin 5\theta, \end{cases}$$

其中 A, B 为给定的常数.

解 由式(10-58)，并利用三角函数系的正交性，得

$$a_0 = \frac{1}{\pi} \int_0^{2\pi} (A\cos\theta + B\sin 5\theta) d\theta = 0,$$

$$a_n = \frac{1}{\pi a^n} \int_0^{2\pi} (A\cos\theta + B\sin 5\theta) \cos n\theta d\theta = \begin{cases} \dfrac{A}{a}, & n = 1, \\ 0, & n \neq 1, \end{cases}$$

$$b_n = \frac{1}{\pi a^n} \int_0^{2\pi} (A\cos\theta + B\sin 5\theta) \sin n\theta d\theta = \begin{cases} \dfrac{B}{a^5}, & n = 5, \\ 0, & n \neq 5. \end{cases}$$

由式(10-57)得上述定解问题的解为

$$u(r, \theta) = \frac{A}{a} r \cos\theta + \frac{B}{a^5} r^5 \sin 5\theta.$$

10.4　非齐次方程的解法

因为非齐次方程解的叠加并非是原方程的解,所以不能用分离变量法直接求解非齐次方程定解问题.本节以波动方程为例,介绍求解非齐次方程定解问题的常用方法.

10.4.1　固有函数法

如果研究长为 l 的弦,在两端固定的情况下,受强迫力作用所产生的振动现象,可归结为求解定解问题

$$(\text{VII}) \begin{cases} u_{tt} - a^2 u_{xx} = f(x, t),\ 0 < x < l,\ t > 0, & (10-60) \\ u|_{x=0} = 0,\ u|_{x=l} = 0, & (10-61) \\ u|_{t=0} = \varphi(x),\ u_t|_{t=0} = \psi(x). & (10-62) \end{cases}$$

在上述定解问题中,弦的振动是由两部分干扰引起的:一是强迫力 $f(x, t)$;另一是初始函数 $\varphi(x)$ 和 $\psi(x)$.由问题的物理意义可知,此时的振动可以看作仅由强迫力引起的振动和仅由初始函数引起的振动的合成.利用叠加原理,方程(10-60)的解可设为

$$u(x, t) = v(x, t) + w(x, t),$$

其中 $v(x, t)$ 表示仅由强迫力引起的弦振动,它满足定解问题

$$\begin{cases} v_{tt} - a^2 v_{xx} = f(x, t),\ 0 < x < l,\ t > 0, \\ v|_{x=0} = 0,\ v|_{x=l} = 0, \\ v|_{t=0} = 0,\ v_t|_{t=0} = 0. \end{cases} \qquad (10-63)$$

$w(x, t)$ 表示仅由初始状态引起的弦振动,它满足定解问题

$$\begin{cases} w_{tt} - a^2 w_{xx} = 0,\ 0 < x < l,\ t > 0, \\ w|_{x=0} = 0,\ w|_{x=l} = 0, \\ w|_{t=0} = \varphi(x),\ w_t|_{t=0} = \psi(x). \end{cases} \qquad (10-64)$$

定解问题(10-64)为齐次方程、齐次边界条件,直接可由分离变量法求解.下

面仅考虑定解问题(10-63)的解.

设想定解问题(10-63)的解可以分解成无穷多个驻波的叠加,而每个驻波的波形仍然是由相应齐次方程通过分离变量所得到的固有值问题的固有函数所决定. 而定解问题(10-63)为第一类齐次边界条件,固有值和固有函数分别为 $\left(\dfrac{n\pi}{l}\right)^2$ 和 $\sin\dfrac{n\pi}{l}x$. 因此可设问题解为

$$v(x,\ t) = \sum_{n=1}^{+\infty} v_n(t)\sin\frac{n\pi}{l}x, \tag{10-65}$$

其中 $v_n(t)$ 为待定函数. 将自由项 $f(x,\ t)$ 按固有函数 $\left\{\sin\dfrac{n\pi}{l}x\right\}$ 在 $(0,\ l)$ 展开

$$f(x,\ t) = \sum_{n=1}^{+\infty} f_n(t)\sin\frac{n\pi}{l}x, \tag{10-66}$$

其中

$$f_n(t) = \frac{2}{l}\int_0^l f(x,\ t)\sin\frac{n\pi}{l}x\,\mathrm{d}x.$$

把式(10-65)、式(10-66)代入方程(10-63)中,得

$$\sum_{n=1}^{+\infty}\left[v_n''(t) + \left(\frac{n\pi a}{l}\right)^2 v_n(t) - f_n(t)\right]\sin\frac{n\pi}{l}x = 0.$$

利用 $\left\{\sin\dfrac{n\pi}{l}x\right\}$ 的线性无关性得 $v_n(t)$ 应满足方程

$$v_n''(t) + \left(\frac{n\pi a}{l}\right)^2 v_n(t) = f_n(t),\ n = 1,\ 2,\ \cdots.$$

利用初始条件可得关于 $v_n(t)$ 的定解问题

$$\begin{cases} v_n''(t) + \left(\dfrac{n\pi a}{l}\right)^2 v_n(t) = f_n(t), \\ v_n(0) = 0,\quad v_n'(0) = 0. \end{cases} \quad (n = 1,\ 2,\ \cdots.) \tag{10-67}$$

方程(10-67)对应的齐次方程的通解为

$$v_n(t) = C_1\cos\frac{n\pi a}{l}t + C_2\sin\frac{n\pi a}{l}t.$$

故可设非齐次方程的解为

$$v_n(t) = C_1(t)\cos\frac{n\pi a}{l}t + C_2(t)\sin\frac{n\pi a}{l}t,$$

其中 $C_1(t)$, $C_2(t)$ 为待定函数.

利用常数变易法(或积分变换法)可得

$$v_n(t) = C_1^0\cos\frac{n\pi a}{l}t + C_2^0\sin\frac{n\pi a}{l}t + \frac{l}{n\pi a}\int_0^t f_n(\tau)\sin\frac{n\pi a}{l}(t-\tau)\mathrm{d}\tau.$$

利用初始条件可得: $C_1^0 = C_2^0 = 0$. 从而得

$$v(x, t) = \sum_{n=1}^{+\infty}\left[\frac{l}{n\pi a}\int_0^t f_n(\tau)\sin\frac{n\pi a}{l}(t-\tau)\mathrm{d}\tau\right]\sin\frac{n\pi}{l}x.$$

以上方法的基本思想为: 将方程解和自由项都展开为定解问题固有函数的级数. 所以上述方程称为固有函数法.

一般而言, 定解问题的边界条件的类型不同, 它的固有函数族也不同. 若事先知道定解问题的固有函数族, 且这组固有函数是完备的, 就可以将所要求的解 $u(x, t)$ 及非齐次方程的非齐次项 $f(x, t)$ 均按固有函数展开, 并应用待定系数法求解. 以下通过非齐次热传导方程问题说明固有函数法的具体运用.

例 10.7 求非齐次热传导方程定解问题

$$\begin{cases} u_t - a^2 u_{xx} = f(x, t), \ 0 < x < l, \ t > 0, \\ u|_{x=0} = 0, \ u_x|_{x=l} = 0, \\ u|_{t=0} = \varphi(x). \end{cases} \tag{10-68}$$

解 因为边界条件为第二类齐次边界, 其固有值和固有函数分别为 $\left[\dfrac{(2n+1)\pi}{2l}\right]^2$

和 $\sin\dfrac{(2n+1)\pi}{2l}x$ $(n = 0, 1, 2, \cdots)$.

设

$$u(x, t) = \sum_{n=1}^{+\infty} T_n(t)\sin\frac{(2n+1)\pi}{2l}x. \tag{10-69}$$

将 $f(x, t)$ 关于固有函数展开, 即展开为正弦级数

$$\begin{cases} f(x, t) = \sum_{n=1}^{+\infty} f_n(t)\sin\dfrac{(2n+1)\pi}{2l}x, \\ \varphi(x) = \sum_{n=1}^{+\infty} \varphi_n\sin\dfrac{(2n+1)\pi}{2l}x, \end{cases} \tag{10-70}$$

其中

$$f_n(t) = \frac{2}{l} \int_0^l f(\xi, t) \sin \frac{(2n+1)\pi}{2l} \xi \mathrm{d}\xi,$$

$$\varphi_n = \frac{2}{l} \int_0^l \varphi(\xi) \sin \frac{(2n+1)\pi}{2l} \xi \mathrm{d}\xi.$$

把式(10-69)和式(10-70)代入方程(10-68)中,并利用 $\left\{ \sin \frac{(2n+1)\pi}{2l} x \right\}$ 的线性无关性可得

$$\begin{cases} T_n'(t) + \left(\frac{(2n+1)\pi a}{2l} \right)^2 T_n(t) = f_n(t), \\ T_n(0) = \varphi_n. \end{cases}$$

利用常数变易法可得上述方程的解

$$T_n(t) = \mathrm{e}^{-\int \left(\frac{(2n+1)\pi a}{2l} \right)^2 \mathrm{d}t} \left[\int_0^t f_n(\tau) \mathrm{e}^{\int \left(\frac{(2n+1)\pi a}{2l} \right)^2 \mathrm{d}t} \mathrm{d}\tau + \varphi_n \right]$$

$$= \int_0^t f_n(\tau) \mathrm{e}^{-\left(\frac{(2n+1)\pi a}{2l} \right)^2 (t-\tau)} \mathrm{d}\tau + \varphi_n \mathrm{e}^{-\left(\frac{(2n+1)\pi a}{2l} \right)^2 t}.$$

把上式代入到式(10-69)中即可得问题的解

$$u(x, t) = \sum_{n=1}^{+\infty} \left(\int_0^t f_n(\tau) \mathrm{e}^{-\left(\frac{(2n+1)\pi a}{2l} \right)^2 (t-\tau)} \mathrm{d}\tau \right) \sin \frac{(2n+1)\pi}{2l} x +$$

$$\sum_{n=1}^{+\infty} \varphi_n \mathrm{e}^{-\left(\frac{(2n+1)\pi a}{2l} \right)^2 t} \sin \frac{(2n+1)\pi}{2l} x.$$

10.4.2 特解法

以两端固定弦的强迫振动为例介绍特解法.

$$\begin{cases} u_{tt} - a^2 u_{xx} = f(x, t), \ 0 < x < l, \ t > 0, \\ u|_{x=0} = 0, \ u|_{x=l} = 0, \\ u|_{t=0} = \varphi(x), \ u_t|_{t=0} = \psi(x). \end{cases} \tag{10-71}$$

首先,找非齐次方程的一个特解 $v(x, t)$,满足

$$\begin{cases} v_{tt} - a^2 v_{xx} = f(x, t), \\ v|_{x=0} = 0, \ v|_{x=l} = 0. \end{cases} \tag{10-72}$$

然后,令

$$u(x,\ t)=v(x,\ t)+w(x,\ t),\qquad(10-73)$$

则 $w(x,\ t)$ 一定是相应齐次方程

$$\begin{cases} w_{tt}-a^2u_{xx}=0,\ 0<x<l,\ t>0,\\ w\big|_{x=0}=0,\ w\big|_{x=l}=0,\\ w\big|_{t=0}=\varphi(x)-v(x,0),\ w_t\big|_{t=0}=\psi(x)-v_t(x,\ 0) \end{cases}\qquad(10-74)$$

的解.

需注意的是,为了保证 $w(x,\ t)$ 满足齐次边界条件,必须要求 $v(x,\ t)$ 和 $u(x,\ t)$ 具有相同的边界条件. 从这个意义上讲,特解法并不要求原问题为齐次边界条件.

定解问题 $(10-74)$ 可由分离变量法或固有函数法求解. 而对于边值问题 $(10-72)$,当 $f(x,\ t)$ 的形式较简单时,如与时间 t 无关时,求解会相对简单.

例10.8 求下列定解问题:

$$\begin{cases} u_{tt}=a^2u_{xx}+\sin\dfrac{2\pi}{l}x\cos\dfrac{2\pi}{l}x,\ 0<x<l,\ t>0,\\ u\big|_{x=0}=3,\ u\big|_{x=l}=0,\ t>0,\\ u\big|_{t=0}=3\Big(1-\dfrac{x}{l}\Big),\ u_t\big|_{t=0}=\sin\dfrac{4\pi}{l}x,\ 0<x<l. \end{cases}$$

解 设 $u(x,\ t)=v(x,\ t)+w(x)$,$w(x)$ 满足

$$\begin{cases} a^2w''(x)+\sin\dfrac{2\pi}{l}x\cos\dfrac{2\pi}{l}x=0,\\ w(0)=3,\ w(l)=0. \end{cases}$$

其解为

$$w(x)=\dfrac{l^2}{32\pi^2a^2}\sin\dfrac{4\pi}{l}x+3\Big(1-\dfrac{x}{l}\Big).$$

此时,$v(x,\ t)$ 满足

$$\begin{cases} v_{tt}=a^2v_{xx},\ 0<x<l,\ t>0,\\ v\big|_{x=0}=0,\ v\big|_{x=l}=0,\\ v\big|_{t=0}=-\dfrac{l^2}{32\pi^2a^2}\sin\dfrac{4\pi}{l}x,\ v_t\big|_{t=0}=\sin\dfrac{4\pi}{l}x. \end{cases}$$

上述问题边界条件为第一类边界条件,其固有值和固有函数分别为

$$\lambda = \lambda_n = \left(\frac{n\pi}{l}\right)^2,\ X(x) = X_n(x) = \sin\frac{n\pi}{l}x,\ n = 1,\ 2,\ \cdots.$$

从而

$$v(x,\ t) = \sum_{n=1}^{+\infty}\left(a_n\cos\frac{n\pi a}{l}t + b_n\sin\frac{n\pi a}{l}t\right)\sin\frac{n\pi}{l}x.$$

利用初始条件

$$\begin{cases} v\big|_{t=0} = \sum_{n=1}^{+\infty}a_n\sin\frac{n\pi}{l}x = -\dfrac{l^2}{32\pi^2 a^2}\sin\frac{4\pi}{l}x, \\[3mm] v_t\big|_{t=0} = \sum_{n=1}^{+\infty}b_n\dfrac{n\pi a}{l}\sin\frac{n\pi}{l}x = \sin\frac{4\pi}{l}x. \end{cases}$$

利用固有函数系 $\left\{\sin\dfrac{n\pi}{l}x\right\}$ 的正交性,得

$$a_n = \begin{cases} -\dfrac{l^2}{32\pi^2 a^2},\ n=4, \\[3mm] 0,\ n\neq 4, \end{cases} \qquad b_n = \begin{cases} \dfrac{l}{4\pi a},\ n=4, \\[3mm] 0,\ n\neq 4. \end{cases}$$

从而得

$$v(x,\ t) = \left[-\frac{l^2}{32\pi^2 a^2}\cos\frac{4\pi a}{l}t + \frac{l}{4\pi a}\sin\frac{4\pi a}{l}t\right]\sin\frac{4\pi}{l}x.$$

最后得原问题的解为

$$u(x,\ t) = v(x,\ t) + w(x)$$
$$= \left[-\frac{l^2}{32\pi^2 a^2}\cos\frac{4\pi a}{l}t + \frac{l}{4\pi a}\sin\frac{4\pi a}{l}t\right]\sin\frac{4\pi}{l}x +$$
$$\frac{l^2}{32\pi^2 a^2}\sin\frac{4\pi}{l}x + 3\left(1-\frac{x}{l}\right).$$

例 10.9 在圆环域内求解下列边值问题

$$\begin{cases} u_{xx} + u_{yy} = 12(x^2 - y^2),\ a < \sqrt{x^2 + y^2} < b, \\[2mm] u\big|_{\sqrt{x^2+y^2}=a} = 0,\ \dfrac{\partial u}{\partial \boldsymbol{n}}\bigg|_{\sqrt{x^2+y^2}=b} = 0, \end{cases}$$

其中 n 是圆周 $x^2 + y^2 = b^2$ 的外法线方向.

解 由极坐标 $x = r\cos\theta$, $y = r\sin\theta$, 原问题可化成

$$\begin{cases} \Delta u = u_{rr} + \dfrac{1}{r}u_r + \dfrac{1}{r^2}u_{\theta\theta} = 12r^2\cos 2\theta, \ a < r < b, \\ u\mid_{r=a} = 0, \ u_r\mid_{r=b} = 0. \end{cases} \quad (10-75)$$

由上节知,对应于该问题的圆域内的拉普拉斯方程的固有函数为

$$\Phi_n(\theta) = A_n\cos n\theta + B_n\sin n\theta, \ n = 0, \ 1, \ 2, \ \cdots.$$

可设原问题的解为

$$u(r, \theta) = \sum_{n=0}^{+\infty} A_n(r)\cos n\theta + B_n(r)\sin n\theta.$$

直接代入式(10-75),经整理得到

$$\sum_{n=0}^{+\infty}\left\{\left[A_n''(r) + \frac{1}{r}A_n'(r) - \frac{n^2}{r^2}A_n(r)\right]\cos n\theta + \right.$$

$$\left.\left[B_n''(r) + \frac{1}{r}B_n'(r) - \frac{n^2}{r^2}B_n(r)\right]\sin n\theta\right\}$$

$$= 12r^2\cos 2\theta.$$

比较两端关于 $\cos n\theta$, $\sin n\theta$ 的系数,可得

$$A_2''(r) + \frac{1}{r}A_2'(r) - \frac{4}{r^2}A_2(r) = 12r^2, \quad (10-76)$$

$$A_n''(r) + \frac{1}{r}A_n'(r) - \frac{n^2}{r^2}A_n(r) = 0 \ (n \neq 2), \quad (10-77)$$

$$B_n''(r) + \frac{1}{r}B_n'(r) - \frac{n^2}{r^2}B_n(r) = 0, \quad (10-78)$$

其中式(10-77)和式(10-78)为齐次欧拉方程,它们的通解分别为

$$A_n(r) = c_nr^n + d_nr^{-n}, \ B_n(r) = a_nr^n + b_nr^{-n},$$

其中 c_n, d_n, a_n, b_n 是待定常数.

由定解问题(10-75)的定解条件得

$$A_n(a) = A_n'(b) = 0, \ B_n(a) = B_n'(b) = 0.$$

从而 $c_n = d_n = 0$，$a_n = b_n = 0$，即

$$A_n(r) \equiv 0, \; n \neq 2,$$

$$B_n(r) \equiv 0.$$

方程$(10-76)$为非齐次欧拉方程，齐次方程的通解为 $A_2(r) = c_2 r^2 + d_2 r^{-2}$，设非齐次方程的特解为 $A_2^*(r) = A r^n$，代入方程$(10-76)$可得常数 $A = 1$. 因此

$$A_2(r) = c_2 r^2 + d_2 r^{-2} + r^4,$$

其中常数 c_2 和 d_2 可由定解条件得 $A_2(a) = 0$，$A_2'(b) = 0$ 求出：

$$c_2 = -\frac{a^6 + 2b^6}{a^4 + b^4}, \; d_2 = -\frac{a^4 b^4 (a^2 - 2b^2)}{a^4 + b^4}.$$

从而得

$$A_2(r) = -\frac{a^6 + 2b^6}{a^4 + b^4} r^2 - \frac{a^4 b^4 (a^2 - 2b^2)}{a^4 + b^4} r^{-2} + r^4.$$

因此，原定解问题的解为

$$u(r, \theta) = -\frac{1}{a^4 + b^4} [(a^6 + 2b^6) r^2 + a^4 b^4 (a^2 - 2b^2) r^{-2} - (a^4 + b^4) r^4] \cos 2\theta.$$

10.5　非齐次边界条件的处理

处理非齐次边界条件问题的基本原则是：不论方程是齐次的还是非齐次的，选取一个辅助函数 $w(x, t)$，通过函数代换 $u(x, t) = v(x, t) + w(x, t)$，使对于新的未知函数 $v(x, t)$ 而言，边界条件为齐次的.

现考虑具有非齐次边界条件的振动问题

$$\begin{cases} u_{tt} - a^2 u_{xx} = f(x, t), \, 0 < x < l, \, t > 0, \\ u \big|_{x=0} = \mu_1(t), \, u \big|_{x=l} = \mu_2(t), \\ u \big|_{t=0} = \varphi(x), \, u_t \big|_{t=0} = \psi(x). \end{cases} \tag{10-79}$$

因此，选择辅助函数 $w(x, t)$ 使它满足

$$w \big|_{x=0} = \mu_1(t), \, w \big|_{x=l} = \mu_2(t) \tag{10-80}$$

即可. 显然，满足$(10-80)$式的函数有很多，比如设 $w(x, t)$ 是关于 x 的线性函数

$$w(x, t) = A(t)x + B(t). \tag{10-81}$$

则可由式(10-80)得出

$$A(t) = \frac{1}{l}[\mu_2(t) - \mu_1(t)], \ B(t) = \mu_1(t).$$

即选取

$$w(x, t) = \mu_1(t) + \frac{x}{l}[\mu_2(t) - \mu_1(t)],$$

作代换

$$u(x, t) = v(x, t) + \mu_1(t) + \frac{x}{l}[\mu_2(t) - \mu_1(t)], \tag{10-82}$$

则 $v(x, t)$ 满足定解问题

$$\begin{cases} v_{tt} - a^2 v_{xx} = f_1(x, t), \ 0 < x < l, \ t > 0, \\ v\mid_{x=0} = 0, \ v\mid_{x=l} = 0, \\ v\mid_{t=0} = \varphi_1(x), \ v_t\mid_{t=0} = \psi_1(x), \end{cases} \tag{10-83}$$

其中

$$\begin{cases} f_1(x, t) = f(x, t) - \mu_1(t) - \frac{x}{l}[\mu_2(t) - \mu_1(t)], \\ \varphi_1(x) = \varphi(x) - u_1(0) - \frac{x}{l}[\mu_2(0) - \mu_1(0)], \\ \psi_1(x) = \psi(x) - u_1(0) - \frac{x}{l}[\mu_2(0) - \mu_1(0)]. \end{cases}$$

定解问题(10-83)可用固有函数法或特解法求解.

若边界条件不是第一类的,上面的方法仍可用,不同的仅是 $w(x, t)$ 的形式. 以下提供了对于常用的非齐次边界条件齐次化所用的特解 $w(x, t)$ 的形式.

(1) 若 $u\mid_{x=0} = \mu_1(t)$, $u_x\mid_{x=l} = \mu_2(t)$, 则可选

$$w(x, t) = \mu_2(t)x + \mu_1(t).$$

(2) 若 $u_x\mid_{x=0} = \mu_1(t)$, $u\mid_{x=l} = \mu_2(t)$, 则可选

$$w(x, t) = \mu_1(t)x + [\mu_2(t) - l\mu_1(t)].$$

(3) 若 $u_x\mid_{x=0}=\mu_1(t)$，$u_x\mid_{x=l}=\mu_2(t)$，则可选

$$w(x,\,t)=\frac{1}{2l}[\mu_2(t)-\mu_1(t)]x^2+\mu_1(t)x.$$

特别值得注意的是，对于给定的定解问题，如果方程中的自由项 f 和边界条件中的 μ_1 与 μ_2 都与自变量 t 无关，在这种情形下，我们可以选取辅助函数 $w(x)$，满足

$$\begin{cases} a^2w''(x)+f(x)=0,\ 0<x<l, \\ w\mid_{x=0}=\mu_1,\ w\mid_{x=l}=\mu_2. \end{cases} \tag{10-84}$$

通过代换 $u(x,\,t)=v(x,\,t)+w(x)$，则 $v(x,\,t)$ 满足

$$\begin{cases} v_{tt}-a^2v_{xx}=0,\ 0<x<l,\ t>0, \\ v\mid_{x=0}=0,\ v\mid_{x=l}=0, \\ u\mid_{t=0}=\varphi(x)-w(x),\ u_t\mid_{t=0}=\psi(x). \end{cases} \tag{10-85}$$

定解问题(10-84)为二阶常微分方程边值问题，可通过二次关于 x 积分得到；而定解问题(10-85)可直接用分离变量法求解.

例 10.10 求下列定解问题

$$\begin{cases} u_{tt}=a^2u_{xx}+A,\ 0<x<l,\ t>0, \\ u\mid_{x=0}=0,\ u\mid_{x=l}=B,\ t>0, \\ u\mid_{t=0}=0,\ u_t\mid_{t=0}=0,\ 0<x<l \end{cases} \tag{10-86}$$

的形式解，其中 A，B 均为常数.

解 定解问题(10-86)的方程及边界条件都是非齐次的. 根据上述原则，首先应将边界条件齐次化. 由于方程(10-86)的自由项及边界条件都与 t 无关，所以我们有可能通过一次代换将方程及边界条件都齐次化，令

$$u(x,\,t)=v(x,\,t)+w(x),$$

代入方程，得

$$v_{tt}=a^2[v_{xx}+w''(x)]+A.$$

为了使这个方程及边界条件同时化成齐次的，选 $w(x)$ 满足

$$\begin{cases} a^2w''(x)+A=0, \\ w\mid_{x=0}=0,\ w\mid_{x=l}=B. \end{cases} \tag{10-87}$$

经二次关于变量 x 积分，并代入到定解条件，方程(10-87)的解为

$$w(x)=-\frac{A}{2a^2}x^2+\left(\frac{Al}{2a^2}+\frac{B}{l}\right)x.$$

函数 $v(x, t)$ 为下列定解问题

$$\begin{cases} v_{tt} = a^2 v_{xx}, \, 0 < x < l, \, t > 0, \\ v|_{x=0} = v|_{x=l} = 0, \\ v|_{t=0} = -w(x), \, v_t|_{t=0} = 0 \end{cases} \quad (10-88)$$

的解.

应用分离变量法,可得式(10-88)满足齐次边界条件的解为

$$v(x, t) = \sum_{n=1}^{+\infty} \left(C_n \cos \frac{n\pi a}{l} t + D_n \sin \frac{n\pi a}{l} t \right) \sin \frac{n\pi}{l} x.$$

利用式初始条件可得

$$D_n = 0,$$

$$C_n = \frac{2}{l} \int_0^l \left[\frac{A}{2a^2} x^2 - \left(\frac{Al}{2a^2} + \frac{B}{l} \right) x \right] \sin \frac{n\pi}{l} x \, \mathrm{d}x$$

$$= \frac{A}{a^2 l} \int_0^l x^2 \sin \frac{n\pi}{l} x \, \mathrm{d}x - \left(\frac{A}{a^2} + \frac{2B}{l^2} \right) \int_0^l x \sin \frac{n\pi}{l} x \, \mathrm{d}x$$

$$= -\frac{2Al^2}{a^2 n^3 \pi^3} + \frac{2}{n\pi} \left(\frac{Al^2}{a^2 n^2 \pi^2} + B \right) \cos n\pi.$$

因此,原定解问题的解为

$$u(x, t) = -\frac{A}{2a^2} x^2 + \left(\frac{Al}{2a^2} + \frac{B}{l} \right) x +$$

$$\sum_{n=1}^{+\infty} \left[-\frac{2Al^2}{a^2 n^3 \pi^3} + \frac{2}{n\pi} \left(\frac{Al^2}{a^2 n^2 \pi^2} + B \right) \cos n\pi \right] \cos \frac{n\pi a}{l} t \cdot \sin \frac{n\pi}{l} x.$$

习 题 10

A 套

1. 用分离变量法求解齐次弦振动方程

$$u_{tt} - a^2 u_{xx} = 0, \, 0 < x < l, \, t > 0.$$

混合问题如下:

$$(1) \begin{cases} u\big|_{x=0}=0,\ u\big|_{x=l}=0, \\ u\big|_{t=0}=0,\ u_t\big|_{t=0}=x(l-x). \end{cases} \qquad (2) \begin{cases} u\big|_{x=0}=0,\ u_x\big|_{x=l}=0, \\ u\big|_{t=0}=x^2-2lx,\ u_t\big|_{t=0}=0. \end{cases}$$

$$(3) \begin{cases} u_x\big|_{x=0}=0,\ u\big|_{x=l}=0, \\ u\big|_{t=0}=\cos\dfrac{3\pi}{2l}x,\ u_t\big|_{t=0}=0. \end{cases} \qquad (4) \begin{cases} u_x\big|_{x=0}=0,\ u_x\big|_{x=l}=0, \\ u\big|_{t=0}=0,\ u_t\big|_{t=0}=x. \end{cases}$$

2. 设弦的两端固定于 $x=0$ 和 $x=l$，在距离原点为 c 的位置将弦横向拉开距离 h，又没有外力作用，求弦作横向振动时的位移函数 $u(x,t)$.

3. 用分离变量法求解齐次热传导方程

$$u_t-a^2u_{xx}=0,\ 0<x<l,\ t>0.$$

混合问题如下：

$$(1) \begin{cases} u\big|_{x=0}=0,\ u\big|_{x=l}=0, \\ u\big|_{t=0}=x(l-x). \end{cases} \qquad (2) \begin{cases} u_x\big|_{x=0}=0,\ u\big|_{x=l}=0, \\ u\big|_{t=0}=8\cos\dfrac{3\pi}{2l}x-6\cos\dfrac{9\pi}{2l}x. \end{cases}$$

$$(3) \begin{cases} u_x\big|_{x=0}=0,\ u_x\big|_{x=l}=0, \\ u\big|_{t=0}=x. \end{cases}$$

4. 用分离变量法求解矩形域 $0\leqslant x\leqslant a,\ 0\leqslant y\leqslant b$ 内拉普拉斯方程

$$u_{xx}+u_{yy}=0,\ 0<x<a,\ 0<y<b,$$

满足下列边界条件的定解问题：

$$(1) \begin{cases} u\big|_{x=0}=Ay(b-y),\ u\big|_{x=a}=0,\ 0<y<b, \\ u\big|_{y=0}=0,\ u\big|_{y=b}=0,\ 0<x<a. \end{cases}$$

$$(2) \begin{cases} u\big|_{x=0}=0,\ u\big|_{x=a}=Ay,\ 0<y<b, \\ u_y\big|_{y=0}=0,\ u_y\big|_{y=b}=0,\ 0<x<a. \end{cases}$$

5. 一半径为 a 的半圆形平板，其圆周边界上温度保持 $u(a,\theta)=T\theta(\pi-\theta)$，而直径边界上的温度保持零度，板的侧面绝缘，试求稳定状态下的温度分布.

6. 用固有函数法或特解法求解下列定解问题：

$$(1) \begin{cases} u_{tt}-u_{xx}=\sin 2x,\ 0<x<\pi,\ t>0, \\ u\big|_{x=0}=0,\ u\big|_{x=\pi}=0, \\ u\big|_{t=0}=0,\ u_t\big|_{t=0}=0. \end{cases}$$

$$(2) \begin{cases} u_t-a^2u_{xx}=Ax,\ 0<x<l,\ t>0, \\ u\big|_{x=0}=0,\ u\big|_{x=l}=0, \\ u\big|_{t=0}=0. \end{cases}$$

$$(3) \begin{cases} u_{tt} = a^2 u_{xx} + A, \ 0 < x < l, \ t > 0, \\ u|_{x=0} = 0, \ u_x|_{x=l} = 0, \ t > 0, \\ u|_{t=0} = 0, \ u_t|_{t=0} = 0, \ 0 < x < l. \end{cases}$$

$$(4) \begin{cases} u_{tt} = a^2 u_{xx} + \sin\dfrac{2\pi}{l}x \sin\dfrac{2a\pi}{l}t, \ 0 < x < l, \ t > 0, \\ u|_{x=0} = 0, \ u|_{x=l} = 0, \ t > 0, \\ u|_{t=0} = 0, \ u_t|_{t=0} = 0, \ 0 < x < l. \end{cases}$$

7. 求解定解问题

$$\begin{cases} u_t - a^2 u_{xx} = 0, \ 0 < x < l, \ t > 0, \\ u_x|_{x=0} = \beta, \ u_x|_{x=l} = \beta, \\ u|_{t=0} = A, \end{cases}$$

其中 A, β 为常数.

8. 求解泊松边值问题

$$\begin{cases} u_{xx} + u_{yy} = A, \ 0 < x < a, \ 0 < y < b, \\ u|_{x=0} = 0, \ u|_{x=a} = 0, \\ u|_{y=0} = 0, \ u|_{y=b} = 0, \end{cases}$$

其中 A 为常数.

9. 求解定解问题

$$\begin{cases} u_{tt} = a^2 u_{xx}, \ 0 < x < l, \ t > 0, \\ u|_{x=0} = kt, \ u|_{x=l} = bt, \ t > 0, \\ u|_{t=0} = E\left(1 - \dfrac{x}{l}\right), \ u_t|_{t=0} = k\left(1 - \dfrac{x}{l}\right), \ 0 < x < l. \end{cases}$$

10. 有一长为 l, 初始温度为 60℃ 的均匀细杆, 在它的一端 ($x = l$) 处温度为零, 另一端 ($x = 0$) 的温度随时间直线增加, 即 $u|_{x=0} = At$, $A > 0$ 为常数. 试求温度分布函数.

B 套

1. 设 $p(x), q(x)$ 在区间 $[0, l]$ 一阶连续可导, 且 $p(x) > 0$, $q(x) \geqslant 0$. 考虑如下固有值问题:

$$\begin{cases} -\dfrac{\mathrm{d}}{\mathrm{d}x}\left[p(x)\dfrac{\mathrm{d}}{\mathrm{d}x}X(x)\right] + q(x)X(x) = \lambda X(x), \ 0 < x < l, \\ X(0) = 0, \ X(l) = 0. \end{cases}$$

(1) 证明一切固有值 $\lambda \geqslant 0$. (2) 证明不同的固有值对应的固有函数是正交的.

2. 用固有函数法求解定解问题

$$\begin{cases} u_t = a^2 u_{xx} - bu, \ 0 < x < \pi, \ t > 0, \\ u_x\big|_{x=0} = 0, \ u_x\big|_{x=\pi} = 0, \ t > 0, \\ u\big|_{t=0} = x, \ 0 < x < \pi. \end{cases}$$

3. 在扇形域内求解边值问题

$$\begin{cases} \Delta u = u_{rr} + \dfrac{1}{r} u_r + \dfrac{1}{r^2} u_{\theta\theta} = 0, \ 0 < \theta < \alpha, \ r < R, \\ u\big|_{\theta=0} = 0, \ u\big|_{\theta=\alpha} = 0, \\ u\big|_{r=R} = f(\theta). \end{cases}$$

4. 求解单位圆内泊松方程的狄利克雷问题

$$\begin{cases} u_{xx} + u_{yy} = -xy, \ x^2 + y^2 < 1, \\ u\big|_{x^2+y^2=1} = 0. \end{cases}$$

5. 求解圆内的拉普拉斯方程的牛曼问题

$$\begin{cases} u_{rr} + \dfrac{1}{r} u_r + \dfrac{1}{r^2} u_{\theta\theta} = 0, \ 0 < r < R, \ -\pi < \theta < \pi, \\ u_r\big|_{r=R} = f(\theta), \ -\pi < \theta < \pi. \end{cases}$$

6. 试求解放射性衰变问题

$$\begin{cases} u_t = a^2 u_{xx} + A e^{-\alpha x}, \ 0 < x < l, \ t > 0, \\ u\big|_{x=0} = 0, \ u\big|_{x=l} = 0, \ t > 0, \\ u\big|_{t=0} = T, \ 0 < x < l, \end{cases}$$

其中 A, a, α, T 皆为常数.

第 11 章   行波法与积分变换法

求解边值问题和混合问题的经典方法为分离变量法，它是求解有限区域（或带有界边界的区域）内定解问题的一种常用方法．

初始值问题是指由泛定方程和初始条件组成的定解问题．但物理系统总是有限的，其必然有边界，所以也应提边界条件．如何从物理意义上解释无边界条件的初始值问题？以弦振动问题为例．所谓"无界弦"并不是指弦无限长，而只是我们所关心的那一段弦远离两端，在所讨论的时间内，弦两端的影响还未传递到这段弦上，因而可以认为弦的两端在无限远，从而不必对弦的两端提出边界条件，此时，定解问题就成为初值问题．

本章主要介绍求解波动方程初始值问题的行波法，和求解热传导方程初始值问题的积分变换法．行波法只适用求无界区域内波动方程的定解问题；而积分变换法则不受方程类型限制，主要用于无界区域，但对有界区域也能适用．

11.1   行 波 法

无限长弦的振动、无限长杆的纵向振动等问题可归结为如下初始值问题

$$\begin{cases} u_{tt} - a^2 u_{xx} = f(x, t), & -\infty < x < +\infty, \ t > 0, & (11-1) \\ u \mid_{t=0} = \varphi(x), \ u_t \mid_{t=0} = \psi(x), & (11-2) \end{cases}$$

其中自由项 $f(x, t)$ 是由外力作用而产生的．当 $f(x, t) \equiv 0$ 时，称为自由振动，而当 $f(x, t) \neq 0$ 时称为强迫振动．

11.1.1   无界弦的自由振动   达朗贝尔公式

考虑无限长弦的自由振动问题

$$\begin{cases} u_{tt} - a^2 u_{xx} = 0, & -\infty < x < +\infty, \ t > 0, & (11-3) \\ u \mid_{t=0} = \varphi(x), \ u_t \mid_{t=0} = \psi(x), & (11-4) \end{cases}$$

其中 $\varphi(x)$ 是初位移，$\psi(x)$ 是初速度．

作变量代换

$$\xi = x + at, \quad \eta = x - at.$$

由复合函数求导法则可得

$$u_x = u_\xi \xi_x + u_\eta \eta_x = u_\xi + u_\eta,$$

$$u_{xx} = (u_\xi + u_\eta)_\xi \xi_x + (u_\xi + u_\eta)_\eta \eta_x = u_{\xi\xi} + 2u_{\xi\eta} + u_{\eta\eta}, \qquad (11-5)$$

$$u_{tt} = a^2 (u_{\xi\xi} - 2u_{\xi\eta} + u_{\eta\eta}) \qquad (11-6)$$

把式(11-5)和式(11-6)代入方程(11-3)中,得

$$u_{\xi\eta} = 0. \qquad (11-7)$$

把式(11-7)先关于 η 积分,有

$$u_\xi = f(\xi).$$

再关于 ξ 积分后,得

$$u(x, t) = u(\xi, \eta) = \int f(\xi) \mathrm{d}\xi + G(\eta) = F(x+at) + G(x-at),$$

$$(11-8)$$

其中 $F(\xi)$ 与 $G(\eta)$ 是任意二次可微函数. 利用初始条件得

$$F(x) + G(x) = \varphi(x), \qquad (11-9)$$

$$a[F'(x) - G'(x)] = \psi(x). \qquad (11-10)$$

将式(11-10)从 x_0 到 x 积分,得

$$F(x) - G(x) = \frac{1}{a} \int_{x_0}^{x} \psi(\xi) \mathrm{d}\xi + F(x_0) - G(x_0). \qquad (11-11)$$

由式(11-9)和式(11-11)解得

$$F(x) = \frac{1}{2}\varphi(x) + \frac{1}{2a} \int_{x_0}^{x} \psi(\xi) \mathrm{d}\xi + \frac{1}{2}[F(x_0) - G(x_0)],$$

$$G(x) = \frac{1}{2}\varphi(x) + \frac{1}{2a} \int_{x_0}^{x} \psi(\xi) \mathrm{d}\xi - \frac{1}{2}[F(x_0) - G(x_0)].$$

将上式代入式(11-8),即得原定解问题的解为

$$u(x, t) = F(x+at) + G(x-at)$$

$$\tag{11-12}$$

$$= \frac{1}{2}\big[\varphi(x-at) + \varphi(x+at)\big] + \frac{1}{2a}\int_{x-at}^{x+at} \psi(\xi)\mathrm{d}\xi.$$

称式(11-12)为达朗贝尔(D'Alembert)公式.

以上得出的解只是形式解. 如果初始函数 $\varphi(x) \in \mathbb{C}^2$, $\psi(x) \in \mathbb{C}^1$, 则可以验证公式(11-12)给出的函数 $u(x, t)$ 满足定解问题(11-4), 这说明解的存在性. 可以证明解的唯一性和稳定性, 因而定解问题(11-3)和(11-4)是适定的.

例 11.1 求初值问题 $\begin{cases} u_{tt} - a^2 u_{xx} = 0, \ -\infty < x < +\infty, \ t > 0, \\ u\mid_{t=0} = x, \ u_t\mid_{t=0} = \cos x \end{cases}$ 的解.

解 由达朗贝尔公式得

$$u(x, t) = \frac{1}{2}\big[(x-at) + (x+at)\big] + \frac{1}{2a}\int_{x-at}^{x+at} \cos\xi\mathrm{d}\xi$$

$$= x - \frac{1}{2a}\big[\sin(x+at) - \sin(x-at)\big]$$

$$= x + \frac{1}{a}\cos x \sin at.$$

11.1.2 解的物理意义

自由振动下波动方程的解可表示为形如 $F(x+at)$ 和 $G(x-at)$ 两个函数之和. 考虑 $u = G(x-at)$ 的物理意义. 在 $t = 0$ 时, $u = G(x)$. 显然, $G(x-at)$ 表示经过 t 时刻将初始波形 $G(x)$ 向右移动了距离 at, 振动波形以常速度 a 向右传播(见图 11-1). 称形如 $G(x-at)$ 的波为右传播波. 同理, 形如 $F(x+at)$ 的波为左传播波, 其所描述的振动的波形以常速 a 向左传播. 由此可见, 方程(11-3)中出现的常数 a 为传播速度.

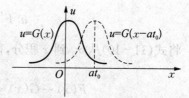

图 11-1 右传播波

因此, 达朗贝尔公式表明: 弦上的任意初始扰动, 总以传播波的形式分别向左、右方向传播出去, 而其整体波形则为左传播波和右传播波的叠加. 达朗贝尔公式又称为行波法或传播波法.

达朗贝尔公式还表明: 初值问题的解 $u(x, t)$ 由初始位移 $\varphi(x)$ 与初始速度 $\psi(x)$ 所决定. 因为波以速度 a 传播, 故解在时刻 t_0 位于点 x_0 的值 $u(x_0, t_0)$ 将只与初始函数 φ, ψ 的部分值有关. 在 (x, t) 平面上, 过点 (x_0, t_0) 作两条直线

$$x - at = x_0 - at_0, \ x + at = x_0 + at_0,$$

由达朗贝尔公式(11 - 12),有

$$u(x_0, t_0) = \frac{1}{2} \big[\varphi(x_0 + at_0) + \varphi(x_0 - at_0) \big] + \frac{1}{2a} \int_{x_0 - at_0}^{x_0 + at_0} \psi(\tau) \mathrm{d}\tau.$$

易知,u 在 (x_0, t_0) 的值完全由初始函数 φ 与 ψ 在区间 $[x_0 - at_0, x_0 + at_0]$ 上的值所决定,而与区间外的值无关. 这是因为在区间外初始时刻的扰动 φ 与 ψ 经过时间 t_0 后还没有传播到 x_0 处. 因此,区间 $[x_0 - at_0, x_0 + at_0]$ 称为点 (x_0, t_0) 的依赖区间,它是过 (x_0, t_0) 点分别作斜率为 $\pm \dfrac{1}{a}$ 的直线与 x 轴所交截而得的区间[见图 11 - 2(a)].

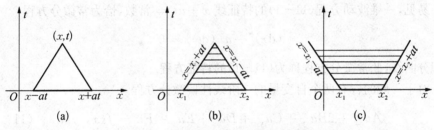

图 11 - 2 依赖区间、决定区域和影响区域

对初始轴 $t = 0$ 上的一个区间 $[x_1, x_2]$,过点 x_1 作斜率为 $\dfrac{1}{a}$ 的直线 $x = x_1 + at$,过点 x_2 作斜率为 $-\dfrac{1}{a}$ 的直线 $x = x_2 - at$,它们和区间 $[x_1, x_2]$ 一起构成一个三角形区域. 此区域中任一点 (x, t) 的依赖区间都落在区间 $[x_1, x_2]$ 之内部,因此,解在此三角形区域中的数值就完全由区间 $[x_1, x_2]$ 上的初始条件决定,而与此区间外的初始条件无关. 这个区域称为区间 $[x_1, x_2]$ 的决定区域[见图 11 - 2(b)]. 给定区间 $[x_1, x_2]$ 上的初始条件,就可以在其决定区域中完全决定初值问题的解.

反之,可以讨论初始时刻在有限区间 $[x_1, x_2]$ 上的扰动,经过时间 t 后它所影响的范围. 在 (x, t) 平面上,过 $(x_1, 0)$,$(x_2, 0)$ 分别作两条直线

$$x = x_1 - at, \ x = x_2 + at.$$

于是得到一个向上敞开的区域. 此区域内任意一点的依赖区间必与区间 $[x_1, x_2]$ 相交,而在此区域外的点的依赖区间则不与 $[x_1, x_2]$ 相交,或者说在该区域内的点,解 u 的值都要受区间 $[x_1, x_2]$ 上的初值影响,而在该区域外的点,解 u 的值将

不会受到区间$[x_1, x_2]$上的初值的影响,因此称此区域为初始区间$[x_1, x_2]$的影响区域[见图 11-2(c)].

11.1.3 特征线及二阶线性偏微分方程的分类

由于在(x, t)平面上斜率为$\pm\dfrac{1}{a}$的直线$x \pm at = c$对波动方程的研究起着重要的作用,它们称为波动方程的特征线.

因为在特征线$x + at = C_1$上,左行波$u = F(x + at)$的振幅取常数值$F(C_1)$,在特征线$x - at = C_2$,右行波$u = G(x - at)$的振幅取常数值$G(C_2)$,且这两个数值随特征线的移动[即常数$C_i (i = 1, 2)$的改变]而改变,所以,波动实际上是沿特征线传播的.行波法又称为**特征线法**.

易见,一维波动方程(11-1)的特征线$x \pm at = $ 常数,恰为常微分方程

$$(\mathrm{d}x)^2 - a^2 (\mathrm{d}t)^2 = 0$$

的积分曲线,此常微分方程称为(11-1)的**特征方程**.

对于一般的含有两个自变量的二阶线性偏微分方程

$$Au_{xx} + 2Bu_{xy} + Cu_{yy} + Du_x + Eu_y + Fu = f(x, y), \qquad (11-13)$$

其中A, B, C, D, E, F均为自变量x, y的函数,且二阶项系数A, B, C不同时为零.方程(11-13)的特征方程定义为

$$A (\mathrm{d}y)^2 - 2B\mathrm{d}x\mathrm{d}y + C (\mathrm{d}x)^2 = 0. \qquad (11-14)$$

而特征方程(11-14)的解即为方程(11-13)的特征线.

利用特征线,可对二阶线性偏微分方程进行分类.若特征方程(11-14)在某个平面区域内有:$\Delta = B^2 - AC < 0$,则称方程(11-13)为椭圆型方程,此种情形方程在这个区域内的每一点都不存在特征线;若$\Delta = 0$,则称方程(11-13)为抛物型的,此时方程在过区域内的每一点仅有一条特征线;若$\Delta > 0$,则称方程(11-13)为双曲型的,这时,过区域内的任一点都有两条不同的特征线.

例 11.2 试判断一维弦振动方程,一维热传导方程和二维拉普拉斯方程的类型.

解 弦振动方程为:$u_{tt} - a^2 u_{xx} = 0, A = 1, B = 0, C = -a^2, \Delta = B^2 - AC = a^2 > 0$,故弦振动方程为双曲型.

热传导方程为:$u_t - a^2 u_{xx} = 0, A = 0, B = 0, C = -a^2, \Delta = B^2 - AC = 0$,故热传导方程为抛物型.

二维拉普拉斯方程为：$u_{xx}+u_{yy}=0$，$A=1$，$B=0$，$C=1$，$\Delta=B^2-AC=-1<0$，故二维拉普拉斯方程为椭圆型.

对于椭圆型方程，由于其不存在特征线，这类方程反映了一些属于稳定、平衡状态的物理量的分布状况，例如，拉普拉斯方程可以描述平面稳态温度场. 抛物型方程仅有一条特征线，这类方程用来描述快速消耗、扩散的物理量的分布，例如，热传导方程、反应扩散方程等. 双曲型方程有两条相异的特征线，这类方程常用来反映一些按速度扩散的、可逆的物理量的分布，如一维弦振动方程等.

无论式(11-13)为何类方程，均可通过适当变量代换将其化简为标准形式. 关于将二阶线性偏微分方程化成标准形式的具体内容，读者可以参考其他相关书籍. 以下仅举一例，说明如何通过化简方程来求解定解问题.

例 11.3　求解下列定解问题

$$\begin{cases} u_{xx}+4u_{xy}-5u_{yy}=0, & y>0, -\infty<x<+\infty, \\ u\big|_{y=0}=5x^2, \ u_y\big|_{y=0}=0, & -\infty<x<+\infty. \end{cases}$$

解　先确定所给方程的特征线. 为此，写出它的特征方程

$$(\mathrm{d}y)^2-4\mathrm{d}x\mathrm{d}y-5(\mathrm{d}x)^2=0,$$

即

$$(\mathrm{d}y-5\mathrm{d}x)(\mathrm{d}y+\mathrm{d}x)=0.$$

它的两族积分曲线为

$$5x-y=C_1, \ x+y=C_2.$$

作变量变换

$$\begin{cases} \xi=5x-y, \\ \eta=x+y. \end{cases}$$

容易验证，经过变换原方程化成

$$\frac{\partial^2 u}{\partial\xi\partial\eta}=0.$$

它的通解为

$$u=F(\xi)+G(\eta)$$

其中 F，G 是两个任意二次连续可微的函数. 原方程的通解为

$$u(x, y) = F(5x - y) + G(x + y).$$

利用初始条件得

$$\begin{cases} F(5x) + G(x) = 5x^2, \\ -F'(5x) + G'(x) = 0. \end{cases}$$

解上述方程,得

$$\begin{cases} F(x) = \dfrac{1}{6}x^2 - C, \\ G(x) = \dfrac{5}{6}x^2 + C. \end{cases}$$

其中 C 为常数. 因此,原问题解为

$$u(x, y) = \frac{1}{6}(5x - y)^2 + \frac{5}{6}(x + y)^2 = 5x^2 + y^2.$$

11.1.4 非齐次方程求解

考虑无限长弦的强迫振动问题

$$\begin{cases} u_{tt} - a^2 u_{xx} = f(x, t), & -\infty < x < +\infty, \, t > 0, \\ u\big|_{t=0} = \varphi(x), \, u_t\big|_{t=0} = \psi(x). \end{cases} \tag{11-15}$$

令 $u = v + w$,其中 v 和 w 分别满足定解问题

$$\begin{cases} v_{tt} - a^2 v_{xx} = 0, & -\infty < x < +\infty, \, t > 0, \\ v\big|_{t=0} = \varphi(x), \, v_t\big|_{t=0} = \psi(x), \end{cases} \tag{11-16}$$

和

$$\begin{cases} w_{tt} - a^2 u_{xx} = f(x, t), & -\infty < x < +\infty, \, t > 0, \\ w\big|_{t=0} = 0, \, w_t\big|_{t=0} = 0. \end{cases} \tag{11-17}$$

利用叠加原理可证,$u = v + w$ 确为定解问题(11-15)的解.

定解问题(11-16)的解可直接由达朗贝尔公式得到

$$v(x, t) = \frac{1}{2}\left[\varphi(x - at) + \varphi(x + at)\right] + \frac{1}{2a}\int_{x-at}^{x+at} \psi(\xi)\,d\xi. \tag{11-18}$$

利用齐次化原理,若 $\tilde{w}(x, t, \tau)$ 为下列问题

$$\begin{cases} \tilde{w}_{tt} - a^2 \tilde{w}_{xx} = 0, & -\infty < x < +\infty, \ t > \tau, \\ \tilde{w}\,|_{t=\tau} = 0, \ \tilde{w}_t\,|_{t=\tau} = f(x, \tau) \end{cases} \quad (11-19)$$

的解,则 $w(x, t) = \int_0^t \tilde{w}(x, t, \tau)\mathrm{d}\tau$ 为定解问题(11-17)的解. 而定解问题 (11-19)也可由达朗贝尔公式得到. 事实上,当 $t > \tau$,即 $t - \tau > 0$ 时,可令 $s = t - \tau$,则定解问题(11-19)等价于以下问题

$$\begin{cases} \tilde{w}_{ss} - a^2 \tilde{w}_{xx} = 0, & -\infty < x < +\infty, \ t > \tau, \\ \tilde{w}\,|_{s=0} = 0, \ \tilde{w}_s\,|_{s=0} = f(x, s). \end{cases}$$

由达朗贝尔公式,上述问题的解为

$$\tilde{w}(x, t; \tau) = \frac{1}{2a} \int_{x-as}^{x+as} f(\xi, \tau)\mathrm{d}\xi = \frac{1}{2a} \int_{x-a(t-\tau)}^{x+a(t-\tau)} f(\xi, \tau)\mathrm{d}\xi.$$

从而

$$w(x, t) = \int_0^t \tilde{w}(x, t, \tau)\mathrm{d}\tau = \frac{1}{2a} \int_0^t \int_{x-a(t-\tau)}^{x+a(t-\tau)} f(\xi, \tau)\mathrm{d}\xi\mathrm{d}\tau.$$

因此,非齐次方程(11-15)的解为

$$u(x, t) = \frac{1}{2}[\varphi(x-at) + \varphi(x+at)] + \frac{1}{2a} \int_{x-at}^{x+at} \psi(\tau)\mathrm{d}\tau +$$
$$\frac{1}{2a} \int_0^t \int_{x-a(t-\tau)}^{x+a(t-\tau)} f(\xi, \tau)\mathrm{d}\xi\mathrm{d}\tau. \quad (11-20)$$

式(11-20)称为非齐次方程的达朗贝尔公式.

理论上,任何一维非齐次波动方程的初始值问题均可直接由式(11-20)得到, 但对于某些特殊的自由项 $f(x, t)$,例如,f 仅与 x 或 t 有关,可以先求出泛定方程 的特解 w,然后利用叠加原理,设 $u = v + w$,使得 v 满足齐次方程,即转化为齐次 方程求解.

例 11.4 求解波动方程初始值问题: $\begin{cases} u_{tt} = u_{xx} - \sin t, & -\infty < x < +\infty, \ t > 0, \\ u(x, 0) = \cos x, \ u_t(x, 0) = \mathrm{e}^x. \end{cases}$

解 **方法 1** 利用非齐次方程的达朗贝尔公式

$$u(x, t) = \frac{1}{2}[\varphi(x-at) + \varphi(x+at)] + \frac{1}{2a} \int_{x-at}^{x+at} \psi(\xi)\mathrm{d}\xi +$$
$$\frac{1}{2a} \int_0^t \int_{x-a(t-\tau)}^{x+a(t-\tau)} f(\xi, \tau)\mathrm{d}\xi\mathrm{d}\tau$$

得

$$u(x, t) = \frac{1}{2}\left[\cos(x-t) + \cos(x+t)\right] + \frac{1}{2}\int_{x-t}^{x+t} e^{\xi} d\xi +$$

$$\frac{1}{2}\int_0^t \int_{x-(t-\tau)}^{x+(t-\tau)} (-\sin\tau) d\xi d\tau$$

$$= \cos x \cos t + \frac{1}{2}(e^{x+t} - e^{x-t}) - \int_0^t (t-\tau)\sin\tau d\tau$$

$$= \cos x \cos t + \frac{1}{2}(e^{x+t} - e^{x-t}) + \sin t - t.$$

方法 2　利用叠加原理

设泛定方程的解为 $w = w(t)$，满足 $w''(t) = -\sin t$，得：$w(t) = \sin t$.

令 $u(x, t) = v(x, t) + w(x)$，则 $v(x, t)$ 满足 $\begin{cases} v_{tt} = v_{xx}, \\ v\big|_{t=0} = \cos x, \ v_t\big|_{t=0} = e^x - 1. \end{cases}$

由达朗贝尔公式得

$$v(x, t) = \frac{1}{2}\left[\cos(x-t) + \cos(x+t)\right] + \frac{1}{2}\int_{x-t}^{x+t} (e^{\xi} - 1) d\xi$$

$$= \cos x \cos t + \frac{1}{2}(e^{x+t} - e^{x-t}) - t.$$

因此，原问题的解为

$$u(x, t) = v(x, t) + w(x, t) = \cos x \cos t + \frac{1}{2}(e^{x+t} - e^{x-t}) - t + \sin t.$$

11.1.5　半无界弦的自由振动

考虑一端 $(x = 0)$ 固定的半无界弦的自由振动问题

$$\begin{cases} u_{tt} - a^2 u_{xx} = 0, \quad 0 < x < +\infty, \ t > 0, \\ u\big|_{x=0} = 0, \\ u\big|_{t=0} = \varphi(x), \ u_t\big|_{t=0} = \psi(x). \end{cases} \tag{11-21}$$

首先，把上述问题(11-21)等价地转化为无界弦的自由振动. 为此，设想在 $x = 0$ 的左侧仍然有弦存在，只是在振动过程中，$x = 0$ 这一点始终保持不动，即把 $x \geqslant 0$ 所给的初始值 $\varphi(x)$，$\psi(x)$ 延拓到 $-\infty < x < +\infty$ 上有定义的函数 $\Phi(x)$，$\Psi(x)$，使得用延拓

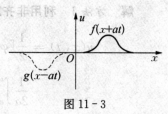

图 11-3

后的函数作初始值的柯西问题,其解在 $x=0$ 处恒为零.此时,由达朗贝尔公式,以 $\Phi(x)$,$\Psi(x)$ 作初始值的解为

$$U(x,\,t)=\frac{1}{2}[\Phi(x+at)+\Phi(x-at)]+\frac{1}{2}\int_{x-at}^{x+at}\Psi(\xi)\mathrm{d}\xi.\quad(11-22)$$

为使 $U(x,\,t)$ 在 $x=0$ 处恒为零,应有

$$\frac{1}{2}[\Phi(at)+\Phi(-at)]+\frac{1}{2}\int_{-at}^{at}\Psi(\xi)\mathrm{d}\xi=0.$$

故只需将 $\varphi(x)$,$\psi(x)$ 作奇延拓,即令

$$\Phi(x)=\begin{cases}\varphi(x), & x\geqslant 0,\\ -\varphi(-x), & x<0,\end{cases}\quad \Psi(x)=\begin{cases}\psi(x), & x\geqslant 0,\\ -\psi(-x), & x<0.\end{cases}$$

将上述定义的函数 $\Phi(x)$,$\Psi(x)$ 代入式(11-22),即得原问题的解为

$$u(x,\,t)=\begin{cases}\dfrac{1}{2}[\varphi(x+at)+\varphi(x-at)]+\dfrac{1}{2a}\int_{x-at}^{x+at}\psi(\xi)\mathrm{d}\xi, & x\geqslant at,\\[3mm] \dfrac{1}{2}[\varphi(x+at)-\varphi(at-x)]+\dfrac{1}{2a}\int_{at-x}^{x+at}\psi(\xi)\mathrm{d}\xi, & 0\leqslant x<at.\end{cases}$$

$$(11-23)$$

可以用**传播波**对定解问题(11-21)作物理解释.

设左传播波为 $f(x+at)$,其在 $0<x_1\leqslant at+x\leqslant x_2$ 以外恒为零.为了计算在 $x=0$ 处端点产生的反射波,设想在原来端点的左边也有弦,此弦上有另一向右传播的波 $g(x-at)$,此右传播波在 $x=0$ 处恰与原来的波 $f(x+at)$ 相抵消(见图 11-3).此虚设波 $g(x-at)$ 给端点的作用与原来的左传播波 $f(x+at)$ 对端点作用相抵消.这样的设想与固定端点反作用所产生的效果一致,因此,这个端点的反射波应等于虚设波 $g(x-at)$.左传播波 $f(x+at)$ 和右传播波 $g(x-at)$ 在原点迭加的效果为零,即

$$g(-at)+f(at)=0.$$

而在 $x<0$ 处的波 $g(x-at)$ 与 $f(-x+at)$ 将在原点抵消,故有

$$g(x-at)=-f(-x+at).$$

所以,左传播波 $f(x+at)$ 的反射波为 $-f(-x+at)$.由达朗贝尔公式知,当 $x-at<0$ 时,此时反射波已产生,所以定解问题(11-21)的解为

$$u(x,\,t)=f(x+at)+g(x-at)=f(x+at)-g(-x-at).$$

305

由式(11-21)的初始条件,得

$$u(x, t) = \frac{1}{2}\left[\varphi(x+at) - \varphi(at-x)\right] + \frac{1}{2a}\int_{at-x}^{x+at}\psi(\xi)\mathrm{d}\xi.$$

而当 $x-at \geqslant 0$ 时,此时反射波尚未产生,故定解问题(11-21)的解可直接由达朗贝尔公式得出.综上所述,定解问题(11-21)的解为式(11-23).

例 11.5 求解下列半无界弦自由振动问题

$$\begin{cases} u_{tt} - u_{xx} = 0, & 0 < x < +\infty, t > 0, \\ u\mid_{t=0} = 0, u_t\mid_{t=0} = 0, \\ u\mid_{x=0} = \sin t. \end{cases}$$

解 由于边界条件非齐次,不能直接应用式(11-23)求解.先利用叠加原理对边界条件齐次化,令 $u(x, t) = v(x, t) + w(x, t)$,为使 $v(x, t)$ 满足齐次边界条件,则 $w(x, t)$ 满足泛定方程及边界条件.设 $w(x, t) = g(x)\sin t$ 为原问题特解,则 $g(x)$ 满足

$$g''(x) = -g(x), \ g(0) = 1.$$

$g(x) = \cos x$ 为上述常微分方程的特解,故可取 $w(x, t) = \cos x \sin t$.

由 $w(x, 0) = 0$,$w_t(x, 0) = \cos x$,得 $v(x, t)$ 满足

$$\begin{cases} v_{tt} = v_{xx}, & 0 < x < +\infty, t > 0, \\ v(x, 0) = 0, v_t(x, 0) = -\cos x, \\ v(0, t) = 0. \end{cases}$$

由 $v(0, t) = 0$ 知,对初值条件作奇延拓:

$$v(x, 0) = \phi(x) = 0, \quad -\infty < x < +\infty,$$

$$v_t(x, 0) = \psi(x) = \begin{cases} -\cos x, & x > 0, \\ \cos x, & x < 0. \end{cases}$$

由式(11-23),得

$$v(x, t) = \frac{1}{2}\int_{x-t}^{x+t}\psi(\xi)\mathrm{d}\xi = \begin{cases} \dfrac{1}{2}\int_{x-t}^{x+t} -\cos\xi\mathrm{d}\xi, & t < x, \\ \dfrac{1}{2}\int_{t-x}^{x+t} -\cos\xi\mathrm{d}\xi, & t \geqslant x. \end{cases}$$

因此,当 $t < x$ 时,

$$v(x,\,t) = -\frac{1}{2}\left[\sin(x+t) - \sin(x-t)\right] = -\cos x \sin t;$$

当 $t \geqslant x$ 时，

$$v(x,\,t) = -\frac{1}{2}\left[\sin(x+t) - \sin(t-x)\right] = -\sin x \cos t,$$

所以,当 $t < x$ 时，

$$u(x,\,t) = v(x,\,t) + w(x,\,t) = -\cos x \sin t + \cos x \sin t = 0;$$

当 $t \geqslant x$ 时，

$$u(x,\,t) = v(x,\,t) + w(x,\,t) = -\sin x \cos t + \cos x \sin t = \sin(t-x).$$

即原问题的解为

$$u(x,\,t) = \begin{cases} \sin(t-x), & x \leqslant t, \\ 0, & x > t. \end{cases}$$

类似于问题(11-21)，对如下半无界弦的自由振动问题

$$\begin{cases} u_{tt} - a^2 u_{xx} = 0, & 0 < x < +\infty, t > 0, \\ u\mid_{t=0} = \varphi(x), \ u_t\mid_{t=0} = \psi(x), & \\ u_x\mid_{x=0} = 0. & \end{cases} \tag{11-24}$$

可对初始条件 $\varphi(x)$，$\psi(x)$ 作偶延拓,即令

$$\varPhi(x) = \begin{cases} \varphi(x), & x \geqslant 0, \\ \varphi(-x), & x < 0, \end{cases} \qquad \varPsi(x) = \begin{cases} \psi(x), & x \geqslant 0, \\ \psi(-x), & x < 0. \end{cases}$$

利用达朗贝尔公式可得问题(11-24)的解为

$$u(x,\,t) = \begin{cases} \dfrac{1}{2}\left[\varphi(x+at) + \varphi(x-at)\right] + \dfrac{1}{2a}\displaystyle\int_{x-at}^{x+at}\psi(\xi)\mathrm{d}\xi, & (x \geqslant at), \\ \dfrac{1}{2}\left[\varphi(x+at) + \varphi(at-x)\right] + \dfrac{1}{2a}\displaystyle\int_{at-x}^{x+at}\psi(\xi)\mathrm{d}\xi, & (0 \leqslant x < at). \end{cases}$$

$$\tag{11-25}$$

请读者自行推导.

11.2　积　分　变　换　法

积分变换无论在数学理论或其应用中都是一种非常有用的工具. 傅里叶变换

和拉普拉斯变换可以用来求解常微分方程. 常微分方程经积分变换后化为像函数的代数方程, 从而能较易得到代数方程的解, 再经过逆变换后可得到原方程的解. 基于这一事实, 我们自然会想到用积分变换法求解数学物理方程. 对于多个自变量的数学物理方程, 可以通过积分变换来减少方程中自变量的个数, 直至化为常微分方程, 这就使原问题得到大大简化, 再通过逆变换, 就可得到原来微分方程的解.

本节主要介绍用积分变换法求解数学物理方程的定解问题.

11.2.1 傅里叶积分变换

首先介绍用傅里叶变换求解一维热传导方程的初始值问题, 并导出泊松公式.

考虑无限长的均匀细杆, 它的侧面绝热, 且温度的分布在同一截面相等, 杆的初始温度为 $\varphi(x)$, 则 $t>0$ 时杆上温度的分布规律 $u(x, t)$ 服从定解问题

$$\begin{cases} u_t = a^2 u_{xx} + f(x, t), & -\infty < x < +\infty, \, t > 0, & (11-26) \\ u\big|_{t=0} = \varphi(x). & & (11-27) \end{cases}$$

由于方程(11-26)是非齐次的, 且求解的区域又是无界的, 因此用分离变量法求解将导致比较复杂的运算. 根据求解区间为无界这一特点, 可用傅里叶变换来解. 记 $U(\omega, t)$, $G(\omega, t)$ 和 $\Phi(\omega)$ 分别表示函数 $u(x, t)$, $f(x, t)$ 和 $\varphi(x)$ 关于变量 x 的傅里叶变换, 即

$$U(\omega, t) = \int_{-\infty}^{+\infty} u(x, t) e^{-i\omega t} dx,$$

$$G(\omega, t) = \int_{-\infty}^{+\infty} f(x, t) e^{-i\omega t} dx,$$

$$\Phi(\omega) = \int_{-\infty}^{+\infty} \varphi(x) e^{-i\omega t} dx.$$

对式(11-26)和式(11-27)的两端取关于 x 的傅里叶变换, 并利用傅里叶变换的微分性质, 得

$$\begin{cases} \dfrac{dU(\omega, t)}{dt} = -a^2 \omega^2 U(\omega, t) + G(\omega, t), \\ U(\omega, t)\big|_{t=0} = \Phi(\omega). \end{cases} \quad (11-28)$$

方程(11-28)是含有参量 ω 的一阶线性非齐次常微分方程初始值问题. 利用常数变易法, 得其解为

$$U(\omega, t) = \Phi(\omega) e^{-a^2 \omega^2 t} + \int_0^t G(\omega, \tau) e^{-a^2 \omega^2 (t-\tau)} d\tau \quad (11-29)$$

308

为了求出原定解问题(11-26)和(11-27)的解 $u(x, t)$，还需要对 $U(\omega, t)$ 取傅里叶逆变换. 由于

$$\mathscr{F}^{-1}[G(\omega, t)] = f(t), \quad \mathscr{F}^{-1}[\Phi(\omega, t)] = \varphi(t), \quad \mathscr{F}^{-1}[e^{-a^2\omega^2 t}] = \frac{1}{2a\sqrt{\pi t}} e^{-\frac{x^2}{4a^2 t}}.$$

再根据傅里叶变换的卷积性质，得

$$u(x, t) = F^{-1}[U(\omega, t)] = \frac{1}{2a\sqrt{\pi t}} \int_{-\infty}^{+\infty} \varphi(\xi) e^{-\frac{(x-\xi)^2}{4a^2 t}} \, d\xi +$$

$$\frac{1}{2a\sqrt{\pi}} \int_0^t \int_{-\infty}^{+\infty} \frac{f(\xi, \tau)}{\sqrt{t-\tau}} e^{-\frac{(x-\xi)^2}{4a^2(t-\tau)}} \, d\xi d\tau.$$

$$(11-30)$$

式(11-30)称为热传导方程的泊松公式.

函数 $\dfrac{1}{2a\sqrt{\pi t}} e^{-\frac{x^2}{4a^2 t}}$ 对热传导初值问题起着重要作用. 令

$$K(x, t) = \begin{cases} \dfrac{1}{2a\sqrt{\pi t}} e^{-\frac{x^2}{4a^2 t}}, & t > 0, \\ 0, & t \leqslant 0. \end{cases}$$

利用 $K(x, t)$，则式(11-30)可以表示为

$$u(x, t) = \int_{-\infty}^{+\infty} K(x-\xi, t)\varphi(\xi) \, d\xi + \int_0^t \int_{-\infty}^{+\infty} K(x-\xi, t-\tau) f(\xi, \tau)\varphi(\xi) \, d\xi d\tau.$$

称函数 $K(x, t; \xi, \tau) = K(x-\xi, t-\tau)$ 为热传导方程的基本解. 基本解有明确的物理意义，它表示在杆上 ξ 处，时刻 τ 的一个瞬时单位热源所引起的杆上的温度分布. 有时也将基本解称为瞬时单位点热源的影响函数.

例 11.6 求热传导方程初值问题 $\begin{cases} u_t = a^2 u_{xx}, & -\infty < x < +\infty, \ t > 0, \\ u(x, 0) = 1 + 2x + 3x^2 \end{cases}$ 的解.

解 利用齐次方程的泊松公式

$$u(x, t) = \frac{1}{2a\sqrt{\pi t}} \int_{-\infty}^{+\infty} (1 + 2\xi + 3\xi^2) e^{-\frac{(\xi-x)^2}{4a^2 t}} \, d\xi.$$

令 $\dfrac{\xi - x}{2a\sqrt{t}} = y$，则

$$\frac{1}{2a\sqrt{\pi t}}\int_{-\infty}^{+\infty} e^{-\frac{(\xi-x)^2}{4a^2 t}}\,d\xi = \frac{1}{\sqrt{\pi}}\int_{-\infty}^{+\infty} e^{-y^2}\,dy = 1;$$

$$\frac{1}{2a\sqrt{\pi t}}\int_{-\infty}^{+\infty} 2\xi e^{-\frac{(\xi-x)^2}{4a^2 t}}\,d\xi = \frac{2}{\sqrt{\pi}}\int_{-\infty}^{+\infty} (x+2a\sqrt{t}y)e^{-y^2}\,dy = 2x;$$

$$\frac{1}{2a\sqrt{\pi t}}\int_{-\infty}^{+\infty} 3\xi^2 e^{-\frac{(\xi-x)^2}{4a^2 t}}\,d\xi = \frac{3}{\sqrt{\pi}}\int_{-\infty}^{+\infty} (x+2a\sqrt{t}y)^2 e^{-y^2}\,dy$$

$$= \frac{3}{\sqrt{\pi}}\int_{-\infty}^{+\infty} (x^2+4a\sqrt{t}xy+4a^2 ty^2)e^{-y^2}\,dy$$

$$= 3x^2 + \frac{12a^2 t}{\sqrt{\pi}}\int_{-\infty}^{+\infty} y^2 e^{-y^2}\,dy$$

$$= 3x^2 - \frac{6a^2 t}{\sqrt{\pi}}\int_{-\infty}^{+\infty} y\,de^{-y^2}$$

$$= 3x^2 + \frac{6a^2 t}{\sqrt{\pi}}\int_{-\infty}^{+\infty} e^{-y^2}\,dy$$

$$= 3x^2 + 6a^2 t.$$

从而

$$u(x,\ t) = 1 + 2x + 3x^2 + 6a^2 t.$$

本题也可用概率分布求解. 将 $f(\xi) = \dfrac{1}{2a\sqrt{\pi t}}e^{-\frac{(\xi-x)^2}{4a^2 t}}$ 视为某随机变量 X 的密度函数, 则 $X \sim N(x,\ 2a^2 t)$. 由密度函数的归一性知

$$\frac{1}{2a\sqrt{\pi t}}\int_{-\infty}^{+\infty} e^{-\frac{(\xi-x)^2}{4a^2 t}}\,d\xi = \int_{-\infty}^{+\infty} f(\xi)\,d\xi = 1.$$

利用正态分布的期望得

$$\frac{1}{2a\sqrt{\pi t}}\int_{-\infty}^{+\infty} 2\xi e^{-\frac{(\xi-x)^2}{4a^2 t}}\,d\xi = 2E(X) = 2x.$$

利用正态分布的方差得

$$\frac{1}{2a\sqrt{\pi t}}\int_{-\infty}^{+\infty}\xi^2 e^{-\frac{(\xi-x)^2}{4a^2 t}}\,d\xi = E(X^2) = D(X) + E^2(X)$$

$$= 2a^2 t + x^2.$$

从而得原问题的解为

$$u(x,\,t) = 1 + 2x + 3x^2 + 6a^2 t.$$

利用傅里叶变换,也可以求弦振动问题和平面电势问题.

例 11.7 求解下列定解问题

$$\begin{cases} u_{tt} = a^2 u_{xx} + f(x,\,t), & -\infty < x < +\infty,\ t > 0, & (11-31) \\ u|_{t=0} = 0,\ u_t|_{t=0} = 0. & (11-32) \end{cases}$$

解 $U = U(\omega,\,t) = \mathscr{F}[u(x,\,t)]$, $F(\omega,\,t) = \mathscr{F}[f(x,\,t)]$. 对定解问题式 (11-31) 和式 (11-32) 作傅里叶变换,并利用微分性,得

$$\begin{cases} \dfrac{d^2 U(\omega,\,t)}{dt^2} + a^2\omega^2 U(\omega,\,t) = F(\omega,\,t), \\ U|_{t=0} = 0,\ \dfrac{dU(\omega,\,t)}{dt}\bigg|_{t=0} = 0. \end{cases} \tag{11-33}$$

常微分方程 (11-33) 的解为

$$U(\omega,\,t) = \int_0^t F(\omega,\,\tau)\frac{\sin a\omega(t-\tau)}{a\omega}d\tau.$$

上式求傅里叶逆变换,得

$$u(x,\,t) = \mathscr{F}^{-1}[U(\omega,\,t)] = \int_0^t \mathscr{F}^{-1}\left[F(\omega,\,\tau)\frac{\sin a\omega(t-\tau)}{a\omega}\right]d\tau. \tag{11-34}$$

由于

$$\frac{\sin a\omega(t-\tau)}{a\omega} = \frac{1}{2a}\int_{-a(t-\tau)}^{a(t-\tau)} e^{i\omega\xi}\,d\xi.$$

利用傅里叶变换的卷积性,得

$$\mathscr{F}^{-1}\left[F(\omega,\,\tau)\sin\frac{a\omega(t-\tau)}{a\omega}\right] = \frac{1}{2a}\mathscr{F}^{-1}\left[\int_{-a(t-\tau)}^{a(t-\tau)} F(\omega,\,\tau)e^{i\omega\xi}\,d\xi\right]$$

$$= \frac{1}{2a}\int_{-a(t-\tau)}^{a(t-\tau)} \mathscr{F}^{-1}[F(\omega,\,\tau)] * \mathscr{F}^{-1}[e^{i\omega\xi}]\,d\xi$$

$$= \frac{1}{2a} \int_{-a(t-\tau)}^{a(t-\tau)} f(x, \tau) * \delta(x+\xi) \mathrm{d}\xi$$

$$= \frac{1}{2a} \int_{-a(t-\tau)}^{a(t-\tau)} f(x+\xi, \tau) \mathrm{d}\xi$$

$$= \frac{1}{2a} \int_{x-a(t-\tau)}^{x+a(t-\tau)} f(\xi, \tau) \mathrm{d}\xi.$$

代入式(11-34),得原定解问题的解为

$$u(x, t) = \frac{1}{2a} \int_0^t \left[\int_{x-a(t-\tau)}^{x+a(t-\tau)} f(\xi, \tau) \mathrm{d}\xi \right] \mathrm{d}t.$$

例 11.8 求半平面上拉普拉斯方程边值问题的有界解

$$\begin{cases} u_{xx} + u_{yy} = 0, & -\infty < x < +\infty, y > 0 & (11-35) \\ u(x, 0) = f(x), & -\infty < x < +\infty. & (11-36) \end{cases}$$

解 记 $U = U(\omega, y) = \mathscr{F}[u(x, y)]$, $F(\omega) = \mathscr{F}[f(x)]$. 对式(11-35)和式(11-36)关于变量 x 作傅里叶变换得

$$\begin{cases} \dfrac{\mathrm{d}^2 U(\omega, y)}{\mathrm{d}y^2} + (\mathrm{i}\omega)^2 U(\omega, y) = 0, & y > 0, \\ U(\omega, 0) = F(\omega). \end{cases}$$

上述常微分方程的解为

$$U(\omega, y) = C_1 \mathrm{e}^{-|\omega|y} + C_2 \mathrm{e}^{|\omega|y},$$

其中 C_1, C_2 为待定常数. 由于 u 有界,故 $C_2 = 0$. 结合初始条件可得

$$U(\omega, t) = F(\omega) \, \mathrm{e}^{-|\omega|y}. \tag{11-37}$$

直接求 $\mathrm{e}^{-|\omega|y}$ 的傅里叶逆变换得

$$\mathscr{F}^{-1}[\mathrm{e}^{-|\omega|y}] = \frac{1}{2\pi} \int_{-\infty}^{+\infty} \mathrm{e}^{-|\omega|y} \mathrm{e}^{\mathrm{i}x\omega} \mathrm{d}\omega = \frac{1}{\pi} \int_0^{+\infty} \mathrm{e}^{-y\omega} \cos(x\omega) \mathrm{d}\omega$$

$$= \frac{1}{\pi} \int_0^{+\infty} \mathrm{e}^{-y\omega} \cos(x\omega) \mathrm{d}\omega$$

$$= \frac{1}{\pi} \frac{x\sin(x\omega) - y\cos(x\omega)}{x^2 + y^2} \mathrm{e}^{-y\omega} \Big|_0^{+\infty}$$

$$= \frac{1}{\pi} \frac{y}{x^2 + y^2}.$$

对式(11-37)求傅里叶逆变换,并利用卷积定理,得

$$u(x, y) = \mathscr{F}^{-1}[U(\omega, y)] = \mathscr{F}^{-1}[F(\omega) e^{-|\omega| y}]$$

$$= f(x) * \left(\frac{1}{\pi} \frac{y}{x^2 + y^2}\right)$$

$$= \frac{1}{\pi} \int_{-\infty}^{+\infty} \frac{y f(\xi)}{(x-\xi)^2 + y^2} \mathrm{d}\xi.$$

11.2.2 拉普拉斯积分变换

首先考虑用拉普拉斯变换求解半无限杆的热传导问题.

一条半无限长均匀细杆,端点 $(x = 0)$ 处的温度为零,杆的初始温度为 u_0,则杆上温度的 $u(x, t)$ 分布规律归结为下列定解问题

$$\begin{cases} u_t - a^2 u_{xx} = 0, & x > 0, t > 0, & (11-38) \\ u\big|_{x=0} = \varphi(t), & \lim_{x \to +\infty} u \text{ 有界}, & (11-39) \\ u\big|_{t=0} = u_0, & x > 0. & (11-40) \end{cases}$$

因为自变量 x, t 的变化范围均为 $(0, +\infty)$,上述问题显然不适用傅里叶变换来解,但可采用拉普拉斯变换.但由于方程(11-38)中含有 u_{xx},而在 $x = 0$ 处未给出 u_x 的值,故不能对变量 x 取拉普拉斯变换,而应对变量 t 作拉普拉斯变换.

用 $U(x, p), \Phi(p)$ 分别表示函数 $u(x, t)$ 和 $\varphi(t)$ 关于 t 的拉普拉斯变换,即

$$U(x, p) = \int_0^{+\infty} u(x, t) e^{-pt} \mathrm{d}t,$$

$$\Phi(p) = \int_0^{+\infty} \varphi(t) e^{-pt} \mathrm{d}t.$$

对式(11-38)和式(11-39)两端关于变量 t 作拉普拉斯变换,并利用微分性得

$$pU(x, p) - u_0 - a^2 \frac{\mathrm{d}^2 U(x, p)}{\mathrm{d}x^2} = 0, \qquad (11-41)$$

$$U(x, p)\big|_{x=0} = \Phi(p). \qquad (11-42)$$

方程(11-41)是关于 $U(x, p)$ 的线性二阶常系数的常微分方程,它的通解为

$$U(x, p) = C_1 e^{-\frac{\sqrt{p}x}{a}} + C_2 e^{\frac{\sqrt{p}x}{a}} + \frac{u_0}{p}. \qquad (11-43)$$

由于当 $x \to +\infty$ 时,$u(x, t)$ 有界,所以 $U(x, p)$ 也应该有界,故 $C_2 = 0$,再由

条件(11-42)得 $C_1 = \Phi(p) - \dfrac{u_0}{p}$，从而得

$$U(x, p) = \left(\Phi(p) - \frac{u_0}{p}\right)e^{-\frac{\sqrt{p}}{a}x} + \frac{u_0}{p}. \tag{11-44}$$

为了求得原定解问题的解 $u(x, t)$，需要对 $U(x, p)$ 求拉普拉斯逆变换，由拉普拉斯变换表查得

$$\mathscr{L}^{-1}\left[\frac{1}{p}e^{-\frac{x}{a}\sqrt{p}}\right] = \frac{2}{\sqrt{\pi}}\int_{\frac{x}{2a\sqrt{t}}}^{+\infty}e^{-\xi^2}\,d\xi.$$

再根据拉普拉斯变换的微分性质得

$$\mathscr{L}^{-1}\left[e^{-\frac{x}{a}\sqrt{p}}\right] = \mathscr{L}^{-1}\left[p\cdot\frac{1}{p}e^{-\frac{x}{a}\sqrt{p}}\right]$$

$$= \frac{d}{dt}\left[\frac{2}{\sqrt{\pi}}\int_{\frac{x}{2a\sqrt{t}}}^{+\infty}e^{-\xi^2}\,d\xi\right] = \frac{x}{2a\sqrt{\pi}t^{\frac{3}{2}}}e^{-\frac{x^2}{4a^2t}}.$$

最后对式(11-44)求拉普拉斯逆变换，并利用卷积性质得

$$u(x, t) = \mathscr{L}^{-1}\left[\Phi(p)e^{-\frac{x}{a}\sqrt{p}} + \frac{u_0}{p}e^{-\frac{x}{a}\sqrt{p}} + \frac{u_0}{p}\right]$$

$$= -\frac{2u_0}{\sqrt{\pi}}\int_{\frac{x}{2a\sqrt{t}}}^{+\infty}e^{-\xi^2}\,d\xi + \frac{x}{2a\sqrt{\pi}}\int_0^t\varphi(\tau)\frac{1}{(t-\tau)^{3/2}}e^{-\frac{x^2}{4a^2(t-\tau)}}\,d\tau + u_0.$$

例 11.9 利用拉普拉斯变换求解下列定解问题

$$\begin{cases} u_{tt} - a^2 u_{xx} = 0, & 0 < x < +\infty,\ t > 0, & (11-45) \\ u|_{x=0} = 0,\ \lim\limits_{x\to+\infty} u_x = 0, & (11-46) \\ u|_{t=0} = 0,\ u_t|_{t=0} = b. & (11-47) \end{cases}$$

解 对式(11-45)~式(11-47)关于时间变量 t 作拉普拉斯变换，并记 $\mathscr{L}[u(x, t)] = U(x, p)$，得

$$\begin{cases} p^2 U(x, p) - a^2\dfrac{d^2 U(x, p)}{dx^2} = b, & (11-48) \\[2mm] U|_{x=0} = 0,\ \lim\limits_{x\to+\infty} U_x = 0. & (11-49) \end{cases}$$

式(11-48)是二阶常系数、非齐次线性常微分方程. 易得该方程通解为

$$U(x, p) = C_1 e^{\frac{p}{a}x} + C_2 e^{-\frac{p}{a}x} + \frac{b}{p^2}.$$

利用边界条件(11-49)得

$$C_1 = 0, \ C_2 = -\frac{b}{p^2}.$$

故

$$U(x, p) = -\frac{b}{p^2} e^{-\frac{p}{a}x} + \frac{b}{p^2}. \tag{11-50}$$

对式(11-50)取拉普拉斯逆变换,并利用延迟性,得

$$u(x, t) = \mathscr{L}^{-1}[U(x, p)] = \mathscr{L}^{-1}\left[-\frac{b}{p^2} e^{-\frac{p}{a}x}\right] + \mathscr{L}^{-1}\left[-\frac{b}{p^2}\right]$$

$$= bt - b\left(t - \frac{x}{a}\right)u\left(t - \frac{x}{a}\right),$$

其中 $u(t)$ 为单位阶跃函数.

拉普拉斯变换除能求解半无界定解问题外,还可以求有界定解问题.

例 11.10 设有一单位长度均匀杆,侧面绝热,两端温度为零度.若初始温度为 $\sin 2\pi x$,求杆内的温度分布.

解 设 $u(x, t)$ 为杆内温度分布,则 u 满足如下定解问题

$$\begin{cases} u_t - a^2 u_{xx} = 0, & 0 < x < 1, t > 0, & (11-51) \\ u|_{x=0} = 0, u|_{x=1} = 0, & (11-52) \\ u|_{t=0} = \sin 2\pi x. & (11-53) \end{cases}$$

对式(11-51)~式(11-53)关于时间变量 t 作拉普拉斯变换,并记 $\mathscr{L}[u(x, t)] = U(x, p)$,得

$$\begin{cases} pU(x, p) - \sin 2\pi x - a^2 \dfrac{\mathrm{d}^2 U(x, p)}{\mathrm{d}x^2} = 0, & (11-54) \\ U(0, p) = U(1, p) = 0. & (11-55) \end{cases}$$

式(11-54)是二阶常系数、非齐次线性常微分方程.易得该方程通解为

$$U(x, p) = C_1 e^{\frac{\sqrt{p}}{a}x} + C_2 e^{-\frac{\sqrt{p}}{a}x} + \frac{\sin 2\pi x}{p + 4\pi^2 a^2}.$$

利用边界条件(11-55)得

$$C_1 = 0, \ C_2 = 0.$$

故

$$U(x, \ p) = \frac{\sin 2\pi x}{p + 4\pi^2 a^2} \tag{11-56}$$

对式(11-56)取拉普拉斯逆变换,得

$$u(x, \ t) = \mathrm{e}^{-4\pi^2 a^2 t} \sin 2\pi x.$$

综合以上各例,用积分变换法解数学物理方程定解问题的一般步骤可归结为:

(1) 先根据自变量的变化范围以及定解条件的具体情况,选取适当的积分变换.然后对方程的两端取变换,把原偏微分方程化为常微分方程.

(2) 对定解条件取相应的积分变换,导出常微分方程的定解条件.

(3) 求解常微分方程,得原定解问题解的变换式(即像函数).

(4) 对所得的变换式取相应的逆变换,得到原定解问题的解.

需注意的是,在用积分变换法解定解问题时,总假设所求解及定解条件中的已知函数的积分变换都存在.而一个未知函数在未求出以前是难以判断其是否存在积分变换的,因此,用积分变换法所求的解也只是形式解.

习 题 11

A 套

1. 求方程 $u_{xy} = x^2 y$ 满足边界条件 $u|_{y=0} = x^2$, $u|_{x=1} = \cos y$ 的解.

2. 求无界弦的自由振动,设弦的初始位移为 $\varphi(x)$,初始速度为 $-a\varphi'(x)$.

3. 利用达朗贝尔公式,求下列初始值问题的解:

(1) $\begin{cases} u_{tt} - a^2 u_{xx} = 0, & -\infty < x < +\infty, \ t > 0, \\ u|_{t=0} = x^2, \ u_t|_{t=0} = \sin x, & -\infty < x < +\infty. \end{cases}$

(2) $\begin{cases} u_{tt} - a^2 u_{xx} = 0, & -\infty < x < +\infty, \ t > 0, \\ u|_{t=0} = x^3, \ u_t|_{t=0} = x, & -\infty < x < +\infty. \end{cases}$

4. 已知以下方程的解具有形式 $u(x, \ y) = f(\lambda x + y)$,其中 λ 是一个待定的常数,求方程

$$u_{xx} - 4u_{xy} + 3u_{yy} = 0$$

的通解.

5. 判断下列方程的类型：

(1) $u_{xx} + 4u_{xy} + 5u_{yy} + u_x + 2u_y = 0$.　　　　(2) $u_{xx} - 4u_{xy} + 4u_{yy} = 0$.

(3) $x^2 u_{xx} + 2xy u_{xy} + y^2 u_{yy} + xy u_x + y^2 u_y = 0$.　　(4) $u_{xx} - 3u_{xy} + 2u_{yy} = 0$.

6. 求下列半无界问题的解：

$$\begin{cases} u_{tt} - a^2 u_{xx} = 0, \quad 0 < x < +\infty, \, t > 0, \\ u\big|_{t=0} = x^2, \ u_t\big|_{t=0} = \dfrac{1}{2}x, \\ u\big|_{x=0} = 0. \end{cases}$$

7. 求下列半无界问题的解：

$$\begin{cases} u_{tt} - a^2 u_{xx} = 0, \quad 0 < x < +\infty, \, t > 0, \\ u\big|_{t=0} = \varphi(x), \ u_t\big|_{t=0} = \psi(x), \\ u_x\big|_{x=0} = 0. \end{cases}$$

8. 求下列初始值问题的解：

(1) $\begin{cases} u_{tt} - u_{xx} = t\sin x, \quad -\infty < x < +\infty, \, t > 0, \\ u\big|_{t=0} = \cos x, \ u_t\big|_{t=0} = \sin x, \quad -\infty < x < +\infty. \end{cases}$

(2) $\begin{cases} u_{tt} - a^2 u_{xx} = \dfrac{x}{(1+x^2)^2}, \quad -\infty < x < +\infty, \, t > 0, \\ u\big|_{t=0} = 0, \ u_t\big|_{t=0} = \dfrac{1}{1+x^2}, \quad -\infty < x < +\infty. \end{cases}$

9. 利用泊松公式求下列初始值问题的解：

(1) $\begin{cases} u_t - a^2 u_{xx} = 0, \quad -\infty < x < +\infty, \, t > 0, \\ u\big|_{t=0} = (2-x)^2. \end{cases}$

(2) $\begin{cases} u_t - a^2 u_{xx} = 0, \quad -\infty < x < +\infty, \, t > 0, \\ u\big|_{t=0} = e^{-x}. \end{cases}$

10. 求初值问题：

$$\begin{cases} u_t - a^2 u_{xx} = e^{-t}, \quad -\infty < x < +\infty, \, t > 0, \\ u\big|_{t=0} = \cos 2x \end{cases}$$

的解. 已知 $\displaystyle\int_0^{+\infty} e^{-x^2} \cos 2bx \, dx = \dfrac{\sqrt{\pi}}{2} e^{-b^2}$.

11. 求解下列半无界问题:

$$\begin{cases} u_t - a^2 u_{xx} = 0, & 0 < x < +\infty, t > 0, \\ u|_{x=0} = 0, u|_{t=0} = x. \end{cases}$$

已知 $\displaystyle\int_0^{+\infty} e^{-a^2 x^2} dx = \frac{\sqrt{\pi}}{2a}$.

12. 利用积分变换法求解下列定解问题:

(1) $\begin{cases} u_{tt} - u_{xx} = t\sin x, & -\infty < x < +\infty, t > 0, \\ u|_{t=0} = 0, u_t|_{t=0} = \sin x. \end{cases}$

(2) $\begin{cases} u_{xy} = 1, & x > 0, y > 0, \\ u|_{x=0} = y + 1, u|_{y=0} = 1. \end{cases}$

B 套

1. 考虑如下定解问题:

$$\begin{cases} u_{tt} - a^2 u_{xx} = 0, & -\infty < x < +\infty, t > 0, \\ u(x, 0) = \varphi(x), u_t(x, 0) = \psi(x), & -\infty < x < +\infty. \end{cases}$$

证明:若 $\varphi(x)$ 和 $\psi(x)$ 为奇、偶或周期函数,则该问题的解 $u(x, t)$ 关于变量 x 也是奇、偶或周期函数.

2. 求解弦振动方程的古沙问题:

$$\begin{cases} u_{tt} - a^2 u_{xx} = 0, & -\infty < x < +\infty, t > 0, \\ u|_{x=at} = \varphi(x), & -\infty < x < +\infty, \\ u|_{x=-at} = \psi(x), & -\infty < x < +\infty. \end{cases}$$

3. 用傅里叶变换求解下列定解问题:

$$\begin{cases} u_t + au_x = f(x, t), & -\infty < x < \infty, t > 0, \\ u|_{t=0} = \varphi(x), & -\infty < x < \infty. \end{cases}$$

其中 a 为实数.

4. 用傅里叶变换求解下列定解问题:

$$\begin{cases} u_t - a^2 u_{xx} - bu_x - cu = 0, & -\infty < x < +\infty, t > 0, \\ u(x, 0) = \varphi(x), & -\infty < x < +\infty, \end{cases}$$

其中 a, b, c 均为常数.

5. 用拉普拉斯变换求解下列定解问题：

$$\begin{cases} u_{xx} + u_{xt} = 0, & x > 0, t > 0, \\ u\big|_{x=0} = \psi(t), \ u_x\big|_{x=0} = 0, \\ u\big|_{t=0} = \varphi(x), \ \varphi(0) = \psi(0). \end{cases}$$

6. 用拉普拉斯变换求解半无界弦振动问题有界解：

$$\begin{cases} u_{tt} - a^2 u_{xx} = \rho\cos\omega t, & x > 0, t > 0, \\ u\big|_{t=0} = 0, \ u_t\big|_{t=0} = 0, \ x \geqslant 0, \\ u\big|_{x=0} = 0, \ t \geqslant 0. \end{cases}$$

习 题 答 案

习 题 1

A 套

1. (1) $\operatorname{Re}z = 0$, $\operatorname{Im}z = -1$, $|z| = 1$, $\arg z = -\dfrac{\pi}{2}$, $\bar{z} = \mathrm{i}$.

(2) $\operatorname{Re}z = -\dfrac{3}{10}$, $\operatorname{Im}z = \dfrac{1}{10}$, $|z| = \dfrac{1}{\sqrt{10}}$, $\arg z = \pi - \arctan\dfrac{1}{3}$, $\bar{z} = -\dfrac{3}{10} - \dfrac{1}{10}\mathrm{i}$.

(3) $\operatorname{Re}z = \dfrac{16}{25}$, $\operatorname{Im}z = \dfrac{8}{25}$, $|z| = \dfrac{8\sqrt{5}}{25}$, $\arg z = \arctan\dfrac{1}{2}$, $\bar{z} = \dfrac{16}{25} - \dfrac{8}{25}\mathrm{i}$.

(4) $\operatorname{Re}z = -2^{51}$, $\operatorname{Im}z = 0$, $|z| = 2^{51}$, $\arg z = \pi$, $\bar{z} = -2^{51}$.

(5) $\operatorname{Re}z = 1$, $\operatorname{Im}z = -3$, $|z| = \sqrt{10}$, $\arg z = -\arctan 3$, $\bar{z} = 1 + 3\mathrm{i}$.

(6) $\operatorname{Re}z = \dfrac{1}{2}$, $\operatorname{Im}z = -\dfrac{\sqrt{3}}{2}$, $|z| = 1$, $\arg z = -\dfrac{\pi}{3}$, $\bar{z} = \dfrac{1}{2} + \dfrac{\sqrt{3}}{2}\mathrm{i}$.

2. (1) $z = -1 + 8\mathrm{i} = \sqrt{65}\left[\cos(\pi - \arctan 8) + \mathrm{i}\sin(\pi - \arctan 8)\right] = \sqrt{65}\,\mathrm{e}^{\mathrm{i}(\pi - \arctan 8)}$.

(2) $z = \dfrac{\sqrt{3}}{2} - \dfrac{1}{2}\mathrm{i} = \cos\dfrac{\pi}{6} - \mathrm{i}\sin\dfrac{\pi}{6} = \mathrm{e}^{-\frac{\pi}{6}\mathrm{i}}$.　　(3) $z = \cos 19\theta + \mathrm{i}\sin 19\theta = \mathrm{e}^{\mathrm{i}19\theta}$.

(4) $z = \cos 2\theta - \mathrm{i}\sin 2\theta = \mathrm{e}^{-\mathrm{i}2\theta}$.

3. (1) -4.　　(2) 2^{12}.　　(3) $\sqrt[4]{2}\,\mathrm{e}^{\mathrm{i}\left(\frac{\pi}{8} + k\pi\right)}$ $(k = 0, 1)$.　　(4) $\mathrm{e}^{\frac{2k\pi}{5}\mathrm{i}}$ $(k = 0, 1, 2, 3, 4)$.

(5) ± 2, $1 \pm \sqrt{3}\mathrm{i}$, $-1 \pm \sqrt{3}\mathrm{i}$.　　(6) $z_1 = 6^{\frac{1}{4}}\mathrm{e}^{\frac{1}{8}\pi\mathrm{i}}$, $z_2 = 6^{\frac{1}{4}}\mathrm{e}^{\frac{9}{8}\pi\mathrm{i}}$.

4. (1) $2 + \mathrm{i}$, $1 + 2\mathrm{i}$.　　(2) $z_1 = 1 - \mathrm{i}$, $z_2 = \mathrm{i}$.

5. $\sin 6\theta = 6\cos^5\theta\sin\theta - 20\cos^3\theta\sin^3\theta + 6\cos\theta\sin^5\theta$, $\cos 6\theta = \cos^6\theta - 15\cos^4\theta\sin^2\theta + 15\cos^2\theta\sin^4\theta - \sin^6\theta$.

6. (1) 直线：$y = x$.　　(2) 椭圆：$\dfrac{x^2}{a^2} + \dfrac{y^2}{b^2} = 1$.　　(3) 等轴双曲线：$xy = 1$.　　(4) 以点 a 为中心，r 为半径的圆周：$|z - a| = r$.

7. (1) 圆周：$(x+3)^2 + y^2 = 4$.　　(2) 当 $a \neq 0$ 时为等轴双曲线：$x^2 - y^2 = a^2$；当 $a = 0$ 时为一对直线：$y = \pm x$.　　(3) 单位圆周：$x^2 + y^2 = 1$.　　(4) 椭圆：$\dfrac{(x+2)^2}{2^2} + \dfrac{y^2}{(\sqrt{3})^2} = 1$.

8. (1) $x^2+(y+1)^2<9$.　(2) $(x-3)^2+(y-4)^3\geqslant 4$.

(3) $\dfrac{1}{16}<x^2+(y-1)^2\leqslant 4$.　(4) 以点 $-2\mathrm{i}$ 为顶点，两边分别与正实轴成角度 $\dfrac{\pi}{6}$ 与 $\dfrac{\pi}{2}$ 的角形域内部，且以原点为中心，半径为 2 的圆外部分.

(5) 以点 i 为顶点，两边分别与正实轴成角度 $\dfrac{\pi}{4}$ 与 $\dfrac{3\pi}{4}$ 的角形域内部.

(6) $y\geqslant \dfrac{1}{2}$，以直线 $y=\dfrac{1}{2}$ 为边界的上半平面$\left(包括边界 y=\dfrac{1}{2}\right)$.

(7) $x\leqslant \dfrac{5}{2}$，以直线 $x=\dfrac{5}{2}$ 为边界的左半平面$\left(包括边界 x=\dfrac{5}{2}\right)$.

(8) $\dfrac{x^2}{\left(\dfrac{5}{2}\right)^2}+\dfrac{y^2}{\left(\dfrac{3}{2}\right)^2}<1$，以原点为中心，以 5 为长轴长，3 为短轴长 ，点 $(-2,0)$ 和点 $(2,0)$ 为焦点的椭圆内部.

(9) 双曲线 $4x^2-\dfrac{4}{15}y^2=1$ 的左边分支的内部包括焦点 $z=-2$ 在内的部分.

(10) $x\leqslant \dfrac{1}{2}-\dfrac{1}{2}y^2$，以 x 为对称轴，以点 $\left(\dfrac{1}{2},0\right)$ 为顶点，开中向左的抛物线内部$\big($包括边界 $x=\dfrac{1}{2}-\dfrac{1}{2}y^2\big)$.

9. 椭圆：$\dfrac{u^2}{\left(\dfrac{5}{2}\right)^2}+\dfrac{v^2}{\left(\dfrac{3}{2}\right)^2}=1$.

10. 抛物线：$v^2=-4(u-1),0\leqslant u\leqslant 1$.

11. (1) 圆周：$u^2+v^2=\dfrac{1}{4}$.　(2) 圆周：$\left(u-\dfrac{1}{2}\right)^2+v^2=\dfrac{1}{4}$.

(3) 直线：$v=-u$.　(4) 直线：$u=\dfrac{1}{2}$.

12. (1) $w_1=-\mathrm{i}$，$w_2=-2+2\mathrm{i}$，$w_3=8\mathrm{i}$.　(2) $0<\arg w<\pi$.

B 套

3. $1+|a|$.　7. $\sqrt{3}$.

习　题　2

A 套

1. (1) 不存在.　(2) 不存在.　(3) $-\dfrac{1}{2}$.　(4) $\dfrac{3}{2}$.

2. (1) 不连续. (2) 连续.

4. (1) 除 $z=-1$, $z=\pm i$ 外可导. $f'(z)=-\dfrac{2z^3+7z^2+4z+1}{(z+1)^2(z^2+1)^2}$.

(2) 除 $z=0$ 外处处可导,且 $f'(z)=-\dfrac{(1+i)}{z^2}$.

5. (1) 仅在 $z=0$ 处可导,导数为 0. 在全平面上不解析.

(2) 在 $z=0$ 和 $z=\dfrac{3}{4}(1+i)$ 处可导,导数分别为 0 和 $\dfrac{27}{16}(1+i)$. 在全平面上不解析.

(3) 仅在 $z=-i$ 处可导,导数为 -2. 在全平面上不解析.

(4) 在直线 $y=x$ 上可导,导数为 $2x(1-i)$. 在全平面上不解析.

7. $l=n=-3$, $m=1$.

9. $av(x,\ y)-bu(x,\ y)+C,C$ 为任意实数.

10. 当 $a+c=0$, b 为任意实数时,u 为调和函数,其共轭调和函数为 $v=2axy+by^2-bx^2+k$(k 为任意实数).

12. (1) $f(z)=\left(1-\dfrac{i}{2}\right)z^2+\dfrac{1}{2}i$.

(2) $f(z)=2(x-1)y+i(y^2-x^2+2x+c)=-i(z-1)^2$.

(3) $f(z)=ze^z$.

(4) $f(z)=iz^3+1$.

(5) $f(z)=\dfrac{1}{2}\ln(x^2+y^2)+i\arctan\dfrac{y}{x}=\ln z$.

13. (1) $e^{\frac{2}{3}}\cdot\left(\dfrac{1}{2}-\dfrac{\sqrt{3}}{2}i\right)$.   (2) $\ln 5+i\arctan\dfrac{4}{3}$.

(3) $\ln 5-i\arctan\dfrac{4}{3}+(2k+1)\pi i$.

(4) $e^{\sqrt{3}\ln 2}\left[\cos\sqrt{3}(2k-1)\pi+i\sin\sqrt{3}(2k-1)\pi\right]$ $(k=0,\pm 1,\cdots)$.

(5) $e^{i\ln 3}\cdot e^{-2k\pi}$ $(k=0,\pm 1,\cdots)$.

(6) $\sqrt{2}e^{\frac{\pi}{4}+2k\pi}\left[\cos\left(\dfrac{\pi}{4}-\ln\sqrt{2}\right)+i\sin\left(\dfrac{\pi}{4}-\ln\sqrt{2}\right)\right]$.

(7) $\dfrac{1}{2}\left[(e+e^{-1})\sin 1+i(e-e^{-1})\cos 1\right]=\cosh 1\sin 1+i\sinh 1\cos 1$.

(8) $\cosh 5$.   (9) $-\sinh 2$.

(10) $\begin{cases}-i\left[\ln(\sqrt{2}+1)+i2k\pi\right], \\ -i\left[\ln(\sqrt{2}-1)+i(\pi+2k\pi)\right],\end{cases}$ $(k=0,\pm 1,\cdots)$.

14. (1) 否. (2) 否.   (3) 是.   (4) 否.

15. (1) $z=\dfrac{1}{2}\ln 2+\left(k-\dfrac{1}{6}\right)\pi i$ $(k=0,\pm 1,\cdots)$.

(2) $z = e^{\frac{\pi}{2}i} = i$.

(3) $z = 2k\pi - i\ln(2 \pm \sqrt{3})$ $(k = 0, \pm 1, \cdots)$.

(4) $z = \left(2k + \dfrac{3}{4}\right)\pi - i\ln(\sqrt{2} \pm 1)$ $(k = 0, \pm 1, \cdots)$.

B 套

1. (1) $u(x, y) = 3x^2 + 4x - 3y^2 + 1$;　(2) $f(z) = z^3 + 2z^2 + z$.

2. $f(z) = e^z + iz$.

8. $\operatorname{Re} f(e^{i\theta}) = \ln\left(2\sin\dfrac{\theta}{2}\right)$, $\operatorname{Im} f(e^{i\theta}) = \dfrac{\theta - \pi}{2}$.

9. (1) 多值.　(2) 单值.　(3) 单值.　(4) 多值.

10. (1) $i\ln 4 + 2k\pi$ $(k = 0, \pm 1, \cdots)$.

(2) $\begin{cases} \ln(\sqrt{2}+1) + 2k\pi i, \\ \ln(\sqrt{2}-1) + (2k-1)\pi i, \end{cases}$ $(k = 0, \pm 1, \cdots)$.

(3) 满足 $\operatorname{Im} z = \dfrac{\pi}{4} + \dfrac{k\pi}{2}$ $(k = 0, \pm 1, \pm 2 \cdots)$ 的所有复数 z.

习 题 3

A 套

1. (1) 1.　(2) 2.　(3) 2.

2. (1) $\dfrac{1+i}{2}$.　(2) $\dfrac{1}{2} + \dfrac{2}{3}i$.　(3) $\dfrac{1}{2} + i$.

4. (1) $4\pi i$.　(2) $8\pi i$.

6. (1) 4.　(2) $\dfrac{1}{2}(e^{-1} - 1) + \dfrac{2}{\pi}i$.　(3) 0.

8. (1) $2\pi i$.

9. (1) $4\pi i$.　(2) $6\pi i$.　(3) $-8\pi i$.　(4) $4\pi i$.　(5) $\dfrac{\pi i}{3e^2}$.　(6) 0.　(7) 0.

(8) $(-1)^{n+1} \dfrac{2\pi i (2n)!}{(n+1)!(n-1)!}$.

10. (1) $\dfrac{\sqrt{2}}{2}\pi i$.　(2) $\dfrac{\sqrt{2}}{2}\pi i$.　(3) $\sqrt{2}\pi i$.

11. (1) 0.　(2) $2\pi i \sin^2 1$.

12. (1) 0.　(2) $\dfrac{\pi}{8}ie^3$.　(3) $-\dfrac{5\pi}{8e}i$.　(4) $\dfrac{\pi i}{8}(e^3 - 5e^{-1})$.　(5) $\dfrac{\pi}{8}ie^3$.　(6) $\dfrac{\pi i}{8}(e^3 - 5e^{-1})$.

(7) $\dfrac{\pi i}{8}(e^3 - 5e^{-1})$.

13. (1) C 既不包含 $z = 0$ 也不包含 $z = 1$ 时，积分为 0. (2) C 包含 $z = 0$ 但不包含 $z = 1$ 时，积分为 1. (3) C 包含 $z = 1$ 但不包含 $z = 0$ 时，积分为 $-\dfrac{e}{2}$. (4) C 既包含 $z = 0$ 也包含 $z = 1$ 时，积分为 $1 - \dfrac{e}{2}$.

B套

1. 当 $|a| > 2$ 时，积分为 0；当 $0 < |a| < 2$ 时，积分为 $\dfrac{\pi i}{a}\sin 2a$；当 $a = 0$ 时，积分为 $2\pi i$.

2. $2n\pi i$.

3. 当 $n = 0$ 时，积分为 $-2\pi i$；当 $n \neq 0$ 时，积分为 $\dfrac{(-1)^{n-1}4\pi i}{a^n}$.

4. (1) $f(z) = \begin{cases} 1, & z = 0 \\[2mm] \dfrac{e^{z^2} - 1}{z^2}, & 0 < |z| < 3, \\[3mm] \dfrac{e^{z^2}}{z^2}, & |z| > 3. \end{cases}$ (2) $f'(i) = 2i(1 - 2e^{-1})$.

5. $I = 2\pi i \cdot \left(\dfrac{e}{3} - \dfrac{1}{4}\right)$.

6. (1) $2\pi i C_{2n}^n = 2\pi i \dfrac{(2n)!}{(n!)^2}$.

习 题 4

A套

1. (1) 发散. (2) 发散. (3) 条件收敛. (4) 发散. (5) $0 < \alpha \leqslant 1$ 条件收敛，$\alpha > 1$ 绝对收敛. (6) 发散.

2. (1) e. (2) e. (3) 2. (4) 1. (5) $\sqrt{2}$. (6) 1.

4. (1) $\displaystyle\sum_{n=0}^{+\infty} (-1)^n \dfrac{1}{2^{n+1}} (z-2)^n$, $|z-2| < 2$.

(2) $\displaystyle\sum_{n=1}^{+\infty} (-1)^{n-1} n (z-1)^{n-1}$, $|z-1| < 1$.

(3) $\displaystyle\sum_{n=1}^{+\infty} \dfrac{(-1)^{n-1}}{2^n} (z-1)^n$, $|z-1| < 2$.

(4) $\displaystyle\sum_{n=0}^{+\infty} (-1)^n \left(\dfrac{1}{2^{2n+1}} - \dfrac{1}{3^{n+1}}\right)(z-2)^n$, $|z-2| < 3$.

(5) $\dfrac{1}{2}\sum\limits_{n=0}^{+\infty}\dfrac{(-1)^n-1}{n!}(z-\pi i)^n,\ |z-\pi i|<+\infty.$

(6) $\sum\limits_{n=0}^{+\infty}(-1)^n\left(n+\dfrac{1}{2^{n+1}}\right)(z-1)^n,\ |z-1|<1.$

5. (1) $\sum\limits_{n=1}^{+\infty}nz^{n-1},\ |z|<1.$　(2) $\sum\limits_{n=1}^{+\infty}(-1)^{n-1}\dfrac{2^{2n-1}}{(2n)!}z^{2n},\ |z|<+\infty.$

(3) $\dfrac{1}{7}\sum\limits_{n=0}^{+\infty}\left[\dfrac{(-1)^n\cdot5}{2^{n+1}}+3^n\right]z^n,\ |z|<\dfrac{1}{3}.$

(4) $a=b,\ \sum\limits_{n=1}^{+\infty}\dfrac{nz^{n-1}}{a^{n+1}},\ |z|<|a|.$

　　$a\neq b,\ \dfrac{1}{b-a}\left(\sum\limits_{n=0}^{+\infty}\dfrac{z^n}{a^{n+1}}-\sum\limits_{n=0}^{+\infty}\dfrac{z^n}{b^{n+1}}\right),\ |z|<\min\{|a|,|b|\}.$

(5) $\sum\limits_{n=0}^{+\infty}(-1)^n\dfrac{z^{2n+1}}{(2n+1)n!},\ |z|<+\infty.$

(6) $-1-2\sum\limits_{n=1}^{+\infty}(-1)^n\dfrac{z^n}{a^n},\ |z|<|a|.$

7. (1) $\sum\limits_{n=0}^{+\infty}\dfrac{3^n-2^n}{z^{n+1}},\ |z|>3.$

(2) $\dfrac{1}{5}\sum\limits_{n=0}^{+\infty}\dfrac{(-1)^{n-1}}{z^{2n+1}}+\dfrac{2}{5}\sum\limits_{n=1}^{+\infty}\dfrac{(-1)^n}{z^{2n}}-\dfrac{1}{10}\sum\limits_{n=0}^{+\infty}\dfrac{z^n}{2^n},\ 1<|z|<2.$

　　$\dfrac{1}{5}\sum\limits_{n=0}^{+\infty}\dfrac{2^n}{z^{n+1}}+\dfrac{1}{5}\sum\limits_{n=1}^{+\infty}\dfrac{(-1)^{n+1}}{z^{2n+1}}+\dfrac{2}{5}\sum\limits_{n=0}^{+\infty}\dfrac{(-1)^n}{z^{2n}},\ |z|>2.$

(3) $\sum\limits_{n=1}^{+\infty}\dfrac{(-1)^{n-1}n}{i^{n+1}}(z-i)^{n-2},\ 0<|z-i|<1.$

　　$\sum\limits_{n=0}^{+\infty}\dfrac{(-1)^n(n+1)i^n}{(z-i)^{n+3}},\ 1<|z-i|<+\infty.$

(4) $1-\dfrac{1}{z}-\dfrac{1}{2z^2}-\dfrac{1}{6z^3}-\cdots,\ |z|>1.$

8. (1) $\dfrac{1}{a-b}\left(\sum\limits_{n=0}^{+\infty}\dfrac{a^n}{z^{n+1}}+\sum\limits_{n=0}^{+\infty}\dfrac{z^n}{b^{n+1}}\right),\ |a|<|z|<|b|.$

(2) $\dfrac{1}{a-b}\left(\sum\limits_{n=0}^{+\infty}\dfrac{a^n-b^n}{z^{n+1}}\right),\ |b|<|z|<+\infty.$

(3) $\dfrac{1}{(a-b)(z-a)}-\sum\limits_{n=0}^{+\infty}\dfrac{(z-a)^n}{(b-a)^{n+2}},\ 0<|z-a|<|b-a|.$

　　$\sum\limits_{n=0}^{+\infty}\dfrac{(b-a)^n}{(z-a)^{n+2}},\ |z-a|>|b-a|.$

9. (1) $\dfrac{1}{2}\sum\limits_{n=1}^{+\infty}\left(1-\dfrac{1}{3^n}\right)z^n,\ 0<|z|<1.$

$$-\frac{1}{2}\sum_{n=0}^{+\infty}\frac{z^{n+1}}{3^{n+1}}-\frac{1}{2}\sum_{n=0}^{+\infty}\frac{1}{z^n}, \ 1<|z|<3.$$

$$\frac{1}{2}\sum_{n=1}^{+\infty}\frac{3^n-1}{z^n}, \ |z|>3.$$

(2) $-3\sum_{n=0}^{+\infty}\frac{(z-1)^n}{2^{n+2}}-\frac{1}{2}\cdot\frac{1}{z-1}, \ 0<|z-1|<2.$

$$3\sum_{n=0}^{+\infty}\frac{2^{n-1}}{(z-1)^{n+1}}-\frac{1}{2}\cdot\frac{1}{z-1}, \ |z-1|>2.$$

(3) $\dfrac{3}{2(z-3)}-\sum_{n=0}^{+\infty}(-1)^n\dfrac{(z-3)^n}{2^{n+2}}, \ 0<|z-3|<2.$

$$\frac{3}{2(z-3)}-\sum_{n=0}^{+\infty}(-1)^n\frac{2^{n-1}}{(z-3)^{n+1}}, \ |z-3|>2.$$

10. (1) $1+3\sum_{n=0}^{+\infty}(-1)^n\dfrac{2^n}{z^{n+1}}-8\sum_{n=0}^{+\infty}(-1)^n\dfrac{z^n}{3^{n+1}}, \ 2<|z|<3.$

$$1+\sum_{n=0}^{+\infty}(-1)^n(3\times2^n-8\times3^n)\frac{1}{z^{n+1}}, \ 3<|z|<+\infty.$$

(2) $\displaystyle\sum_{n=0}^{+\infty}\frac{1}{n!z^{n-2}}, \ 0<|z|<+\infty.$

(3) $\displaystyle\sum_{n=0}^{+\infty}(-1)^n\frac{(z-i)^{n-1}}{(2i)^{n+1}}, \ 0<|z-i|<2.$

$$\sum_{n=0}^{+\infty}(-1)^n\frac{(2i)^n}{(z-i)^{n+2}}, \ 2<|z-i|<+\infty.$$

$$\sum_{n=0}^{+\infty}(-1)^n\frac{1}{z^{2n+2}}, \ 1<|z|<+\infty.$$

11. 不能,因为 $z=1$ 为非孤立奇点.

12. (1) $z=0$ 和 $z=-1$ 为一阶极点, $z=1$ 为三阶极点.

(2) $z=\pm\dfrac{\sqrt{2}}{2}(1-i)$ 为二阶极点.

(3) $z=k\pi$ $(k=0,\pm1,\cdots)$ 为一阶极点.

(4) $z=1+\left(k+\dfrac{1}{2}\right)\pi$ $(k=0,\pm1,\cdots)$ 为一阶极点, $z=1$ 为可去奇点.

(5) $z=0$ 为本性奇点.

(6) $z=2k\pi i$ $(k=0,\pm1,\cdots)$ 为一阶极点, $z=1$ 为本性奇点.

(7) $z=k\pi+\dfrac{\pi}{4}$ $(k=0,\pm1,\cdots)$ 为一阶极点.

(8) $z=k\pi+\dfrac{\pi}{2}$ $(k=0,\pm1,\cdots)$ 为二阶极点.

(9) $z=0$ 为可去奇点, $z=2ki$ $(k=\pm1,\pm2\cdots)$ 为一阶极点.

(10) $z=-\mathrm{i}$ 为本性奇点，$z=\mathrm{i}$ 为一阶极点．

(11) $z=\mathrm{e}^{\frac{(2k+1)\pi\mathrm{i}}{n}}$ $(k=0,\ 1,\ \cdots,\ n-1)$ 为一阶极点．

(12) $z=0$ 是函数的二阶极点．

13. (1) 可去奇点． (2) 可去奇点． (3) 二阶极点． (4) 本性奇点． (5) 可去奇点．

(6) 可去奇点． (7) 本性奇点． (8) 可去奇点．

14. $z=0$ 为可去奇点，$z_n=2n\pi$，$n=\pm1,\ \pm2,\ \cdots$ 为二阶极点，$z=\infty$ 为非孤立奇点．

15. (1) $z=a$ 为 $m+n$ 阶级点．

(2) 当 $m>n$ 时，$z=a$ 为 $m-n$ 阶极点；当 $m<n$ 时，$z=a$ 为 $n-m$ 阶极点；当 $m=n$ 时，$z=a$ 为可去奇点．

(3) 当 $m\neq n$ 时，$z=a$ 为 $\max(m,\ n)$ 阶极点；当 $m=n$ 时，$z=a$ 为不超过 m 阶极点或可去奇点．

(4) 当 $m>n$ 时，$z=a$ 为 $m-n$ 阶极点；当 $m<n$ 时，$z=a$ 为 $n-m$ 阶极点；当 $m=n$ 时，$z=a$ 为可去奇点．

B 套

1. $z=1$ 和 $|z|<1$ 时，$\displaystyle\sum_{n=0}^{+\infty}(z^{n+1}-z^n)$ 收敛．

2. (1) $\dfrac{z}{(1+z)^2}$，$|z|<1$.   (2) $\dfrac{1}{z}+\dfrac{1-z}{z^2}\ln(1-z)$，$|z|<1$.

3. (1) $-\displaystyle\sum_{n=1}^{+\infty}\dfrac{z^n}{n}$，$|z|<1$.   (2) $-\ln\left(2\sin\dfrac{\theta}{2}\right)$；$\dfrac{\pi-\theta}{2}$.

4. (2) $\mathrm{e}\left(1+z+\dfrac{3}{2!}z^2+\dfrac{13}{3!}z^3+\cdots\right)$，$|z|<1$.

5. (1) $R=\dfrac{\sqrt{5}-1}{2}$.   (2) $a_0=a_1=1$，$a_n=a_{n-1}+a_{n-2}$，$n\geqslant2$.

习　题　5

A 套

1. (1) $\mathrm{Res}\left[f(z),\ \mathrm{e}^{\mathrm{i}\frac{\pi+2k\pi}{4}}\right]=-\dfrac{1+\mathrm{i}}{\sqrt[4]{2}}\mathrm{e}^{-\mathrm{i}\frac{3}{2}k\pi}$ $(k=0,\ 1,\ 2,\ 3)$，$\mathrm{Res}[f(z),\ \infty]=0$.

(2) $\mathrm{Res}[f(z),\ 2k\pi\mathrm{i}]=-1$ $(k=0,\ \pm1,\ \pm2,\ \cdots)$，$z=\infty$ 为非孤立奇点．

(3) $\mathrm{Res}[f(z),\ -1]=-\dfrac{1}{4}$，$\mathrm{Res}[f(z),\ 1]=\dfrac{1}{4}$，$\mathrm{Res}[f(z),\ \infty]=0$.

(4) $\mathrm{Res}[f(z),\ 0]=-\dfrac{4}{3}$，$\mathrm{Res}[f(z),\ \infty]=\dfrac{4}{3}$.

(5) $\mathrm{Res}[f(z),\ 1]=-1$，$\mathrm{Res}[f(z),\ \infty]=1$.

(6) $\operatorname{Res}[f(z), 0] = -\dfrac{1}{2}$, $\operatorname{Res}[f(z), 2k\pi i] = \dfrac{1}{2k\pi i}$ $(k = \pm 1, \pm 2, \cdots)$, $z = \infty$ 为非孤立奇点.

(7) $\operatorname{Res}[f(z), 2k\pi i] = -1$ $(k = 0, \pm 1, \pm 2, \cdots)$, $z = \infty$ 为非孤立奇点.

(8) $\operatorname{Res}[f(z), 1] = 1$, $\operatorname{Res}[f(z), 2] = -1$, $\operatorname{Res}[f(z), \infty] = 0$.

(9) 当 n 为奇数时, $\operatorname{Res}[f(z), 0] = \operatorname{Res}[f(z), \infty] = 0$; 当 n 为偶数时, $\operatorname{Res}[f(z), 0] = \dfrac{(-1)^k}{(2k+1)!}$, $\operatorname{Res}[f(z), \infty] = \dfrac{(-1)^{k+1}}{(2k+1)!}$ $(k = 0, 1, \cdots)$.

(10) $\operatorname{Res}[f(z), e^{\frac{\pi + 2k\pi}{n} i}] = -\dfrac{1}{n} e^{-\frac{(2k+1)\pi i}{n}}$ $(k = 0, 1, \cdots, n-1)$,

$$\operatorname{Res}[f(z), \infty] = \begin{cases} 0, & n > 1, \\ -1, & n = 1. \end{cases}$$

2. (1) 0. (2) $-\dfrac{\pi^2}{2}$i. (3) πi. (4) 0. (5) $-\dfrac{\pi i}{(3+i)^{10}}$. (6) $-\dfrac{\pi}{2}$i. (7) 2πi.

3. (1) $-\dfrac{2}{3}\pi$i. (2) $\begin{cases} 2\pi i, & n = 1, \\ 0, & n \neq 1. \end{cases}$

4. (1) $\dfrac{\pi}{2}$. (2) $\dfrac{2\pi}{\sqrt{1-a^2}}$. (3) $\dfrac{\pi}{2\sqrt{3}}$. (4) $\dfrac{\pi}{2\sqrt{2}}$.

5. (1) $\dfrac{\pi}{2}$. (2) $\dfrac{\pi}{6}$. (3) $\dfrac{\pi}{2a}$. (4) $\dfrac{(2n-2)!\pi}{2^{2n-2}\left[(n-1)!\right]^2}$.

6. (1) $\dfrac{\pi(3e^2 - 1)}{24e^3}$. (2) $\dfrac{\pi}{2e^4}(2\cos 2 + \sin 2)$. (3) $\dfrac{\pi}{a^2} e^{-\frac{ab}{\sqrt{2}}} \sin \dfrac{ab}{\sqrt{2}}$. (4) $\dfrac{\pi a}{4b} \cdot e^{-ab}$.

B 套

3. $-\dfrac{\pi}{5} + 3\pi i$. 4. $\dfrac{2\pi i}{\sin 1}$. 5. $I = \dfrac{2\pi}{a^3(a^2 - 1)}$. 6. $\dfrac{\sqrt{2}}{2}\pi e^{-\frac{\sqrt{2}}{2}} \left(\cos \dfrac{\sqrt{2}}{2} + \sin \dfrac{\sqrt{2}}{2}\right)$.

7. $I = \dfrac{\pi}{6}\left(e^{-|\omega|} - \dfrac{1}{2} e^{-2|\omega|}\right)$. 8. $\dfrac{\pi}{2}(1 - e^{-2})$.

习　题　6

A 套

1. (1) $\dfrac{3}{16}$, 0; 12, $-\dfrac{\pi}{3}$. (2) 2, $\dfrac{\pi}{3}$; 2, $\dfrac{\pi}{3}$. (3) 1, $\dfrac{\pi}{2}$; e^2, $-\pi$.

2. $w_1 = 3 + i$, $w_2 = 3 + 5i$, $w_3 = -1 + 3i$, $w_4 = -1 + i$ 为顶点的梯形内部.

3. $w = (1 - i)z + 2 - i$.

4. (1) $\operatorname{Im} w > 1$. (2) $\operatorname{Im} w > \operatorname{Re} w$. (3) $|w + i| > 1$, $\operatorname{Im} w < 0$.

(4) $\operatorname{Re} w > 0$, $\operatorname{Im} w > 0$, $\left|w - \dfrac{1}{2}\right| > \dfrac{1}{2}$.

5. (1) $w = \dfrac{z - 6i}{3iz - 2}$. (2) $w = -\dfrac{1}{z}$.

6. (1) $w = \dfrac{2z}{z+1}$. (2) $w = \dfrac{z+1}{1-z}$.

7. (1) $w = -i\dfrac{z-i}{z+i}$. (2) $w = i\dfrac{z-i}{z+i}$.

8. (1) $w = \dfrac{2z-1}{2-z}$. (2) $w = \dfrac{2z+1}{2+z}$.

9. $w = \dfrac{z-i}{(2+i)-(1+2i)z}$，$w$ 平面的下半平面.

10. $w = -\dfrac{2iz^2}{z^2+2i}$.

11. (1) $\alpha < \arg(w) < \beta$. (2) $|w| > 1,\ 0 < \arg w < \alpha\ (0 \leqslant \alpha \leqslant 2\pi)$.

12. (1) $w = \left(\dfrac{2z+\sqrt{3}+i}{2z-\sqrt{3}+i}\right)^3$. (2) $w = \left(\dfrac{z^3+1}{z^3-1}\right)^2$.

(3) $w = -\left(\dfrac{z+\sqrt{3}}{z-\sqrt{3}}\right)^3$. (4) $w = e^{2\pi i \frac{z}{z-2}}$.

B 套

1. (1) $w = -i\dfrac{z-1}{z+1}$. (2) $w = \dfrac{z-1}{(2i-1)z+1+2i}$.

2. $\dfrac{w+1}{w-1} = a \cdot \dfrac{z+1}{z-1}$，$a$ 为常数.

3. (1) $w = e^{\pi} \cdot e^{iz}$ 或 $w = -e^z$ (2) $w = e^{-\frac{\pi}{4}i}\sqrt{z}$ 或 $w = ie^{\frac{\pi}{4}i}\sqrt{z}$.

4. (1) $w = \dfrac{(z-e^{i\frac{\pi}{3}})^{\frac{3}{2}}+i(z-e^{-i\frac{\pi}{3}})^{\frac{3}{2}}}{(z-e^{i\frac{\pi}{3}})^{\frac{3}{2}}-i(z-e^{-i\frac{\pi}{3}})^{\frac{3}{2}}}$. (2) $w = \dfrac{(z^{\frac{\pi}{\alpha}}+1)^2-i(z^{\frac{\pi}{\alpha}}-1)^2}{(z^{\frac{\pi}{\alpha}}+1)^2+i(z^{\frac{\pi}{\alpha}}-1)^2}$.

(3) $w = \dfrac{e^{\frac{4\pi i}{z-2}}+i}{e^{\frac{4\pi i}{z-2}}-i}$. (4) $w = \dfrac{1}{\pi}\ln\left(i \cdot \dfrac{z+1}{1-z}\right)$.

5. $w = \dfrac{1+\sqrt{3}i}{2}\sqrt[3]{i\dfrac{1-z}{1+z}}$.

6. $\sin z$.

7. 下半平面.

8. $w = \dfrac{1}{2}(z + \sqrt{z^2-1})$.

习 题 7

A套

1. (1) $f(t) = \dfrac{4}{\pi} \displaystyle\int_0^{+\infty} \dfrac{\sin\omega - \omega\cos\omega}{\omega^2} \cos\omega t \, d\omega$.

(2) $f(t) = \dfrac{2}{\pi} \displaystyle\int_0^{+\infty} \dfrac{\sin\omega\pi \sin\omega t}{1-\omega^2} d\omega$.

(3) $f(t) = \dfrac{2}{\pi} \displaystyle\int_0^{+\infty} \dfrac{1-\cos\omega}{\omega} \sin\omega t \, d\omega$.

(4) $f(t) = \dfrac{1}{\pi} \displaystyle\int_{-\infty}^{+\infty} \left[\dfrac{1}{\omega} \sin\dfrac{\omega\pi}{2} - \dfrac{1}{1-\omega^2} \cos\dfrac{\omega\pi}{2} \right] e^{i\omega t} d\omega$.

2. (1) $F(\omega) = \dfrac{2\omega\sin\omega\pi}{1-\omega^2}$.

(2) $F(\omega) = \dfrac{2\omega^2+4}{\omega^4+4}$.

3. (1) $F(\omega) = \dfrac{2\omega\sin\omega}{\omega^2-4\pi^2}$.

(2) $F(\omega) = \dfrac{2\pi}{(2\pi)^2+(1+i\omega)^2}$.

4. (1) $F(\omega) = \sin 1 \cdot e^{-i\omega}$.

(2) $F(\omega) = \dfrac{1+i\omega}{(1+i\omega)^2+1}$.

(3) $F(\omega) = 1 + 2i\omega - 3\omega^2$.

(4) $F(\omega) = \dfrac{\pi i}{2} [\delta(\omega+2) - \delta(\omega-2)]$.

(5) $F(\omega) = \dfrac{\pi}{a} e^{-a|t|}$.

(6) $F(\omega) = \pi[\delta'(\omega) - \delta'(\omega+2)]$.

7. (1) $f(t) = \dfrac{\sin 2t}{i\pi}$.

(2) $f(t) = t^2$.

(3) $f(t) = \dfrac{1}{2}[\delta(t+2) + \delta(t-2)]$.

(4) $f(t) = \dfrac{1}{2\sqrt{2}} e^{-\sqrt{2}|t|}$.

(5) $f(t) = \begin{cases} \dfrac{1}{3}(e^{-t} - e^{-2t}), & t > 0, \\ 0, & t = 0, \\ \dfrac{1}{3}(e^{2t} - e^t), & t < 0. \end{cases}$

(6) $f(t) = \begin{cases} 1, & |t| < 1, \\ \dfrac{1}{2}, & |t| = 1, \\ 0, & |t| > 1. \end{cases}$

8. (1) $\dfrac{i}{2} \dfrac{d}{d\omega}\left[F\left(\dfrac{\omega}{2}\right) \right]$.

(2) $\dfrac{i}{2} \dfrac{d}{d\omega}\left[F\left(-\dfrac{\omega}{2}\right) \right] - F\left(-\dfrac{\omega}{2}\right)$.

(3) $\dfrac{1}{2} e^{-\frac{5}{2}i\omega} F\left(\dfrac{\omega}{2}\right)$.

(4) $-F(\omega) - \omega \dfrac{d}{d\omega}[F(\omega)]$.

9. $f(t) * g(t) = \begin{cases} 0, & t \leqslant 0, \\ \dfrac{1}{2}(\sin t - \cos t + e^{-t}), & 0 \leqslant t \leqslant \dfrac{\pi}{2}, \\ \dfrac{1}{2} e^{-t}(1 + e^{\frac{\pi}{2}}), & t > \dfrac{\pi}{2}. \end{cases}$

10. (1) $x(t) = \begin{cases} -\dfrac{1}{2}\mathrm{e}^{-t}, & t \geqslant 0, \\ \dfrac{1}{2}\mathrm{e}^{t}, & t < 0. \end{cases}$ (2) $x(t) = \begin{cases} \dfrac{1}{8}(\mathrm{e}^{-t} - \mathrm{e}^{-3t}), & t \geqslant 0, \\ 0, & t = 0, \\ \dfrac{1}{8}(\mathrm{e}^{3t} - \mathrm{e}^{t}), & t < 0. \end{cases}$

B套

1. $F_s(\omega) = \dfrac{\omega}{\omega^2 + a^2}$; $F_c(\omega) = \dfrac{a}{\omega^2 + a^2}$. 3. $F(\omega) = \sqrt{\pi}\mathrm{e}^{-\frac{\omega^2}{4}}$.

4. $F(\omega) = \dfrac{\pi}{2}(1 - |\omega|)\mathrm{e}^{-|\omega|}$. 5. $\dfrac{b}{(\beta + \mathrm{i}\omega)^2 + b^2}$.

6. (1) $y(x) = \dfrac{1}{b\pi[x^2 + (b-a)^2]}$; (2) $y(x) = \dfrac{2\sin\pi x}{\pi(1 - x^2)}$.

7. $I = 2\pi\mathrm{e}^{-2}$.

习 题 8

A套

1. (1) $\dfrac{1}{p}(4\mathrm{e}^{-3p} - 5\mathrm{e}^{-p}) + \dfrac{1}{p^2}(1 - \mathrm{e}^{-p})$. (2) $\dfrac{1 + \mathrm{e}^{-\pi p}}{p^2 + 1}$.

2. (1) $\dfrac{1}{2}\left(\dfrac{1}{p} - \dfrac{p}{p^2 + 4\beta^2}\right)$. (2) $\dfrac{\Gamma\left(\dfrac{1}{3}\right)}{p\sqrt[3]{p}} + \dfrac{4}{p - 2}$.

(3) $\dfrac{1}{p + 1} - 3$. (4) $\dfrac{\cos 2 - p\sin 2}{p^2 + 1}$.

(5) $\dfrac{\cos 2 + p\sin 2}{p^2 + 1}\mathrm{e}^{-2p}$. (6) $\dfrac{\mathrm{e}^{-2(p-2)}}{p - 2}$.

3. (1) $\mathrm{e}u(t - 5)$. (2) $(t^2 - t + 1)u(t - 1)$.

(3) $\dfrac{1}{2}\sinh 2(t - 2)u(t - 2)$. (4) $2u(t - 1) - u(t - 2)$.

4. (1) $\dfrac{p^2 - 4p + 5}{(p - 1)^3}$. (2) $\dfrac{\mathrm{e}^{-\alpha}(p + 1)}{(p + 1)^2 + \beta^2}$.

(3) $\dfrac{2\beta(p + \alpha)}{[(p + \alpha)^2 + \beta^2]^2}$. (4) $\ln\dfrac{p + a}{p}$.

(5) $\dfrac{\pi}{2} - \arctan\dfrac{p}{a}$. (6) $\operatorname{arc\,cot}\dfrac{p + 3}{2}$.

(7) $p\ln\dfrac{p}{\sqrt{p^2 + 1}} + \arctan\dfrac{1}{p}$. (8) $\dfrac{2(3p^2 + 12p + 13)}{p^2[(p + 3)^2 + 4]^2}$.

(9) $\dfrac{4(p+3)}{p[(p+3)^2+4]^2}$.

(10) $\dfrac{1}{p}\text{arc cot}\dfrac{p+3}{2}$.

5. (1) $\sin t+\delta(t)$.

(2) $2\cos 3t+\sin 3t$.

(3) $\dfrac{1}{6}t^3e^{-2t}$.

(4) $t\sin 2t$.

(5) $\dfrac{1}{2}te^{-2t}\sin t$.

(6) $\dfrac{3}{2}e^{3t}-\dfrac{1}{2}e^{-t}$.

(7) $\dfrac{1}{5}(3e^{2t}+2e^{-3t})$.

(8) $2e^{-2t}\cos 3t+\dfrac{1}{3}e^{-2t}\sin 3t$.

(9) $\dfrac{2}{t}\sinh t$.

(10) $\dfrac{2}{t}(1-\cos t)$.

6. (1) $\dfrac{1}{a}(e^{at}-1)$.

(2) $\dfrac{\sinh at}{a(a^2-b^2)}+\dfrac{\sinh bt}{b(b^2-a^2)}$.

(3) $\dfrac{1}{a^3}\left(e^{at}-\dfrac{a^2t^2}{2}-at-1\right)$.

(4) $\dfrac{1}{a^4}(1-\cos at)-\dfrac{t\sin at}{za^3}$.

(5) $\dfrac{c-a}{(b-a)^2}e^{-at}+\left(\dfrac{c-b}{a-b}t+\dfrac{a-c}{(a-b)^2}\right)e^{-bt}$.

(6) $\dfrac{1}{2a^3}(\sinh at-\sin at)$.

7. (1) $\dfrac{4}{3}(1-e^{-\frac{3}{2}t})$.

(2) $\dfrac{1}{5}(1-\cos\sqrt{5}t)$.

(3) $1-3e^{-t}+3e^{-2t}$.

(4) $t^2+5t+8+(3t-8)e^t$.

(5) $\dfrac{1}{3}(\cos t-\cos 2t)$.

(6) $\dfrac{1}{2}e^{-2t}(t\cos 3t+\dfrac{1}{3}\sin 3t)$.

8. (1) t.

(2) e^t-t-1.

(3) $\dfrac{1}{2}t\sin t$.

(4) $\sinh t-t$.

9. (1) $\dfrac{1}{a}(1-\cos at)$.

(2) $\dfrac{at(a-b)-b}{(a-b)^2}e^{at}+\dfrac{b}{(a-b)^2}e^{bt}$.

(3) $\dfrac{1}{2}e^{2t}-e^t+\dfrac{1}{2}$.

(4) $\dfrac{1}{2a}(at\cos at+\sin at)$.

(5) $\dfrac{3}{8a^5}(\sin at-at\cos at)-\dfrac{1}{8a^3}t^2\sin at$.

(6) $e^{-t}(t+2)+t-2$.

10. (1) $y(t)=\dfrac{1}{3}\sin t-\dfrac{1}{6}\sin 2t$.

(2) $y(t)=e^{-t}-e^{-2t}+\left[\dfrac{1}{2}-e^{-(t-1)}+\dfrac{1}{2}e^{-2(t-1)}\right]u(t-1)$.

(3) $y(t)=t^3e^{-t}$.

(4) $y(t)=\dfrac{1}{8}e^t-\dfrac{1}{8}e^{-t}(2t^2+2t+1)$.

(5) $y(t)=\dfrac{4}{5}\cos 3t+\dfrac{4}{5}\sin 3t+\dfrac{1}{5}\cos 2t$.

(6) $y(t)=t$.

(7) $x(t) = a + \dfrac{t}{2} + \dfrac{t^2}{4}$, $y(t) = b + \dfrac{t}{2} - \dfrac{t^2}{4}$. (8) $x(t) = t - \sin t$, $y(t) = \cos t$.

11. (1) $y(t) = (1-t)e^{-t}$. $\qquad\qquad$ (2) $y(t) = 2\cos t - 1$.

(3) $y(t) = \sin t - \cos t$. $\qquad\qquad$ (4) $y(t) = 2 + \sin t - 3\cos t$.

(5) $y(t) = 2e^{-2t} - e^{-t} + \left[e^{-(t-1)} - e^{-2(t-1)}\right]u(t-1) - \left[e^{-(t-2)} - e^{-2(t-2)}\right]u(t-2)$.

12. (1) $\ln 2$. $\quad$ (2) $\dfrac{1}{2}\ln 2$. $\quad$ (3) $\dfrac{3}{13}$. $\quad$ (4) $\dfrac{1}{4}$. $\quad$ (5) $\dfrac{12}{169}$. $\quad$ (6) $\dfrac{\pi}{8}$. $\quad$ (7) 0. $\quad$ (8) $\dfrac{\pi}{2}$.

B 套

1. $\dfrac{1}{1+p^2}\left(p + \cosh\dfrac{\pi p}{2}\right)$. $\quad$ 4. $x(t) = -\cos t$. $\quad$ 5. $x(t) = 2te^{-2t} + \dfrac{1}{2}e^{-2t} - \dfrac{1}{2}$.

6. $\dfrac{2\,528}{67\,600}$. $\quad$ 7. $\dfrac{\pi}{2}$.

8. $i(t) = \dfrac{u_0}{R^2 + L^2\omega^2}(R\sin\omega t - \omega L\cos\omega t) + \dfrac{u_0\omega L}{R^2 + L^2\omega^2}e^{-\frac{R}{L}t}$.

习 题 9

A 套

1. $\begin{cases} u_t = a^2 u_{xx}, & 0 < x < l,\ t > 0, \\ u|_{t=0} = \dfrac{1}{2}x(l-x), \\ u|_{x=0} = 0,\ ku_x|_{x=l} = q. \end{cases}$ $\qquad$ 2. $u_{tt} = a^2 u_{xx} - \dfrac{R}{\rho}u_t$.

3. $\begin{cases} u_{tt} = a^2 u_{xx}, & 0 < x < l,\ t > 0, \\ u|_{t=0} = 0,\ u_t|_{t=0} = \begin{cases} 0, & |x-c| > \delta, \\ \dfrac{k}{2\delta\rho}, & |x-c| < \delta, \end{cases} (\delta \to 0) \\ u|_{x=0} = 0,\ u|_{x=l} = 0. \end{cases}$

4. $u_{tt} = a^2 u_{xx}$, 其中 $u(x, t)$ 为纵向位移, $a^2 = \dfrac{E}{\rho}$, ρ 为杆的密度, E 为杨氏模量.

5. $\begin{cases} u_{tt} = a^2 u_{xx}, & 0 < x < l,\ t > 0, \\ u|_{t=0} = \dfrac{e}{l}x,\ u_t|_{t=0} = 0, \\ u|_{x=0} = 0,\ u_x|_{x=l} = 0. \end{cases}$ $\qquad$ 7. $u(x, t) = \sin 2x \cos 5t$.

B 套

2. $u_{tt} = g\left[(l-x)u_x\right]_x$. $\qquad\qquad$ 4. $u_{tt} + bu_t = a^2 u_{xx}$.

5. $u_t = \dfrac{k}{c\rho} u_{xx} - \dfrac{4k_1}{c\rho l}(u - u_1).$

习　题　10

A套

1. (1) $u(x, t) = \dfrac{8l^3}{a\pi^4} \displaystyle\sum_{k=1}^{+\infty} \dfrac{1}{(2k-1)^4} \sin\dfrac{(2k-1)\pi at}{l}\sin\dfrac{(2k-1)\pi x}{l}.$

(2) $u(x, t) = -\dfrac{32l^2}{\pi^3} \displaystyle\sum_{k=0}^{+\infty} \dfrac{1}{(2k+1)^3} \cos\dfrac{(2k+1)\pi a}{2l}t\sin\dfrac{(2k+1)\pi}{2l}x.$

(3) $u(x, t) = \cos\dfrac{3\pi a}{2l}t\cos\dfrac{3\pi}{2l}x.$

(4) $u(x, t) = \dfrac{l}{2}t - \dfrac{4l^2}{\pi^3 a} \displaystyle\sum_{k=0}^{+\infty} \dfrac{1}{(2k+1)^3} \sin\dfrac{(2k+1)\pi a}{l}t \cdot \cos\dfrac{(2k+1)\pi}{l}x.$

2. $u(x, t) = \dfrac{2hl^2}{\pi^2 c(l-c)} \displaystyle\sum_{n=1}^{+\infty} \dfrac{1}{n^2}\sin\dfrac{n\pi c}{l}\cos\dfrac{h\pi a}{l}t\sin\dfrac{n\pi}{l}x.$

3. (1) $u(x, t) = \dfrac{8l^2}{\pi^3} \displaystyle\sum_{n=0}^{+\infty} \dfrac{1}{(2n+1)^3} e^{-\left[\frac{(2n+1)\pi a}{l}\right]^2 t} \cdot \sin\dfrac{(2n+1)\pi}{l}x.$

(2) $u(x, t) = 8e^{-\left(\frac{3\pi a}{2l}\right)^2 t}\cos\dfrac{3\pi}{2l}x - 6e^{-\left(\frac{9\pi a}{2l}\right)^2 t}\cos\dfrac{9\pi}{2l}x.$

(3) $u(x, t) = \dfrac{l}{2} - \dfrac{4l}{\pi^2} \displaystyle\sum_{n=0}^{+\infty} \dfrac{1}{(2n+1)^2} e^{-\left[\frac{(2n+1)\pi a}{l}\right]^2 t} \cdot \cos\dfrac{(2n+1)\pi}{l}x.$

4. (1) $u(x, y) = \displaystyle\sum_{n=1}^{+\infty}\left(c_n\cosh\dfrac{n\pi}{b}x + d_n\sinh\dfrac{n\pi}{b}x \right)\sin\dfrac{n\pi}{b}y,$

其中

$$c_n = \dfrac{4Ab^2}{n^3\pi^3}[1 - (-1)^n], \quad d_n = -\dfrac{4Ab^2}{n^3\pi^3\sinh\dfrac{n\pi}{b}a}[1 - (-1)^n]\cosh\dfrac{n\pi}{b}a.$$

(2) $u(x, y) = \dfrac{Ab}{2a}x - \dfrac{4Ab}{\pi^2} \displaystyle\sum_{k=0}^{+\infty} \dfrac{\sinh\dfrac{(2k+1)\pi}{b}x}{(2k+1)^2\sinh\dfrac{(2k+1)\pi}{b}a} \cdot \cos\dfrac{(2k+1)\pi}{b}y.$

5. $u(r, \theta) = \dfrac{4T}{\pi} \displaystyle\sum_{n=1}^{+\infty} \dfrac{r^n}{n^3 a^n}[1 - (-1)^n]\sin n\theta.$

6. (1) $u(x, t) = -\dfrac{1}{4}\cos 2t\sin 2x + \dfrac{1}{4}\sin 2x.$

(2) $u(x, t) = \dfrac{A}{6a^2}x(l^2 - x^2) + \dfrac{2Al^3}{\pi^3 a^2} \displaystyle\sum_{n=1}^{+\infty} \dfrac{(-1)^n}{n^3} e^{-\left(\frac{n\pi a}{l}\right)^2 t}\sin\dfrac{n\pi}{l}x.$

(3) $u(x, t) = \sum_{n=1}^{+\infty} \frac{16Al}{(2n-1)^3 \pi^3 a^2} \left[1 - \cos \frac{(2n-1)\pi a}{2l} t \right] \sin \frac{(2n-1)\pi}{2l} x.$

(4) $u(x, t) = \frac{l^2}{8\pi^2 a^2} \sin \frac{2a\pi}{l} t \sin \frac{2\pi}{l} x - \frac{l}{4\pi a} t \cos \frac{2a\pi}{l} t \sin \frac{2\pi}{l} x.$

7. $u(x, t) = A - \frac{1}{2}\beta l + \beta x + \sum_{n=1}^{+\infty} \frac{2\beta l}{n^2 \pi^2} [1 - (-1)^n] e^{-(\frac{n\pi a}{l})^2 t} \cos \frac{n\pi x}{l}.$

8. $u(x, y) = v(x, y) + \frac{A}{2} x(x-a),\ v(x, y) = \sum_{n=1}^{+\infty} (A_n e^{\frac{n\pi y}{a}} + B_n e^{-\frac{n\pi y}{a}}) \sin \frac{n\pi x}{a},$

其中

$$A_n = \frac{\frac{2ka^2}{n^3 \pi^3}[(-1)^n - 1]}{e^{\frac{n\pi b}{a}} + 1}, \quad B_n = \frac{\frac{2ka^2}{n^3 \pi^3}[(-1)^n - 1]e^{\frac{n\pi b}{a}}}{e^{\frac{n\pi b}{a}} + 1}.$$

9. $u(x, t) = \frac{b-k}{l} tx + kt + \sum_{n=1}^{+\infty} \left(\frac{2E}{n\pi} \cos \frac{n\pi a}{l} t + (-1)^n \frac{2bl}{n^2 \pi^2 a} \sin \frac{n\pi a}{l} t \right) \sin \frac{n\pi}{l} x.$

10. $u(x, t) = At - \frac{At}{l} x + \sum_{n=1}^{+\infty} v_n(t) \sin \frac{n\pi}{l} x,$ 其中

$$v_n(t) = \frac{1}{(n\pi a)^2} \frac{2Al^2}{n\pi} [e^{-(\frac{n\pi a}{l})^2 t} - 1] + \frac{120}{n\pi} [1 - (-1)^n] e^{-(\frac{n\pi a}{l})^2 t}.$$

B 套

2. $u(x, t) = \frac{\pi}{2} e^{-bt} - \frac{4}{\pi} e^{-bt} \sum_{k=1}^{+\infty} \frac{1}{(2k-1)^2} e^{-a^2(2k-1)^2 t} \cos(2k-1)x.$

3. $\begin{cases} u(r, \theta) = \sum_{n=1}^{+\infty} A_n r^{\frac{n\pi}{\alpha}} \sin \frac{n\pi\theta}{\alpha}, \\ A_n = \frac{2}{\alpha R^{\frac{n\pi}{\alpha}}} \int_0^\alpha f(\theta) \sin \frac{n\pi\theta}{\alpha} d\theta. \end{cases}$

4. $u(x, y) = \frac{1}{12} xy(1 - x^2 - y^2).$

5. $u(r, \theta) = \frac{a_0}{2} + \sum_{n=1}^{+\infty} [a_n \cos n\theta + b_n \sin n\theta] r^n,$

$$\begin{cases} a_n = \frac{1}{n\pi R^{n-1}} \int_{-\pi}^{\pi} f(\theta) \cos n\theta d\theta \\ b_n = \frac{1}{n\pi R^{n-1}} \int_{-\pi}^{\pi} f(\theta) \sin n\theta d\theta \end{cases}, n = 1, 2 \cdots, a_0$ 为任意

6. $u = \frac{2Al^2}{\pi a^2} \sum_{n=1}^{+\infty} \frac{e^{-\alpha}(-1)^{n+1} + 1}{n(\alpha^2 l^2 + n^2 \pi^2)} [1 - e^{-(\frac{n\pi a}{l})^2 t}] \sin \frac{n\pi x}{l} +$

$$\frac{4T}{\pi}\sum_{n=1}^{+\infty}\frac{1}{2n-1}\mathrm{e}^{-\left[\frac{(2n-1)\pi a}{l}\right]^2 t}\sin\frac{(2n-1)\pi x}{l}.$$

习　题　11

A 套

1. $u(x, y) = \dfrac{1}{6}x^3 y^2 + \cos y - \dfrac{1}{6}y^2 + x^2 - 1$.

2. $u(x, t) = \varphi(x - at)$.

3. (1) $u(x, t) = x^2 + a^2 t^2 + \dfrac{1}{a}\sin x \sin at$.　(2) $u(x, t) = x^3 + 3a^2 x t^2 + tx$.

4. $u(x, y) = F(3x + y) + G(x + y)$.

5. (1) 椭圆型.　(2) 抛物型.　(3) 抛物型.　(4) 双曲型.

6. $u(x, t) = \begin{cases} \left(2a + \dfrac{1}{2}\right)tx, & 0 \leqslant x < at, \\[2mm] x^2 + \dfrac{1}{2}xt + a^2 t^2, & x \geqslant at. \end{cases}$

7. $u(x, t) = \begin{cases} \dfrac{1}{2}\left[\varphi(x+at) + \varphi(x-at)\right] + \dfrac{1}{2a}\displaystyle\int_{x-at}^{x+at}\psi(\xi)\mathrm{d}\xi, & x \geqslant at, \\[4mm] \dfrac{1}{2}\left[\varphi(x+at) + \varphi(at-x)\right] + \dfrac{1}{2a}\displaystyle\int_{at-x}^{x+at}\psi(\xi)\mathrm{d}\xi, & 0 \leqslant x < at. \end{cases}$

8. (1) $u(x, t) = t\sin x + \dfrac{1}{2}\left[\cos(x-t) + \cos(x+t)\right]$.

(2) $u(x, t) = \dfrac{1}{4a^2}(2a-1)\arctan(x+at) - \dfrac{1}{4a^2}(2a+1)\arctan(x+at) + \dfrac{1}{2a^2}\arctan x$.

9. (1) $u(x, t) = (2-x)^2 + 2a^2 t$.　(2) $u(x, t) = \mathrm{e}^{-x + a^2 t}$.

10. $u(x, t) = 1 - \mathrm{e}^{-t} + \cos 2x \cdot \mathrm{e}^{-4a^2 t}$.

11. $u(x, t) = x$.

12. (1) $u(x, t) = t\sin x$.　(2) $u(x, y) = 1 + y + xy$.

B 套

2. $u(x, t) = \varphi\left(\dfrac{x+at}{2}\right) + \psi\left(\dfrac{x-at}{2}\right) - \dfrac{1}{2}\left[\varphi(0) + \psi(0)\right]$.

3. $u(x, t) = \varphi(x-at) + \displaystyle\int_0^t f[x - a(t-\tau), \tau]\mathrm{d}\tau$.

4. $u(x, t) = \dfrac{\mathrm{e}^{ct}}{2a\sqrt{\pi t}}\displaystyle\int_{-\infty}^{+\infty}\varphi(\xi)\mathrm{e}^{\frac{(x-\xi+bt)^2}{4a^2 t}}\mathrm{d}\xi$.

5. $u(x, t) = \psi(t) + \varphi(x-t)u(x-t) = \begin{cases} \psi(t), & x-t < 0, \\ \psi(t) + \varphi(x-t), & x-t > 0. \end{cases}$

6. $u(x, t) = \begin{cases} \dfrac{2\rho}{\omega^2}\left[\sin^2 \dfrac{\omega t}{2} - \sin^2 \dfrac{\omega}{2}\left(t - \dfrac{x}{a} \right) \right], & t \geqslant \dfrac{x}{a} \\ \dfrac{2\rho}{\omega^2} \sin^2 \dfrac{\omega t}{2}, & 0 \leqslant t < \dfrac{x}{a}. \end{cases}$

附　录

附录 1　傅氏变换简表

函数 $f(t)$	图像	频谱 $F(\omega)$	图像
1	矩形单脉冲 $$\begin{cases} E, & |t|\leqslant \dfrac{\tau}{2}, \\ 0, & \text{其他} \end{cases}$$		$$\begin{cases} 2E\dfrac{\sin\dfrac{\omega\tau}{2}}{\omega} & (\omega\neq 0), \\ E\tau & (\omega=0) \end{cases}$$	
2	指数衰减函数 $$\begin{cases} 0, & t<0 \\ e^{-\beta t}, & t\geqslant 0 \end{cases}(\beta\geqslant 0)$$		$$\dfrac{1}{\beta+i\omega}$$	
3	双边指数脉冲 $(a>0)$ $$Ee^{-a|t|}$$		$$\dfrac{2aE}{a^2+\omega^2}$$	

序号	函　数 $f(t)$	图　像	频　谱	图　像 $F(\omega)$
4	三角脉冲 $\begin{cases} \dfrac{2A}{\tau}\left(\dfrac{\tau}{2}+t\right), & \left(-\dfrac{\tau}{2}\leqslant t<0\right) \\ \dfrac{2A}{\tau}\left(\dfrac{\tau}{2}-t\right), & \left(0\leqslant t\leqslant\dfrac{\tau}{2}\right) \end{cases}$		$\begin{cases} \dfrac{4A}{\tau\omega^2}\left(1-\cos\dfrac{\omega\tau}{2}\right), & (\omega\neq0) \\ \dfrac{\tau A}{2}, & (\omega=0) \end{cases}$	
5	梯形脉冲 $\begin{cases} \dfrac{2E}{\tau-\tau_1}\left(t+\dfrac{\tau}{2}\right), & \left(-\dfrac{\tau}{2}<t<-\dfrac{\tau_1}{2}\right) \\ E, & \left(-\dfrac{\tau_1}{2}<t<\dfrac{\tau_1}{2}\right) \\ \dfrac{2E}{\tau_1-\tau_2}\left(\dfrac{\tau}{2}-t\right), & \left(\dfrac{\tau_1}{2}<t<\dfrac{\tau}{2}\right) \\ 0, & (\text{其他}) \end{cases}$		$\dfrac{8E}{(\tau-\tau_1)\omega^2}\sin\dfrac{(\tau+\tau_1)\omega}{4}\cdot\sin\dfrac{(\tau-\tau_1)\omega}{4}$	
6	钟形脉冲 $Ae^{-\beta^2t^2}\quad(\beta>0)$		$\sqrt{\dfrac{\pi}{\beta}}Ae^{-\frac{\omega^2}{4\beta}}$	
7	傅里叶核 $\dfrac{\sin\omega_0 t}{\pi t}$		$\begin{cases} 1, & |\omega|\leqslant\omega_0, \\ 0, & \text{其他} \end{cases}$	

序号	函　数 $f(t)$	图　像	频　谱 $F(\omega)$	图　像
8	高斯分布函数 $\dfrac{1}{\sqrt{2\pi}\sigma}\mathrm{e}^{-\frac{t^2}{2\sigma^2}}$		$\mathrm{e}^{-\frac{\sigma^2\omega^2}{2}}$	
9	矩形射频脉冲 $\begin{cases}E\cos\omega_0 t & \left(\lvert t\rvert\leqslant\dfrac{\tau}{2}\right),\\[2mm] 0 & (其他)\end{cases}$		$\dfrac{E\tau}{2}\left[\dfrac{\sin(\omega-\omega_0)\dfrac{\tau}{2}}{(\omega-\omega_0)\dfrac{\tau}{2}}+\dfrac{\sin(\omega+\omega_0)\dfrac{\tau}{2}}{(\omega+\omega_0)\dfrac{\tau}{2}}\right]$	
10	单位脉冲函数 $\delta(t)$		1	
11	周期性脉冲函数 $\displaystyle\sum_{n=-\infty}^{+\infty}\delta(t-nT)$ （T 为脉冲函数的周期）		$\dfrac{2\pi}{T}\displaystyle\sum_{n=-\infty}^{+\infty}\delta\left(\omega-\dfrac{2n\pi}{T}\right)$	
12	余弦函数 $\cos\omega_0 t$		$\pi[\delta(\omega+\omega_0)+\delta(\omega-\omega_0)]$	

（续 表）

	函　数 $f(t)$	图　像	频　谱	图　像 $F(\omega)$
13	正弦函数 $\sin\omega_0 t$		$i\pi[\delta(\omega+\omega_0)-\delta(\omega-\omega_0)]$	同余弦函数图
14	单位阶跃函数 $u(t)$		$\dfrac{1}{i\omega}+\pi\delta(\omega)$	
15	直流信号 E		$2\pi E\delta(\omega)$	
16	$u(t-c)$		$\dfrac{1}{i\omega}e^{-i\omega c}+\pi\delta(\omega)$	
17	$u(t)\cdot t$		$-\dfrac{1}{\omega^2}+\pi i\delta'(\omega)$	
18	$u(t)\cdot t^n$		$\dfrac{n!}{(i\omega)^{n+1}}+\pi i^n\delta^{(n)}(\omega)$	
19	$u(t)\sin at$		$\dfrac{a}{a^2-\omega^2}+\dfrac{\pi}{2i}\left[\delta(\omega-\omega_0)-\delta(\omega+\omega_0)\right]$	

	$f(t)$	$F(\omega)$
20	$u(t)\cos at$	$\dfrac{i\omega}{a^2-\omega^2} + \dfrac{\pi}{2}\left[\delta(\omega-\omega_0) + \delta(\omega+\omega_0)\right]$
21	$u(t)e^{iat}$	$\dfrac{1}{i(\omega-a)} + \pi\delta(\omega-a)$
22	$u(t)e^{iat}t^n$	$\dfrac{n!}{[i(\omega-a)]^{n+1}}\pi + i^n\delta^{(n)}(\omega-a)$
23	$u(t-c)e^{iat}$	$\dfrac{1}{i(\omega-a)}e^{-i(\omega-a)c} + \pi\delta(\omega-a)$
24	$\delta(t-c)$	$e^{-i\omega c}$
25	$\delta'(t)$	$i\omega$
26	$\delta^{(n)}(t)$	$(i\omega)^n$
27	$\delta^{(n)}(t-c)$	$(i\omega)^n e^{-i\omega c}$
28	1	$2\pi\delta(\omega)$
29	t	$2i\pi\delta'(\omega)$
30	t^n	$2\pi i^n\delta^{(n)}(\omega)$
31	e^{iat}	$2\pi\delta(\omega-a)$
32	$t^n e^{iat}$	$2\pi i^n\delta^{(n)}(\omega-a)$
33	$\dfrac{1}{a^2+t^2}\quad (a>0)$	$\dfrac{\pi}{a}e^{-a\lvert\omega\rvert}$

	$f(t)$		$F(\omega)$
34	$\dfrac{t}{(a^2+t^2)^2}$	$(a>0)$	$-\dfrac{\mathrm{i}\omega\pi}{2a}\mathrm{e}^{-a|\omega|}$
35	$\dfrac{\mathrm{e}^{\mathrm{i}bt}}{a^2+t^2}$	$(a>0,b\,为实数)$	$\dfrac{\pi}{a}\mathrm{e}^{-a|\omega-b|}$
36	$\dfrac{\cos bt}{a^2+t^2}$	$(a>0)$	$\dfrac{\pi}{2a}\left[\mathrm{e}^{-a|\omega-b|}+\mathrm{e}^{-a|\omega+b|}\right]$
37	$\dfrac{\sin bt}{a^2+t^2}$	$(a>0)$	$-\dfrac{\mathrm{i}\pi}{2a}\left[\mathrm{e}^{-a|\omega-b|}-\mathrm{e}^{-a|\omega+b|}\right]$
38	$\dfrac{\sinh at}{\sinh \pi t}$	$(-\pi<a<\pi)$	$\dfrac{\sin a}{\cosh \omega+\cos a}$
39	$\dfrac{\sinh at}{\cosh \pi t}$	$(-\pi<a<\pi)$	$-2\mathrm{i}\dfrac{\sin\dfrac{a}{2}\sinh\dfrac{\omega}{2}}{\cosh \omega+\cos a}$
40	$\dfrac{\cosh at}{\cosh \pi t}$	$(-\pi<a<\pi)$	$2\dfrac{\cos\dfrac{a}{2}\cosh\dfrac{\omega}{2}}{\cosh \omega+\cos a}$
41	$\dfrac{1}{\cosh at}$		$\dfrac{\pi}{a}\dfrac{1}{\cosh\dfrac{\pi\omega}{2a}}$
42	$\sin at^2$	$(a>0)$	$\sqrt{\dfrac{\pi}{a}}\cos\left(\dfrac{\omega^2}{4a}+\dfrac{\pi}{4}\right)$

	$f(t)$	$F(\omega)$
43	$\cos at^2 \quad (a>0)$	$\sqrt{\dfrac{\pi}{a}}\cos\left(\dfrac{\omega^2}{4a} - \dfrac{\pi}{4}\right)$
44	$\dfrac{1}{t}\sin at$	$\begin{cases} \pi, & \|\omega\| \leqslant a \\ 0, & \|\omega\| > a \end{cases}$
45	$\dfrac{1}{t^2}\sin^2 at$	$\begin{cases} \pi\left(a - \dfrac{\|\omega\|}{2}\right), & \|\omega\| \leqslant 2a \\ 0, & \|\omega\| > 2a \end{cases}$
46	$\dfrac{\cos at}{\sqrt{\|t\|}}$	$\sqrt{\dfrac{\pi}{2}}\left(\dfrac{1}{\sqrt{\|\omega+a\|}} + \dfrac{1}{\sqrt{\|\omega-a\|}}\right)$
47	$\dfrac{\sin at}{\sqrt{\|t\|}}$	$\mathrm{i}\sqrt{\dfrac{\pi}{2}}\left(\dfrac{1}{\sqrt{\|\omega+a\|}} - \dfrac{1}{\sqrt{\|\omega-a\|}}\right)$
48	$\dfrac{1}{\sqrt{\|t\|}} \quad (t\neq 0)$	$\sqrt{\dfrac{2\pi}{\|\omega\|}}$
49	$\operatorname{sgn} t$	$\dfrac{2}{\mathrm{i}\omega}$
50	$\mathrm{e}^{-at^2} \quad (\operatorname{Re} a > 0)$	$\sqrt{\dfrac{\pi}{a}}\,\mathrm{e}^{-\frac{\omega^2}{4a}}$
51	$\|t\|$	$-\dfrac{2}{\omega^2}$
52	$\dfrac{1}{\|t\|} \quad (t\neq 0)$	$\sqrt{\dfrac{2\pi}{\|\omega\|}}$

附录 2 拉氏变换简表

	$F(p)$	$f(t)$
1	$\dfrac{1}{p}$	$u(t)$
2	$\dfrac{1}{p^{n+1}}$	$\dfrac{t^n}{n!}$, $n = 0,\ 1,\ 2,\ \cdots$
3	$\dfrac{1}{p^{a+1}}$	$\dfrac{t^n}{\Gamma(a+1)}$ $\quad(a > -1)$
4	$\dfrac{1}{p-a}$	e^{at}
5①	$\dfrac{1}{(p-a)(p-b)}$	$\dfrac{1}{a-b}(e^{at} - e^{bt})$
6①	$\dfrac{p}{(p-a)(p-b)}$	$\dfrac{1}{a-b}(a\,e^{at} - b\,e^{bt})$
7①	$\dfrac{1}{(p-a)(p-b)(p-c)}$	$\dfrac{e^{at}}{(a-b)(a-c)} + \dfrac{e^{bt}}{(b-a)(b-c)} + \dfrac{e^{ct}}{(c-a)(c-b)}$
8①	$\dfrac{p}{(p-a)(p-b)(p-c)}$	$\dfrac{a\,e^{at}}{(a-b)(a-c)} + \dfrac{b\,e^{bt}}{(b-a)(b-c)} + \dfrac{c\,e^{ct}}{(c-a)(c-b)}$
9①	$\dfrac{p^2}{(p-a)(p-b)(p-c)}$	$\dfrac{a\,e^{2at}}{(a-b)(a-c)} + \dfrac{b\,e^{2bt}}{(b-a)(b-c)} + \dfrac{c\,e^{2ct}}{(c-a)(c-b)}$
10	$\dfrac{1}{(p-a)^2}$	$t\,e^{at}$
11	$\dfrac{p}{(p-a)^2}$	$(1+at)e^{at}$
12	$\dfrac{p}{(p-a)^3}$	$t\left(1 + \dfrac{a}{2}t\right)e^{at}$
13	$\dfrac{1}{p(p-a)}$	$\dfrac{1}{a}(e^{at} - 1)$
14①	$\dfrac{1}{p(p-a)(p-b)}$	$\dfrac{1}{ab} + \dfrac{1}{b-a}\left(\dfrac{e^{bt}}{b} - \dfrac{e^{at}}{a}\right)$
15①	$\dfrac{1}{(p-a)(p-b)(p-c)}$	$\dfrac{e^{at}}{(a-b)(a-c)} + \dfrac{e^{bt}}{(b-a)(b-c)} + \dfrac{e^{ct}}{(c-a)(c-b)}$
16①	$\dfrac{1}{(p-a)(p-b)^2}$	$\dfrac{1}{(a-b)^2}e^{at} - \dfrac{1+(a-b)t}{(a-b)^2}e^{bt}$
17①	$\dfrac{p}{(p-a)(p-b)^2}$	$\dfrac{a}{(a-b)^2}e^{at} - \dfrac{a+b(a-b)t}{(a-b)^2}e^{bt}$
18①	$\dfrac{p^2}{(p-a)(p-b)^2}$	$\dfrac{a^2}{(a-b)^2}e^{at} - \dfrac{2ab-b^2+b^2(a-b)t}{(a-b)^2}e^{bt}$
19	$\dfrac{1}{(p-a)^{n+1}}$	$\dfrac{1}{n!}t^n e^{at}$ $\quad(n=0,\ 1,\ 2,\ \cdots)$
20	$\dfrac{\beta}{p^2+\beta^2}$	$\sin \beta t$

	$F(p)$	$f(t)$
21	$\dfrac{p}{p^2+\beta^2}$	$\cos\beta t$
22	$\dfrac{\beta}{p^2-\beta^2}$	$\sinh\beta t$
23	$\dfrac{p}{p^2-\beta^2}$	$\cosh\beta t$
24	$\dfrac{\beta}{(p+a)^2+\beta^2}$	$\mathrm{e}^{-at}\sin\beta t$
25	$\dfrac{p+a}{(p+a)^2+\beta^2}$	$\mathrm{e}^{-at}\cos\beta t$
26	$\dfrac{1}{p(p^2+\beta^2)}$	$\dfrac{1}{\beta^2}(1-\cos\beta t)$
27	$\dfrac{1}{p^2(p^2+\beta^2)}$	$\dfrac{1}{\beta^3}(\beta t-\sin\beta t)$
28①	$\dfrac{b^2-a^2}{(p^2+a^2)(p^2+b^2)}$	$\dfrac{1}{a}\sin at-\dfrac{1}{b}\sin bt$
29①	$\dfrac{(b^2-a^2)p}{(p^2+a^2)(p^2+b^2)}$	$\cos at-\cos bt$
30	$\dfrac{1}{(p^2+\beta^2)^2}$	$\dfrac{1}{2\beta^3}(\sin\beta t-\beta t\cos\beta t)$
31	$\dfrac{p}{(p^2+\beta^2)^2}$	$\dfrac{t}{2\beta}\sin\beta t$
32	$\dfrac{p^2}{(p^2+\beta^2)^2}$	$\dfrac{1}{2\beta}(\sin\beta t+\beta t\cos\beta t)$
33	$\dfrac{p^2-\beta^2}{(p^2+\beta^2)^2}$	$t\cos\beta t$
34	$\dfrac{1}{p(p^2+\beta^2)^2}$	$\dfrac{1}{\beta^4}(1-\cos\beta t)-\dfrac{1}{2\beta^3}t\sin\beta t$
35	$\dfrac{2ap}{(p^2-a^2)^2}$	$t\sinh at$
36	$\dfrac{p^2+a^2}{(p^2-a^2)^2}$	$t\cosh at$
37	$\dfrac{\Gamma(m+1)}{2\mathrm{i}(p^2+a^2)^{m+1}}\left[(p+\mathrm{i}a)^{m+1}-(p-\mathrm{i}a)^{m+1}\right]$	$t^m\sin at\quad(m>-1)$
38	$\dfrac{1}{2}\left(\dfrac{1}{p}-\dfrac{p}{p^2+4}\right)$	$\sin^2 t$
39	$\dfrac{1}{2}\left(\dfrac{1}{p}+\dfrac{p}{p^2+4}\right)$	$\cos^2 t$

	$F(p)$	$f(t)$
40	$\dfrac{1}{p^3(p^2+a^2)}$	$\dfrac{1}{a^4}(\cos at-1)+\dfrac{1}{2a^2}t^2$
41	$\dfrac{1}{p^3(p^2-a^2)}$	$\dfrac{1}{a^4}(\cosh at-1)-\dfrac{1}{2a^2}t^2$
42	$\dfrac{1}{p^4+4\beta^4}$	$\dfrac{1}{4\beta^3}(\sin\beta t\cosh\beta t-\cos\beta t\sinh\beta t)$
43	$\dfrac{p}{p^4+4\beta^4}$	$\dfrac{1}{2\beta^2}\sin\beta t\sinh\beta t$
44	$\dfrac{p^2}{p^4+4\beta^4}$	$\dfrac{1}{2\beta}(\sin\beta t\cosh\beta t+\cos\beta t\sinh\beta t)$
45	$\dfrac{p^3}{p^4+4\beta^4}$	$\cos\beta t\sinh\beta t$
46	$\dfrac{1}{p^4-\beta^4}$	$\dfrac{1}{2\beta^3}(\sinh\beta t-\sin\beta t)$
47	$\dfrac{p}{p^4-\beta^4}$	$\dfrac{1}{2\beta^2}(\cosh\beta t-\cos\beta t)$
48	$\dfrac{p^2}{p^4-\beta^4}$	$\dfrac{1}{2\beta}(\sinh\beta t+\sin\beta t)$
49	$\dfrac{p^3}{p^4-\beta^4}$	$\dfrac{1}{2}(\cosh\beta t+\cos\beta t)$
50	1	$\delta(t)$
51	e^{-ap}	$\delta(t-a)$
52	p	$\delta'(t)$
53	pe^{-ap}	$\delta'(t-a)$
54	$\dfrac{1}{\sqrt{p}}$	$\dfrac{1}{\sqrt{\pi t}}$
55	$\dfrac{1}{p\sqrt{p}}$	$2\sqrt{\dfrac{t}{\pi}}$
56[②]	$\dfrac{1}{(p-a)\sqrt{p}}$	$\dfrac{1}{\sqrt{a}}e^{at}\,\text{erf}(\sqrt{at})$
57[②]	$\dfrac{1}{p\sqrt{p+a}}$	$\dfrac{1}{\sqrt{a}}\text{erf}(\sqrt{at})$
58	$\dfrac{p}{(p-a)\sqrt{p-a}}$	$\dfrac{1}{\sqrt{\pi t}}e^{at}(1+2at)$
59[②]	$\dfrac{1}{\sqrt{p}+\sqrt{a}}$	$\dfrac{1}{\sqrt{\pi t}}-\sqrt{a}e^{at}\,\text{erfc}(\sqrt{at})$

	$F(p)$	$f(t)$
60②	$\dfrac{1}{\sqrt{p}(\sqrt{p}+\sqrt{a})}$	$e^{at}\,\mathrm{erfc}(\sqrt{at})$
61①	$\sqrt{p-a}-\sqrt{p-b}$	$\dfrac{1}{2\sqrt{\pi t^3}}(e^{bt}-e^{at})$
62	$\dfrac{p}{(p-a)^{3/2}}$	$\dfrac{1}{\sqrt{\pi t}}e^{at}(1+2at)$
63	$e^{-a\sqrt{p}}$	$\dfrac{a}{2\sqrt{\pi t^3}}\exp\left(-\dfrac{a^2}{4t}\right)$
64	$\dfrac{e^{-a\sqrt{p}}}{\sqrt{p}}$	$\dfrac{1}{\sqrt{\pi t}}\exp\left(-\dfrac{a^2}{4t}\right)$
65②	$\dfrac{e^{-a\sqrt{p}}}{p}$	$\mathrm{erfc}\left(\dfrac{a}{2\sqrt{t}}\right)$
66②	$\dfrac{1}{p\sqrt{p}}e^{\frac{a^2}{p}}\,\mathrm{erfc}\left(\dfrac{a}{\sqrt{p}}\right)$	$\dfrac{1}{\sqrt{\pi t}}e^{-2a\sqrt{t}}$
67②	$\dfrac{\sqrt{\pi}}{2}\exp\left(\dfrac{p^2}{4a^2}\right)\mathrm{erfc}\left(\dfrac{p}{2a}\right)$	$e^{-a^2t^2}$
68	$\dfrac{1}{p\sqrt{p}}e^{-\frac{a}{p}}$	$\dfrac{1}{\sqrt{\pi t}}\sin 2\sqrt{at}$
69	$\dfrac{1}{\sqrt{p}}e^{-\frac{a}{p}}$	$\dfrac{1}{\sqrt{\pi t}}\cos 2\sqrt{at}$
70	$\dfrac{1}{p\sqrt{p}}e^{\frac{a}{p}}$	$\dfrac{1}{\sqrt{\pi t}}\sinh 2\sqrt{at}$
71	$\dfrac{1}{\sqrt{p}}e^{\frac{a}{p}}$	$\dfrac{1}{\sqrt{\pi t}}\cosh 2\sqrt{at}$
72	$\dfrac{1}{\sqrt{p}}e^{-\sqrt{p}}\sin\sqrt{p}$	$\dfrac{1}{\sqrt{\pi t}}\sin\dfrac{1}{2t}$
73	$\dfrac{1}{\sqrt{p}}e^{-\sqrt{p}}\cos\sqrt{p}$	$\dfrac{1}{\sqrt{\pi t}}\cos\dfrac{1}{2t}$
74	$\sqrt{\dfrac{\sqrt{p^2+\beta^2}-p}{p^2+\beta^2}}$	$\dfrac{1}{\sqrt{\pi t}}\sin\beta t$
75	$\sqrt{\dfrac{\sqrt{p^2+\beta^2}+p}{p^2+\beta^2}}$	$\dfrac{1}{\sqrt{\pi t}}\cos\beta t$

① 式中 a，b，c 为不相等的常数.

② 式中 $\mathrm{erf}(u)$ 为误差函数，$\mathrm{erfc}(u)$ 为余误差函数.

参 考 文 献

[1]　钟玉泉.复变函数论[M].2 版.北京：高等教育出版社,1988.

[2]　梁昆淼.数学物理方法[M].3 版.北京：高等教育出版社,1998.

[3]　谷超豪,李大潜,等.数学物理方程[M].2 版.北京：高等教育出版社,2002.

[4]　余家荣.复变函数[M].4 版.北京：高等教育出版社,2001.

[5]　吴崇试.数学物理方法[M].2 版.北京：北京大学出版社,2003.

[6]　焦红伟,尹景本.复变函数与积分变换[M].北京：北京大学出版社,2007.

[7]　郭玉翠.复变函数与数学物理方法[M].北京：清华大学出版社,2014.

[8]　王绵森.复变函数[M].4 版.北京：高等教育出版社,2008.

[9]　张元林.积分变换[M].5 版.北京：高等教育出版社,2012.

[10]　姚端正,梁家宝.数学物理方法[M].武汉：武汉大学出版社,1997.

[11]　王培光,高春霞,等.数学物理方法[M].北京：清华大学出版社,2012.

[12]　布朗 JW,等.复变函数及应用[M].(原书第 7 版).邓冠铁,等译.北京：机械工业出版社,2005.